Detlef Kamke

Einführung in die Kernphysik

für Physiker und Ingenieure
im Hauptstudium

Mit 220 Bildern

Friedr. Vieweg & Sohn   Braunschweig / Wiesbaden

CIP-Kurztitelaufnahme der Deutschen Bibliothek

Kamke, Detlef:
Einführung in die Kernphysik für Physiker und
Ingenieure im Hauptstudium / Detlef Kamke. –
Braunschweig, Wiesbaden: Vieweg, 1979.
ISBN-13: 978-3-528-03328-6   e-ISBN-13:978-3-322-83837-7
DOI: 10.1007/978-3-322-83837-7

Verlagsredaktion: *Alfred Schubert, Willy Ebert*

Buchbinder: W. Langelüddecke, Braunschweig
Umschlaggestaltung: Peter Neitzke, Köln

Vorwort

Das vorliegende Buch ist aus einer Vorlesung entstanden, die ich an der Ruhr-Universität Bochum im Rahmen des Zyklus „Struktur der Materie" gehalten habe und die für Studenten nach dem Vorexamen (ab 5. Semester) bestimmt war. In dieser dreistündigen Vorlesung konnten natürlich nur Ausschnitte aus dem Gesamtgebiet gebracht werden (Ergänzung durch eine Stunde Übungen). Es wurde daher versucht, grundlegende Dinge zu besprechen, und selbst dies konnte nur in Auswahl geschehen, wenn man erfahrungsgemäß vorhandene Verständnisschwierigkeiten durch etwas genauere, auch theoretische Betrachtungen beheben wollte und damit den Zugang zur weitergehenden Literatur erleichtern wollte.

Für die Ausführung einer Vielzahl von Berechnungen, die Herstellung von Zeichnungen und für Photoarbeiten danke ich herzlich Frau *Barbara Hoheisel*, Frau *Doris Runzer* und Frau *Dagmar Hake*. Ebenso gilt mein Dank für die sorgfältige Herstellung des Manuskriptes Frau *Elke Wieselmann*. Schließlich danke ich meinem Assistenten Dr. *J. Krug* für Diskussionen und Verbesserungsvorschläge zum Inhalt des Buches, sowie die Zusammenstellung des Sachwortverzeichnisses und das Mitlesen der Korrekturen.

D. Kamke

Bochum, Juni 1978

Inhaltsverzeichnis

1 Eigenschaften der Atomkerne und ihre experimentelle Bestimmung

1.1 Einleitung

Die Physik der Atomkerne begann im Jahre 1911, als *Rutherford* an Hand der Ergebnisse von Streuexperimenten mit α-Teilchen nachwies, daß das Coulombsche Gesetz — als Wechselwirkung zwischen dem eingeschossenen Teilchen und der im Atom (10^{-10} m Radius) enthaltenen positiven Ladung — bis herunter zu Abständen der Stoßpartner von etwa 10^{-14} m gilt. Das Atom ist also fast leer: es gibt einen Kern, der 10^4 mal kleiner als das Atom ist. Ursprünglich bezog sich diese Aussage nur auf den Gültigkeitsbereich der Coulomb-Kraft. Da große Umlenkwinkel der α-Teilchen beobachtet wurden, war sofort klar, daß der Kern den ganz überwiegenden Teil der Masse des Atoms trägt, also „schwer" ist. Das Atom ist in Kern und Hülle aufteilbar. Die gesamte Elektronenbewegung in der Hülle wird durch das Coulomb-Feld des Kerns beherrscht, beschrieben durch die Quantentheorie, mit der Coulomb-Kraft als Hauptwechselwirkung; alle anderen Kräfte, insbesondere die magnetischen, sind als Störungen behandelbar.

Ganz anders liegen die Verhältnisse beim Atomkern. Hier kennen wir keine Hauptwechselwirkung, und daher ist auch die Theorie der Atomkerne heute noch anders beschaffen. Für die Wechselwirkung macht man sich mit Hilfe der experimentellen Fakten *Modelle*, die gewissen allgemeinen Regeln über die Naturgesetze unterliegen, und entwickelt daraus mit Hilfe der Quantentheorie eine Kerntheorie, die wiederum mit Experimenten getestet werden kann. Bis heute weiß man weder, was die Kernkraft „ist", noch, ob wir mit der Quantentheorie überhaupt die richtige Theorie zu ihrer rechnerischen Behandlung zur Hand haben.

Nach unserer heutigen Kenntnis bestehen die Atomkerne aus Z *Protonen* (Ladung + e) und N *Neutronen* (ungeladen). Die Masse dieser, zusammenfassend *Nukleonen* genannten, Teilchen ist jeweils etwa 1836 mal größer als die der Elektronen. Man nennt $A = Z + N$ die *Nukleonenzahl* des Kerns. Ein neutrales Atom, gekennzeichnet durch die Kerndaten A und Z, und mit den Z Elektronen der Hülle, wird *Nuklid* genannt. *Isotope* sind solche Nuklide, die das gleiche Z haben, also im Periodensystem der Elemente an der gleichen Stelle stehen und sich chemisch praktisch völlig gleich verhalten. Nuklide mit gleicher Nukleonenzahl A heißen *Isobare,* solche mit gleicher Neutronenzahl *Isotone.* Bei den in der Natur vorkommenden chemischen Elementen haben wir es in der Regel mit Mischungen von Isotopen zu tun (z. B. enthält Sauerstoff zu 99,76 % das Nuklid mit A = 16, zu 0,037 % A = 17, zu 0,204 % A = 18), jedoch gibt es auch Reinelemente (Al, A = 27). Das *Isotopenmischungsverhältnis* kann durch chemische Methoden fast gar nicht verändert werden, und eine Trennung der Isotope, die für manche Fragestellungen nötig ist, erfolgt mit physikalischen Methoden. Das Isotopenmischungsverhältnis kann Auskunft über die Entstehungsgeschichte der Elemente geben, und es hat dazu gedient, prähistorische Altersbestim-

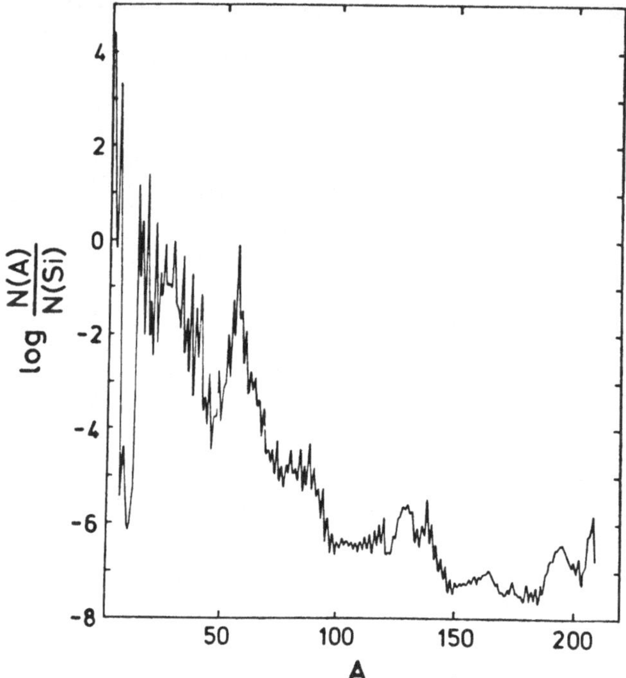

Bild 1.1 Elementhäufigkeiten im Sonnensystem, bezogen auf Silizium. Das Maximum bei A = 56 gehört zum Element Eisen, Z = 26 [76].

mungen auszuführen. Die *Elementhäufigkeit* selbst ist für viele astrophysikalische Fragestellungen von großer Bedeutung. Bild 1.1 enthält eine grafische Darstellung der bisher bekannten Elementhäufigkeiten im Sonnensystem.

Die *Nuklide* werden mit dem chemischen Elementsymbol bezeichnet (was eigentlich überflüssig ist), links oben schreibt man die Nukleonenzahl A, links unten die Kernladungszahl Z, und, wenn gewünscht, rechts unten die Neutronenzahl N = A − Z; Beispiel:

$$^{238}U \equiv \,^{238}_{92}U, \; A = 238, \; Z = 92, \; N = 238 - 92 = 146.$$

Nicht alle Nukleonenzahlen, die man aus den ganzen Zahlen Z und N zusammensetzen kann, kommen in der Natur als Nuklid vor. Tatsächlich sind nur etwa 300 Nuklide bekannt.

In Bild 1.2 sind die Bereiche eingezeichnet, die zu den stabilen und den noch relativ langsam zerfallenden Nukliden gehören. Für sie ist N ≈ Z, jedoch wächst N/Z von 1 bis auf etwa 1,6 an. Man kann Bild 1.2 in der Weise ergänzt denken, daß man auf der Z, N-Ebene senkrecht nach oben den Energieinhalt des jeweiligen Nuklids aufträgt. Dann zeigt sich der schraffierte Bereich als die Talsohle der Energiefläche. Oberhalb Z = 92 zerfallen die Kerne zu schnell, als daß seit Entstehen der Erde noch Spuren hätten übrig bleiben können. Die Physik der Atomkerne beschäftigt sich demnach mit den Kernen in der Umgebung der Talsohle des Z, N-Diagramms und mit den radioaktiven Umwandlungen sowie den Reaktionen, die man mit den Kernen ausführen kann. Mit einigen zur Zeit im Bau be-

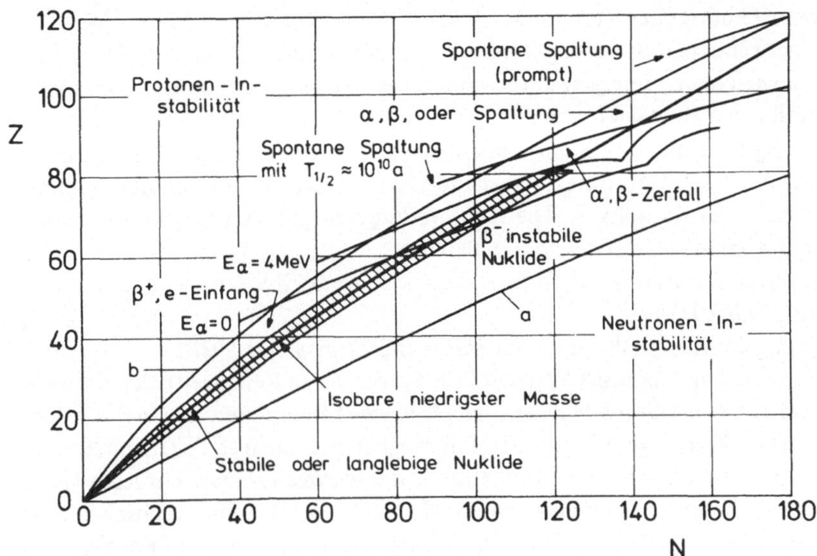

Bild 1.2 Der Bereich der stabilen und radioaktiven (langsam zerfallenden) Nuklide, a Beginn der Neutronen-Instabilität, b Beginn der Protonen-Instabilität, nach [32].

findlichen Teilchenbeschleunigern (z.B. bei der Gesellschaft für Schwerionenforschung in Darmstadt) hofft man superschwere Elemente mit $Z \approx 114$ erzeugen zu können.

Die moderne Kernphysik ist aus der Erkenntnis entstanden, daß die Kernbausteine Proton und Neutron sind. Damit konnten einige wesentliche Widersprüche der älteren Kernphysik beseitigt werden, die davon ausging, daß der *Kern* aus A Protonen und A-Z Elektronen bestünde. Wenn man eine historische Einführung geben würde, so hätte man eine große Zahl von Entdeckungen und sich anschließender Folgerungen anzuführen. Unter ihnen gibt es einige, die die Kernphysik jeweils um große Schritte weitergebracht haben und damit — das sollte nicht vergessen werden — auch die übrigen Gebiete der Physik und der Naturwissenschaften befruchtet haben:

1. Entdeckung der Radioaktivität (*Becquerel* 1896), d.h. der spontanen Strahlungsemission.

2. Nachweis, daß die α-Strahlung (von *Rutherford* so benannt) aus He-Kernen besteht (*Rutherford* und *Royds* 1909).

3. Von 1910 an Untersuchung der Zusammensetzung von Ionenstrahlen durch *J. J. Thomson,* zunächst mit dem Parabelspektrographen. Erste Hinweise auf Isotope bei den stabilen Elementen (^{20}Ne und ^{22}Ne). Der eindeutige Beweis für die Zusammensetzung der Elemente aus Isotopen gelingt *Aston* 1919.

4. Dazwischen 1911 die entscheidende Entdeckung von *Rutherford.* Bei der Streuung von α-Teilchen an Atomen kommen zu viele große Streuwinkel vor: Die Streuung erfolgt nicht an den Elektronen, die sich nach Thomsons Atommodell in einem Bereich von 10^{-10} m innerhalb einer positiv geladenen Kugel aufhalten sollten, sondern an einem positiv geladenen Kern von nur 10^{-14} m Radius. 1912 entwickelt *N. Bohr* an diesem neuen Atommodell die Quantentheorie der Elektronenhülle.

5. Entdeckung künstlicher Kernumwandlungen durch *Rutherford* 1919: $^{14}_{7}N + ^{4}_{2}He \rightarrow ^{1}_{1}H + ^{17}_{8}O$. Die verwendete α-Strahlung stammte aus radioaktiven Elementen. Die Teilchen hatten also ausreichende Energie, um sowohl ihren Ausgangskern zu verlassen als auch mit anderen Kernen zu reagieren.

6. Entdeckung des Neutrons durch *Chadwick* 1932. *Iwanenko* und *Heisenberg* stellen das aus Protonen und Neutronen bestehende Kernmodell auf. Beginn des quantentheoretischen Ausbaus der Kernphysik. Die *Kernbindungsenergie* wird mit der Einsteinschen Beziehung $B = \Delta Mc^2$ als *Massendefekt* gedeutet.

7. Aufklärung des kontinuierlichen Energiespektrums der β-Strahlung durch die Neutrino-Theorie (*Pauli* 1933).

8. Entdeckung der Kernspaltung durch *Hahn* und *Strassmann* 1938.

9. Früher liegt schon *Yukawa*'s Versuch (1935), die kurze Reichweite der Kernkräfte als ein Austauschfeld mit materiellen Teilchen (*Mesonen*) zu erklären (ähnlich wie Lichtquanten dem Coulomb-Feld zugeordnet sind). Ein mögliches derartiges Teilchen (jetzt μ-Meson oder Myon genannt) wurde 1937 von *Anderson* und *Neddermeyer* entdeckt (Ruhmasse $\hat{=} 105,66\ \text{MeV}$; die Elektronenmasse entspricht $0,511\ \text{MeV}$). Seine Wechselwirkung mit Materie war aber viel zu gering, als daß es die Kernkraft hätte vermitteln können. 1947 wurden von *Powell* die π-Mesonen (Pionen) entdeckt (Ruhmasse $139,57\ \text{MeV}$ für π^+ und π^-, $134,96\ \text{MeV}$ für π^0), die die von *Yukawa* vorhergesagten Teilchen sind. Seitdem hat man über 200 weitere *Elementarteilchen* entdeckt (s. Tabelle 1.1). Diese sind selbst teils radioaktiv, teils lassen sie sich ineinander umwandeln. Daraus hat sich ein eigener Zweig der Kernphysik, die *Hochenergie-* (oder *Teilchen-*)*physik* entwickelt, die mit den größten Teilchenbeschleunigern arbeitet (z.B. CERN in Genf, DESY in Hamburg) und daher hohe finanzielle Aufwendungen erfordert. Der erhoffte Durchbruch zur Aufklärung der Kernkraft ist bislang nicht gelungen. Daneben vollzog sich eine intensive experimentelle Untersuchung vieler Phänomene, sowie auch die Entwicklung der Kerntechnik. Alles zusammen ist die heutige Kernphysik.

Zur Erleichterung der zahlenmäßigen Rechnungen sind noch einige Daten in Tabelle 1.2 zusammengestellt.

1.2 Masse der Nuklide, Kernbindungsenergie, Bindungsenergie pro Nukleon

Die Messung der Kernmassen eröffnet eine Möglichkeit, die Kernbindungsenergie zu bestimmen. Das ist aber eine Fundamentalgröße, und damit ist es erforderlich, die Kernmasse so genau wie möglich zu messen. Das erfolgt mit den Massenspektrographen oder Massenspektrometern. Der Gerätename unterscheidet nur zwei verschiedene Methoden der Teilchenregistrierung: Mit der fotografischen Platte oder mit elektrischen Methoden (Ionenstrom). In den Präzisions-Massenspektrographen werden Atom- oder Molekülionen in magnetische und/oder elektrische Felder eingeschossen. Man legt durch Spalte genau fest, welche Masse und Ladung ein Teilchen haben muß, wenn es die Feldanordnung durchlaufen und im Auffänger (oder mit der Fotoplatte) registriert werden soll. Findet man im eingeschossenen Ionengemisch Teilchen, die den Auffänger erreichen, so folgt aus der durchlaufenen Bahn ihre Masse (wenn die Ladung bekannt ist). Die Massenspektrographen be-

Tabelle 1.1 Elementarteilchen [aus Rev. mod. Phys. **48** (1976) S 21]

Teilchen Name	Symbol und Ladung	Iso-spin T	Spin J	Pari-tät π	Strange-ness S	Masse $\frac{Mc^2}{MeV}$	mittlere Lebensdauer s	Hauptzerfälle	
Photon	γ		1			0	stabil		
				Leptonen					
Neutrino	ν_e		1/2			$0\,(<60\,\mathrm{eV})$	stabil		
	ν_μ		1/2			$0\,(<0,65)$	stabil		
Elektron	$e^\pm$		1/2			0,5110034	stabil		
Myon	$\mu^\pm$		1/2			105,6595	$2,2\cdot10^{-6}$	$e\nu\bar{\nu}$	100 %
				Mesonen					
Pion	$\pi^\pm$	1	0	$-$	0	139,5688	$2,6\cdot10^{-8}$	$\mu\nu$	100 %
								$e\nu$	$1,27\cdot10^{-4}$
								$\mu\nu\gamma$	$1,24\cdot10^{-4}$
	π^0				0	134,9645	$0,83\cdot10^{-16}$	$\gamma\gamma$	98,85 %
								γe^+e^-	1,17 %
K-Meson	$K^\pm$	1/2	0	$-$	1	493,707	$1,24\cdot10^{-8}$	$\mu\nu$	63,61 %
								$\pi\pi^0$	21,05 %
								$\pi\pi\pi^+$	5,59 %
								$\pi\pi^0\pi^0$	1,73 %
								$\mu\pi^0\nu$	3,20 %
								$e\pi^0\nu$	4,82 %
	K^0				1	497,70	50 % K_{short}		
							50 % K_{long}		
	K^0_S			±1			$0,89\cdot10^{-10}$	$\pi^+\pi^-$	68,67 %
								$\pi^0\pi^0$	31,33 %
	K^0_l			±1			$5,18\cdot10^{-8}$	$\pi^0\pi^0\pi^0$	21,4 %
								$\pi^+\pi^-\pi^0$	12,25 %
								$\pi\mu\nu$	27,1 %
								$\pi e\nu$	39,0 %
								$\pi e\nu\gamma$	1,3 %
Eta-Meson	η	0	0	$-$	0	548,8	Resonanz, $\Gamma = 2,63$ keV		
							(71,1 % neutrale, 28,9 % geladene Zerfälle)		
				Baryonen					
Proton	p	1/2	1/2	+	0	938,2796	stabil		
Neutron	n			+	0	939,5731	$0,918\cdot10^3$	$pe^-\nu$	100 %
	Λ	0	1/2	+	-1	1115,60	$2,58\cdot10^{-10}$	$p\pi^-$	64,2 %
								$n\pi^0$	35,8 %
	Σ^+	1	1/2	+	-1	1189,37	$0,80\cdot10^{-10}$	$p\pi^0$	51,6 %
								$n\pi^+$	48,4 %
	Σ^0				-1	1192,47	$<1,0\cdot10^{-14}$	$\Lambda\gamma$	100 %
								Λe^+e^-	$5,45\cdot10^{-3}$
	Σ^-				-1	1197,35	$1,48\cdot10^{-10}$	$n\pi^-$	100 %
								$ne^-\nu$	$1,08\cdot10^{-3}$
	Ξ^0	1/2	1/2	+	-2	1314,9	$2,96\cdot10^{-10}$	$\Lambda\pi^0$	100 %
	Ξ^-				-2	1321,29	$1,65\cdot10^{-10}$	$\Lambda\pi^-$	100 %
	Ω^-	0	3/2	+	-3	1672,2	$1,3\cdot10^{-10}$	$\Xi^0\pi^-$	
								$\Xi^-\pi^0$	
								ΛK^-	

Tabelle 1.2 Zahlenwerte der Atom- und Kernphysik

Teilchen	$\dfrac{\text{Masse}}{\text{kg}}$	$\dfrac{\text{Ruhenergie}}{\text{MeV}}$	Ladung	relative Atommasse
Elektron	$9{,}10946 \cdot 10^{-31}$	$0{,}511$	$-e$	$5{,}486 \cdot 10^{-4}$
Proton	$1{,}672635 \cdot 10^{-27}$	$938{,}2760$	$+e$	$1{,}00727648$
Neutron	$1{,}674941 \cdot 10^{-27}$	$939{,}5694$	0	$1{,}0086650$

Elementarladung: $\qquad\qquad e = 1{,}602 \cdot 10^{-19}\,\text{C}$

Atomare Masseneinheit: $\qquad \left(\dfrac{1}{12}\ \text{der Masse des Nuklids } {}^{12}\text{C}\right),$

$\qquad\qquad\qquad\qquad\quad u = 1{,}6605525 \cdot 10^{-27}\,\text{kg},\ \ uc^2 = 931{,}4980\,\text{MeV}$

Lichtgeschwindigkeit: $\qquad c = 2{,}998 \cdot 10^{8}\,\text{ms}^{-1}$

Avogadro-Konstante: $\qquad N_A = 6{,}022 \cdot 10^{23}\,\text{mol}^{-1}$

Feinstrukturkonstante: $\qquad \alpha = \dfrac{e^2}{4\pi\epsilon_0}\dfrac{1}{\hbar c} = \dfrac{1}{137},\ \ \dfrac{e^2}{4\pi\epsilon_0} = 1{,}44\,\text{MeV fm},$

$\qquad\qquad\qquad\qquad\quad \hbar c = 197{,}33\,\text{MeV fm}$

Wellenzahl: $\qquad\qquad\quad k = \sqrt{2mE}/\hbar = \sqrt{2uc^2 AE}/\hbar c$

$\qquad\qquad\qquad\qquad\quad = 0{,}22\,\text{fm}^{-1}\ \sqrt{AE/\text{MeV}}$

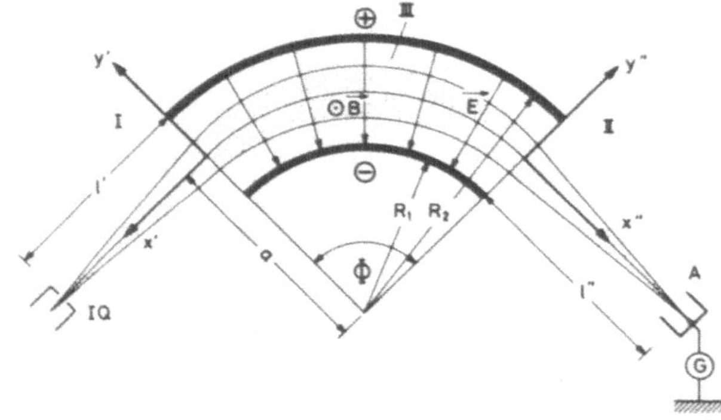

Bild 1.3

Ionenbahnen in Sektorfeldern.
IQ Ionenquelle, A Auffänger,
Φ Umlenkwinkel, a Umlenkradius
(Sollbahn)

nutzen sogenannte Sektorfelder (Bild 1.3): das benutzte Feld ist auf einen Sektor des Vollkreises beschränkt (z.B. [15]). Diese Spektrometer finden auch für Präzisions-Energie- und Impulsmessungen bei Kernreaktionen Verwendung ([6], [33], [75]; siehe auch [15]), sowie als Ionenstrahl-Analysator zur Energiestabilisation von Beschleunigeranlagen (z.B. [27]).

1.2.1 Teilchenbahnen und Ionenoptik

Im Raum III (Bild 1.3) bestehe zwischen den Platten eines Teils eines Zylinderkondensators ein elektrisches Feld $\vec{E}$, und es bestehe ein magnetisches Feld der Kraftflußdichte $\vec{B}$ senkrecht zur Zeichenebene von unten nach oben. Von Streufeldern am Rand sehen wir ab, die Räume I und II sind feldfrei, und in III wirkt in z-Richtung keine Kraft. $\vec{E}$ und $\vec{B}$ seien gerade so gewählt, daß das Teilchen mit der Masse m_0 und der Geschwindigkeit v_0 (das Sollteilchen), das längs der Achse x' einfällt, exakt auf der Kreisbahn mit Radius a läuft und seine Bahn in II entlang der Achse x'' fortsetzt. Die Spannung U am Kondensator sei symmetrisch zum Erdpotential gewählt.

Der Radius a der Sollbahn ist durch das Kräftegleichgewicht gegeben,

$$\frac{m_0 v_0^2}{a} = Q v_0 B + Q \frac{U}{\ln \frac{R_2}{R_1}} \frac{1}{a} = \frac{m_0 v_0^2}{a_m} + \frac{m_0 v_0^2}{a_e}, \quad \cdot \frac{1}{a} = \frac{1}{a_m} + \frac{1}{a_e}. \tag{1.1}$$

Die Größen a_e und a_m sind Hilfsgrößen zur rechnerischen Vereinfachung und können als Bahnkrümmungen interpretiert werden. Spezialfälle sind:

$$B = 0, \ E \neq 0, \ a_m = \infty, \ a = a_e; \quad B \neq 0, \ E = 0, \ a_e = \infty, \ a = a_m.$$

In Raum I und II sind die Teilchenbahnen geradlinig. In III gilt die radiale Bewegungsgleichung

$$m \ddot{r} = m r \dot{\varphi}^2 - \frac{QU}{\ln \frac{R_2}{R_1}} \frac{1}{r} - QBr\dot{\varphi} \tag{1.2}$$

und die azimutale Bewegungsgleichung (Änderung des Drehimpulses gleich dem Drehmoment)

$$\frac{d}{dt}(mr^2\dot{\varphi}) = rQB\dot{r} = QB \frac{1}{2} \frac{d}{dt} r^2. \tag{1.3}$$

Aus Gl. (1.3) folgt allgemein

$$\dot{\varphi} = \frac{r_0^2}{r^2} \dot{\varphi}_0 + \frac{1}{2} \frac{QB}{m} \left(1 - \frac{r_0^2}{r^2}\right).$$

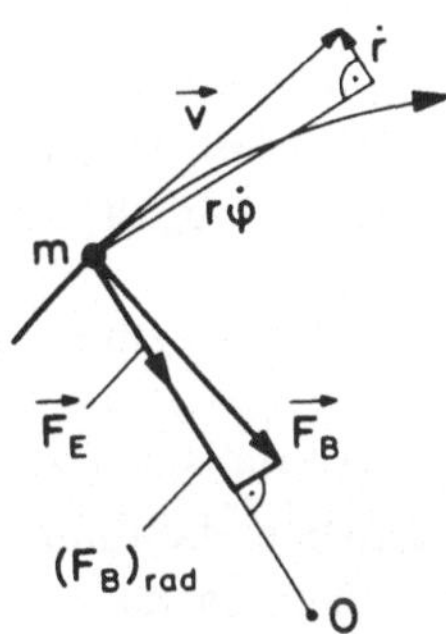

Bild 1.4 Kräfte auf ein Ion im Raum III

In 1. Näherung ist also die Winkelgeschwindigkeit der Teilchen konstant ($r \approx r_0$). Das ist schon ein typisches Verhalten der Teilchen im Rahmen der Gaußschen Dioptrik: Man untersucht das achsennahe Gebiet, indem man $r = r_0 + y$ mit $y \ll r_0$ setzt. Nimmt man ferner an, daß neben m_0 auch Massen $m = m_0(1 + \gamma)$ mit $\gamma \ll 1$ vorhanden sind (es sollen ja kleine Massenunterschiede gemessen werden) und daß auch noch die Ionengeschwindigkeit nicht für alle Ionen gleich ist, also $v_I = v_0(1 + \beta)$ mit $\beta \ll 1$, dann ergibt sich aus den Gln. (1.2) und (1.3) im Raum III die Bewegungsgleichung ([44])

$$\ddot{y} = -\frac{v_0^2}{a^2} \kappa^2 (y - a\delta), \tag{1.4}$$

wobei

$$\kappa^2 = 2\frac{a}{a_e} + \frac{a^2}{a_m^2}, \quad \kappa^2 \delta = \gamma + \beta \left(2 - \frac{a}{a_m}\right).$$

Die Teilchenbahn ist also ein Ausschnitt aus einer Schwingung um die Achse $y_0 = a\delta$.

Ist $\gamma = \beta = 0$, dann ist dies die Sollbahn. — Ferner ist $1 \leqq \kappa^2 \leqq 2$; speziell $\kappa = 1$, wenn $E = 0 \,(a_e = \infty)$, und $\kappa = \sqrt{2}$, wenn $B = 0 \,(a_m = \infty)$.

Da in erster Näherung die Winkelgeschwindigkeit konstant ist, kann $y = y(t)$ in die geometrische Bahnkurve umgerechnet werden. Hinzufügung der geraden Stücke in Raum I und II ergibt die vollständige Bahn. Das Ergebnis ist die Angabe des Ortes $b'' = y''$, l'' und der dortigen Strahlneigung dy''/dx'' im Raum II als Funktion der Anfangsdaten b', l', α' ($= dy'/dx'$) im Raum I. Man findet

$$b'' = y'' = \alpha' \left[(l' + l'') \cos \kappa\,\Phi - \left(-\frac{a}{\kappa} + l'l'' \frac{\kappa}{a} \right) \sin \kappa\,\Phi \right] \tag{1.5}$$

$$+ \, b' \left[\cos \kappa\,\Phi - l'' \frac{\kappa}{a} \sin \kappa\,\Phi \right] + a\delta \left[1 - \cos \kappa\,\Phi + \frac{l''\kappa}{a} \sin \kappa\,\Phi \right],$$

$$\alpha'' = \frac{dy''}{dx''} = \alpha' \left[\cos \kappa\,\Phi - \frac{l'\kappa}{a} \sin \kappa\,\Phi \right] - b'\frac{\kappa}{a} \sin \kappa\,\Phi + \delta\kappa \, \sin \kappa\,\Phi. \tag{1.6}$$

Die Größen b'', α'' stehen in einem linearen Zusammenhang mit b', α'. Dies ist die Ausgangsbasis zur Matrix-Methode der Abbildung.

Im geometrisch-optischen Sinn hat man damit eine teilchen-optische Abbildung der Objektebene (mit Ionenquellenausgang) in eine Bildebene (mit Ionenauffänger), wenn b'' unabhängig von α' ist, wenn also

$$(l' + l'') \cos \kappa\,\Phi = \left(-\frac{a}{\kappa} + l'l''\frac{\kappa}{a} \right) \sin \kappa\,\Phi. \tag{1.7}$$

Objekt- und Bildebene stehen in einer Beziehung zueinander, die nur durch geometrische und Feld-Daten bestimmt ist. Insbesondere gibt es Brennpunkte (Brennebenen) und Hauptpunkte (Hauptebenen). Löst man Gl. (1.7) nach l' bzw. l'' auf, dann entsteht

$$l'' = \frac{a^2}{\kappa^2} \frac{1}{l'} + \frac{a}{\kappa} \left(1 + \frac{l''}{l'} \right) \cot \kappa\,\Phi, \qquad l' = \frac{a^2}{\kappa^2} \frac{1}{l''} + \frac{a}{\kappa} \left(1 + \frac{l'}{l''} \right) \cot \kappa\,\Phi,$$

und $l' \to \infty$, bzw. $l'' \to \infty$ geben die Lage der *Brennebenen*. Sie liegen bei

$$g'' = \frac{a}{\kappa} \cot \kappa\,\Phi = g' = g. \tag{1.8}$$

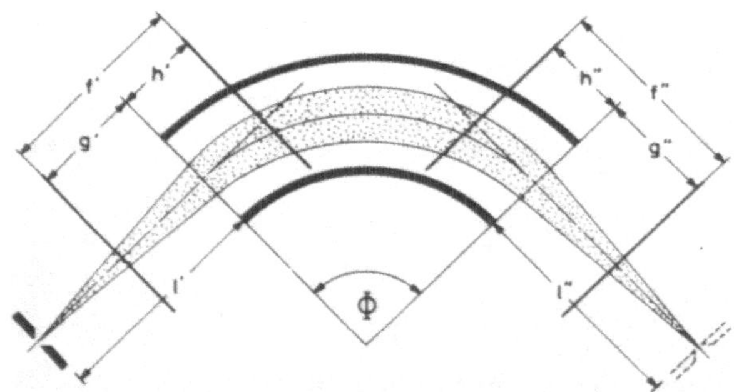

Bild 1.5

Lage der Brenn- und Hauptebenen
bei einem Sektorfeld-Spektrographen

Wir betrachten fortan nur konjugierte Ebenen, lassen also in den Gln. (1.5) und (1.6) den Term mit α' weg. Der *Abbildungsmaßstab* ist im Fall $\delta = 0$

$$V = \frac{b''}{b'} = \cos \kappa\,\Phi - l'' \frac{\kappa}{a} \sin \kappa\,\Phi = \frac{1}{\cos \kappa\,\Phi - l' \frac{\kappa}{a} \sin \kappa\,\Phi}, \tag{1.9}$$

und im Fall $\delta \neq 0$ gilt

$$b'' = Vb' + \delta a (1 - V). \tag{1.10}$$

Hauptebenen sind definiert durch $V = +1$, also

$$h'' = -\frac{a}{\kappa} \tan \frac{\kappa\,\Phi}{2} = h'. \tag{1.11}$$

Man kann demnach die Abbildungseigenschaften des Sektorfeldes in völliger Analogie zur lichtoptischen Abbildung entwickeln. Insbesondere kann man Bildkonstruktionen genau so ausführen wie in der geometrischen Optik, und es gilt die übliche *Abbildungsgleichung* der Gaußschen Dioptrik

$$f^2 = (l' - g)(l'' - g), \quad \text{wobei } f = g + |h|. \tag{1.12}$$

1.2.2 Dispersion und Auflösungsvermögen

a) Die *Massendispersion* gibt die Bildverschiebung pro Masseneinheit an. Das Bild liegt bei

$$b'' = b'V + a(1 - V) \frac{1}{\kappa^2} \left(\gamma + \beta \left(2 - \frac{a}{a_m} \right) \right).$$

Daraus folgt

$$\frac{\partial b''}{\partial m} = \frac{\partial b''}{m_0 \partial \gamma} = \frac{a(1 - V)}{m_0 \kappa^2},$$

oder

$$D_m = \frac{a(1 - V)}{m_0 \kappa^2}. \tag{1.13}$$

Die Massendispersion fällt mit wachsender Bezugsmasse m_0 ab und ist durch die Feldgrößen bestimmt.

b) Das *Massenauflösungsvermögen* ist definiert durch

$$A_m = \frac{m}{\Delta m},$$

wobei Δm der noch trennbare Massenunterschied Δm bei der Masse m ist. Dieser muß besonders definiert werden, ganz ähnlich wie in der Optik (Rayleighsche Grenzlage). Verschiedene Massen machen sich über die Größe δ bemerkbar. In ihr ist aber nicht nur γ, sondern auch β bestimmend (Spaltbilder werden also verwaschen, wenn $\beta \neq 0$). Die beiden

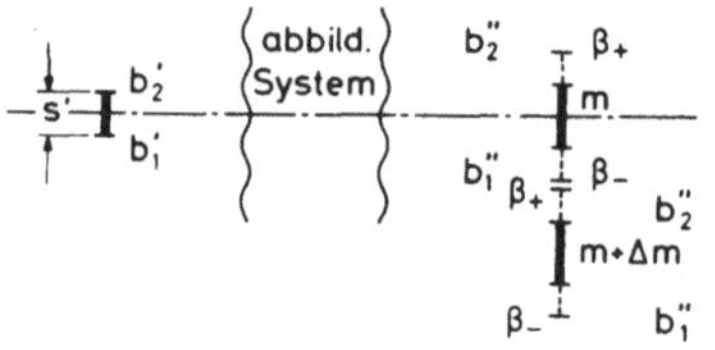

Bild 1.6

Zur Definition des Auflösungsvermögens

äußersten Geschwindigkeitsabweichungen seien β_- und β_+. Das Auflösungsvermögen wird durch denjenigen Massenunterschied Δm bestimmt, bei dem die Bildränder $b_1''(\beta_-)$ und $b_2''(\beta_+)$ zusammenfallen (Bild 1.6). Die Eingangsspaltbreite ist $s' = b_2' - b_1'$, und es sei $\Delta\beta = \beta_+ - \beta_-$. Dann erhält man

$$A_m = \frac{m}{\Delta m} = \frac{\frac{a}{\kappa^2}(1-V)}{\Delta\beta \frac{a}{\kappa^2}(1-V)\left(2-\frac{a}{a_m}\right) + s'V},$$

$$\text{speziell } A_m = \frac{a}{\kappa^2}\frac{1-V}{s'V}, \text{ wenn } \Delta\beta = 0.$$

$$(1.14)$$

Das Auflösungsvermögen ist proportional dem Umlenkradius. Man ist bis zu $a = 1$ m gegangen, s' konnte bis zu einigen Tausendstel mm verkleinert werden.

In Bild 1.7 ist die halbschematische Zeichnung eines modernen Präzisions-Massenspektrographen vom Mattauch-Herzog-Typ wiedergegeben, mit dem ein Auflösungsvermögen von 77 000–100 000 erreicht werden konnte. Bei diesem Spektrographen ist das Auflösungsvermögen $A = a_e/(2\sqrt{2}\,s')$ sogar unabhängig von m für alle Massen gleich. Die Teilchenregistrierung erfolgt mittels fotografischer Platten; Bild 1.8 gibt ein charakteristisches Massen-Triplett wieder.

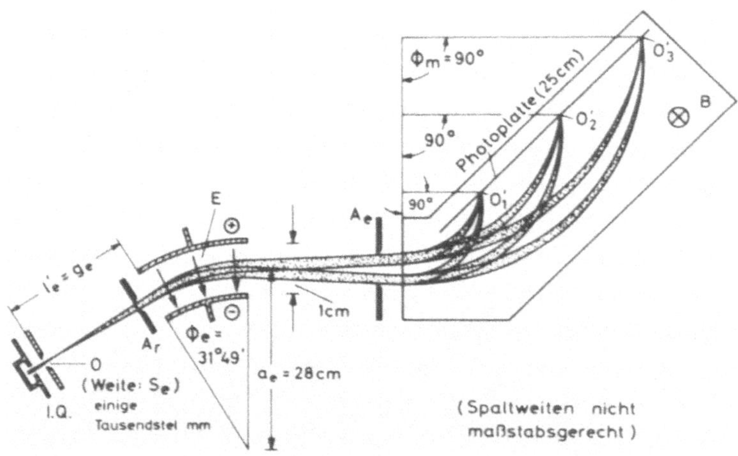

Bild 1.7 Schema des Mattauch-Herzogschen Präzisions-Massenspektrographen. Der Objektpunkt 0 wird in die Bildebene des Magnetfeldes abgebildet ($0_1'$, $0_2'$, $0_3'$). I.Q. = Ionenquelle [*R. Bieri, F. Everling, J. Mattauch*, Z. Naturf, **10 a** (1955) 659]

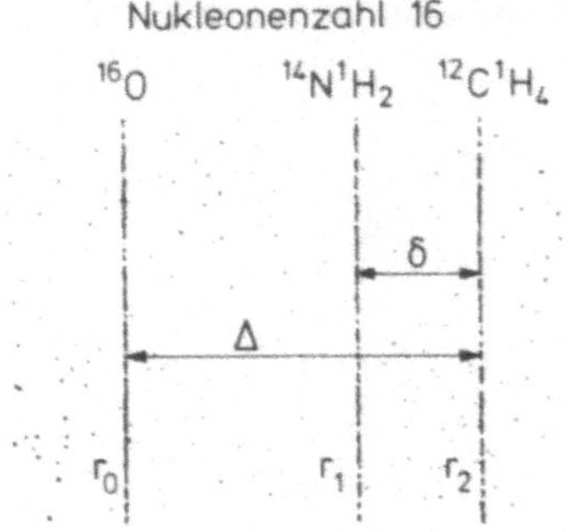

Bild 1.8
Aufnahme eines Massentripletts bei A = 16, aus [15], ergänzt

1.2.3 Messung der Nuklidmassen

Man betreibt die Ionenquelle mit einem Gas, von dem Ionen sehr eng benachbarter Masse spektrographiert werden (Dublettmethode). Die schon von *Aston* vermessenen Grunddubletts sind die Massenpaare $(^1H_2^+, \,^2D^+)$, $(^2D_3^+, \,^{12}C^{++})$ und $(^{12}C^1H_4^+, \,^{16}O^+)$, die bei den Massen 2, 6 und 16 liegen. Dazu braucht man noch Dispersionslinien (z.B. $^2D_2^+$ (A = 4), $^1H^+$ (A = 1), $^{12}CH_3^+$ (A = 15)), die die Rolle einer Masse m_0 spielen.

Auf der Fotoplatte registriert man dann z.B. 3 Linien: m_0 und das Dublett m_1, m_2 (Bild 1.8). Für die Auswertung muß man etwas über die allgemeine Abhängigkeit des Ortes auf der Platte von der Masse wissen. Beim Mattauch-Herzogschen Gerät ist diese quadratisch: Durch die Energieblende A_e (Bild 1.7) werden Teilchen eines gewissen Energiebereiches ausgeblendet. In dem anschließenden homogenen Magnetfeld durchlaufen die Teilchen einen Kreisausschnitt, dessen Radius bestimmt ist durch

$$\frac{mv^2}{r_0} = evB, \qquad r_0 = \frac{mv}{eB} = \frac{\sqrt{2m}}{eB}\sqrt{E}.$$

Die Massenskala auf der Fotoplatte ist also $r_0 \sim \sqrt{m}$ (sogenannte quadratische Skala; es gibt auch Geräte mit linearer Skala, die als vorteilhaft angesehen werden kann). Ist EF der Eichfaktor, d.h. $(EF)^2 \cdot m = r^2$, dann gilt bei einem Triplett

$$m_0 = \left(\frac{r_0}{EF}\right)^2, \quad m_2 = \left(\frac{r_2}{EF}\right)^2 = \frac{(r_0 + \Delta)^2}{(EF)^2}, \quad m_1 = \left(\frac{r_1}{EF}\right)^2 = \left(\frac{r_0 + \Delta - \delta}{EF}\right)^2$$

und damit

$$\frac{m_2 - m_1}{m_2} = 1 - \left(\frac{r_0 + \Delta - \delta}{r_0 + \Delta}\right)^2 = 1 - \left(1 - \frac{\delta}{r_0 + \Delta}\right)^2 = 1 - \left(1 - \frac{\delta}{\Delta}\frac{\sqrt{m_2} - \sqrt{m_0}}{\sqrt{m_2}}\right)^2.$$

Sicher ist $\frac{\delta}{\Delta} < 1$ und $(\sqrt{m_2} - \sqrt{m_0})/\sqrt{m_2} < 1$, d.h. m_2 und m_0 brauchen nicht sehr gut bekannt zu sein, um dennoch $m_2 - m_1$ mit guter Genauigkeit zu erhalten, und zwar in Masseneinheiten, in denen man auch m_1 mißt. Also kann man mit guter Genauigkeit aus den Abständen der Fotoplatte die Differenzen der Massendubletts ermitteln. Z.B. sei auf diese Weise gefunden

$$^1H_2^+ - {}^2D^+ = \alpha_1, \quad {}^2D_3^+ - {}^{12}C^{++} = \beta_1, \quad {}^{12}C^1H_4^+ - {}^{16}O^+ = \gamma_1,$$

oder mit Einführung der Standardmasse ^{12}C

$$2m(^1H) - m(^2D) = \alpha_1, \quad 3m(^2D) - \frac{1}{2} \cdot 12,000\,000 = \beta_1,$$

$$12,000\,000 + 4m(^1H) - m(^{16}O) = \gamma_1.$$

Aus diesen Gleichungen lassen sich die 3 Massen von ^1H, ^2D und ^{16}O in erster Näherung ermitteln. Man korrigiert nun die Massen der Dispersionslinien und fängt von vorne an. Das gibt eine zweite Näherung, usw. Nach wenigen Schritten hat man Zahlenwerte erreicht, die nicht mehr korrigiert werden müssen. Die weiteren Nuklidmassen schließt man an dieses System an.

Das Ergebnis aller solcher Messungen war, daß die relativen Nuklidmassen A_r (Nuklidmasse dividiert durch $\frac{1}{12} m(^{12}C)$) in der Nähe von ganzen Zahlen liegen, die gleich der Nukleonenzahl sind. Aus diesem Grund werden in den heute gebräuchlichen *Tabellen der Nuklidmassen* die ganzen Zahlen sämtlich weggelassen und nur noch die *Massenüberschüsse* (mass excess) angegeben, also $\Delta M_e = (A_r - A)\,u,$

$$^1H: 7,8250\,(\cdot 10^{-3}\,u), \quad {}^2D: 14,10179, \quad {}^{16}O: -5,08536.$$

Zusätzlich findet man in den Tabellen das Energieäquivalent dieses Massenüberschusses, ausgedrückt in keV oder MeV. In Tabelle 1.3 ist der Anfang der 1977 Massen-Tabelle wiedergegeben (*A. H. Wapstra, K. Bos,* Atomic Data and Nuclear Data Tables, **19** (1977) 175).

1.2.4 Bindungsenergie

Die letzte Spalte der Massentabelle enthält die Bindungsenergie des Nuklids. Es ist die Energie, die freigesetzt wird, wenn ein Nuklid der Nukleonenzahl A aus Z Wasserstoffmassen (also einschließlich der Elektronenmassen) und N Neutronen zu einem gebundenen Kern plus Elektronenhülle zusammengesetzt wird. Man berechnet die Bindungsenergie B aus dem *Massendefekt*

$$\Delta M = N\,m_n + Z\,m_H - M(Z, A),$$

indem man

$$B = \Delta M\,c^2$$

bildet. Da vollständige Atome verglichen werden, muß eigentlich noch die Bindungsenergie der Atomhülle berücksichtigt werden, wenn man die Nuklid-Bindungsenergie und Kernbindungsenergie unterscheiden will. Beim heutigen Stand der Meßtechnik kann die Hüllenbindungsenergie vernachlässigt werden, wie aus Tabelle 1.4 ersichtlich ist.

Tabelle 1.3 1977 Massen Tabelle (Massenüberschuß: ΔM_e)

N	Z	A	Element	$\dfrac{\Delta M_e c^2}{\text{MeV}}$	$\dfrac{\Delta M_e}{10^{-3}\,\text{u}}$	$\dfrac{\text{Bindungsenergie}}{\text{MeV}}$
1	0	1	N	8,07143	8,66497	
0	1		H	7,28903	7,82504	
1	1	2	D	13,13584	14,10179	2,22463
2	1	3	T	14,94994	16,04929	8,48196
1	2		He	14,93132	16,029	7,71818
3	1	4	H	25,920	27,8330	5,58
2	2		He	2,42494	2,60325	28,29599
4	1	5	H	33,790	36,27	5,79
3	2		He	11,390	12,22	27,410
2	3		Li	11,680	12,54	26,330
4	2	6	He	17,5970	18,8910	29,2668
3	3		Li	14,0873	15,1232	31,9941
2	4		Be	18,375	19,727	26,924
4	3	7	Li	14,9082	16,0045	39,2446
3	4		Be	15,770	16,9297	37,604
6	2	8	He	31,609	33,933	31,398
5	3		Li	20,9469	22,4872	41,2774
4	4		Be	4,9418	5,3051	56,500
3	5		B	22,9219	24,6075	37,7375
6	3	9	Li	24,9548	26,79	45,341
5	4		Be	11,3480	12,1825	58,1653
4	5		B	12,4161	13,3291	56,3148
6	4	10	Be	12,6076	13,5347	64,9772
5	5		B	12,0517	12,9380	64,7506
4	6		C	15,703	16,858	60,317
7	4	11	Be	20,176	21,660	65,480
6	5		B	8,6679	9,3053	76,2059
5	6		C	10,650	11,4331	73,4414
7	5	12	B	13,3695	14,3526	79,5757
6	6		C	0	0	92,1628
5	7		N	17,338	18,6130	74,0423
8	5	13	B	16,562	17,780	84,455
7	6		C	3,1250	3,35484	97,1092
6	7		N	5,3456	5,7387	94,1062
8	6	14	C	3,01992	3,24199	105,28573
7	7		N	2,86344	3,07401	104,65981
6	8		O	8,0083	8,5972	98,7325
9	6	15	C	9,8732	10,5993	106,5039
8	7		N	0,1015	0,10898	115,4932
7	8		O	2,8554	3,0654	111,9569
10	6	16	C	13,693	14,700	110,756
9	7		N	5,6816	6,0994	117,9845
8	8		O	−4,73702	−5,08536	127,6207
7	9		F	10,692	11,479	111,409
105	71	176	Lu	−53,381	−57,306	1418,402
143	92	235	U	40,9164	43,9252	1783,889

Tabelle 1.4 Nuklidbindungsenergie und Hüllenbindungsenergie

Nuklid	Nuklidbindungsenergie MeV	Hüllenbindungsenergie MeV
^{2}H	2,225	0,0000136
^{4}He	28,296	0,0000790
^{7}Li	39,245	0,000203
^{16}O	127,621	0,00204
^{35}Cl	298,20	0,01255
^{57}Fe	499,90	0,03459
^{176}Lu	1418,40	0,37
^{235}U	1783,889	0,69

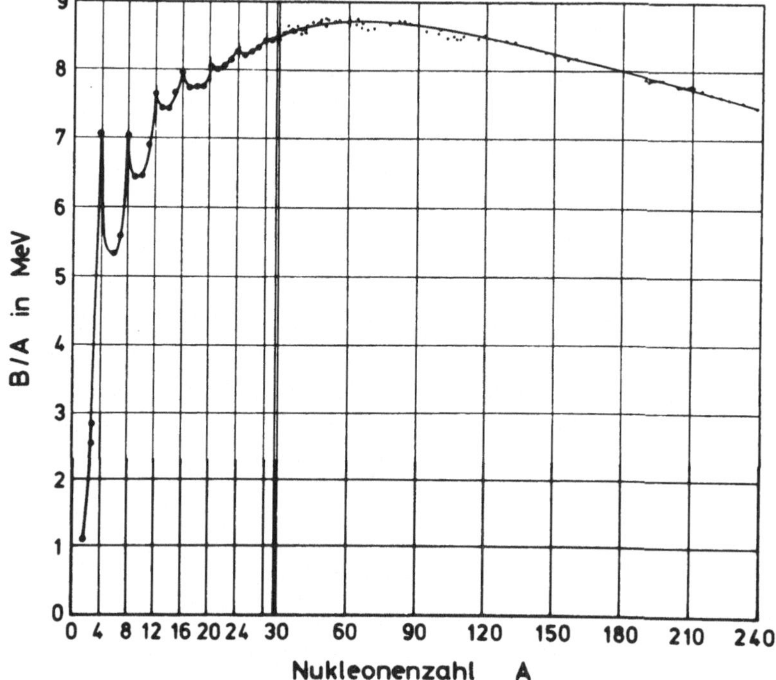

Bild 1.9 Bindungsenergie je Nukleon als Funktion der Nukleonenzahl (nach [34], ergänzt)

Ein besonders interessantes und wichtiges Datum ergibt sich, wenn man aus B die *Bindungsenergie pro Nukleon* berechnet, also

$$\frac{B}{A} = \frac{\Delta Mc^2}{A}.$$

Bild 1.9 gibt den Verlauf wieder. Man sieht, daß B/A gewisse Schwankungen aufweist, aber, und das ist wesentlich, daß man einen sinnvollen *Mittelwert von B/A* von ca. 8,0 MeV angeben kann. Sieht man von den langsamen und den schnellen Schwankungen der Bindungsenergie pro Nukleon ab, dann führt die konstante Bindungsenergie pro Nukleon zu dem Flüssigkeitstropfenmodell des Kerns (*N. Bohr*): Die kurze Reichweite der Kernkräfte führt zu einer Wechselwirkung der Nukleonen nur mit ihren nächsten Nachbarn.

Im kleinen gibt es durchaus beachtliche Schwankungen von B/A. Zum Beispiel ist bei ^{4}He B/A besonders groß, verglichen mit den Nachbarkernen, und das gleiche trifft zu bei A = 8, 12, 16 und weiteren Kernen. Man sieht, daß es besonders stark gebundene und auch weniger fest gebundene Kerne gibt. Erst eine tiefere Einsicht in die Kernstruktur gestattet es, diese Tatsache zu erklären. Aus Bild 1.9 folgt auch, daß die Spaltung schwerer Kerne mit Energiegewinn verbunden ist ebenso wie die Verschmelzung leichter Kerne (Kernspaltung und Kernfusion).

1.3 Energieschema, Separationsenergie, Energietönung

Wie in der Atomphysik ist auch hier die Aufzeichnung von Energie- oder Termschemata nützlich. Man kann dazu als Nullpunkt der Energie etwa den Zustand wählen, in dem der Kern vollständig in seine Bestandteile zerlegt ist. Beim Vergleich von Bindungsenergien muß man aber folgendes beachten. Die Bindungsenergie von ^{3}H (Tritium, T) ist z.B. 8,48196 MeV, die des isobaren Nachbarkerns ^{3}He ist 7,71818 MeV. Offenbar ist Tritium fester gebunden als ^{3}He. Bei diesem Vergleich ist aber die Ausgangsbasis verschieden, für T ist sie $1\,m_H + 2\,m_n$, für ^{3}He $2\,m_H + 1\,m_n$, und die Energien von Neutron und H-Atom unterscheiden sich um 782,24 keV. Das wird wie folgt berücksichtigt: In das Energieschema zeichnet man stets die Massenüberschüsse bzw. ihre Energieäquivalente ein. So enthält Bild 1.10 als Beispiel isobare Nuklide zur Nukleonenzahl A = 16. Sie sind einzuzeichnen

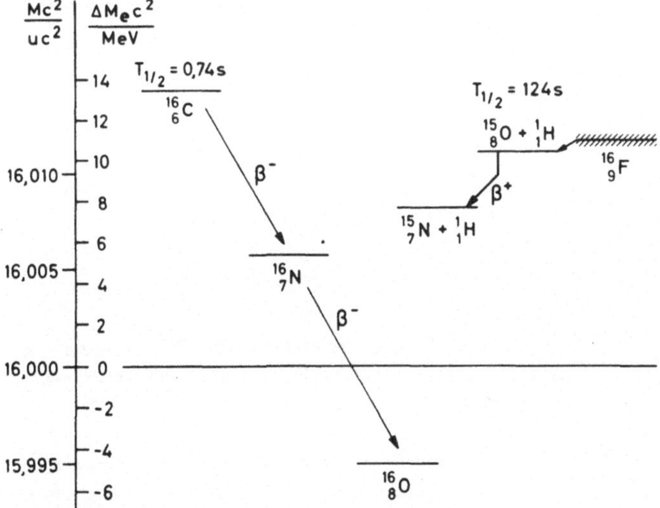

Bild 1.10 Energieschema der Grundzustände bei der Nukleonenzahl 16. ^{16}F ist instabil bezüglich Protonen-Emission. Zur Energetik beim β^+-Zerfall s. Abschnitt 4.

bei 16,013 (^{16}C), 16,005 (^{16}N), 15,995 (^{16}O) und 16,010 (^{16}F). Das Nuklid ^{16}O liegt also energetisch am tiefsten. Das bedeutet, daß eine spontane Kernumwandlung von ^{16}N zu ^{16}O möglich ist. Sie kann durch Elektronenemission aus dem Kern erfolgen (β-Zerfall; s. 4.4). Komplizierter liegen die Verhältnisse bei ^{16}F, worauf später eingegangen wird. Umgekehrt kann man offenbar aus β-Zerfallsenergien auch auf Bindungsenergie-Unterschiede schließen und damit Energieschemata aufbauen bzw. überprüfen. Man beachte: *Energieschemata sind Schemata der Nuklid-*, nicht der Kern-*Massen.*

In das Energieschema kann man ähnlich wie in der Atomphysik auch die *angeregten Zustände der Nuklide* einzeichnen (Bild 1.11). Heute sind bei den leicht zugänglichen Nukliden schon viele angeregten Zustände gefunden worden, und man hat vielen von ihnen, ähnlich wie in der Atomphysik, Quantenzahlen zuordnen können. Aufgabe der Theorie der Atomkerne ist es, diese Energieschemata aus einer Kenntnis der Kernkräfte zu erklären.

In das Energieschema können wir ferner die energetische Lage von Teilchengruppen einzeichnen, die zur gleichen Gesamt-Nukleonenzahl gehören. Bild 1.12 enthält eine solche Zusammenstellung zu A = 10.

Aus der Massentabelle ist die energetische Lage der angegebenen Konfigurationen zu entnehmen. In diesem Fall ist $^{10}_{5}$B die energetisch tiefste Konfiguration, ^{10}Be ist β-instabil (ebenso ^{10}C) und zerfällt zu ^{10}B. Die Konfigurationen oberhalb ^{10}B können sämtlich nicht „von selbst" entstehen. Es bedarf vielmehr der Zufuhr einer *Separationsenergie,* die aus dem Schema abgelesen werden kann. Umgekehrt wird beim Einfang zum Beispiel eines ^{3}He-Kerns im ^{7}Li-Kern und Bildung von ^{10}B diese Energie wieder frei und könnte etwa als Lichtquant abgestrahlt werden (sog. Einfang-γ-Strahlung).

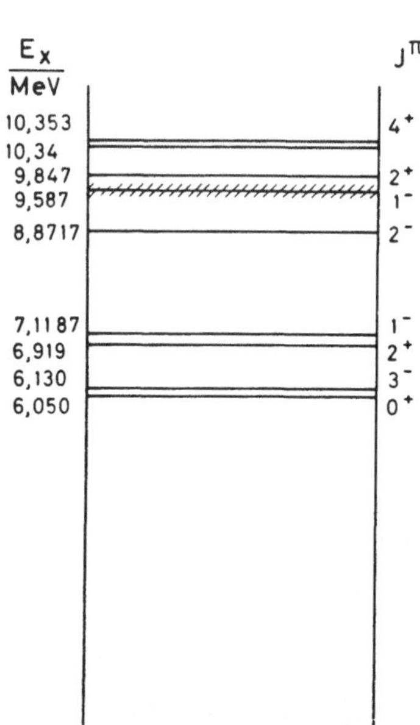

Bild 1.11

Ausschnitt aus dem Energieschema von ^{16}O. E_x Anregungsenergie, J Gesamtdrehimpulsquantenzahl des Kernzustandes, π seine Parität

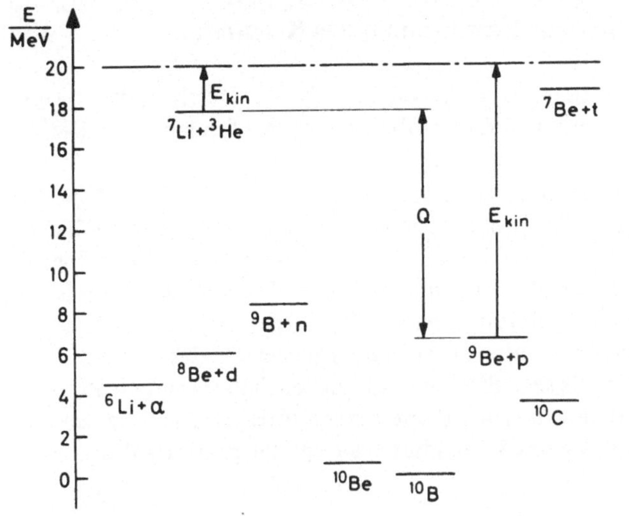

Bild 1.12
Energieschema isobarer 2-Teilchen-Gruppierungen bei A = 10

Aus Bild 1.12 kann man auch die *energetischen Beziehungen* bei *Kernreaktionen* ablesen. Beschießt man etwa ^{7}Li mit ^{3}He-Kernen einer bestimmten kinetischen Energie E_{kin}, dann hat das System den Energieinhalt, der durch die strich-punktierte Linie gegeben ist. Tritt eine Reaktion ein, bei der etwa die Gruppierung ^{9}Be + p entsteht, dann hat das Endsystem einen viel höheren Gehalt an kinetischer Energie, weil die *Reaktionsenergie Q* frei wird. In diesem Fall ist die Reaktion *exotherm*, die *Energietönung* ist positiv. In umgekehrter Richtung ist die Reaktion *endotherm*, man muß mindestens die Energie $E_{kin} = Q$ zur Verfügung haben, sonst kann die Reaktion nicht zu ^{7}Li + ^{3}He ablaufen. Die Reaktionsenergie wird durch den relativistischen Energiesatz definiert. Es ist zum Beispiel

$$m_{^7Li}c^2 + E_{kin}(^7Li) + m_{^3He}c^2 + E_{kin}(^3He) = m_{^9Be}c^2 + E_{kin}(^9Be) + m_{^1H}c^2 + E_{kin}(^1H)$$

also

$$[m_{^7Li} + m_{^3He} - (m_{^9Be} + m_{^1H})]c^2 = E_{kin}(^9Be) + E_{kin}(^1H) - (E_{kin}(^7Li)$$
$$+ E_{kin}(^3He)) = Q.$$

Der aus dem Massendiagramm ablesbare Energieunterschied Q findet sich als Bilanz der kinetischen Energien wieder (allgemeine Formulierung in Gl. (3.2)).

An dieser Stelle sieht man noch einen wichtigen Sachverhalt. Mißt man die Energien der beteiligten Teilchen, kennt man ferner wenigstens drei der beteiligten Massen, dann läßt sich die vierte Masse aus der Kernreaktionsenergie bestimmen. Auf diese Weise wurde zusätzlich zu den massenspektrographischen Massen ein ganzes Netz von verbindenden Q-Werten ermittelt, das zu den Massenwerten passen muß und experimentell geprüft werden kann.*)

---

*) Die Q-Werte verbinden die Massen durch lineare Gleichungen miteinander. Mit Hilfe weiterer Verknüpfungsgleichungen kann man auch Massen weit außerhalb des stabilen Bereiches vorhersagen, s. *G. T. Garvey, W. H. Gerace, R. L. Jaffe, J. Talmi*, Rev. mod. Phys. **41** (1969) 1, neuere Zusammenstellung s. *J. Jänecke*, Atomic Data and Nucl. Data Tables **17** (1976) 455.

1.4 Streuung schwerer Teilchen zur Bestimmung des Kernradius

Die Rutherfordsche Interpretation der Winkelverteilung von α-Teilchen, die an Gold gestreut wurden, war für die Erkenntnis über den Aufbau des Atoms fundamental. Die klassische Physik, die wir sogleich zur Ableitung der Rutherfordschen Streuformel benutzen werden, zeigt, daß die *großen* Ablenkwinkel zu *kleinerem* Minimalabstand der Stoßpartner gehören als die kleinen Ablenkwinkel. Es ist daher genau so fundamental, wenn beobachtet wird, daß von einem bestimmten Streuwinkel an Abweichungen vom Coulombschen Gesetz beobachtet werden: es wird bedeuten, daß die beteiligten Teilchen sich dann berühren, und daraus kann man den Kernradius bestimmen. Das Experiment ist ein klassisches Beispiel dafür, wie man unter Verwendung geeigneter Teilchen als Geschosse die Größe eines Objektes abtasten kann. Es sei dabei bemerkt, daß auch jedes andere atom- oder kernphysikalische Datum, welches zu seiner theoretischen Interpretation die Kenntnis des Kernradius benötigt, die Ermittlung des Kernradius aus Experimenten erlaubt.

1.4.1 Wirkungsquerschnitt

Da man Einzelprozesse weder bei Atomen noch Kernen verfolgen kann, so muß eine statistische Aussage als Maß für die Häufigkeit von Streu- und Reaktionsprozessen herangezogen werden. Man geht vom Experiment aus: in einer gewissen Entfernung vom „target" (engl., Zielscheibe) wird ein Teilchendetektor aufgestellt (Halbleiterdetektor, Zählrohr, usw., Bild 1.13). Mit ihm werden die Teilchen registriert, die gestreut werden. Insbesondere wird ihre Anzahl bestimmt, wenn ein Teilchenstrom von $\dot{n}$ Teilchen pro Sekunde auf das Target einfällt. Ist ΔZ die Zahl der in der Meßzeit Δt gezählten Teilchen, also $\dot{Z} = \Delta Z / \Delta t$ die *Zählrate,* dann besteht ein einfacher Zusammenhang zwischen $\dot{n}$ und $\dot{Z}$, wenn die Targetdicke Δx klein ist, ein Zählergebnis also nur von *einem* Wechselwirkungsprozeß herrührt. Man überträgt die Begriffsbildung Wirkungsquerschnitt aus der Gaskinetik auf Kernprozesse.

Ist $\dot{Z}$ die Zählrate im ganzen Raumwinkel 4π, dann ist $\dot{Z}/\dot{n}$ statistisch durch das Verhältnis von versperrter Fläche zu Gesamtfläche gegeben, also bei der Anzahldichte N des Targetmaterials

$$\frac{\dot{Z}}{\dot{n}} = \frac{\sigma N \, \Delta x \, A}{A} = \sigma N \, \Delta x = \frac{\Delta \dot{n}}{\dot{n}} \, , \tag{1.15}$$

wobei $\dot{Z}$ identisch ist mit der Anzahl der durch Streuung ausgeschiedenen Teilchen. Die Beziehung (1.15) enthält die *Definition des Wirkungsquerschnitts σ (WQ)* (cross section; Di-

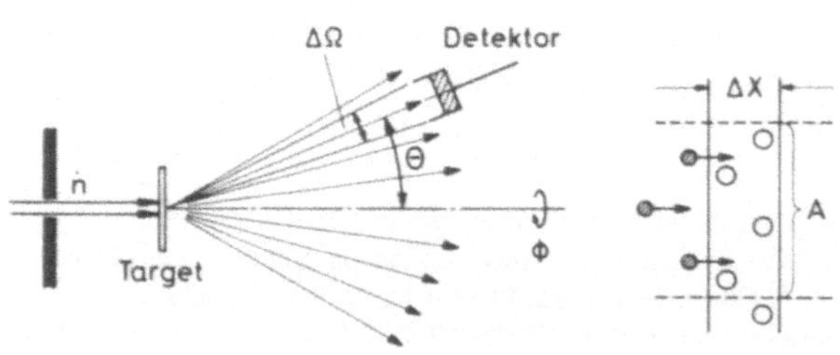

Bild 1.13
Zur Messung von Wirkungsquerschnitten

mension σ = dim (Fläche)). Die der Geometrie der Kerne angepaßte *Einheit* (Kernradius $\approx 10^{-12}$ cm) ist

$$1 \text{ barn} = 1 \text{ b} = 10^{-24} \text{ cm}^2.$$

Die Definition (1.15) kann man in die Beziehung umschreiben

$$\sigma = \frac{\Delta \dot{n}}{NA\,\Delta x} \frac{1}{\dot{n}/A}. \tag{1.16}$$

Die einfallende Stromdichte ist $\dot{n}/A$, und $\Delta\dot{n}/NA\,\Delta x$ ist das Verhältnis der Zahl der Streuprozesse zur Zahl der Kerne im Target (Streuwahrscheinlichkeit pro Kern pro Zeiteinheit).

Will man berücksichtigen, daß bei einer Aufstellung des Detektors an der durch die Winkel Θ und Φ gekennzeichneten Stelle nur ein Bruchteil der insgesamt gestreuten Teilchen gemessen wird, dann ergibt sich die Definition des *differentiellen WQ* (differential cross section) durch

$$\left.\frac{\Delta\dot{n}}{\dot{n}}\right|_{\Theta,\Phi} = N\,\frac{d\sigma}{d\Omega}\,\Delta\Omega\,\Delta x. \tag{1.17}$$

Es folgt daraus wiederum der gesamte WQ durch

$$\sigma = \int \frac{d\sigma}{d\Omega} \sin\Theta\, d\Theta\, d\Phi. \tag{1.18}$$

Aus Gl. (1.17) ergibt sich dim $\left(\frac{d\sigma}{d\Omega}\right)$ = dim $\left(\frac{\text{Fläche}}{\text{Raumwinkel}}\right)$. Die häufig benutzte Einheit ist 1 mb/sr. — Zwei Bemerkungen sind noch anzuschließen. Erstens sieht man vielen kernphysikalischen Streu- und Reaktionsproblemen an, daß $d\sigma/d\Omega$ unabhängig von Φ ist. Zweitens wird in der Kernphysik die Targetdicke fast ausnahmslos als Masse angegeben, die auf 1 cm^2 Fläche aufgeschichtet ist, genannt die *Massenbedeckung* d,

$$d = \text{Dichte} \cdot \text{Dicke} = \rho\,\Delta x,$$

häufig angegeben in g/cm^2 oder mg/cm^2.

1.4.2 Elastische Streuung im Coulomb-Feld (Rutherford-Streuung)

Wir rechnen im Laborsystem (Unterschied von Labor- und Schwerpunktsystem, s. 3.2) und nehmen die Masse M des Targetkerns als sehr groß gegen die des einfallenden Teilchens, m, an. Im Unendlichen starte das einfallende Teilchen mit der Geschwindigkeit v und habe dabei den *Stoßparameter b* (s. Bild 1.14). Es hat dann den Bahndrehimpuls L = mvb, dessen Größe während des Durchlaufens der Bahn konstant bleibt, weil die wirkende Kraft eine Zentralkraft ist. Die Bewegungsgleichungen lauten

$$m\ddot{r} = mr\dot{\varphi}^2 + \frac{1}{4\pi\epsilon_0}\frac{Z_1 Z_2 e^2}{r^2}, \tag{1.19}$$

$$\frac{d}{dt}(mr^2\dot{\varphi}) = 0, \quad mr^2\dot{\varphi} = \text{const.} = L = mvb. \tag{1.20}$$

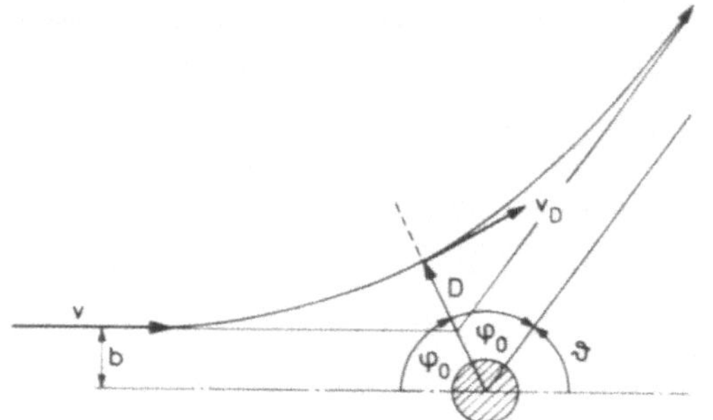

Bild 1.14

Ionenbahn im Coulombfeld. Stoßparameter b, Streuwinkel ϑ, kleinster Abstand der Stoßpartner D

Man setzt $\dot\varphi$ aus den Gln. (1.20) und (1.19) ein und erhält

$$\ddot r = \frac{L^2}{m^2 r^3} + \frac{1}{4\pi\epsilon_0}\frac{Z_1 Z_2 e^2}{mr^2},$$

oder mit

$$s = \frac{1}{r}\left(\dot r = -\frac{L}{m}s'\right) \quad \text{und} \quad s' = \frac{ds}{d\varphi},$$

$$s'' = -\left(s + \frac{1}{4\pi\epsilon_0}\frac{Z_1 Z_2 me^2}{L^2}\right).$$

Lösung ist

$$s = -\frac{1}{4\pi\epsilon_0}\frac{Z_1 Z_2 me^2}{L^2} + a_1\cos\varphi + a_2\sin\varphi.$$

Die Konstanten a_1 und a_2 werden aus den Randbedingungen ermittelt:

$$\varphi = 0, \quad s = 0 : a_1 = \frac{1}{4\pi\epsilon_0}\frac{Z_1 Z_2 me^2}{L^2},$$

$$\varphi = 0, \quad s' = -\frac{m}{L}\dot r\big|_0 = \frac{mv}{L} = \frac{1}{b} : a_2 = \frac{1}{b}.$$

Damit ist

$$s = \frac{1}{r} = \frac{1}{b}\left[\frac{1}{4\pi\epsilon_0}\frac{bZ_1 Z_2 me^2}{L^2}\cdot(\cos\varphi - 1) + \sin\varphi\right].$$

Die Größe s hat ein Maximum (r hat ein Minimum) bei dem Winkel φ_0, wo $s' = 0$, also

$$\frac{1}{4\pi\epsilon_0}\frac{bZ_1 Z_2 me^2}{L^2} = \frac{1}{\tan\varphi_0}, \tag{1.21}$$

woraus folgt

$$s = \frac{1}{b}\left[\frac{\cos\varphi - 1}{\tan\varphi_0} + \sin\varphi\right]. \tag{1.22}$$

Man sieht aus Gl. (1.22), daß s zwei Nullstellen hat, nämlich bei $\varphi = 0$ und bei

$$\frac{1 - \cos\varphi_1}{\tan\varphi_0} = \sin\varphi_1, \quad \varphi_1 = 2\,\varphi_0.$$

Dieser Wert bestimmt den *Umlenk-* oder *Streuwinkel*

$$\vartheta = \pi - \varphi_1 = \pi - 2\,\varphi_0, \quad \frac{\vartheta}{2} = \frac{\pi}{2} - \varphi_0,$$

und damit ergibt sich aus Gl. (1.21) der Zusammenhang

$$\tan\frac{\vartheta}{2} = \frac{e^2}{4\pi\epsilon_0}\,\frac{Z_1 Z_2}{b}\,\frac{1}{mv^2} = \frac{e^2}{4\pi\epsilon_0}\,\frac{Z_1 Z_2}{v}\,\frac{1}{L}. \tag{1.23}$$

Bei konstanter Geschwindigkeit ist der *Streuwinkel um so größer, je kleiner der Drehimpuls* ist: Zentrale Stöße ($L = 0$) führen zum größten Streuwinkel ($\vartheta = \pi$).

Beim Punkt der *größten Annäherung der Stoßpartner* ($s' = 0$) ist $\varphi = \varphi_0$, und für diesen Abstand D gilt

$$s_{max} = \frac{1}{r_{min}} = \frac{1}{D} = \frac{1}{b}\left[\frac{\cos\varphi_0 - 1}{\tan\varphi_0} + \sin\varphi_0\right] = \frac{1}{b}\,\frac{1 - \sin\frac{\vartheta}{2}}{\cos\frac{\vartheta}{2}}$$

oder

$$D = \frac{e^2}{4\pi\epsilon_0}\,\frac{Z_1 Z_2}{\frac{1}{2}mv^2}\,\frac{1 + \cos\varphi_0}{2\cos\varphi_0}. \tag{1.24}$$

Ist $\varphi_0 = \frac{\pi}{2}$ ($\vartheta = 0$), erfolgt also keine Umlenkung, dann ist, wie zu erwarten, $D = \infty$. Bei zentralen Stößen ($\varphi_0 = 0$) wird

$$D_{zentral} = \frac{e^2}{4\pi\epsilon_0}\,\frac{Z_1 Z_2}{\frac{1}{2}mv^2}. \tag{1.25}$$

Das ist aber genau der Umkehrpunkt, der sich aus der Gleichheit von kinetischer Energie und potentieller Energie im Coulombfeld ergibt.

Sind m und M die Massen der Stoßpartner, und ist v ihre Relativgeschwindigkeit (identisch mit der Geschwindigkeit von m im Laborsystem), so wird Gl. (1.23) im *Schwerpunktsystem* modifiziert zu

$$\tan\frac{\vartheta}{2} = \frac{1}{4\pi\epsilon_0}\,\frac{Z_1 Z_2 e^2}{b}\,\frac{1}{\frac{mM}{m+M}v^2} = \frac{1}{4\pi\epsilon_0}\,\frac{Z_1 Z_2 e^2}{v}\,\frac{1}{L}. \tag{1.26}$$

Ferner ist

$$D = \frac{e^2}{4\pi\epsilon_0}\,\frac{Z_1 Z_2}{E_a}\,\frac{m+M}{M}\,\frac{1 + \cos\varphi_0}{2\cos\varphi_0}, \tag{1.26a}$$

wobei E_a die kinetische Energie des einlaufenden Teilchens im Laborsystem ist.

Die *Rutherfordsche Streuformel* gibt die Häufigkeit an, mit der Streuung in dem Bereich $\Phi, \ldots, \Phi + d\Phi, \vartheta, \ldots, \vartheta + d\vartheta$ vorkommt (Φ siehe Bild 1.13). Der WQ ist damit identisch mit $d\sigma = d\Phi b\, db$, also einem Teil des Kreisrings zwischen den Radien b und b + db, d.h.

$$d\sigma = d\Phi b\,db = d\Phi\, \frac{e^2}{4\pi\epsilon_0}\, \frac{Z_1 Z_2}{mv^2}\, \frac{1}{\tan\frac{\vartheta}{2}}\, \frac{1}{2}\, \frac{1}{\sin^2\frac{\vartheta}{2}}\, d\vartheta\, \frac{e^2}{4\pi\epsilon_0}\, \frac{Z_1 Z_2}{mv^2} \tag{1.27}$$

$$= \frac{1}{2} d\Phi \left(\frac{e^2}{4\pi\epsilon_0}\, \frac{Z_1 Z_2}{mv^2}\right)^2 \frac{\cos\frac{\vartheta}{2}\, d\vartheta}{\sin^3\frac{\vartheta}{2}} = \frac{1}{4}\left(\frac{e^2}{4\pi\epsilon_0}\, \frac{Z_1 Z_2}{mv^2}\right)^2 \frac{\sin\vartheta\, d\vartheta}{\sin^4\frac{\vartheta}{2}}\, d\Phi,$$

und mit $d\omega = d\Phi \sin\vartheta\, d\vartheta$

$$\frac{d\sigma}{d\omega} = \frac{1}{16}\left(\frac{e^2}{4\pi\epsilon_0}\, \frac{Z_1 Z_2}{e_{kin}}\right)^2 \frac{1}{\sin^4\frac{\vartheta}{2}}. \tag{1.28}$$

Das ist die Rutherfordsche Streuformel, wobei e_{kin} die kinetische Energie im Schwerpunktsystem ist. Der WQ steigt in Vorwärtsrichtung außerordentlich steil an, tatsächlich ist dort eine Singularität, die bewirkt, daß der totale WQ

$$\sigma = \int \frac{d\sigma}{d\omega} \sin\vartheta\, d\vartheta\, d\varphi$$

gegen ∞ geht. Abhilfe ist dadurch möglich, daß man berücksichtigt, daß bei $\vartheta \to 0$ der Stoßparameter $b \to \infty$ geht. Es muß dann bedacht werden, daß das Kernfeld tatsächlich durch die Hüllenelektronen abgeschirmt wird. Es bedeutet, daß die Gl. (1.28) nur bis etwa $b \approx 10^{-8}$ cm die Wirklichkeit richtig wiedergibt.

Die Rutherfordsche Streuformel ist durch Experimente sehr gut bestätigt worden, s. Bild 1.15, und kann bei Messungen anderer Prozesse als Referenzprozeß genommen werden.

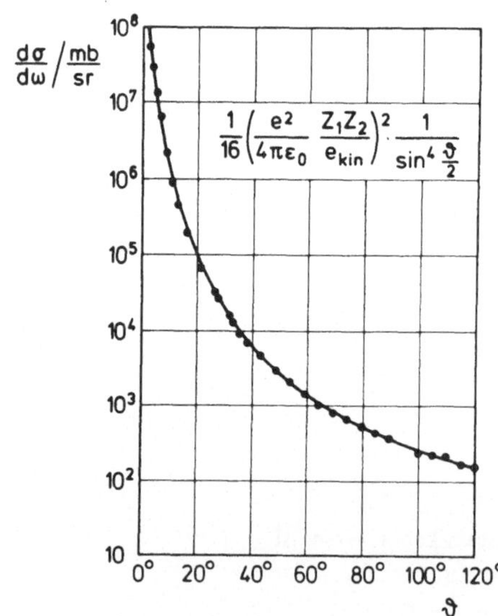

Bild 1.15

Differentieller Streu-WQ für die Streuung von ^{16}O (e_{kin} = 27 MeV) an Gold. [*D. A. Bromley, J. A. Kuehner, E. Almqvist*, Phys. Rev. **123** (1961) 878]

1.4.3 Abweichungen von der Rutherfordschen Streuformel

Sie lassen die *Wirkung der Kernkraft* erkennen und machen sich auf zwei Weisen bemerkbar: a) in der *Winkelverteilung* von einem bestimmten Winkel an, wo der Stoßparameter so klein ist, daß D gleich der Summe der Kernradien ist (streifende Stöße); b) in der *Energieabhängigkeit* des differentiellen WQ bei festem Streuwinkel.

In Bild 1.16 sind einige ältere Messungen der Streuung wiedergegeben. Mit wachsender Energie fällt der WQ zunächst proportional $(1/e_{kin})^2$ ab (s. Gl. (1.28)). Bei einer bestimmten Energie tritt ein deutliches Abweichen vom Rutherford-WQ auf. — Eine Besonderheit kommt bei *zwei gleichen Stoßpartnern* (^{12}C-^{12}C, ^{16}O-^{16}O) hinzu: Der Detektor kann zwischen einlaufenden Teilchen und Target-Teilchen nicht unterscheiden, man erwartet eine um 90° symmetrische Winkelverteilung, wie sie auch in Bild 1.17 zutage tritt. Die

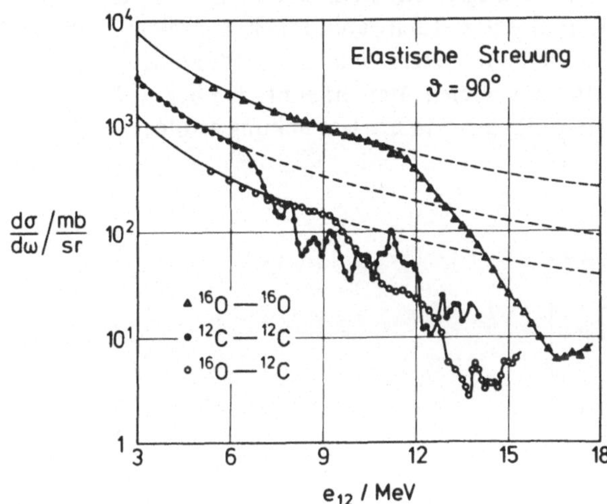

Bild 1.16
Differentieller Streu-WQ für Streuung einiger leichter Ionen. Literatur s. Bild 1.15. Die Messungen sind bis zu e_{kin} = 88 MeV fortgesetzt worden [*M. L. Halbert, C. B. Fulmer, S. Raman, M. J. Saltmarsh, A. H. Snell, P. H. Stelson,* Phys. Lett. **51** B (1974) 341]

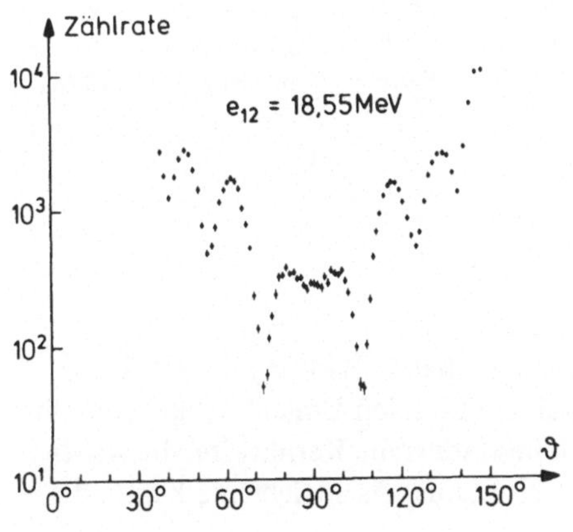

Bild 1.17
Elastischer Streu-WQ für Streuung ^{12}C-^{12}C [*E. Emling, J. C. Merdinger, R. Nowotny, D. Pelte, G. Schrieder, W. Weidenmaier,* Jahresbericht Max Planck Institut für Kernphysik 1971]

Welligkeit um eine mittlere Kurve herum ist eine Folge wellenmechanischer Interferenz-
effekte. Der Verlauf des Streu-WQ wird durch die *Mottsche Streuformel* beschrieben

$$\frac{d\sigma}{d\omega} = \frac{1}{16}\left(\frac{e^2 Z^2}{4\pi\epsilon_0 e_{kin}}\right)^2 \left\{\frac{1}{\sin^4\frac{\vartheta}{2}} + \frac{1}{\cos^4\frac{\vartheta}{2}} + 2\frac{(-1)^{2s}}{2s+1}\cdot\frac{\cos\left(\kappa\ln\tan^2\frac{\vartheta}{2}\right)}{\sin^2\frac{\vartheta}{2}\cos^2\frac{\vartheta}{2}}\right\}. \quad (1.29)$$

Darin ist s der Spin der beteiligten Teilchen der Ladung Ze. Zum Beispiel s = 0 für ^{12}C.
Die Größe κ ist der *Sommerfeld-Parameter*,

$$\kappa = \frac{1}{137}Z^2\frac{c}{v}, \quad (1.30)$$

wobei v die Relativgeschwindigkeit der Stoßpartner und c die Lichtgeschwindigkeit ist. Insbesondere bei schweren Ionen kann κ groß sein (10 bis 100), und damit wird bei schweren
Ionen die Welligkeit besonders ausgeprägt [66].

Die Messung der *Energieabhängigkeit* des differentiellen Streu-WQ bei festem Streuwinkel ist besonders im Rahmen der Kernphysik mit schweren Ionen in großem Umfang
aufgenommen worden. Das Bild 1.18 enthält ein Meßergebnis für die Streuung von Kr-
Ionen an Bi bei zwei verschiedenen Einschußenergien. Man erkennt, daß bei niedrigen
Energien bei Kernberührung (Abfall des WQ) eine stärkere Umlenkung erfolgen muß als
bei höheren Energien.

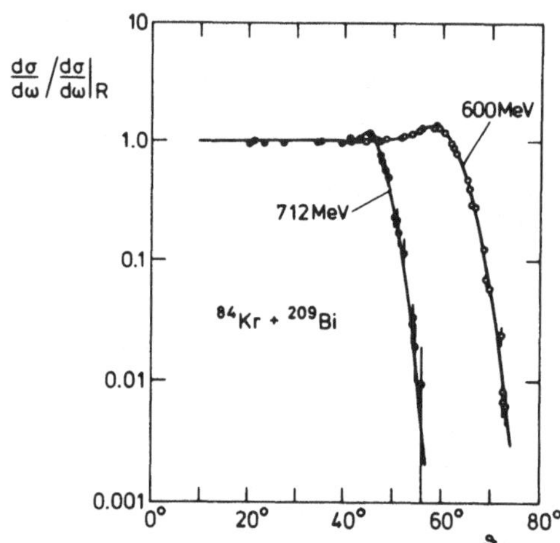

Bild 1.18
Winkelabhängigkeit des Streu-WQ von Kr-Ionen
an Wismut bei 2 verschiedenen Labor-Energien.
Aufgetragen ist das Verhältnis von Streu-WQ
zu Rutherford-Streu-WQ. [*J. R. Birkelund,
J. R. Hiuzenga, H. Freiesleben, K. L. Wolf, J. P.
Unik, V. E. Viola*, jr., Phys. Rev. **13** C (1976)
133]

1.4.4 Ablenkungsfunktion

Die diskutierten Streu-WQ hatten als Basis die abstoßende Wirkung der Coulomb-
Kraft. Die klassische Mechanik kann die Teilchenbahnen und den Umlenkwinkel auch für
allgemeinere Kräfte angeben, und hier interessieren besonders die Kernkräfte, die sicher
von einem bestimmten Abstand an (nämlich dem Kernradius) als anziehende Kräfte die

Oberhand gewinnen. Solange immer noch Zentralkräfte wirken, ist der Drehimpuls eine Konstante der Bewegung. Mit allgemeinem Potential ist der Umlenkwinkel

$$\vartheta = \pi - 2b\sqrt{E} \int_{r_{min}}^{\infty} \frac{dr}{r^2 \sqrt{E - V(r) - \frac{Eb^2}{r^2}}} \; , \qquad (1.31)$$

worin $V(r)$ das Potential ist und E die Energiekonstante (Einschußenergie, im Schwerpunktsystem e_{kin}). Das effektive Potential ist damit

$$V_{eff}(r) = V(r) + \frac{Eb^2}{r^2} = V(r) + \frac{L^2}{2\,mr^2} \; . \qquad (1.32)$$

Der letzte Term $L^2/2\,mr^2$ stammt aus der Zentrifugalkraft und wird daher das *Zentrifugalpotential* genannt. Es ist instruktiv, die vollständige Berechnung wenigstens für ein Potential auszuführen. Dazu wurde gewählt

$$V(r) = \frac{\alpha}{r} - \frac{\beta}{r^2} , \alpha, \beta > 0. \qquad (1.33)$$

Der 1. Term entspricht dem Coulomb-Potential, der 2. Term sollte ein anziehendes Potential symbolisieren. Mit $\alpha = 1,44$ MeV fm $Z_1 Z_2$, $Z_1 = Z_2 = 20$, ($\alpha = 576$ MeV fm) und $\beta = 1459$ MeV fm^2 ergeben sich für verschiedene Stoßparameter und $E = 100$ MeV die in Bild 1.19 gezeichneten Verläufe des effektiven Potentials.

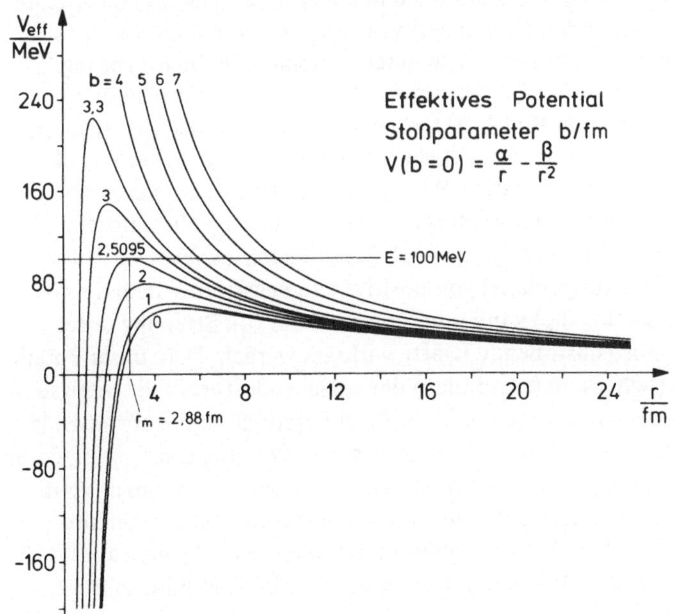

Bild 1.19 Effektives Potential der Wechselwirkung zweier Teilchen gemäß Gl. (1.33)

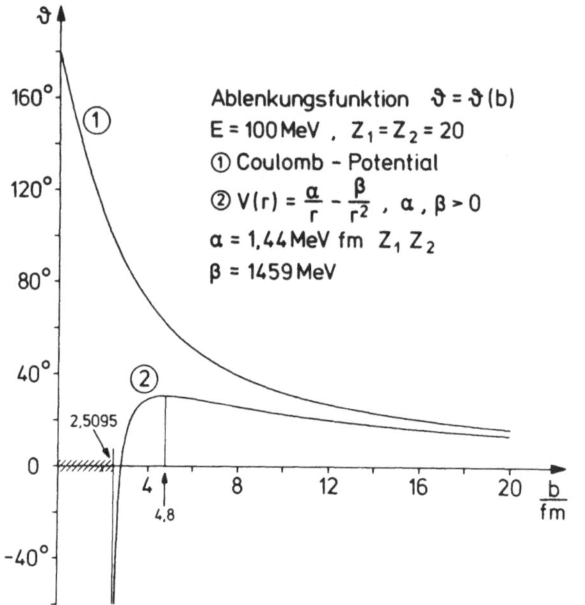

Bild 1.20

Ablenkungsfunktionen als Funktion des Stoßparameters

Bei großem Stoßparameter ($b \geq 3{,}82$ fm) ist das Gesamtpotential vollständig abstoßend, darunter ist es teils abstoßend ($r > r_m$), teils anziehend ($r < r_m$). Von großen Stoßparametern herkommend erhält man daher zunächst Ablenkwinkel, die wachsende Abweichungen von der Coulomb-Streuung zeigen. Die anziehenden Kräfte werden bei fallendem b stärker wirksam und unterhalb $b = b_g = 2{,}5095$ fm sind sie so stark, daß das einlaufende Teilchen nicht mehr aus dem anziehenden Bereich entweichen kann, klassisch spiralt es nach innen. Bei dem Grenzwert $b = b_g$ kommt es zu einer stationären Bahn ("orbiting") des einlaufenden Teilchens. Trägt man ϑ als Funktion von b auf, so gewinnt man die *Ablenkungsfunktion* $\vartheta = \vartheta(b)$. Sie ist in Bild 1.20 für das Potential (1.33) aufgezeichnet. Die Ablenkungsfunktion wird besonders in der Schwer-Ionenphysik sowie in der Physik der Atomstöße als Diskussionshilfsmittel benutzt. Wir bemerken hier noch einige wichtige Sachverhalte. 1. Bei reiner Coulomb-Streuung (punktförmige Ladungen) ohne anziehende Kräfte ist ϑ für alle b positiv: $\vartheta = 2 \arctan (D_{zentral}/2b)$. 2. Sind auch anziehende Kräfte wirksam, dann schwenkt der Ablenkungswinkel von positiven zu negativen Winkeln hinüber. 3. Das Innere des Potentials ($b > b_g$) kann nur dann an Hand von Streuung untersucht werden, wenn im Innern noch abstoßende Kräfte wirksam werden. D. h. unser Potential (1.33) ist insoweit unrealistisch, es muß im Innern der anziehende Term z.B. wenigstens einen „konstanten Boden" haben, dann sorgt das Zentrifugal-Potential für die abstoßende Kraft. 4. Ein r_{min} in der Gl. (1.31) kann nur für solche effektive Potentiale auftreten, deren Maximum größer als E ist, letztmalig, wenn es zum "orbiting" kommt. 5. Wie man sieht, sind noch bei großen Stoßparametern beträchtliche Abweichungen von der Rutherford-Streuung vorhanden. D. h. der anziehende Potentialteil klingt nicht schnell genug ab. 6. Der Streu-WQ läßt sich aus der Ablenkfunktion berechnen. Da $d\sigma = d\Phi\, b\, db$, so ist

$$\frac{d\sigma}{d\omega} = \left| \frac{b}{\sin \vartheta} \frac{db}{d\vartheta} \right|. \tag{1.34}$$

Besondere Verhältnisse treten demnach auf, wenn bei endlichem Stoßparameter der Streuwinkel $\vartheta = -\pi, -2\pi$: das wird *glory*-Streuung genannt und findet in der Nähe des orbiting statt. Der Punkt $d\vartheta/db = 0$ (in Bild 1.20 bei $b = 4{,}8$ fm) führt zur *Regenbogenstreuung* mit hohem WQ.

    Wir brechen hier die Diskussion ab, weil nach der Berührung zweier Kerne ganz neue Prozesse auftreten, die die Annahme eines Potentials nicht sinnvoll erscheinen lassen.

1.4.5 Experimentelle Ergebnisse

    Will man aus experimentellen Daten den Kernradius entnehmen, dann muß aus der Stelle des Abweichens des WQ von σ_R zunächst D berechnet werden (Gl. (1.24)). Setzt man $D = R_1 + R_2$ und mißt diese Größe als Funktion der Nukleonenzahlen der beteiligten Partner, dann läßt sich R als Funktion der Nukleonenzahl ermitteln. Eine gewisse Schwierigkeit ist dabei, daß man den genauen Punkt der Abweichung von σ_R nicht eindeutig definieren kann, sondern immer eine gewisse Bewertungsfreiheit hat. Man nimmt häufig $\sigma/\sigma_R = 0{,}25$. Aus dem Verlauf des WQ hat man zudem zu schließen, daß die Kerne keinen scharfen Rand haben. So kommt es, daß man heute versucht, den ganzen Verlauf des WQ zunächst mit einer wellenmechanischen Theorie zu erklären. In dieser wird neben dem Coulomb-Potential ein weiteres, empirisch zu bestimmendes stark anziehendes Potential der Kern-WW eingeführt, in welchem ein Radius als Parameter enthalten ist, der das Einsetzen der Kern-WW bestimmt. Dieses Potential hat häufig die Form

$$V = -V_0 \left(1 + e^{\frac{r-c}{a}}\right)^{-1} \tag{1.35}$$

und ist als *Saxon-Woods-Potential* bekannt. V_0 ist von der Größenordnung 50 MeV und kann in einem weiten Bereich variieren. Einigermaßen konstant ist aber $c = (1{,}0 \dots 1{,}4)$ $A^{1/3}$ fm und $a = 0{,}5 \dots 0{,}7$ fm. So hat sich ergeben (vgl. Ziff. 1.5), daß in guter Näherung für die Kernradien gilt

$$R = r_0 A^{1/3}, \tag{1.36}$$

wobei r_0 der aus den Experimenten zu bestimmende Radiusparameter ist, der durchaus selbst noch (etwas) von A abhängen kann, er liegt zwischen 1,0 und 1,4 fm. In allen Überlegungen nimmt man aber die $A^{1/3}$-Abhängigkeit als Hauptergebnis der Untersuchung an.

    Mit der Proportionalität des Kernradius mit $A^{1/3}$ ergibt sich, daß das *Kernvolumen proportional zur Nukleonenzahl* A ist. Daraus folgt, daß die *Dichte der Kernmaterie* konstant ist für alle Kerne. Das stützt die in Ziff. 1.2.4 angeführte Hypothese, daß der Kern als Flüssigkeitströpfchen behandelbar ist. Die Kernmateriedichte hat den typischen Wert

$$\rho = \frac{A \cdot 1{,}66 \cdot 10^{-27}\,\text{kg}}{\frac{4}{3}\pi r_0^3 A} = 1{,}44 \cdot 10^{15}\,\frac{\text{g}}{\text{cm}^3}.$$

Sie ist größer als irgendeine bekannte irdische Materiedichte.

1.5 Streuung von Elektronen zur Bestimmung des Kernradius

Wenn man Einzelheiten der räumlichen Ausdehnung der Kerne erfahren will, insbesondere Einzelheiten der Verteilung der elektrischen Ladung, so eignet sich dafür besonders die Streuung von schnellen Elektronen, denn ihre WW mit dem Kern ist im wesentlichen die Coulombkraft. Die Ion-Ion-Streuung führt über die Kern-WW zu einer Vielzahl von Streu- und Reaktionsprozessen, so daß man mit schweren Teilchen als Sonden bei elastischer Streuung nur den Kernrand abtasten kann. Elektronen-Streuexperimente sind erstmals von *Hofstadter* 1953 in Stanford (USA) ausgeführt worden und haben besondere Anerkennung durch Verleihung des Nobel-Preises gefunden.

1.5.1 Streuformel und Formfaktor

Bei der Elektronenstreuung entsteht die Frage, ob man ähnlich wie bei der Nukleon-Nukleon-Streuung von Teilchenbahn und Stoßparameter sprechen kann. Das wird geprüft, indem man die de Broglie-Wellenlänge der Teilchen berechnet und sie mit der Ausdehnung der zu untersuchenden Objekte vergleicht. Es ist

$$\frac{\lambda}{2\pi} = \lambdabar = \frac{\hbar}{p} = \frac{\hbar c}{pc} = \frac{\hbar c}{\sqrt{W^2 - m_0^2 c^4}} \approx \frac{\hbar c}{W} \tag{1.37}$$

für Elektronen, deren Energie W groß gegenüber der Ruhenergie (0,511 MeV) ist. Bei einigen 100 MeV Energie ist die Wellenlänge hinreichend klein, um den in klassischer Rechnung, jedoch mittels der *relativistischen Mechanik* berechneten WQ als korrekt annehmen zu können. Die Rutherfordsche Streuformel für spinlose Streupartner lautet in relativistischer Form

$$\frac{d\sigma}{d\omega} = \frac{1}{4} \left(\frac{e^2}{4\pi\epsilon_0} Z_1 Z_2 \frac{W}{W^2 - m_0^2 c^4} \right)^2 \frac{1}{\sin^4 \frac{\vartheta}{2}}, \tag{1.38}$$

und es ist

$$\tan\frac{\vartheta}{2} = \frac{e^2}{4\pi\epsilon_0} \frac{Z_1 Z_2}{b} \frac{1}{E_{kin}} \frac{1 + m_0 c^2/E_{kin}}{1 + 2 m_0 c^2/E_{kin}}. \tag{1.39}$$

Für die *Streuung von Elektronen*, also Teilchen mit *Spin $\frac{1}{2}$ an spinlosen Teilchen* gilt die *Mottsche Streuformel*

$$\frac{d\sigma}{d\omega} = \frac{1}{4} \left(\frac{Ze^2}{4\pi\epsilon_0 m_0 c^2} \right)^2 \frac{1-\beta^2}{\beta^4} \frac{1}{\sin^4 \frac{\vartheta}{2}} \left(1 - \beta^2 \sin^2 \frac{\vartheta}{2} \right), \quad \text{für} \quad \frac{Z}{137} \ll 1. \tag{1.40}$$

Bei schnellen Elektronen ist $\beta \approx 1$, und damit entsteht aus Gl. (1.40)

$$\frac{d\sigma}{d\omega} = \frac{1}{4} \left(\frac{Ze^2}{4\pi\epsilon_0 W} \right)^2 \frac{\cos^2 \frac{\vartheta}{2}}{\sin^4 \frac{\vartheta}{2}} = \left(\frac{d\sigma}{d\omega} \right)_{\text{Rutherford}} \cos^2 \frac{\vartheta}{2}. \tag{1.41}$$

Die Beziehung gilt im Schwerpunktsystem und zeigt, daß der Streu-WQ immer kleiner ist als derjenige nach der Rutherfordschen Streuformel.

Wenn $Z/137$ nicht klein gegen 1 ist, dann benutzt man besser die Formel

$$\frac{d\sigma}{d\omega} = \frac{1}{4}\left(\frac{Ze^2}{4\pi\epsilon_0 W}\right)^2 \frac{\cos^2\frac{\vartheta}{2}}{\sin^4\frac{\vartheta}{2}}\left[1 + \frac{\pi Z}{137}\frac{\sin\frac{\vartheta}{2}\left(1-\sin\frac{\vartheta}{2}\right)}{\cos^2\frac{\vartheta}{2}}\right]. \tag{1.42}$$

Sie stellt den Anfang einer Reihenentwicklung nach Potenzen von $Z/137$ dar. Bei schweren Kernen mit hoher Ladung müssen weitere Glieder hinzugefügt werden.

Alle angegebenen Beziehungen gehen von zwei punktförmigen Stoßpartnern aus. Bei *ausgedehnten Targetkernen* lautet die Streuformel dagegen

$$\frac{d\sigma}{d\omega} = \frac{1}{4}\left(\frac{Ze^2}{4\pi\epsilon_0 W}\right)^2 \frac{\cos^2\frac{\vartheta}{2}}{\sin^4\frac{\vartheta}{2}}\left|\int\limits_{\substack{\text{Kern-}\\\text{volumen}}} \rho(\vec{r})\, e^{i\vec{q}\vec{r}}\, d\vec{r}\right|^2. \tag{1.43}$$

Streuung erfolgt bei einer ausgedehnten Ladungsverteilung $\rho(\vec{r})$ an jedem Ladungselement, und zwar kohärent, so daß die Gesamtamplitude mit den Methoden der Wellenmechanik phasenrichtig zusammengesetzt werden muß, ähnlich wie bei der Röntgen-Streuung an einem Kristall. Es ist dabei $\hbar\vec{q}$ die Impulsänderung der einlaufenden Elektronen (s. Bild 1.21),

$$\vec{q} = (\vec{p}_1 - \vec{p}_0)\frac{1}{\hbar}, \qquad q = |\vec{q}| = \frac{2W}{\hbar c}\sin\frac{\vartheta}{2} = \frac{2}{\lambda}\sin\frac{\vartheta}{2} \tag{1.44}$$

beim elastischen Stoß an schweren Teilchen, d.h. im Schwerpunktsystem ($|\vec{p}_1| = |\vec{p}_0|$).

Führt man anstelle von $e^{i\vec{q}\vec{r}}$ die Reihenentwicklung

$$e^{i\vec{q}\vec{r}} = 1 + iqr\cos\vartheta' - \frac{q^2 r^2}{2}\cos^2\vartheta' + -$$

ein und integriert über $\varphi'\,(0\ldots2\pi)$ und $\vartheta'\,(0\ldots\pi)$, dann entfallen alle imaginären Terme, und es bleibt

$$\frac{d\sigma}{d\omega} = \frac{1}{4}\left(\frac{Ze^2}{4\pi\epsilon_0 W}\right)^2 \frac{\cos^2\frac{\vartheta}{2}}{\sin^4\frac{\vartheta}{2}}\left\{\int\limits_0^\infty \rho(r)\frac{\sin qr}{qr}4\pi r^2\, dr\right\}^2,$$

oder

$$\frac{d\sigma}{d\omega} = \frac{1}{4}\left(\frac{Ze^2}{4\pi\epsilon_0 W}\right)^2 \frac{\cos^2\frac{\vartheta}{2}}{\sin^4\frac{\vartheta}{2}}|F|^2. \tag{1.45}$$

Man nennt

$$F = \frac{4\pi}{q}\int\limits_0^\infty r\rho(r)\sin qr\, dr \tag{1.46}$$

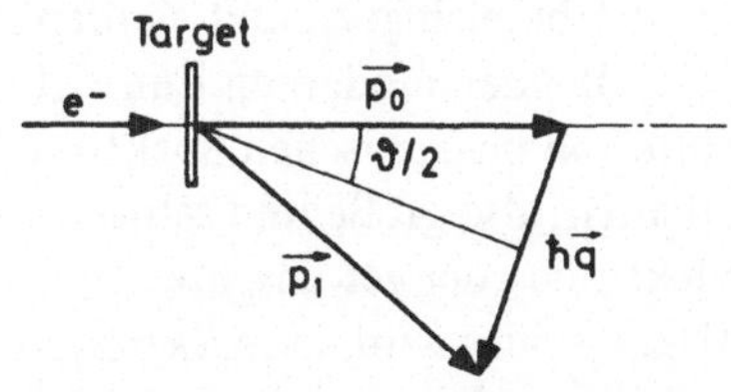

Bild 1.21 Skizze zur Berechnung der Impulsänderung eines Elektrons

den *Formfaktor der Ladungsverteilung* des untersuchten Kerns. Diese Größe läßt sich anschaulich deuten. Man führt in Gl. (1.46) die Reihenentwicklung für sin qr ein und erhält

$$F = \frac{4\pi}{q} \int\limits_0^\infty \rho(r) \left[qr - \frac{q^3 r^3}{3!} + \frac{q^5 r^5}{5!} - + \dots \right] r \, dr$$

$$= 4\pi \int\limits_0^\infty \rho(r) r^2 \, dr - \frac{4\pi}{3!} q^2 \int\limits_0^\infty \rho(r) r^4 \, dr + \frac{4\pi}{5!} q^4 \int\limits_0^\infty \rho(r) r^6 \, dr - + \dots$$

Die Gesamtladung des Kerns ist $Ze = Ze \int \rho(r) r^2 \, dr \sin\vartheta \, d\vartheta \, d\varphi = 4\pi Ze \int \rho r^2 \, dr$, d.h. $\rho(r)$ ist „auf 1 normiert". Infolgedessen ist

$$F = 1 - \frac{q^2}{3!} \langle r^2 \rangle + \frac{q^4}{5!} \langle r^4 \rangle - + \dots \tag{1.47}$$

Der Formfaktor gibt also im Prinzip gewisse Mittelwerte (Momente) über die Ladungsverteilung, die aus den experimentellen Ergebnissen erschlossen werden müssen. Erst daraus kann man die Verteilungsfunktion $\rho(r)$ der Ladung im Kern bestimmen. Diese Umkehrung erfordert eine hohe Meßgenauigkeit der Primärdaten. Daher geht man häufig so vor, daß man Probeannahmen über $\rho(r)$ macht und ermittelt, ob das Meßergebnis mit dieser Annahme im Einklang steht (s. Ziff. 1.5.3). Auftragung von F als Funktion von q^2 liefert als Anfangsneigung $\langle r^2 \rangle / 6$. Daher sind auch Messungen mit kleinem Impulsübertrag wichtig.

1.5.2 Energiespektrum und Winkelverteilung der gestreuten Elektronen

Elektronen der gewünschten Energie werden entweder in Zirkularbeschleunigern (Betatron, Synchrotron) oder Linearbeschleunigern hergestellt. Sie verlassen als Elektronenbündel den Beschleuniger und werden mit Hilfe von magnetischen Linsen fokussiert und mittels Umlenkmagneten zu den Meßstellen des Laboratoriums gebracht. Die zu bestrahlende Materie (Target) wird in den Strahl gebracht, gewöhnlich in einer Dicke, daß noch kein merklicher Energieverlust auftritt, um mit möglichst scharfer Energie arbeiten zu können. Der Elektronenstrahl wird dann nach Durchgang durch das Target in möglichst großer Entfernung davon in einem massiven Stück Materie (Faraday-cup) durch Abbremsung vernichtet. Dabei entsteht eine erhebliche Röntgenstrahlung, gegen die der Experimentierbereich geschützt werden muß.

Bei den modernen Einrichtungen erfolgt die Messung der gestreuten Elektronen mit Hilfe von magnetischen Spektrometern (Ziff. 1.2.1), die mit Umlenkradien von 1 bis 2 m arbeiten, also große und schwere Geräte sind. Das Magnetfeld wird so eingestellt, daß die Elektronen der gewünschten Energie das Spektrometer passieren, durch Veränderung des Magnetfeldes wird das *Elektronenspektrum* gemessen. Eine *Winkelverteilung* wird gemessen, indem das ganze Spektrometer um das Target herumgeschwenkt wird.

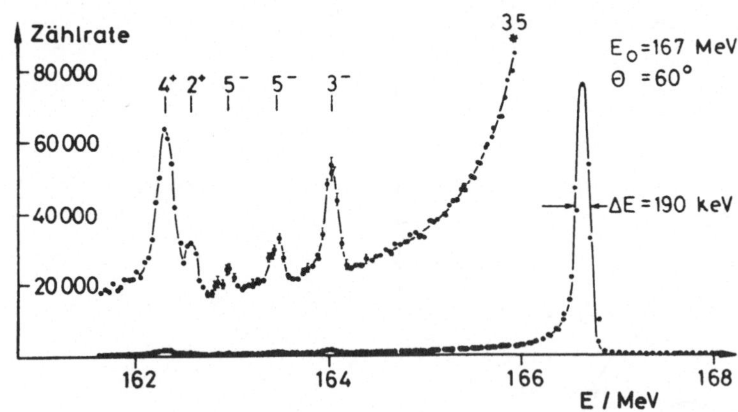

Bild 1.22 Energiespektrum der Elektronen, die an einem ^{208}Pb-Target gestreut wurden; nach [38]

Bild 1.22 enthält ein Elektronen-Energiespektrum, wie es durch Streuung von 167 MeV Elektronen an ^{208}Pb unter einem Winkel von 60° gemessen wurde. Man erkennt, daß die elastisch gestreuten Elektronen eine Linie von nur 190 keV Breite darstellen. Diese hohe Energieschärfe der elastischen Linie ist notwendig, wenn man auch noch Spektroskopie der inelastisch gestreuten Elektronen betreiben will (kernphysikalisch: elektrische Anregung des Atomkerns). In Bild 1.22 sind mehrere solcher inelastischen Linien enthalten, die zu Anregungsenergien von ^{208}Pb gehören. Setzt man die Messung des Spektrums nach kleineren Energien fort, so ist das Auftreten der elastischen Streuung an den einzelnen Protonen des Kerns zu erwarten und schließlich eine Linie, die der Mesonenerzeugung entspricht. Diese Teile des Spektrums zu messen erfordert sowohl hohen Strahlstrom wie höhere Energie der primären Elektronen.

Bild 1.23 enthält die Winkelverteilung der elastisch gestreuten Elektronen an ^{40}Ca und ^{48}Ca. Die Auftragung zeigt, daß der Streu-WQ in einem riesigen Bereich gemessen werden konnte und daß dabei deutliche, charakteristische Minima des WQ gefunden wurden. Wie weit man experimentell solche Messungen ausführen kann, hängt wesentlich auch von der zur Verfügung stehenden Energie ab. Nach Gl. (1.44) ist der übertragene Impuls, abgesehen von der Winkelfunktion bestimmt durch das Verhältnis $2W/\hbar c$. Zahlenwerte sind ca. 4 fm^{-1} bei W = 400 MeV. Es kommt dann noch auf das Produkt von q mit den Kerndimensionen an (Radius). Für Pb, wo der Radius etwa 7 fm ist, ergibt sich qR zu 28, das ist rund 9π.

1.5.3 Ladungsverteilung und Formfaktor

Der einfachste Fall ist die *Punktladung* $\rho(\vec{r}) = \delta(\vec{r})$: dann ist F = 1. — Zweitens nehmen wir an, daß die *Ladung* in einer *dünnen Schale am Kernrand* konzentriert ist, also $\rho(r) = \rho_0\,\delta(r - R)$. Die Konstante ρ_0 folgt aus der Normierung zu $\rho_0 = 1/(4\pi R^2)$.

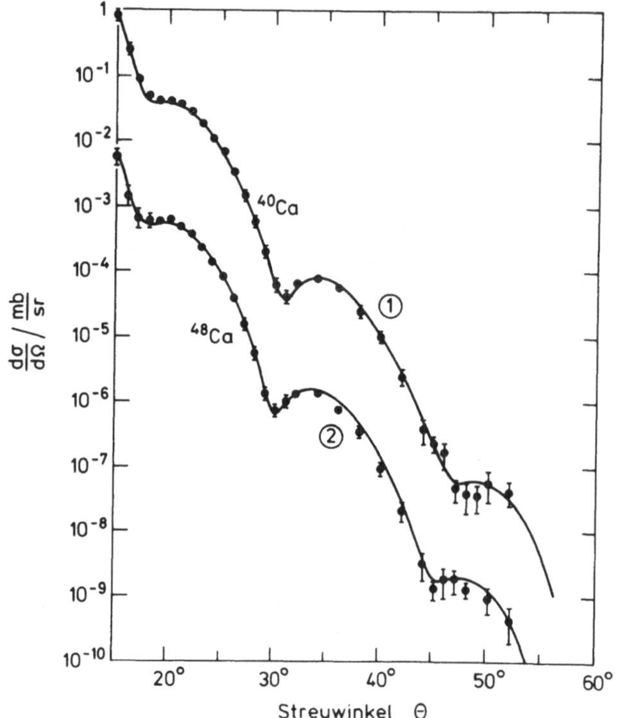

Bild 1.23
Winkelverteilung elastisch gestreuter Elektronen von 750 MeV Energie. Kurve 1: Streuung an ^{40}Ca, Kurve 2: Streuung an ^{48}Ca. Die Kurven fallen weit auseinander, weil die Meßergebnisse bei 1 mit dem Faktor 10 multipliziert, bei 2 durch 10 dividiert wurden, nach [5]

Damit gewinnt man

$$F = \frac{4\pi}{q} \int_0^\infty \frac{r}{4\pi R^2} \, \delta\,(r - R)\,\sin qr\,dr = \frac{1}{qR}\,\sin qR. \tag{1.48}$$

Der Verlauf ist in Bild 1.24 aufgezeichnet, ebenso der von F^2. Die letztere Größe ist für die Winkelverteilung bestimmend, wie aus Gl. (1.45) ablesbar ist. Da der WQ insgesamt mit wachsendem Winkel stark abfällt, wählt man für den WQ meist die logarithmische Auftragung, wobei natürlich tiefe Minima sichtbar werden, wo F^2 den Wert null hat (Bild 1.25). Die Nullstellen liegen in dem gewählten Beispiel bei $qR = (n + 1)\,\pi$, $n = 0, 1 \ldots$ Das bedeutet

$$qR = (n + 1)\,\pi = \frac{2R}{\lambda}\,\sin\frac{\vartheta}{2},$$

d.h. der WQ verschwindet bei bestimmten Winkeln, und das entspricht genau dem Verlauf der experimentellen Daten von Bild 1.23. Die Auffüllung der Minima ist durch die endliche experimentelle Auflösung verursacht, sowie dadurch, daß die Wirklichkeit nicht genau mit dem Modell übereinstimmt.

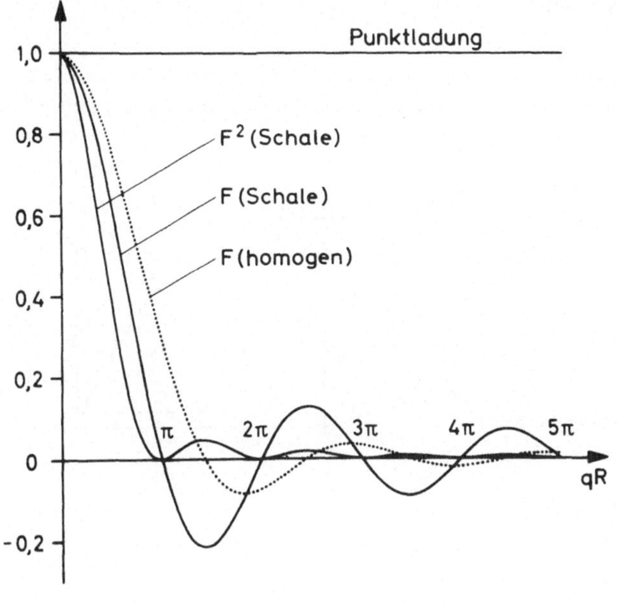

Bild 1.24
Formfaktoren für die Elektronenstreuung für zwei verschiedene Annahmen über die Ladungsverteilung im Kern

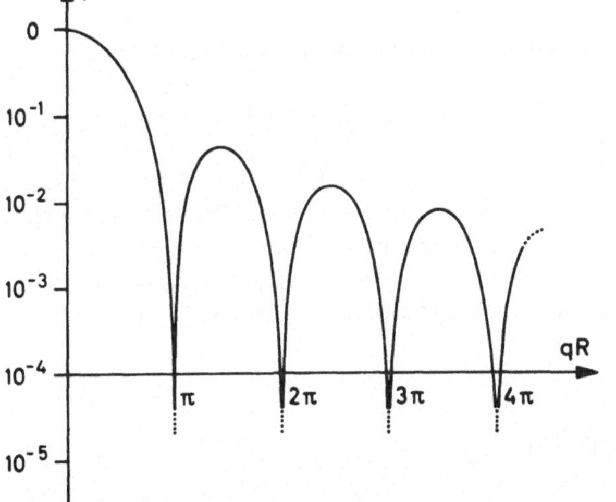

Bild 1.25
Formfaktor in logarithmischer Darstellung für eine auf dem Rand konzentrierte Ladungsverteilung

Drittens ist bei der *homogenen Ladungsverteilung* im Kern der Formfaktor

$$F = \frac{3}{(qR)^3} (\sin qR - qR \cos qR). \tag{1.49}$$

Wir haben auch ihn in Bild 1.24 zum Vergleich eingetragen. Jetzt liegen die Nullstellen bei $\tan qR = qR$, also kurz vor $qR = \frac{\pi}{2}, \frac{3\pi}{2}, \ldots$. Sie liegen etwa in der Mitte zwischen denjenigen der auf dem Rand konzentrierten Ladung (dünne Ladungsschale).

1.5.4 Experimentelle Ergebnisse [3,30]

Die Ladungsdichte wird in erster Näherung in einem gewissen Bereich um das Zentrum homogen sein und dann zum Rand hin abfallen. Für die Analyse der experimentellen Ergebnisse hat sich die zwei-parametrige Ladungsdichteverteilung (sog. *Fermi-Verteilung*) bewährt (Bild 1.26)

$$\rho(r) = \frac{\rho_F}{1 + e^{\frac{r-c}{a}}}. \qquad (1.50)$$

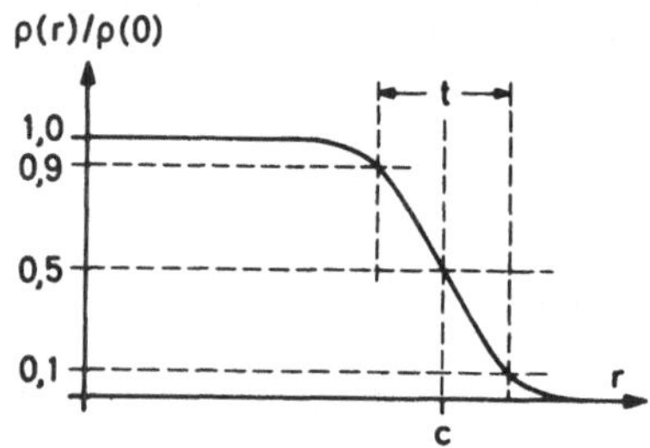

Bild 1.26
Fermi-Ladungsverteilung im Kern

Darin ist $\rho(c) = 0,5\,\rho_F$, und es ist die Randdicke (thickness) $t = 4a \ln 3 \approx 4,4a$; a wird wieder "diffuseness" genannt, wie ja diese Verteilung dem Saxon-Woods-Potential ähnlich ist (Ziff. 1.4.5). Die Normierung von ρ auf 1 führt zu

$$\rho_F = \frac{3}{c^3}\left(1 + \pi^2\,\frac{a^2}{c^2}\right)^{-1} \qquad (1.50a)$$

für $c/a \gg 1$. Neuerdings hat man offengelassen, ob im Zentrum die Ladungsdichte ab- oder stärker zunimmt. Daher benutzt man

$$\rho(r) = \rho_0\left(1 + w\,\frac{r^2}{c^2}\right)\left[\exp\frac{r^n - c^n}{a^n} + 1\right]^{-1} \qquad (1.51)$$

und bestimmt aus den experimentellen Daten neben c und a auch w. Man vergleicht auch, ob $n = 1$ oder ein anderer Wert besser zu den experimentellen Daten paßt. In den meisten Fällen kommt man mit $n = 1$ aus. Die Größe von a ist praktisch unabhängig von der Nukleonenzahl A, während c der Beziehung folgt $c = (1,07 \pm 0,02)\,A^{1/3}$, ferner $t = (2,4 \pm 0,3)\,\text{fm}$, unabhängig von A. Siehe auch Tabelle 1.5.

Tabelle 1.5 Parameter der Kernladungsdichte
gemäß Gl. (1.51), [3]

Kern	n	$\dfrac{c}{\text{fm}}$	$\dfrac{a}{\text{fm}}$	w	$\dfrac{\langle r^2 \rangle^{1/2}}{\text{fm}}$
^{4}He	1	1,008	0,327	0,445	1,71
^{12}C					2,453
^{16}O	1	2,608	0,513	$-0,051$	2,73
^{40}Ca	1	3,67	0,585	$-0,09$	3,50
^{90}Zr	2	4,44	2,53	0,3	4,27
^{142}Nd	1	5,61	0,59	0,096	4,92
^{208}Pb	1	6,4	0,542	0,140	5,42

Wenn man allein aus dem Mittelwert von r^2, also $\langle r^2 \rangle$, die Werte von c und t bestimmen will, braucht man Zusatzannahmen, weil aus der Verteilungsfunktion (für große c/a) folgt

$$\langle r^2 \rangle = \frac{3}{5} (c^2 + 1,19\, t^2). \tag{1.52}$$

Es ist daher üblich geworden, c, t-Diagramme zu zeichnen, die zum gleichen $\langle r^2 \rangle$ führen.

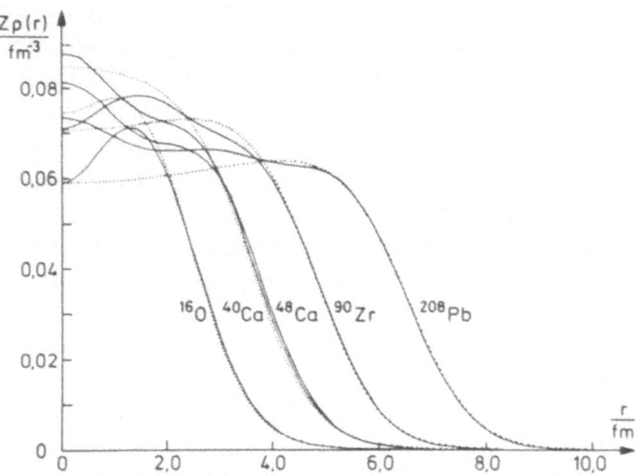

Bild 1.27 Einige durch Elektronenstreuung ermittelte Ladungsverteilungen im Kern, nach [3], [30]. Die ausgezogenen Verläufe folgen aus Rechnungen mit der Hartree-Fock-Methode, die anderen gehören zu Anpassungen an experimentelle Streudaten.

In Bild 1.27 sind einige Meßergebnisse zusammengestellt, aus denen hervorgeht, daß im Kerninnern durchaus verschiedene Dichteverteilungen gefunden werden, je nach dem untersuchten Kern. In neuester Zeit versucht man, systematisch die Verteilungsfunktionen für aufeinander folgende Isotope eines Elementes zu messen (s. Bild 1.23), und kann damit Änderungen der Kerngestalt finden, wie sie durch Einbau einzelner Nukleonen erzeugt werden. Auch ist es gelungen, Schalenabschlüsse der Nukleonenkonfigurationen aufzufinden.

Auch für Neutron und Proton wurden Ladungsverteilungen und mittlere quadratische Radien $\sqrt{\langle r^2 \rangle}$ gemessen. Für einzelne Nukleonen kann man sinnvoll für die Dichtefunktion eine einfache Exponentialfunktion zugrundelegen, $\rho(r) = \rho_0 \exp(-r/\alpha) = \exp(-r/\alpha)/(8\pi\alpha^3)$, und erhält damit den Formfaktor

$$F = \frac{1}{(1 + (\alpha q)^2)^2} \tag{1.53}$$

sowie $\langle r^2 \rangle = 12\,\alpha^2$. Für das Proton fand man für den mittleren quadratischen Radius 0,8 fm. Für das Neutron muß man Messungen an Deuterium auswerten. Man fand praktisch den gleichen Radius von 0,8 fm, d.h. im Neutron ist elektrische Ladung vorhanden! Die Erklärung für die endlichen „elektrischen Radien" der Nukleonen erfolgt mit der Mesonentheorie der Kernkraft (Ziff. 2.12).

1.6 Atomphysikalische Methoden zur Bestimmung des Kernradius

Die Physik der Atomhülle (Elektronenzustände, Strahlungsemission) kommt in der Regel völlig mit der Annahme punktförmiger Atomkerne aus. Bei hoher Genauigkeit in der Bestimmung der Lage von Spektrallinien zeigt sich jedoch, daß geringe Niveauverschiebungen, die von der endlichen Ausdehnung des Kerns herrühren, ausgemessen und mit einer Theorie verglichen werden können. Die endliche Ausdehnung wird sich dann stark bemerkbar machen, wenn das Hüllenelektron nahe an den Kern herankommt (hohe Aufenthaltswahrscheinlichkeit am oder im Kern). Das trifft besonders für die s-Elektronen (Bahndrehimpuls $l = 0$) zu. Andere, schwerere Teilchen, die negativ geladen sind, halten sich im Mittel noch näher am Kern auf. Daher ist die experimentelle und theoretische Untersuchung solcher exotischen Atome besonders interessant. Hier sollen die Myon-Atome behandelt werden, weil über sie das umfangreichste Material vorliegt, [77].

Alle sog. Elementarteilchen mit endlicher Ruhmasse (vgl. Tabelle 1.1) sind wesentlich schwerer als das Elektron. Sie müssen sämtlich mit Hochenergie-Beschleunigern (einige 100 MeV Energie) erzeugt werden. Läuft der hochenergetische Protonenstrahl eines Synchrozyklotrons auf ein festes Target (z.B. Be), so findet mit einer gewissen Wahrscheinlichkeit mit den Neutronen des Targets die Reaktion statt

$$p + n \rightarrow p + p + \pi^-,$$

wenn die Protonenenergie einen Wert von rund 280 MeV ($= 2 \times$ Ruhenergie des Pions) übersteigt (zu Reaktionsenergie und Einschußenergie s. Ziff. 3.2). Die Pionen zerfallen im Flug unter Freisetzung von 34 MeV Energie in Myon und (Myon-)Antineutrino,

$$\pi^- \rightarrow \mu^- + \bar{\nu}_\mu.$$

Die mittlere Lebensdauer ist $2,6 \cdot 10^{-8}$ s, es wird dabei also noch ein Weg von einigen Metern zurückgelegt. Bei dieser Verfahrensweise ist der Teilchenimpuls der Myonen $p \approx 150$ MeV/c. Ihre kinetische Energie berechnet man mit Hilfe der relativistischen Energieformel:

$$W = \sqrt{p^2 c^2 + m_\mu^2 c^4} = m_\mu c^2 + E_{kin}.$$

Mit Hilfe magnetischer Spektrometer präpariert man sich aus dem Teilchenstrahl die μ^--Komponente heraus. Läßt man diesen Strahl auf ein Materiestück einfallen, so werden die Myonen abgebremst und am Ende ihrer Reichweite schließlich von Atomen des „Absorbers" eingefangen, wodurch sich das μ-Atom bildet. Aus Gründen der Meßtechnik trennt man häufig Bremsung und Einfang, indem man zunächst in auswählbaren Materialien die Hauptabbremsung, und nur die Restbremsung und den Einfang in der interessierenden Materialprobe vornimmt (sie kann dann eine kleine Probenmenge sein). Die Bildung von μ-Atomen wird nachgewiesen, indem man ihr „Atomspektrum" mit Hilfe von Strahlungsdetektoren hohen Auflösungsvermögens untersucht (Ge(Li)-Detektoren).

1.6.1 Die stationären Zustände bei punktförmigem Kern

Aus der Atomhüllenphysik übertragen wir die gesuchten Beziehungen. Die Kernladung sei Z, die Kernmasse M, die Masse des Hüllenteilchens m. Die Teilchenbahnen sind in klassischer Rechnung Ellipsen mit den Halbachsen

$$a_n = n^2\, a_0\, \frac{1}{Z}, \quad b_{nl} = n\,(l+1)\, a_0\, \frac{1}{Z}$$

und dem Bohrschen Radius

$$a_0 = \frac{4\,\pi\,\epsilon_0\,\hbar^2\,c^2}{e^2\,mc^2}\;.$$

Für Elektronen ist $a_0 = 0{,}529 \cdot 10^{-8}$ cm. Für die schwereren Teilchen der Tabelle 1.1 ist a_0 wesentlich kleiner, für Myonen

$$a_{0,\mu} = \frac{m_e}{m_\mu}\, a_{0,e} = \frac{0{,}511}{105{,}7}\, a_{0,e} = 4{,}84 \cdot 10^{-3}\, a_{0,e} = 256\ \mathrm{fm}.$$

In allen Zuständen mit niedrigen Quantenzahlen halten sich die Teilchen weit *innerhalb* der K-Schale der Elektronenhülle auf. Daraus folgt, daß man von einer Abschirmung des Kern-Coulomb-Feldes durch die Hüllenelektronen absehen kann. Auf der anderen Seite wird bei hohen Quantenzahlen ein Myon eine Bahn durchlaufen, die zum K-Elektron gehört. Das ist der Fall, wenn

$$a_{0,e} = n^2\, a_{0,\mu}, \quad \text{also} \quad n = \sqrt{\frac{m_\mu}{m_e}} \approx 14.$$

Die Geschwindigkeit des Teilchens der Masse m in der Kreisbahn der Quantenzahl $n\,(l = n-1)$ ist

$$v_n = r\dot{\varphi} = \frac{mr^2\,\dot{\varphi}}{mr} = \frac{n\hbar}{mr} = \frac{Z}{n}\,\frac{e^2}{4\,\pi\,\epsilon_0}\,\frac{1}{\hbar}\,,$$

oder

$$\frac{v_n}{c} = \frac{Z}{n}\,\frac{e^2/4\,\pi\,\epsilon_0}{\hbar c} = \frac{1}{137}\,\frac{Z}{n}\;.$$

Sie ist unabhängig von der Masse der Teilchen und von der Größenordnung c/137 bei leichten Kernen.

Die Energie der Quantenzustände ist ohne Berücksichtigung von Korrekturen nur durch die Hauptquantenzahl bestimmt,

$$E_n = -\frac{1}{2}\,\frac{mc^2}{(\hbar c)^2}\left(\frac{e^2}{4\,\pi\,\epsilon_0}\,Z\right)^2\frac{1}{n^2}, \tag{1.54}$$

also $|E_{n,\mu}| = \frac{m_\mu}{m_e} |E_{n,e}| = 210{,}5 \, |E_{n,e}|$. Z.B. in der Mitte des Periodensystems (Z = 50), und bei n = 1,

$$E_{1,\mu} \, (Z = 50) = -13{,}6 \cdot 2500 \cdot 210{,}5 \; eV = -7{,}15 \; MeV$$

und

$$E_{2,\mu} \, (Z = 50) = -1{,}8 \; MeV.$$

Strahlungsemission von n = 2 nach n = 1 führt also in der Tat auf die sehr hoch-energetische Strahlung der Quantenenergie von 5,35 MeV.

Eine wesentliche Korrektur betrifft in der Atomhülle die Berücksichtigung der magnetischen Spin-Bahn-Wechselwirkung: Das umlaufende Teilchen erzeugt ein Magnetfeld, in welchem sich das magnetische Moment des Teilchens einstellt. Die zugehörigen Quantenzahlen sind $j = l + 1/2$ und $j = l - 1/2$, die die Feinstruktur der Zustände bestimmen. Diese Feinstruktur-WW ist hier ebenfalls wesentlich vergrößert. Das erzeugte Feld ist

$$\vec{H} = \frac{Ze}{4 \pi mr^3} \vec{l} \, ,$$

und die Spin-Bahn-WW ist dann (mit dem magnetischen Moment $\mu = \mu_0 \, e\hbar/2m$)

$$E_{sl} = g_s \frac{1}{4} Z \left(\frac{\hbar c}{mc^2} \right)^2 \frac{e^2}{4 \pi \epsilon_0} \frac{\langle \vec{s} \cdot \vec{l} \rangle}{\hbar^2} \left\langle \frac{1}{r^3} \right\rangle .$$

Da $\left\langle \frac{1}{r^3} \right\rangle \sim m^3$, so ist

$$E_{sl,\mu} = \frac{m_\mu}{m_e} E_{sl,e} \tag{1.55}$$

und liegt im Bereich von 200 ... 500 keV bei schweren Elementen.

1.6.2 Berücksichtigung der Ausdehnung des Kerns

Die räumliche Verteilung des Teilchens um den Atomkern herum wird durch die Wellenfunktion (Zustandsfunktion) beschrieben. Wir geben davon einige zu den am tiefsten liegenden Zuständen an (nicht-relativistische Näherung, $x = Zr/na_0$):

$$1s: \; R_{nl}(x) = R_{10}(x) = 2e^{-x},$$

$$2s: \; \frac{1}{\sqrt{2}} (1 - x) \, e^{-x}, \qquad 2p: \; \frac{1}{\sqrt{6}} x \, e^{-x}$$

$$3s: \; \frac{2}{\sqrt{27}} \left(1 - 2x + \frac{2}{3} x^2 \right) e^{-x} \quad 3p: \; \frac{8}{9\sqrt{6}} x \left(1 - \frac{x}{2} \right) e^{-x} \quad 3d: \; \frac{4}{9\sqrt{30}} x^2 e^{-x}$$

$$4s: \; \frac{1}{4} \left(1 - 3x + 2x^2 - \frac{1}{3} x^3 \right) e^{-x}$$

Hinzu kommen noch die winkelabhängigen Anteile, so daß

$$\Psi_{n\,lm}\,(\vec{r}) = \left(\frac{Z}{a_0}\right)^{3/2} R_{n\,l}\,(x)\, Y_l^m\,(\vartheta,\varphi).$$

Sämtliche s-Zustände sind kugelsymmetrisch und geben maximales $|\Psi|^2$ am Kernmittelpunkt. Im übrigen klingen die radialen Anteile im wesentlichen mit Z/na_0 ab. Da Myonen sich nahe am Kern aufhalten, so hat man bei ihnen zu berücksichtigen, daß der Kern nicht punktförmig ist. Eine erste Verbesserung der Termlage gewinnt man mit der Annahme, daß der Kern eine homogen geladene Kugel ist. Das Coulomb-Potential muß dann in bekannter Weise vom Kernrand an durch einen parabelförmigen Verlauf ersetzt werden (Bild 1.28), Ladungsdichte-Kurve ①, Potentialverlauf ①′; bei nicht-homogener Dichte, Verlauf ②, erhält man eine weitere Korrektur, ②′. Der allgemeine Ausdruck für die Coulomb-WW zwischen den Protonen des Kerns, die ein Potential φ_K erzeugen und der elektrischen Ladungswolke der Dichte $\rho_e\,(r)$ der Hülle ist

$$E_C = e \int \rho_e\,(r)\,\varphi_K\,(r)\,4\,\pi\,r^2\,dr \tag{1.56}$$

bei angenommener Kugelsymmetrie des Problems. Zunächst ist dabei φ_K das Potential der Punktladung. Wird es um $\Delta\varphi_K$ abgeändert, dann ist

$$\Delta E_C = \int_0^R e\rho\,(r)\,\Delta\varphi_K\,(r)\,4\,\pi\,r^2\,dr. \tag{1.57}$$

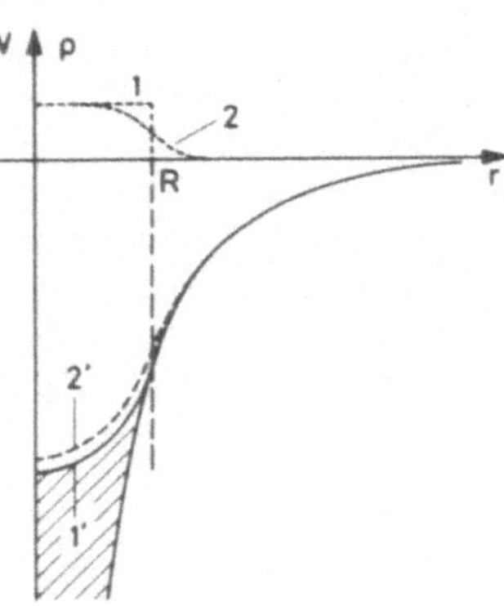

Das entspricht dem schraffierten Bereich in Bild 1.28. Bei homogen geladenem Kern ist im Bereich $0 \le r \le R$ (nur darauf kommt es an)

$$\varphi_K\,(r) = \frac{Ze}{4\,\pi\,\epsilon_0}\,\frac{1}{2R}\,\left(3 - \frac{r^2}{R^2}\right),$$

und daher

$$\Delta E_C \approx |\Psi\,(0)|^2\,\frac{Ze^2}{4\,\pi\,\epsilon_0}\,\frac{4\,\pi\,R^2}{10}. \tag{1.58}$$

Bild 1.28 Verläufe des elektrischen Potentials bei nicht-punktförmigem Kern

Das „$\approx$" folgt daraus, daß $|\Psi\,(0)|$ als konstant angenommen wurde. Tatsächlich wird es sich über den Kern hinweg nur wenig ändern. Damit liegt das Verhältnis dieser Effekte wie folgt

$$\frac{\Delta E_C\,(\mu)}{\Delta E_C\,(e)} = \frac{|\Psi_\mu\,(0)|^2}{|\Psi_e\,(0)|^2} = \left(\frac{a_{0,e}}{a_{0,\mu}}\right)^3 = \left(\frac{m_\mu}{m_e}\right)^3 = \left(\frac{105,7}{0,511}\right)^3 = 9 \cdot 10^6. \tag{1.59}$$

Man bekommt also eine ganz enorme Verstärkung des sogenannten *Kernvolumen-Effektes*, und genau dies ermöglicht die Ausmessung von Kernradien.

1.6.3 Experimentelle Ergebnisse

Wir beschreiben zunächst den zeitlichen Ablauf des μ-Einfangs. Die Abbremsung in dem Absorber vor dem eigentlichen Target erfolgt in etwa 10^{-13} s. Diese Zeit ist kurz gegenüber der Lebensdauer des Myons. Im Target, und von einer Energie von etwa 2 keV an, hat das Myon eine so kleine Geschwindigkeit, daß es in obere Myonenbahnen (ebenfalls in etwa 10^{-13} s) eingefangen wird. Von n = 14 ab kann es dann im eigenen Termschema durch Quantensprünge Energie abgeben (führt bei großem n meist zu *Auger*-Effekt an der Elektronenhülle), im unteren Bereich des Termschemas kommt es in der Hauptsache zu Strahlungsemission. Im tiefsten Zustand zerfällt das Myon ($\mu^- \rightarrow e^- + \bar{\nu}_e + \nu_\mu$)*), oder es wird im Kern eingefangen gemäß $p + \mu^- \rightarrow n + \nu_\mu$ (Einfangzeit etwa 0,4 $\frac{82}{Z}$ μs; wegen der Instabilität des μ-Atoms kann man also nur *ein*-Myon-Atome untersuchen). — Die experimentellen Ergebnisse diskutieren wir anhand eines μ-Atoms mit ^{208}Pb (Z = 82) [46]. Bild 1.29 enthält das Termschema: Gepunktet sind die unkorrigierten Werte eingezeichnet, die anderen Niveaus sind um den Kernvolumen-Effekt korrigiert. Wie zu erwarten, ist die Korrektur bei höheren Bahndrehimpulsen kleiner. Eingezeichnet sind ferner die untersten Übergänge (Lyman- und Balmer-Serie). In Bild 1.30 sind die Linien zweier Übergänge (und zwei Eichlinien) wiedergegeben. Sie zeigen, mit welcher Genauigkeit die Linienenergie heute bestimmt werden kann. In Tabelle 1.6 sind einige Ergebnisse zusammengestellt und einige entsprechende theoretische Werte, auf die wir gleich noch zu sprechen kommen. Man bemerkt eine außerordentlich gute Übereinstimmung zwischen Experiment und Theorie.

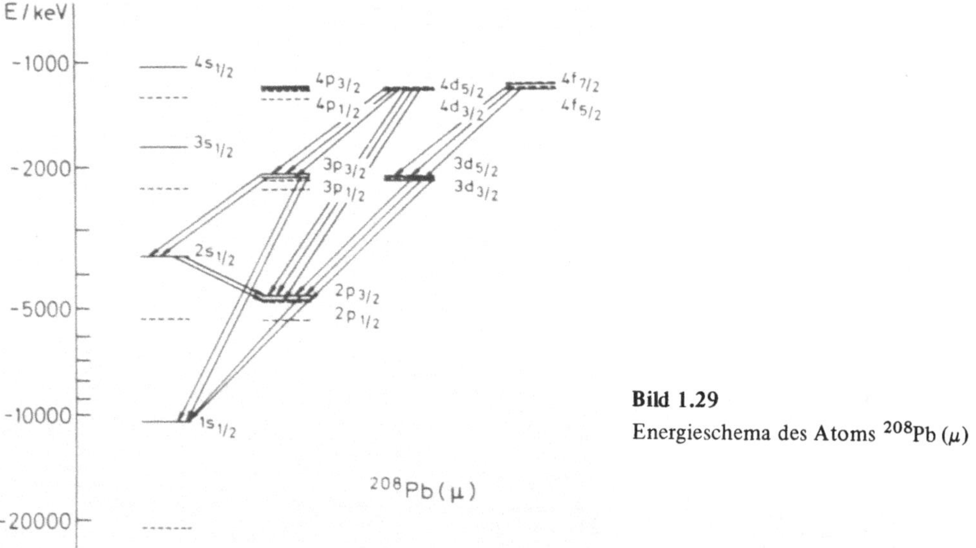

Bild 1.29

Energieschema des Atoms ^{208}Pb (μ)

---

*) Bei den Elementarteilchen (Tabelle 1.1) unterscheidet man μ-Neutrinos und e-Neutrinos. Hier ist nur wichtig, daß beide die Ruhmasse null haben.

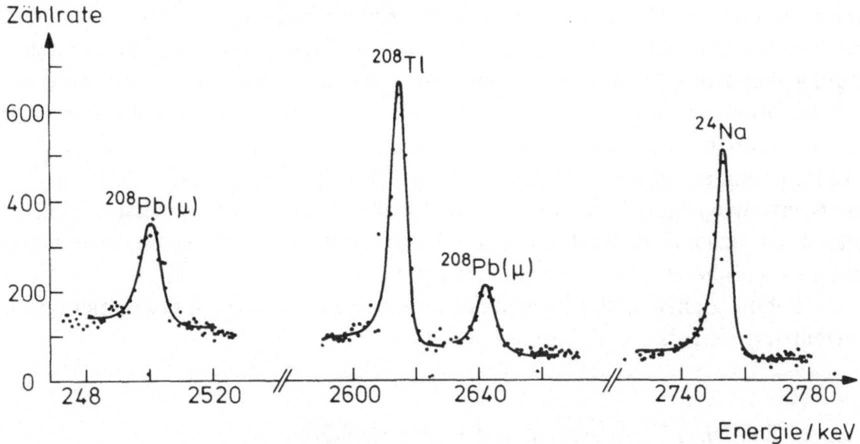

Bild 1.30 Zwei L-Röntgenstrahlungslinien des Atoms ^{208}Pb (μ) mit zwei Eichlinien von ^{208}Tl (2614,47 keV) und ^{24}Na (2753,92 keV), nach [46]

Tabelle 1.6 μ-Atom-Übergänge in ^{208}Pb

Übergang	Strahlungstyp	$h\nu$ (experimentell) keV	$h\nu$ (theoretisch) keV
$2p_{1/2} - 1s_{1/2}$	elektrische	$5778,5 \ \pm 0,5$	$5778,56$
$2p_{3/2} - 1s_{1/2}$	Dipol-	$5963,3 \ \pm 0,5$	$5963,27$
$2s_{1/2} - 2p_{3/2}$	Strahlung	$1031,18 \pm 0,46$	$1031,09$
$2s_{1/2} - 2p_{1/2}$		$1216,15 \pm 0,78$	$1215,78$
$3d_{5/2} - 2p_{3/2}$		$2500,34 \pm 0,19$	$2500,10$
$3d_{3/2} - 2p_{1/2}$		$2641,94 \pm 0,20$	$2642,00$

Tabelle 1.7 Mittelwerte von r^2 aus μ-Atomen und aus der Elektronenstreuung (*Wu* und *Wilets* [80])

Kern	$\dfrac{2p - 1s}{\text{keV}}$	$\dfrac{\sqrt{\langle r^2 \rangle} \ (\mu\text{-Atom})}{\text{fm}}$	$\dfrac{\sqrt{\langle r^2 \rangle} \ (e\text{-Streuung})}{\text{fm}}$
^{10}B	$52,23 \pm 0,15$	$2,44 \ \pm 1,27$	$2,45 \pm 0,12$
^{16}O	$133,56 \pm 0,15$	$2,61 \ \pm 0,14$	$2,65 \pm 0,04$
^{27}Al	$346,82$	$3,025 \pm 0,023$	$2,98 \pm 0,04$
Cl	$578,56 \pm 0,3$	$3,335 \pm 0,18$	$3,12$

In den Energieausdrücken ist bei homogen geladenem kugelförmigem Kern die Größe R^2 enthalten. Tatsächlich handelt es sich aber um den Mittelwert von r^2 über die Ladungsverteilung. Aus diesem Grund kann man aus den Meßdaten die Größe $\langle r^2 \rangle$ direkt ermitteln. Tabelle 1.7 enthält einige Daten, wie sie aus den Übergängen 2p-1s erschlossen wurden. Sie stimmen mit den aus der Elektronenstreuung erhaltenen sehr gut überein.

Wir kommen jetzt zurück zu den theoretischen Werten in Tabelle 1.6. Sie folgen aus einer bestimmten Annahme über die Ladungsverteilung im Kern und aus der sorgfältigen Berücksichtigung aller atomphysikalischen Einflüsse*). Wieder wurde für die Ladungsverteilung eine Fermi-Funktion gewählt (s. Ziff. 1.5.4). Sowohl $w = 0$ wie $w \neq 0$ gab gute Anpassung an die experimentellen Daten. Mit $w = 0$ und $n = 1$ wurden $c = 1,1236 \cdot A^{1/3}$ fm und $t = 2,32$ fm gefunden. Es folgt daraus für den mittleren Kernradius $R = 1,2012 \cdot A^{1/3}$ fm. Das bemerkenswerte Ergebnis ist also, daß, ebenso wie bei der Elektronenstreuung, alle Radiusdaten, die sich auf die Verteilung der elektrischen Ladung beziehen, systematisch deutlich kleiner sind als bei der früher gefundenen Formel $R = (1,3 \ldots 1,4) \cdot A^{1/3}$ fm. Man muß daraus den Schluß ziehen, daß entgegen der Erwartung die Protonen etwas mehr zum Zentrum konzentriert sind als die Neutronen.

1.6.4 Ergänzung: Endliches Kernvolumen und Elektronenhülle

Die experimentelle Kernphysik unter Benutzung von Mesonen ist erst möglich geworden, nachdem mit Beschleunigern diese Teilchen erzeugt werden konnten. Es ist daher besonders interessant, daß die ganze Physik der Sache nach schon viel früher und mit viel einfacheren Mitteln im Rahmen der Atomphysik mit Elektronen entwickelt wurde und zu wichtigen Erkenntnissen geführt hat. Es handelt sich um die Isotopieverschiebung in den Atomspektren schwerer Elemente**). Der experimentelle Befund ist, daß Atomlinien, bei deren Entstehen S-Terme beteiligt sind, charakteristische Verschiebungen aufweisen, die auf der endlichen Ausdehnung der Kerne beruhen. Bild 1.31 gibt schematisch einige Isotopieverschiebungen wieder (aus [53]), d.h. Termlagen bei verschiedenen Kernmassen. Man vergleicht in diesem Fall die *Änderung von* ΔE_C, wenn man von einer Massenzahl zur anderen des gleichen Elementes übergeht, also durch Hinzufügung von Neutronen die Kernladung verdünnt, indem im Mittel das Kernvolumen vergrößert wird. D.h. man untersucht

$$\delta\,(\Delta E_C) = \delta \int_0^R e\rho_e\,(r)\,\Delta\varphi_K\,(r)\,4\,\pi\,r^2\,dr. \qquad (1.60)$$

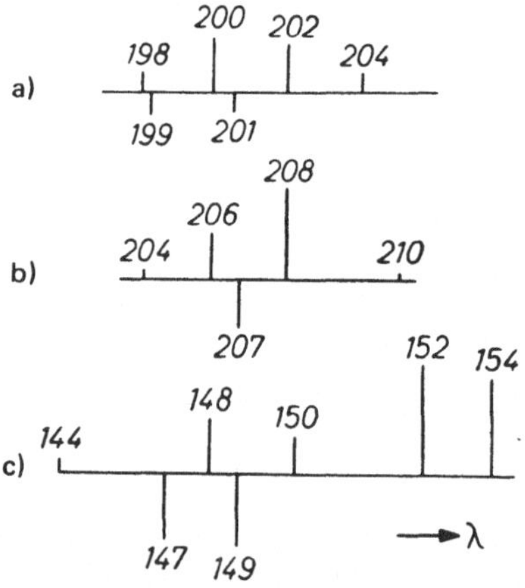

Bild 1.31

Relative Lage von Atomlinien einiger schwerer Elemente (schematisch) für a) Hg, b) Pb, c) Sm (vgl. Bild 1.45)

---

*) Insbesondere wurde die Polarisation berücksichtigt: Ein umlaufendes Myon polarisiert den Kern, ein im Kern befindliches Myon führt zu einer Komprimierung der Ladung.

**) Die Termverschiebung in Abhängigkeit von der Kernmasse bei isotopen Elementen rührt bei leichten Kernen und Ein-Elektronen-Systemen (^{1}H, ^{2}D) von der Mitbewegung der Kernmasse her. In den Formeln muß überall die Elektronenmasse durch die reduzierte Masse ersetzt werden. In Mehr-Elektronsystemen hängt die Kernmitbewegung ab von der relativen Elektronenbewegung, ist also abhängig von der Elektronenkonfiguration. Bei schweren Kernen können diese Effekte vernachlässigt werden.

Beim kugelförmigen, homogen geladenen Kern ergibt sich aus Gl. (1.58)

$$\delta(\Delta E_C) = |\Psi_e(0)|^2 \frac{Ze^2}{4\pi\epsilon_0} \frac{4\pi}{5} R\delta R, \tag{1.61}$$

dagegen bei einem nur oberflächen-geladenen Kern statt $\frac{4\pi}{5} R\delta R$ die Größe $\frac{4\pi}{3} R\delta R$, also nur eine geringe Abweichung. In jedem Fall wird die Isotopieverschiebung $\sim \delta A$. Man setzt die Termverschiebung

$$\delta T = \frac{\delta(\Delta E_C)}{hc} = |\Psi_e(0)|^2 \frac{\pi a_0^3}{Z} \cdot C.$$

C hängt nur noch von Kerndaten ab und gestattet den Vergleich von experimentellen Daten mit Kernmodellrechnungen. Zum Beispiel ist bei den Platin-Isotopen 194 und 196 experimentell gefunden worden für den Term

$5d^9 6s$ die Isotopenverschiebung 0,090 cm^{-1} und C_{exp} = 0,129 ± 0,014 cm^{-1},
$5d^8 6s^2$ ”   ”   0,203 cm^{-1} ” C_{exp} = 0,157 ± 0,022 cm^{-1}.

Um solche Isotopieverschiebungen von 0,1 cm^{-1} zu messen, braucht man ein beträchtliches optisches Auflösungsvermögen des Spektralapparates.

In Bild 1.32 sind experimentelle und theoretische Werte von C zusammengestellt. Die linke Skala wird gewonnen mit dem Ausdruck R = 1,2 A$^{1/3}$ fm für den Kernradius, die rechte mit R = 1,4 A$^{1/3}$ fm. Weder mit dem einen noch mit dem anderen Zahlenwert ergibt sich, daß die Kerne sich beim Einbau von Neutronen wie Kugeln einfach erweitern, vielmehr müssen auch Strukturänderungen erfolgen. Ein ähnliches Verhalten hat man auch beim Einbau von Protonen beobachtet (*H. Quitmann*, Z. Phys. **206** (1967) 113). Auf die einschlägigen Fragen muß man bei der Behandlung der Kernmodelle eingehen. Hier war nur zu zeigen, daß auch die Hüllenphysik wichtige Daten der Kernphysik liefern kann.

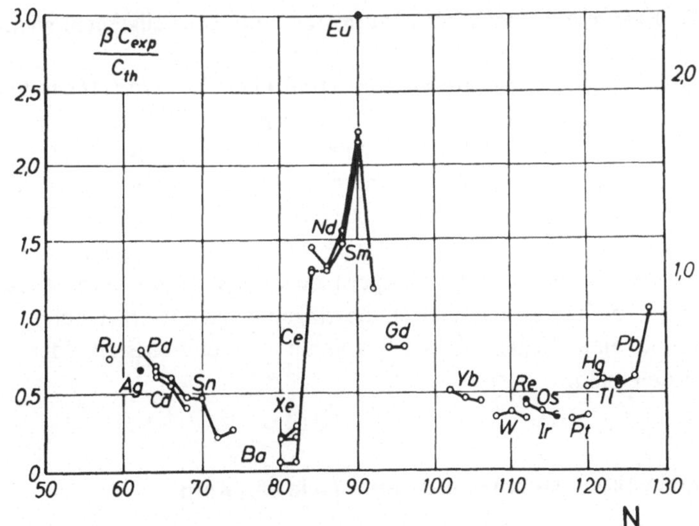

Bild 1.32 Vergleich experimenteller und theoretischer Isotopie-Verschiebungen [(Theorie: Annahme kugelförmiger Kerne mit Radiusparameter r_0 = 1,2 fm (linke Skala) und 1,4 fm (rechte Skala)]. Starke Änderungen deuten auf stark deformierte Kerne (hohes Quadrupolmoment). Der Faktor β ist ein Abschirmungsfaktor der Elektronenhülle und hat die Größenordnung 1 ([53]). Neuere Daten in Atomic Data **14** (1974) 613.

1.7 Drehimpuls (Spin), magnetisches Moment, elektrisches Quadrupolmoment

Analysiert man das Licht leuchtender Gase mit Spektralapparaten wachsenden Auflösungsvermögens, dann beobachtet man, daß viele zunächst beobachtete Linien in mehrere Komponenten aufgelöst werden. Eine so zutage tretende *Feinstruktur* der Spektrallinien (bzw. Terme) konnte in den Atomspektren durch den *Eigendrehimpuls* (Spin) $\frac{1}{2}$ ħ *des Elektrons* und seine Kombination mit dem Bahndrehimpuls erklärt werden. Mit weiter gesteigertem Auflösungsvermögen (10^5 bis 10^6) kann eine neuerliche Aufspaltung in die *Hyperfeinstruktur* (HFS) beobachtet werden. Es liegt nahe, diese einem weiteren Freiheitsgrad des Atoms zuzuordnen. Von *Pauli* wurde dafür der *Kernspin I* vorgeschlagen. Die erste Messung mit der Zielsetzung der Bestimmung des Kernspins geschah am Wismuth-I-Spektrum ($^{209}_{83}$Bi, I = $\frac{9}{2}$) durch *Back* und *Goudsmit* (1927), und dies ist der Beginn der optischen Hyperfeinstruktur-Forschung, die sehr viel zur Entwicklung der Kernphysik beigetragen hat. Die systematische Untersuchung der Feinheiten der Wechselwirkung zwischen Atomkern und Elektronenhülle führte zur Messung der *kern-magnetischen* und *kern-elektrischen* Momente. Sie geben Auskunft über die Verteilung des Magnetismus bzw. der elektrischen Ladung und elektrischen Ströme im Kern.

Experimentell kamen zu den optischen Methoden an Gasen diejenigen an Atomstrahlen hinzu, und schließlich seit 1946 (*Bloch, Purcell*) die magnetische Kernresonanz (NMR: nuclear magnetic resonance), die Kernquadrupolresonanz (*Krüger*, 1950) und die rückstoßfreie γ-Emission (*Mössbauer*, 1958). Diese Methoden sind inzwischen aus der Kernphysik auch in Anwendungsgebiete (Festkörperphysik, Chemie) eingedrungen und dort unentbehrlich. Sie stellen ein schönes Beispiel dar für zunächst außerordentlich speziell erscheinende Methoden, die unvorhersehbare weitere Entwicklungen auslösten und damit allgemein wichtig wurden.

Die Messung des *Kernspins* (bzw. der *Kernspin-Quantenzahl*) läuft auf eine *Abzählung* hinaus, in wieviel HFS-Komponenten die Feinstrukturlinien aufgespalten sind, oder auch wieviel Komponenten man in einem Magnetfeld beobachten kann. Die Bestimmung der *Größe der magnetischen und elektrischen Momente* erfordert darüber hinaus aber die quantitative Messung der Aufspaltung und die Auswertung mittels einer Theorie. Die Elektronenhülle liefert dabei die magnetische oder elektrische Feldstärker am Kernort, und sie ist vielfach nicht sehr genau bekannt. In kristallisierten Festkörpern kann das Feld am Kernort, das für die Aufspaltungsgröße verantwortlich ist, auch durch die umgebenden Gitterbausteine bestimmt sein. Dann hat man hier eine Möglichkeit der Bestimmung innerer Kristallfelder, worauf nicht eingegangen werden kann.

1.7.1 Die magnetische Wechselwirkung zwischen Elektronenhülle und Kern

Mit dem *Umlauf eines Elektrons* (Bahndrehimpuls $\vec{l}$) um den Kern ist ein magnetisches Feld am Kernort verbunden, dessen Richtung, weil eine negative Ladung umläuft, umgekehrt zu der von $\vec{l}$ ist. Mit dem *Spin des Elektrons* ist ein magnetisches Moment μ_s verknüpft, das antiparallel zu $\vec{s}$ steht. Es erzeugt am Kernort ein Zusatzfeld H_s (0), das sich vektoriell zu H_l (0) addiert (Bild 1.33). In dem Gesamtmagnetfeld stellt sich der Kernspin $\vec{I}$

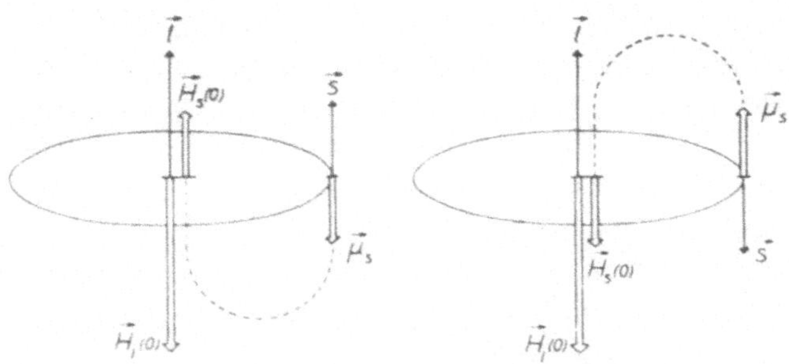

Bild 1.33

Das Magnetfeld H (O) am Kernort wird vom Bahnmagnetismus des umlaufenden Elektrons und von seinem Spin-Magnetismus bestimmt, [53]

nach den Regeln der Vektorkopplung ein, *wenn* der Kern ein magnetisches Moment trägt. Die Kopplung zwischen Kern und Elektronenhülle erfolgt demnach magnetisch. Nachweis einer HFS bedeutet dreierlei: von null verschiedener Kernspin, von null verschiedenes magnetisches Moment und von null verschiedenes Magnetfeld am Kernort.

Dem Feld H_l entspricht der Ersatz der Elektronenbewegung durch ein magnetisches Dipolmoment. Für die Flächengeschwindigkeit gilt bei der Umlaufzeit τ

$$2\,\frac{dA}{dt} = \text{konst.} = 2\,\frac{A}{\tau} = \frac{1}{m}\,\sqrt{l(l+1)}\,\hbar.$$

Die umlaufende Ladung q stellt den Strom $I = \frac{q}{\tau}$ dar, der auf das magnetische Moment führt

$$\mu = \mu_0\,AI = \mu_0\,q\,\frac{A}{\tau} = \mu_0\,\frac{q}{2m}\,\sqrt{l(l+1)}\,\hbar, \tag{1.62}$$

oder

$$\vec{\mu} = \mu_0\,\frac{q}{2m}\,\vec{l} = \gamma\vec{l}.$$

Aus dieser Beziehung liest man die Definition des Bohrschen Magnetons ab

$$\mu_B = \mu_0\,\frac{e\hbar}{2m_e} = \mu_0\,5{,}788 \cdot 10^{-5}\,\frac{eV}{T} = 7{,}2739 \cdot 10^{-11}\,\frac{eV}{Am^{-1}} \tag{1.63}$$

mit der Elektronenmasse m_e und der Elementarladung e. Die Größe γ ist das *gyromagnetische Verhältnis*. Für das magnetische Moment des Elektrons gilt demnach auch

$$\vec{\mu}_l = -\,g_l\,\frac{\mu_B}{\hbar}\,\vec{l} \tag{1.64}$$

mit dem *g-Faktor* des Bahndrehimpulses $g_l = 1{,}000$. – Der Eigendrehimpuls des Elektrons (Spin) wird ganz ähnlich wie der Bahndrehimpuls behandelt, jedoch gehört zu ihm die Spinquantenzahl $s = \frac{1}{2}$ und $s_z = \pm\frac{1}{2}$. Für das zugehörige magnetische Moment ergibt sich experimentell

$$\vec{\mu}_s = -\,g_s\,\frac{\mu_B}{\hbar}\,\vec{s} \tag{1.65}$$

mit dem g-Faktor des Spins $g_s = 2{,}0023$ (anomales magnetisches Moment). In der Atomphysik wird gezeigt, daß bei magnetischer Spin-Bahn-Kopplung zwar noch l und s „gute Quantenzahlen" sind, aber sicher nicht mehr l_z und s_z. Statt dessen hat man den Gesamtdrehimpuls $\vec{j} = \vec{l} + \vec{s}$ einzuführen (Ein-Elektronensystem), und dann ist j eine „gute Quantenzahl"; ebenso m_j, die z-Komponente des Gesamtdrehimpulses. Das gesamte magnetische Moment in Richtung von $\vec{j}$ ergibt sich zu

$$\vec{\mu}_j = -\frac{\mu_B}{\hbar} \left(g_l\, \vec{l} \cdot \frac{\vec{j}}{|j|} + g_s\, \vec{s} \cdot \frac{\vec{j}}{|j|} \right) \frac{\vec{j}}{|j|} = -\frac{\mu_B}{\hbar} g_j\, \vec{j}. \tag{1.66}$$

Der g-Faktor braucht jetzt weder gleich g_s noch gleich g_l zu sein.

Das *magnetische Feld,* das das mit der Geschwindigkeit v umlaufende Elektron *am Kernort* erzeugt, ist

$$H(0) = \frac{I}{2r} = \frac{q}{2r\tau} = \frac{q}{2r} \frac{v}{2\pi r} = \frac{q}{4\pi r^2} \frac{mrv}{mr} = \frac{q\hbar}{4\pi mr^3} l,$$

oder im Mittel

$$\overline{H(0)} = \frac{1}{4\pi} \frac{q\hbar}{m} \overline{\left(\frac{1}{r^3} \right)} \frac{\vec{l}}{\hbar}. \tag{1.67}$$

Ihm ist dasjenige des Spins noch hinzuzufügen.

Analog zum Hüllenelektron definiert man das *Kernmagneton:*

$$\mu_K = \mu_0 \frac{e\hbar}{2m_p} = \frac{m_e}{m_p} \mu_B. \tag{1.68}$$

Es ist um den Faktor 1836 kleiner als das Bohrsche Magneton, und daraus erhellt schon, daß die magnetische HFS-Aufspaltung um Größenordnungen kleiner sein wird als die FS-Aufspaltung.

Bei allen Messungen mißt man stets die z-Komponente,

$$\mu_z = \mu_K\, g_I\, I_{z,\max} = \mu_K\, g_I\, I \tag{1.69}$$

und zwar für

Protonen $g_I I = 2{,}79267 \pm 0{,}00006$

Neutronen $g_I I = -\,1{,}91298 \pm 0{,}00022$

Deuteronen $g_I I = +\,0{,}8574$

Da das *Deuteron aus Proton und Neutron zusammengesetzt* ist und den Spin 1 hat, so kann man versuchen, sich das Deuteron als eine Struktur mit parallel ausgerichteten Spins vorzustellen. Damit müßte dann μ_D die Summe aus μ_p und μ_n sein. Man findet $\mu_p + \mu_n = 0{,}87969\,\mu_K$, d.h. nicht ganz μ_D. Diese kleine Abweichung kann man erklären, wenn man annimmt, daß Proton und Neutron nicht ausschließlich in einem Zustand mit Bahndrehimpuls null sind.

Die Kopplung zwischen Elektronenhülle und Kern erfolgt demnach durch a) Einstellen des Kernmagneten ins Feld $H(0)$ *und* b) durch die WW zwischen Kern- und Spin-Magnet. Diese WWen sind klein gegenüber der Spin-Bahn-WW in der Hülle. Es bleiben damit

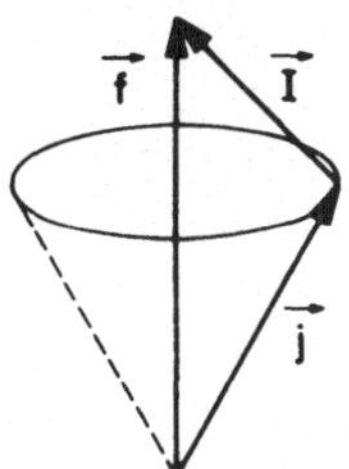

Bild 1.34

Vektorkopplung von Hüllen- und Kerndrehimpuls (j für ein Ein-Elektronen-atom, I für den Kern) zum Gesamtdrehimpuls f des Atoms

gute Quantenzahlen der Hüllendrehimpuls j und der Kerndrehimpuls I, jedoch nicht ihre z-Komponenten. Statt dessen ist gute Quantenzahl der Gesamtdrehimpuls $\vec{f} = \vec{j} + \vec{I}$ des Gesamtatoms (und die z-Komponente m_f): Klassisch präzedieren $\vec{j}$ und $\vec{I}$ und $\vec{f}$ herum. Die magnetische WW-Energie ergibt sich zu (Bild 1.34)

$$\Delta W_m = \frac{A}{2}\left[f(f+1) - I(I+1) - j(j+1)\right] \tag{1.70}$$

mit

$$j + I \geq f \geq |j - I|$$

und

$$A = \frac{\mu_I \overline{H(0)}}{Ij} = \frac{\mu_K \, g_I \, I \overline{H(0)}}{j} \ . \tag{1.71}$$

Die Beziehung (1.70) kommt zustande, indem man den quantenmechanischen Erwartungs-wert der magnet. Energie $(\vec{\mu}_I \cdot \vec{H})$ bestimmt. Dabei ist $\vec{H}$ durch *l und* s, also durch j be-stimmt, und der Winkel zwischen $\vec{\mu}_I$ und $\vec{H}$ ist korrespondenzmäßig

$$\cos(\vec{i}, \vec{j}) = \frac{1}{2Ij}(f^2 - I^2 - j^2). \tag{1.72}$$

Für Mehr-Elektronensysteme lautet die Beziehung

$$\Delta W_m = \frac{A}{2}\left[F(F+1) - I(I+1) - J(J+1)\right]. \tag{1.73}$$

Das Untersuchungsschema muß demnach sein, zunächst aus Linienaufspaltungen Niveau-aufspaltungen und damit die Größe A zu bestimmen. Erst nach Kenntnis von $\overline{H(0)}$ kann das magnetische Moment ermittelt werden, bzw. kann aufgrund der Kenntnis des magnetischen Moments die Größe H(0) bestimmt werden.

Die Bestimmung der Feldstärke am Kernort erfolgt primär weitgehend durch Rech-nung an Ein-Elektronensystemen; abgeschlossene Elektronen-Schalen erzeugen kein Magnet-feld. In Tabelle 1.8 sind einige Zahlenwerte (aus [53]) wiedergegeben. Man sieht, daß haupt-sächlich die Terme der S-Schale zum Magnetfeld beitragen: Diese Elektronen halten sich in größerer Kernnähe auf als p-Elektronen. Die Magnetfelder bestimmen die Größe des Auf-spaltungsbildes der Atom-Terme. Wir diskutieren zunächst einige Aufspaltungsbilder.

Tabelle 1.8 Magnetfelder am Kernort

Element	Term	$\dfrac{\overline{H_S(0)}}{\text{Oe}}$	Term	$\dfrac{\overline{H_P(0)}}{\text{Oe}}$	Term	$\dfrac{\overline{H_P(0)}}{\text{Oe}}$
Li	$2\,^2S_{1/2}$	$1,3\cdot10^5$	$^2P_{1/2}$	–	$^2P_{3/2}$	–
Na	$3\,^2S_{1/2}$	$4,5\cdot10^5$	$^2P_{1/2}$	$4,2\cdot10^4$	$^2P_{3/2}$	$2,5\cdot10^4$
K	$4\,^2S_{1/2}$	$6,3\cdot10^5$	$^2P_{1/2}$	$7,9\cdot10^4$	$^2P_{3/2}$	$4,6\cdot10^4$
Rb	$5\,^2S_{1/2}$	$1,3\cdot10^6$	$^2P_{1/2}$	$1,6\cdot10^5$	$^2P_{3/2}$	$8,6\cdot10^4$
Cs	$6\,^2S_{1/2}$	$2,1\cdot10^6$	$^2P_{1/2}$	$2,8\cdot10^5$	$^2P_{3/2}$	$1,3\cdot10^5$

1. Beispiel: Es sei $J = 1$, $I = \frac{3}{2}$. Dann ist $F = \frac{5}{2}, \frac{3}{2}, \frac{1}{2}$, und dafür sind die Werte der eckigen Klammer in (1.73): $3, -2$ und -5. Bild 1.35 zeigt das Aufspaltungsbild. Das Verhältnis der Abstände ist $\delta_{5/2\ 3/2} : \delta_{3/2\ 1/2} = 5 : 3$. Im *2. Beispiel* sei $J = 5/2$, $I = 3/2$, also ist $F = 4, 3, 2, 1$, und die eckige Klammer in (1.73) hat die Werte $15/2, -1/2, -13/2, -21/2$. Bild 1.36 enthält das Aufspaltungsbild. Die Abstandsverhältnisse sind $\delta_{4,3} : \delta_{3,2} : \delta_{2,1} = 4 : 3 : 2$. Allgemein lautet die *Intervallregel:* Die Abstände verhalten sich wie $F_{max} : F_{max-1} : F_{max-2} : \ldots$. Außerdem gilt die *Schwerpunktsregel:* $\Sigma\,(2F + 1)\,\Delta W_F = 0$. Beide Regeln benötigt man, wenn ein Linienspektrum richtig in Multipletts der HFS geordnet werden soll. *3. Beispiel:* Wasserstoff (H) und Deuterium (D). Der Elektronen-Grundzustand ist in beiden Nukliden $1\,^2S_{1/2}$, also $J = 1/2$. Der Kernspin von H ist $I = 1/2$, von D $I = 1$. Die F-Werte sind 1 und 0, bzw. 3/2 und 1/2. Aufspaltungsbilder enthält das Bild 1.37.

Die *Auswertung der optischen HFS-Spektren* diskutieren wir am Beispiel des Elements Na $(I = 3/2)$. Es handelt sich dabei um die Aufspaltung der D-Linien. Das Aufspaltungsbild enthält Bild 1.38. Die D_1- und D_2-Linien liegen bei 600 nm. Für die Termaufspaltungen fand man Wellenzahldifferenzen $(\overline{\nu} = 1/\lambda = $ Wellenzahl)

$$\Delta\overline{\nu}\,(^2S_{1/2}) = 0{,}058\ \text{cm}^{-1}, \qquad \Delta\overline{\nu}\,(^2P_{1/2}) = 0{,}008\ \text{cm}^{-1}.$$

Für den S-Term ist $F = 2, 1$ $(J = 1/2)$, für die P-Terme $F = 2$ und 1, sowie $F = 3, 2, 1, 0$. Die kleinste vorkommende Wellenlänge gehört zum Übergang $^2P_{3/2}$, $F = 2$ nach $^2S_{1/2}$, $F = 1$. Die größte vorkommende Wellenlänge gehört zu $^2P_{1/2}$, $F = 1$ nach $^2S_{1/2}$, $F = 2$.

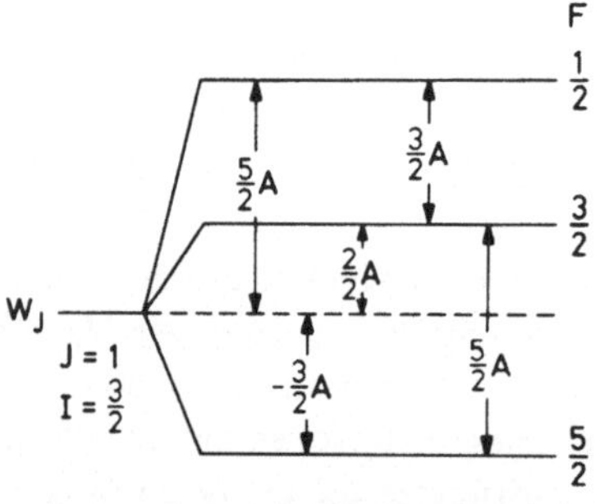

Bild 1.35 Energie-Aufspaltungsbild der HFS bei $J = 1$, $I = \dfrac{3}{2}$

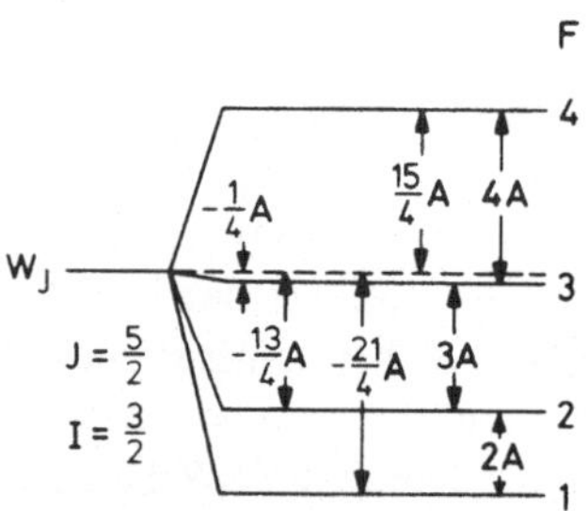

Bild 1.36 Energie-Aufspaltungsbild der HFS bei $J = \dfrac{5}{2}$, $I = \dfrac{3}{2}$

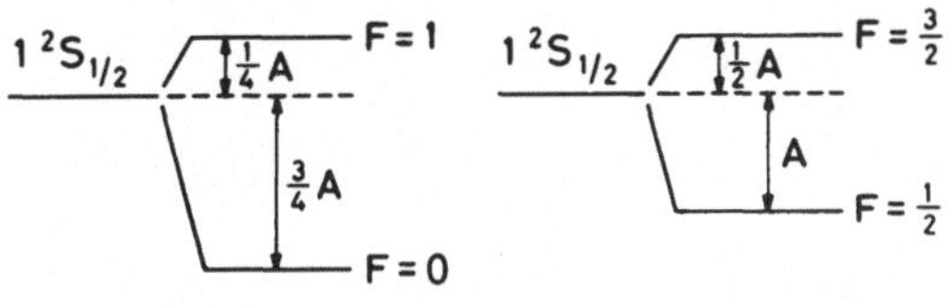
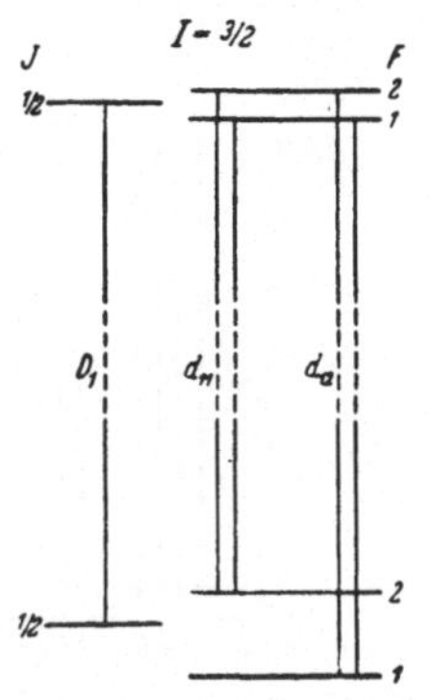
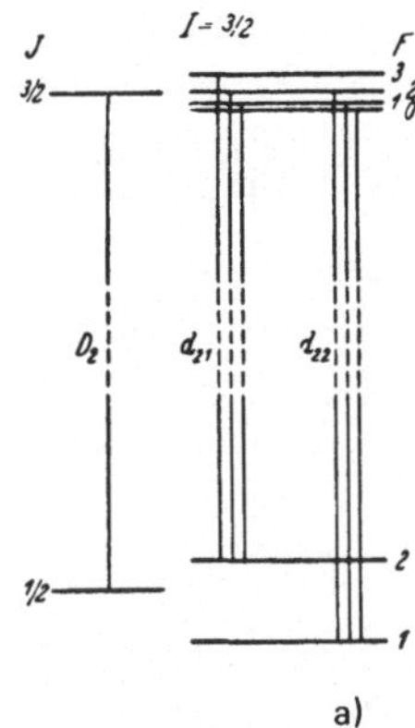

a)

Bild 1.37 Energie-Aufspaltungsbilder der HFS des Grundzustandes bei Wasserstoff (links) und Deuteriums (rechts)

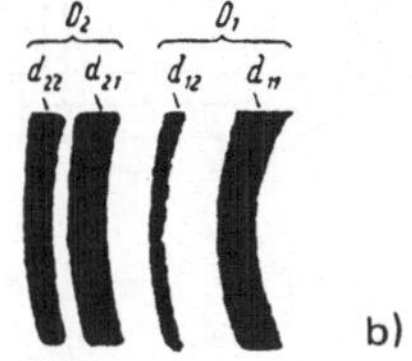

b)

Bild 1.38
HFS-Aufspaltung der NaD-Linien (a) und Ausschnitt aus dem Ringsystem eines Fabry-Pérot-Interferometers (b) (aus [53])

Die Linienaufspaltungen sind in der Größenordnung $\Delta\bar{\nu} = 0{,}06$ cm^{-1}. Ihre Beobachtung erfordert ein optisches Auflösungsvermögen von

$$A = \frac{\lambda}{\Delta\lambda} = \frac{\bar{\nu}}{\Delta\bar{\nu}} \approx \frac{10^7}{0{,}06 \cdot 600} \approx 3 \cdot 10^5.$$

Im Falle von ^{23}Na findet man den A-Faktor zu A = 29,549 cm^{-1} und damit für das kernmagnetische Moment $\mu(^{23}\text{Na}) = 2{,}217\,\mu_K$.

Von Bedeutung ist, daß man die optischen Untersuchungen wie in der Atomphysik anhand von ergänzenden Messungen erweitern und überprüfen kann. Da die Kopplung zwischen Hülle und Kern trotz des hohen Feldes der Hülle nur schwach ist, kann man sowohl Zeeman-Effekt wie Paschen-Back-Effekt der HFS untersuchen. Beim Zeeman-Effekt ist die Zusatzenergie bei äußerem Feld H_0

$$\Delta W_H = \mu_B H_0 m_F g_F, \tag{1.74}$$

und beim Paschen-Back-Effekt

$$\Delta W_H = \mu_B H_0 m_J g_J + A m_I m_J. \tag{1.75}$$

Die Größe der WW-Energie ist durch das Bohrsche Magneton bestimmt, eine Abänderung erfolgt durch das kernmagnetische Moment. Im ^{23}Na hat man z.B. bei 0,3 Tesla schon vollständige Entkopplung, also Paschen-Back-Effekt. Ganz ähnliche Verhältnisse liegen bei ^{209}Bi (I = 9/2) und ^{133}Cs (I = 7/2) vor. Bild 1.39 enthält die Termlagen bei so stark gesteigertem Feld, daß die Kopplung aufgehoben ist, also die Aufspaltung $\sim H_0$ verläuft.

Die *experimentellen Ergebnisse* sind in Bild 1.40 und 1.41 zusammengestellt und sollen hier nur berichtet werden.
Man findet für den Kernspin:

a) *Alle Kerne mit geradem Z und geradem N (gg-Kerne) haben I = 0.*

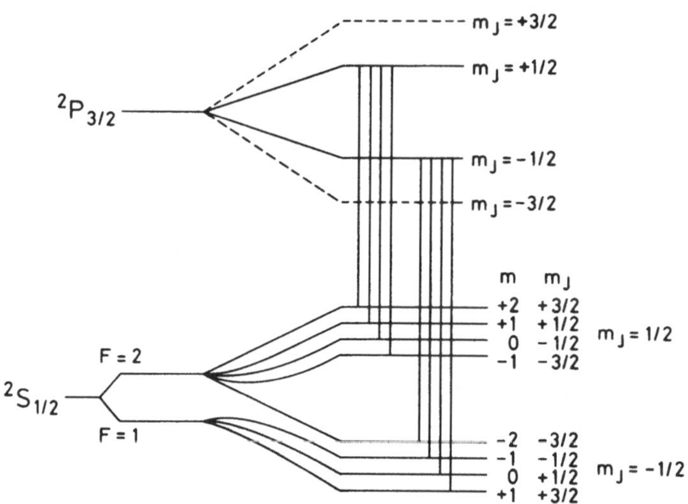

Bild 1.39 Termschema zur ^{23}Na-Linie λ = 589 nm im HFS-Paschen-Back-Effekt

b) *Kerne mit geradem Z und ungeraden N (gu-Kerne) oder mit ungeradem Z und geradem N (ug-Kerne), zusammenfassend als ungerade Kerne bezeichnet, haben ungerad-halbzahligen Spin.*

c) *Kerne mit ungeradem Z und ungeradem N (uu-Kerne) haben ganzzahligen Kernspin (betrifft 16 Kerne).*

In den Bildern 1.40 und 1.41 sind die Kernmomente in Abhängigkeit vom Kernspin aufgezeichnet (*Schmidt*-Diagramm). Die zu dieser Auftragungsweise führende Idee ist die, daß die Hinzufügung eines Nukleons zu einem gg-Kern zu einem magnetischen Moment führen wird, das von diesem Nukleon allein verursacht wird, also zu einem magnetischen Moment eines „Ein-Teilchen"-Zustandes (Ziff. 2.7.1). Die Größe wird wiederum davon abhängen, ob ein hoher Kernspin vorliegt, den man sich dann als herrührend von einem hohen Bahndrehimpuls vorstellen muß. Ist das aber der Fall, dann muß es noch einen ausgeprägten Unterschied zwischen einem umlaufenden Proton und einem umlaufenden Neutron geben, weil letzteres keine Ladung trägt.

1.7.2 Die elektrische Wechselwirkung von Hülle und Kern

Diese ist

$$V_{el} = e \int \rho_K \, \varphi_e \, d\tau. \tag{1.76}$$

Hier interessiert nur ein bestimmter Anteil, nämlich derjenige, der von dem nicht-kugelförmigen Anteil der Ladungsverteilung herrührt. Die Modifikation bei kugelförmiger, jedoch

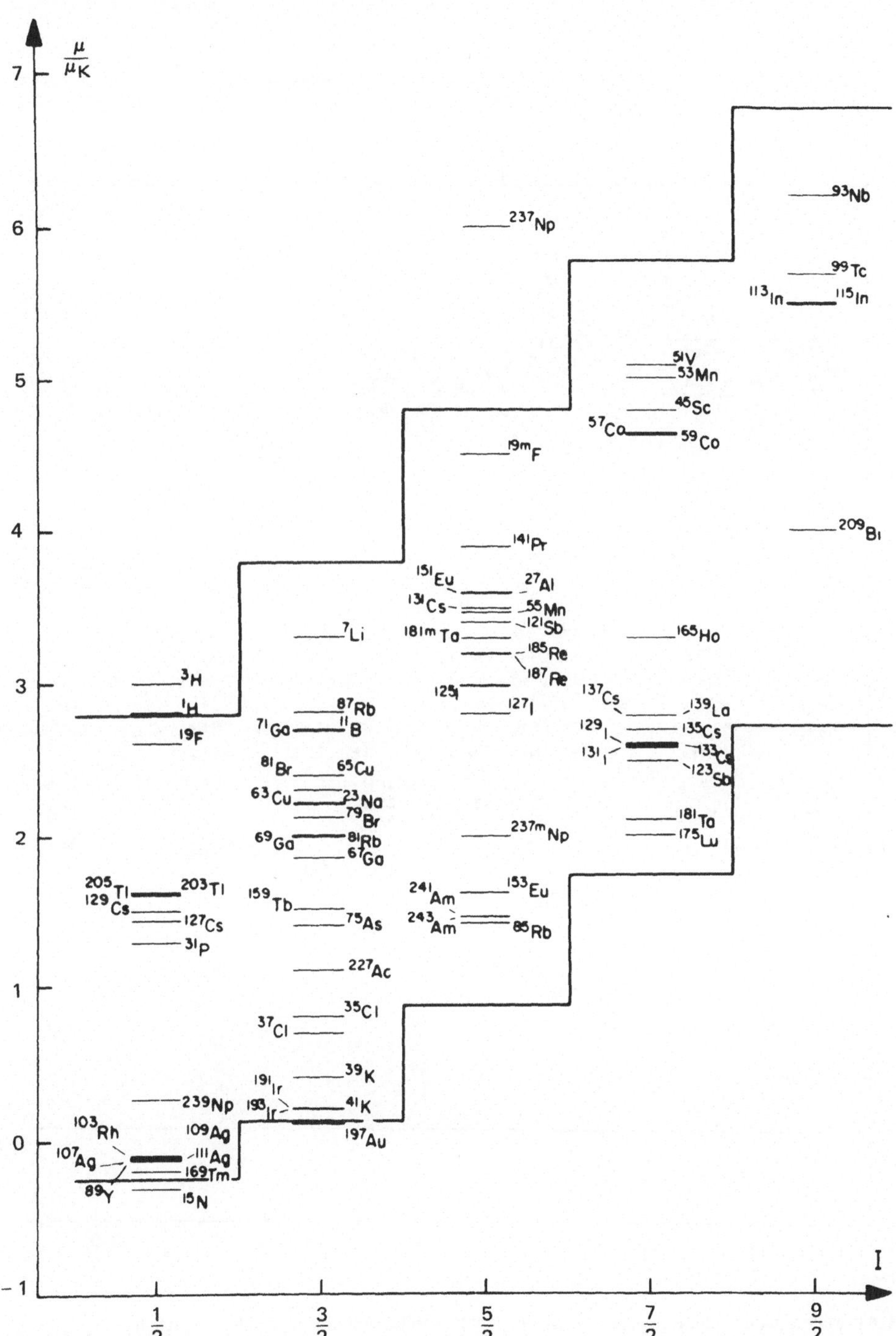

Bild 1.40 Magnetische Momente und Kernspins der Kerne mit einem ungeraden Proton

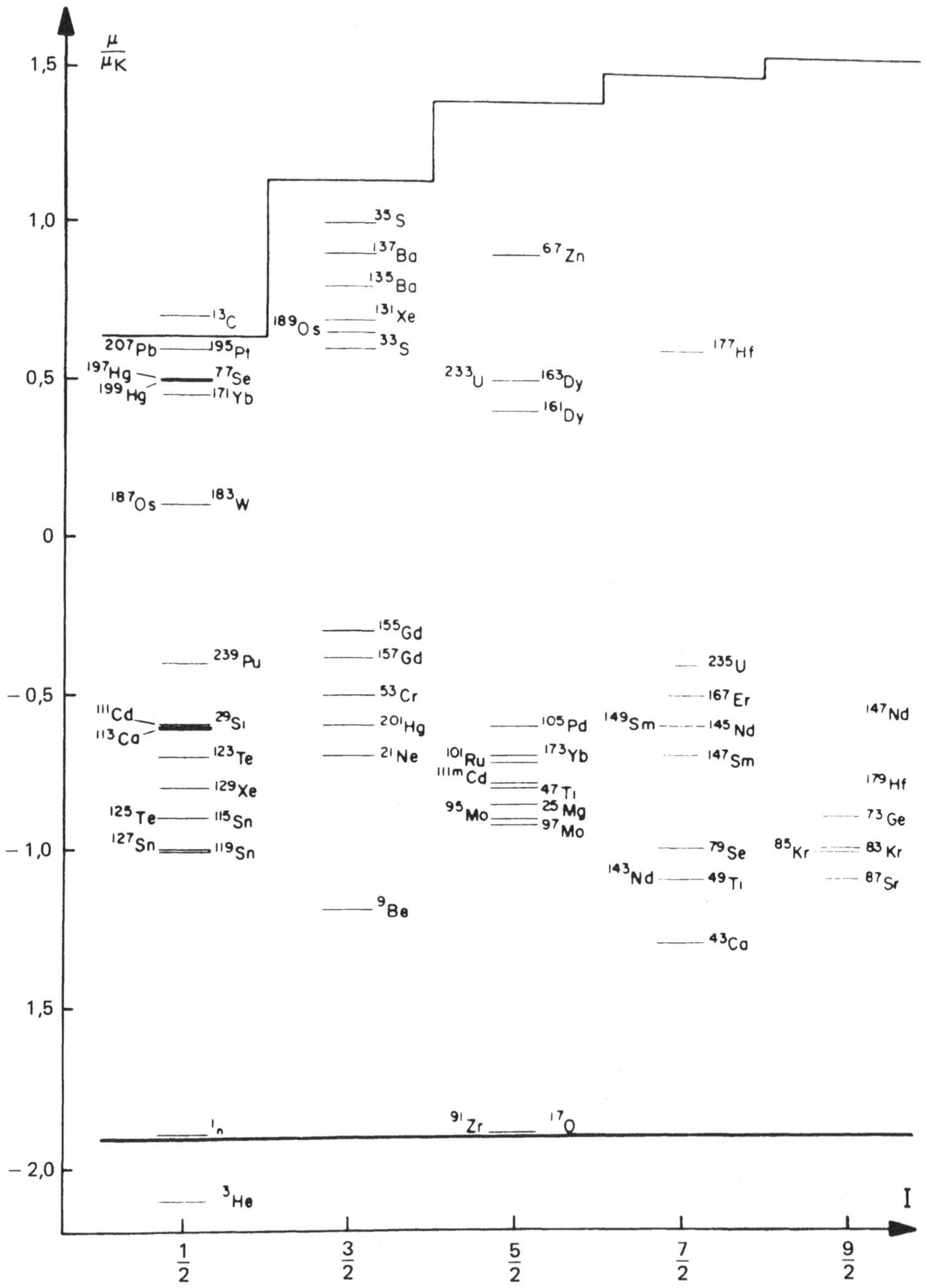

Bild 1.41 Magnetische Momente und Kernspins der Kerne mit einem ungeraden Neutron

ausgedehnter Kern-Ladungsverteilung wurde schon in Ziff. 1.6 abgehandelt. Formal ziehen wir von (1.76) die Energie bei punktförmigem Kern ab. Dann ist

$$\Delta V_{el} = e \int \rho_K \, \varphi_e \, d\tau - \frac{Ze^2}{4\pi\epsilon_0} \int \frac{\rho_e \, d\tau}{r} \, , \tag{1.77}$$

und wir entwickeln φ_e um den Ladungsschwerpunkt (als Koordinatenanfangspunkt) des Kerns, der im übrigen mit dem der Hülle übereinstimmen soll. Es wird dann

$$\Delta V_{el} = e \int \rho_K \, \varphi_e \, (0) \, d\tau - \frac{Ze^2}{4\pi\epsilon_0} \int \frac{\rho_e \, d\tau}{r}$$

$$+ e \int \rho_K \left(x \left. \frac{\partial\varphi_e}{\partial x} \right|_0 + y \left. \frac{\partial\varphi_e}{\partial y} \right|_0 + z \left. \frac{\partial\varphi_e}{\partial z} \right|_0 \right) d\tau$$

$$+ \frac{1}{2} e \int \rho_K \, [x^2 \, \varphi_{xx} \, (0) + 2xy\,\varphi_{xy} \, (0) + \dots$$

$$+ z^2 \varphi_{zz} \, (0)] \, d\tau + \dots \, . \tag{1.78}$$

Die ersten beiden Terme lassen wir als schon besprochen weg, allerdings wurde in Ziff. 1.6 die Behandlung nur für schwere Kerne durchgeführt. Der dritte Term stellt die Wechselwirkungsenergie eines elektrischen Kerndipols im elektrischen Feld der Hülle dar. Man kann zeigen, daß die Atomkerne (aus Symmetriegründen) kein elektrisches Dipolmoment haben, wodurch dieser Term entfällt. Es bleiben der vierte Term und eventuell weitere, die hier wegen der Kleinheit der Momente weggelassen werden.

Man beachte, daß wir annehmen, daß die zweiten Potentialableitungen am Kernort nicht verschwinden. Das trifft nur zu, wenn die Hülle auch andere als s- und $p_{1/2}$-Elektronen enthält, die eine kugelsymmetrische Ladungsverteilung haben. — Der vierte Term in (1.78) ist das Produkt zweier Tensoren, nämlich des Quadrupolmomentes

$$\begin{pmatrix} Q_{xx} & Q_{xy} & Q_{xz} \\ Q_{yx} & Q_{yy} & Q_{yz} \\ Q_{zx} & Q_{zy} & Q_{zz} \end{pmatrix} = \begin{pmatrix} \int \rho_K \, x^2 \, d\tau & \int \rho_K \, xy \, d\tau & \int \rho_K \, xz \, d\tau \\ \int \rho_K \, yx \, d\tau & \int \rho_K \, y^2 \, d\tau & \int \rho_K \, yz \, d\tau \\ \int \rho_K \, zx \, d\tau & \int \rho_K \, zy \, d\tau & \int \rho_K \, z^2 \, d\tau \end{pmatrix}$$

und des Gradienten der elektrischen Feldstärke am Kernort,

$$\begin{pmatrix} \varphi_{xx} & \varphi_{xy} & \varphi_{xz} \\ \varphi_{yx} & \varphi_{yy} & \varphi_{yz} \\ \varphi_{zx} & \varphi_{zy} & \varphi_{zz} \end{pmatrix}$$

Man kann die Ausdrücke auf Hauptachsen transformieren. Da einerseits s- und $p_{1/2}$-Elektronenzustände nicht betrachtet werden, sind die Feldverteilungen rotationssymmetrisch um J, und andererseits interessieren nur Kerne, die nicht-kugelsymmetrisch, aber rotationssymmetrisch um I sind. Man kann dann zwei verschiedene Koordinatensysteme einführen: (x, y, z) zu J gehörig mit der z-Achse als Symmetrieachse; (ξ, η, ζ) zu I gehörig mit ζ als Symmetrieachse. In beiden Systemen haben die zugehörigen Tensoren (φ zu (x, y, z), Q zu (ξ, η, ζ))

die Hauptachsenform. Damit ist der Ausdruck für ΔV_{el} in beiden Systemen wesentlich vereinfacht,

$$\Delta V_{el} = \frac{1}{2} e \left(Q_{xx}\,\varphi_{xx} + Q_{yy}\,\varphi_{yy} + Q_{zz}\,\varphi_{zz} \right)$$

$$= \frac{1}{2} e \left(Q_{\xi\xi}\,\varphi_{\xi\xi} + Q_{\eta\eta}\,\varphi_{\eta\eta} + Q_{\zeta\zeta}\,\varphi_{\zeta\zeta} \right). \tag{1.79}$$

Wegen der Rotationssymmetrie des Feldes ist $\varphi_{zz} = -2\,\varphi_{xx} = -2\,\varphi_{yy}$, also bleibt

$$\Delta V_{el} = \frac{\varphi_{zz}(0)}{4} e \int (3z^2 - r^2)\,\rho_K\,d\tau \tag{1.80}$$

mit $r^2 = x^2 + y^2 + z^2$, und es gilt

$$\int (3z^2 - r^2)\,\rho_K\,d\tau = \int (3\zeta^2 - r'^2)\,\rho_K\,d\tau' \cdot \left(\frac{3}{2}\cos^2\Theta - \frac{1}{2} \right).\,{}^*) \tag{1.81}$$

Man nennt in

$$eQ = e \int (3\zeta^2 - r'^2)\,\rho_K\,d\tau' \tag{1.82}$$

die Größe Q das *Quadrupolmoment des Kernes*. Es hat die Dimension einer Fläche, ist von der Größenordnung 10^{-24} cm^2 = 1 barn und wird daher häufig in barn angegeben. Das Vorzeichen von Q hängt von der Ladungsverteilung ab: bei einem in I-Richtung verlängerten Rotationsellipsoid ist $Q > 0$; ist es bezüglich der I-Richtung abgeplattet, dann ist $Q < 0$. Bei kugelsymmetrischer Ladungsverteilung ist $Q = 0$.

Die exakte Berechnung von ΔV_{el} ergibt

$$\Delta V_{el} = \frac{\varphi_{zz}(0)}{4} \left(\frac{3}{2}\cos^2\Theta - \frac{1}{2} \right) eQ, \tag{1.83}$$

wobei Θ der Winkel zwischen der J- und I-Achse ist (Bild 1.42). Die WW-Energie hängt demnach von der Orientierung des Quadrupols relativ zu φ_{zz} ab (Orientierung von I relativ zu J). Die wellenmechanische Rechnung liefert schließlich

$$\Delta W_Q = \frac{B}{4} \frac{3/2\ C(C+1) - 2I(I+1)\ J(J+1)}{I(2I-1)\ J(2J-1)} \tag{1.84}$$

mit B = Quadrupolkopplungskonstante = $eQ\overline{\varphi_{zz}(0)}$ und

$$C = F(F+1) - I(I+1) - J(J+1). \tag{1.85}$$

---

*) Es handelt sich um eine reine Drehung (Kippung der z-Achse), für welche

$$\int (3z^2 - r^2)\,\rho_K\,d\tau = \int 2r^2 \left(\frac{3}{2}\cos^2\vartheta - \frac{1}{2} \right) \rho_K\,d\tau = \int 2r^2\,P_2(\cos\vartheta)\,\rho_K\,d\tau$$

$$= \int 2r^2 \frac{4\pi}{2l+1} \sum_m Y_l^{m*}(\vartheta',\varphi')\ Y_l^m(\Theta,0)\,\rho_K\,d\tau'.$$

Rotationssymmetrie um die I-Achse heißt m = 0, also bleibt

$$\int 2r^2 \frac{4\pi}{2l+1} Y_l^0(\vartheta',\varphi')\ Y_l^0(\Theta,0)\,\rho_K\,d\tau' = \int (3\zeta^2 - r'^2)\,\rho_K\,d\tau' \cdot \left(\frac{3}{2}\cos^2\Theta - \frac{1}{2} \right).$$

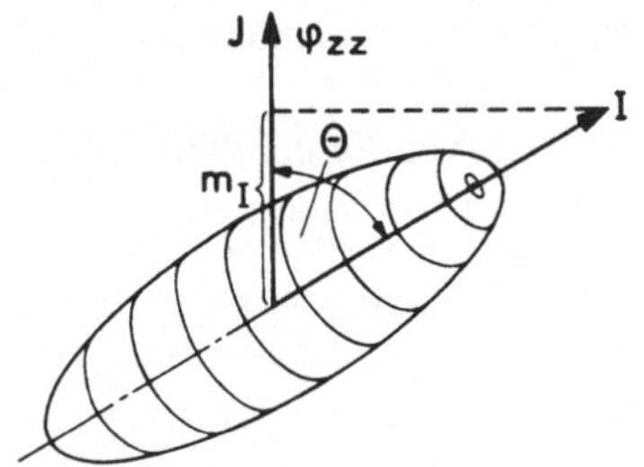

Bild 1.42 Deformierter Atomkern
im elektrischen Feld

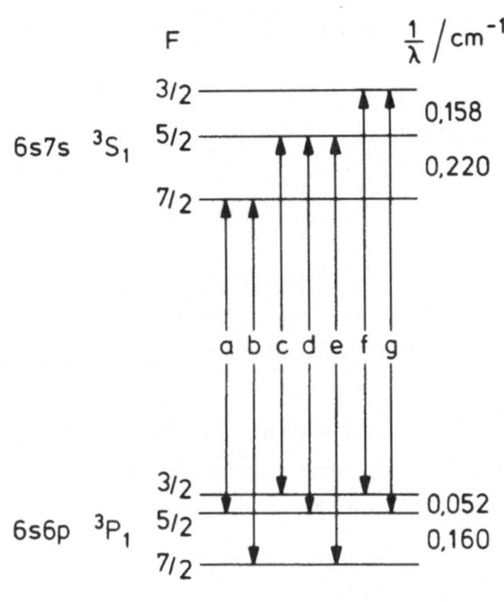

Bild 1.43

Aufspaltungsbild der Linie $\lambda = 679,9\,\text{nm}$ von ^{273}Yb.
Aus der Intervallregel schließt man auf die F-Quan-
tenzahlen, und aus diesen auf $I = \frac{5}{2}$

Den Fall $J = \frac{1}{2}$ haben wir bereits ausgeschlossen (kugelsymmetrisches Feld) und auch
$I = \frac{1}{2}$ kommt nicht vor: Kerne mit $I = 0$ und $I = \frac{1}{2}$ haben kein Quadrupolmoment. Ist m_I
die Komponente von $\vec{I}$ bezüglich $\vec{J}$, dann gilt entsprechend Gl. (1.81) quantenmechanisch

$$Q_{m_I} = \frac{3m_I^2 - I(I+1)}{2I(I+1)}\,Q, \tag{1.86}$$

also

$$Q_I \;\;\; = \frac{I(2I-1)}{2I(I+1)}\,Q = 0 \quad \text{falls} \quad I = 0 \quad \text{oder} \quad I = 1/2. \tag{1.87}$$

Damit ist lediglich bewiesen, daß bei $I = 0, 1/2$ kein Quadrupolmoment gemessen werden
kann, aber noch nicht, ob die Ladungsverteilung kein Quadrupolmoment um $\vec{I}$ besitzt. Wie
aus Q_{m_I} ersichtlich, hängt der Wert nur von m_I^2 ab. Positive und negative m_I geben das gleiche Q_{m_I}.

Im allgemeinen müssen wir in den Atomen sowohl mit einer elektrischen wie mit der
schon besprochenen magnetischen WW rechnen, jedoch bei Kernen mit $I = 0, \frac{1}{2}$ nur mit der
magnetischen. Nur mit solchen Kernen kann die magnetische HFS allein untersucht werden.
Das gleiche gilt, wenn $\varphi_{zz} = 0$ ist, dann ist $B = 0$.

Die vollständige Analyse der HFS erfordert es, in den Linienaufspaltungen sowohl
ΔW_m wie ΔW_Q gleichzeitig zu berücksichtigen. Wir besprechen als Beispiel die HFS der Linie $\lambda = 679,9\,\text{nm}$ des Nuklids ^{173}Yb (Bild 1.43). Zunächst stellt man fest, daß im $^3S_1$-Zu-
stand die Intervallregel der magnet. HFS voll erfüllt ist. Also ist dort $B = 0$, und man braucht
dort nur A zu berücksichtigen. Im Term $^3P_1$ ist das nicht der Fall. Man findet

$$A\,(^3S_1) = -0,0630 \;\text{cm}^{-1} \qquad\qquad A\,(^3P_1) = -0,0374 \;\text{cm}^{-1}$$
$$B\,(^3S_1) = \;\;\;\; 0 \qquad\qquad\qquad\qquad B\,(^3P_1) = -0,0277 \;\text{cm}^{-1}.$$

Die negativen Vorzeichen führen zur „verkehrten" Termlage: Terme mit kleinerem F liegen höher als diejenigen mit größerem F.

Eine weitere quantitative Auswertung erfordert die Kenntnis von Feldgrößen. In Ergänzung zur Tabelle 1.8 geben wir noch Zahlenwerte für φ_{zz} ($\equiv \varphi_{jj}$) bei einigen Alkalien und für den tiefsten infrage kommenden Term $^2P_{3/2}$ (berechnete Werte):

$$\begin{array}{cccc} & \text{Na} & \text{Rb} & \text{Cs} \\ \varphi_{jj}\,(0)/\text{V cm}^{-2}: & 9 \cdot 10^{16} & 7{,}5 \cdot 10^{17} & 1{,}1 \cdot 10^{18}. \end{array}$$

Ganz genau so wie bei den magnetischen Momenten hat man für Bestimmungen des Quadrupolmomentes ein ganzes Netzwerk von sich gegenseitig kontrollierenden φ_{jj}- und Q-Werten zu gewinnen, weil in der Regel eine der beiden Größen zunächst nur grob abgeschätzt werden kann.

In Bild 1.44 sind die experimentellen Ergebnisse über Quadrupolmomente zusammengestellt. Man sieht, daß eine Art von periodischer Schwankung vorliegt. Insbesondere hat man Q = 0 bei N = 126, 82, 50, 40, 28, 20: hier handelt es sich offenbar um kugelförmige Kerne. Es kommen aber auch sehr große Q-Werte vor: ^{181}Ta Q = $6 \cdot 10^{-24}$ cm^2. Auch mit Hilfe der *Deutung des Quadrupolmomentes* kann man versuchen, *Kernstrukturfragen* zu lösen. Z.B. kann man relativ leicht eine Abschätzung des Quadrupolmomentes von (u, g)- und (g, u)-Kernen finden, wenn man einer kugelförmigen Konfiguration noch genau ein Nukleon hinzufügt und dieses für das Quadrupolmoment verantwortlich macht. Mit dieser Vorstellung sind zwar die Werte vieler Quadrupolmomente verträglich, jedoch sind die hohen Werte bei den Seltenen Erdnukliden auf keinen Fall damit erklärbar. In diesem Bereich muß der ganze Kern stark verformt sein, und es kann sich nicht um ein „außen kreisendes" Nukleon handeln, das das Quadrupolmoment verursacht.

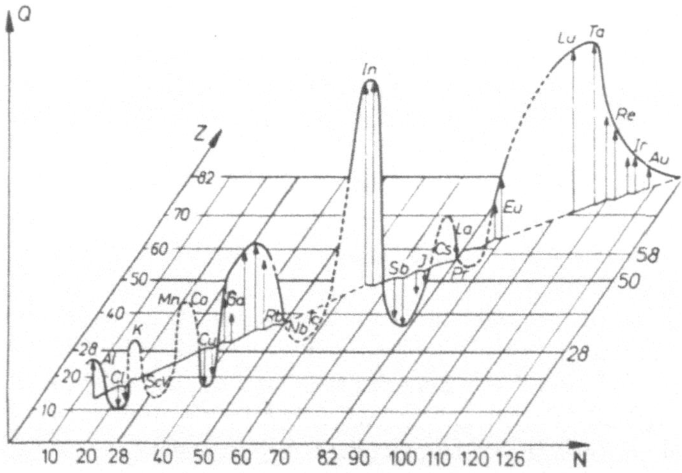

Bild 1.44 Übersicht über die Quadrupolmomente als Funktion von N und Z. Alle Werte bis zu In sind mit dem Faktor 10 multipliziert. (aus [53]), vgl. Bild 2.27.

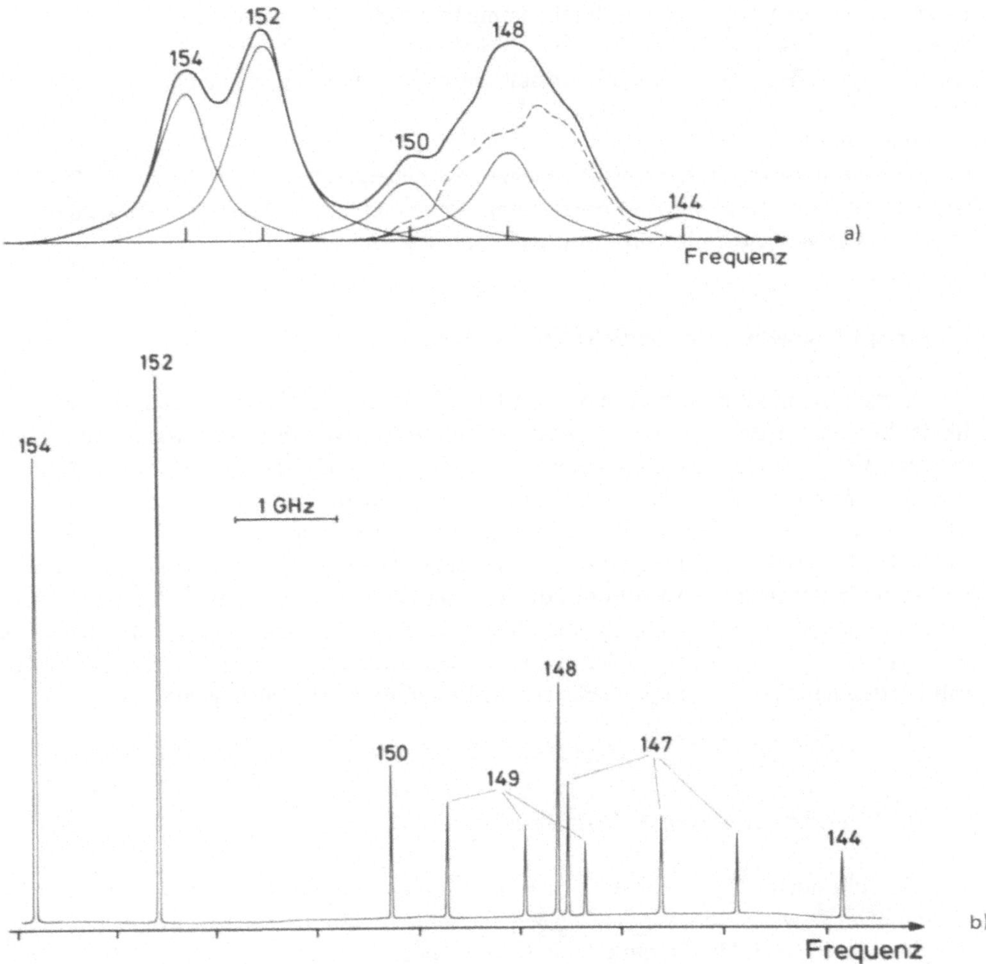

Bild 1.45 a) Photometrische Intensitätsverteilung in einem HFS-Multiplett von Sm I bei λ = 597,94 nm mit einer Zerlegung in die Komponenten der geraden Isotope; --- Restintensität für die ungeraden Isotope, b) HFS-Multiplett aus der Fluoreszenz-Strahlung von Sm I bei λ = 598,97 nm mit durchstimmbarem Laser und fotoelektrischer Registrierung (freundlich überlassen von *A. Steudel*)

Die Auffassung einer starker Deformation des ganzen Kerns im Bereich der Seltenen-Erdnuklide wird durch die Ergebnisse der Isotopieverschiebung unterstützt. Ein Blick auf Bild 1.32 lehrt, daß dort (Eu, Nd, Sm) eine besonders große Schwankung der Größe C auftritt, also eine besonders große Abweichung vom sich vergrößerndem *kugelförmigen* Kern bei Hinzufügung von weiteren Neutronen.

Abschließend sei noch auf die neuere Entwicklung der optischen HFS-Spektroskopie hingewiesen. Mit den Lasern hat man Lichtquellen hoher Strahlungsintensität bei großer

Linienschärfe zur Verfügung. Mit durchstimmbaren Farbstoff-Lasern lassen sich Fluoreszenz-Strahlungsspektren durchmessen, die die HFS-Multipletts mit hoher Genauigkeit auszuwerten erlauben. In Bild 1.45a ist die Intensitätsverteilung einer Sm I-Linie bei λ = 597,94 nm wiedergegeben, wie sie mit einem Farbry-Pérot-Interferometer von einer Glimmentladung gewonnen wurde ([12]). Zum Vergleich ist in Bild 1.45b ein mit Laser-Strahlung gemessenes Fluoreszenzspektrum des gleichen Elementes wiedergegeben (Wellenlänge λ = 598,97 nm). Man erkennt die gewaltige Verbesserung, die in den letzten Jahren erzielt worden ist und die eine ganz neue Präzisions-Spektroskopie eingeleitet hat.

1.7.3 Experimentelle, nicht-optische Untersuchungen

Davon sollen kurz die beiden wichtigsten, die Atomstrahl-Methode und die Methodik der kernmagnetischen Resonanz, besprochen werden, weil sie zeigen, wie moderne Hochfrequenz-Meßmethoden in die Kernphysik Eingang gefunden haben. Solche Möglichkeiten erkennt man, wenn man die HFS-Aufspaltungen in Frequenzeinheiten angibt. Die Termabstände liegen in der Größenordnung $\Delta\bar{\nu}$ = 0,01 cm^{-1}. Das entspricht der Frequenz von 300 MHz (die Radio UKW-Frequenzen liegen bei 90 MHz). Mit entsprechenden Sendern wird man also Übergänge (Absorption) direkt innerhalb von HFS-Multipletts erzeugen können. Verwendet man außerdem noch Zeeman-Effekt, dann kann man mit Hochfrequenz-Methoden eine Vielzahl von Termabständen systematisch durchmessen und dies mit einer weit überlegenen Genauigkeit, weil elektrische Frequenzen sehr genau gemessen werden können.

1.7.3.1 Atomstrahl-Resonanz-Experimente

Die zugehörige Apparatur stellt eine Fortentwicklung des *Stern-Gerlach* Experimentes dar und benutzt wie dieses inhomogene Magnetfelder zur Ablenkung von Atomen mit magnetischem Moment. Bild 1.46 enthält eine Skizze einer Apparatur, mit welcher die genauesten Werte gemessen werden konnten. Aus dem Ofen treten die Atome verdampfbarer Substanzen (sonst kann man auch eine Gasströmungsdüse nehmen) in die hoch-evakuierte Apparatur ein, in der drei sorgfältig ausgerichtete Magnete montiert sind. In A und B sind die Felder gleich groß und *parallel gerichtet* (zum Beispiel in der Zeichenebene liegend), und sie sind dort durch geeignete Formgebung der Polschuhe stark inhomogen, jedoch sind die *Inhomogenitäten* $\partial H/\partial z$ *umgekehrt* zueinander. Das C-Feld ist homogen und parallel zu den beiden anderen. Besitzen die Atome der Quelle ein magnetisches Moment, so stellen sie sich

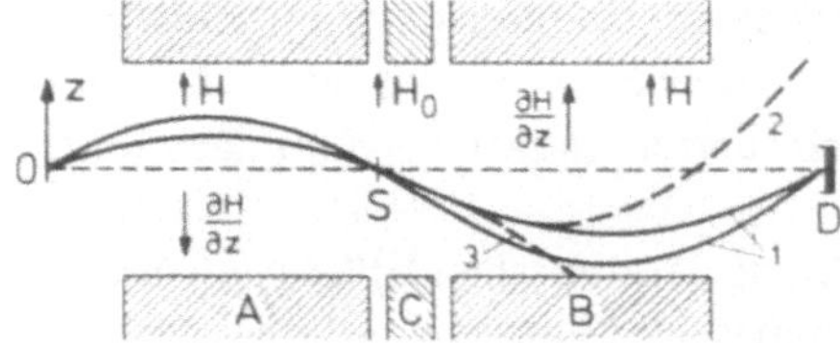

Bild 1.46

Skizze einer Atomstrahl-Resonanz-Apparatur. Gesamtlänge etwa 150 cm, Spaltbreiten bei O, S und D ca. 0,01 mm. Feldinhomogenitäten ca. 80 000 Oe/cm

orientiert im Feld ein und behalten diese Orientierung auf dem ganzen Weg bis D bei (Stoß-freiheit, adiabatische Übergänge von Feldbereich zu Feldbereich, keine spontanen Umklapp-Prozesse). Das effektive magnetische Moment ist

$$\mu_{\text{eff}} = \mu \cos(\vec{\mu}, \vec{H}),$$

und die Einstellungswinkel sind gequantelt. Bei gegebenen Feld- und Quellendaten gibt es Teilchen, die einen Parabelbogen von 0 bis zum Kollimatorspalt S durchlaufen (die Apparatur ist nicht zylindersymmetrisch um die Achse; die vorkommenden Teilchenablenkungen liegen bei einigen hundertstel mm) und, da die Verhältnisse im zweiten Teil identisch sind (abgesehen vom Vorzeichenwechsel von $\partial H/\partial z$), auch den Detektor D erreichen. Die ablenkende Kraft ist dabei jeweils

$$F_z = \mu_{\text{eff}} \frac{\partial H}{\partial z}$$

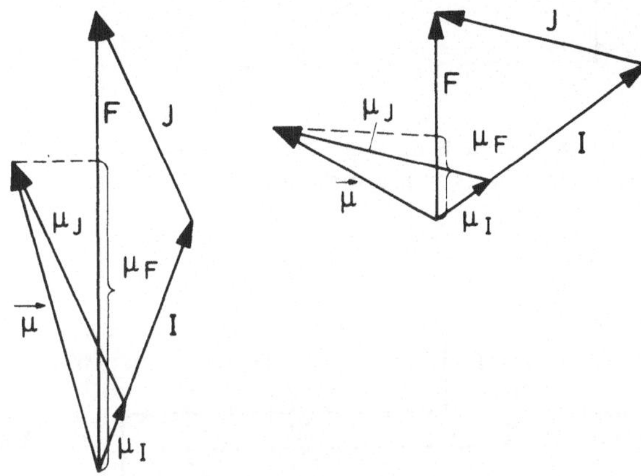

Bild 1.47
Steuerung des effektiven magnetischen
Momentes durch die I, J-Vektorkopplung

und konstant bei konstanter Feldinhomogenität längs der Teilchenbahn. Es ist zunächst wichtig, sich die *Größenordnungen* und Ursachen für die effektiven magnetischen Momente klar zu machen. Kernspin I und Hüllendrehimpuls J koppeln zu $F = |J - I|, \ldots, J + I$. Im schwachen Magnetfeld H präzediert F mit μ_F um die Feldrichtung (gequantelte Einstellung), ohne daß die Kopplung aufgehoben wird (Zeeman-Effekt). In Bild 1.47 ist die Vektorsumme von $\vec{\mu}_I$ und $\vec{\mu}_J$ aufgezeichnet. Man beachte, daß die Längen dieser Vektoren sich ganz wesentlich stärker unterscheiden, als in der Skizze darstellbar ist. Die Länge von $\vec{\mu}$ ist praktisch gleich der des Hüllenmomentes (Größenordnung Bohrsches Magneton), es wird aber die Orientierung wesentlich durch die Vektorkopplung von $\vec{I}$ und $\vec{J}$ bestimmt. Damit ist μ_F stark vom Kopplungswinkel der Drehimpulse abhängig und kann sogar verschwinden. Die Energie im Magnetfeld ist damit

$$\Delta W_{F,H} = \mu_B \, H m_F \, g_F$$

mit

$$g_F \approx g_J \, \frac{F(F + 1) + J(J + 1) - I(I + 1)}{2F(F + 1)}.$$

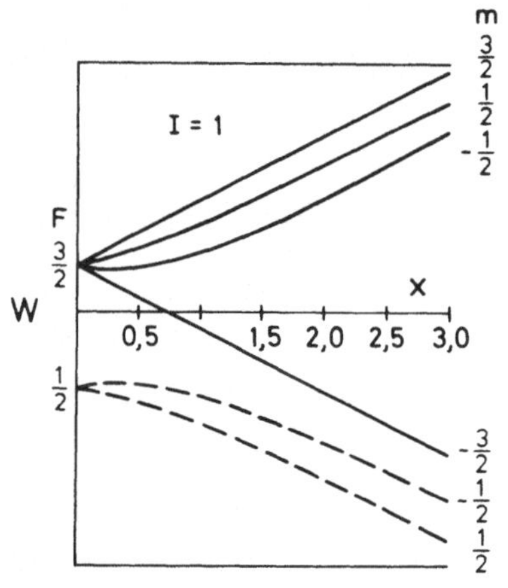

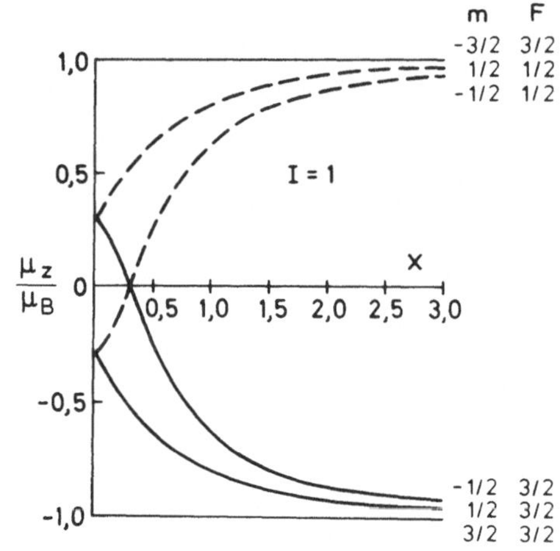

Bild 1.48 Energie W im Magnetfeld und effektives magnetisches Moment für ein Atom mit $J = \frac{1}{2}$ und $I = 1$. Die Größe x ist proportional zu H

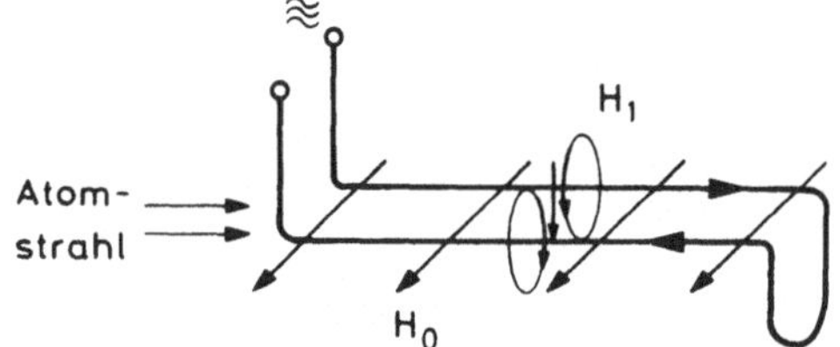

Bild 1.49

Erzeugung des magnetischen Hochfrequenz-feldes H_1 durch eine kurze Doppelleitung

Wird das Magnetfeld vergrößert, kommt es zum *Paschen-Back-Effekt* (Entkopplung von Hülle und Kern). Zum Zweck einer Übersicht sind in Bild 1.48 für $J = 1/2$ und $I = 1$ die Verhältnisse dargelegt, wobei $x \sim H$ ist. Im Paschen-Back-Effekt erhält man zwei Atom-strahlbündel, die aus $2I + 1$ praktisch zusammenfallenden Teilbündeln bestehen.

Man kann dagegen bei *niedrigen Feldern* die verschiedenen Teilstrahlen auf D fokus-sieren und durch *Abzählen der Komponenten* eine Aussage über I machen.

Die Präzisionsmessung des magnetischen Momentes erfolgt nun auf folgende Weise. Im Bereich des homogenen Feldes (Bereich C, Feldstärke H_0) wird ein zusätzliches magneti-sches Hochfrequenz-Feld eingeschaltet. Es steht senkrecht auf H_0. Das erreicht man durch ein einfaches Paralleldrahtsystem (Bild 1.49), das längs der Polschuhe von C verläuft und dessen Ebene so orientiert ist, daß das Magnetfeld H_1 senkrecht auf H_0 steht. Der hochfre-quente Wechselstrom erzeugt das hochfrequente Magnetfeld, durch welches im Atomstrahl quantenmechanische Übergänge erfolgen, d.h. Umorientierungen des magnetischen Momen-tes. Die umorientierten Momente passen nicht mehr zu dem vorher eingestellten Bahnverlauf und werden im B-Feld aus dem Strahl herausgelenkt (② und ③ in Bild 1.46). Im „Re-sonanzfall" sinkt also der bei D registrierte Atomstrom ab, und aus der Frequenz, bei der

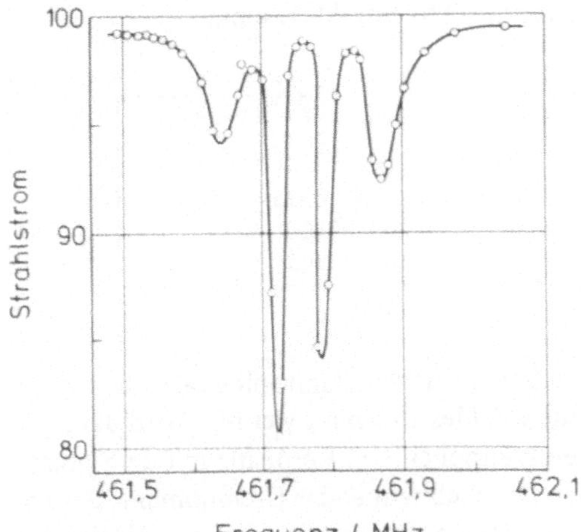

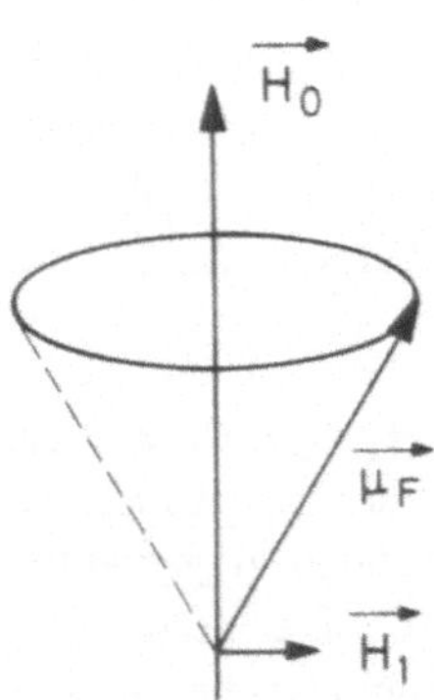

Bild 1.50 Strahlstrom von ^{39}K bei den Zeeman-Übergängen im Multiplett F = 2 $\longleftrightarrow$ F = 1 (aus [53])

Bild 1.51 Orientierung von $\vec{H}_0$, $\vec{\mu}$ und $\vec{H}_1$ in einem Atomstrahl-Resonanz-Experiment

dies auftritt, wird das magnet. Moment ermittelt. Bild 1.50 zeigt ein Ergebnis. Bei der beschriebenen Versuchstechnik sind viele experimentelle Varianten möglich (starkes und schwaches Feld H_0, starke und schwache Einstrahlung (H_1), Variation der Frequenz (Wobbeln) oder des Feldes H_0), die hier nicht weiter diskutiert werden können ([53], [65]). Wir machen uns aber noch ein klassisches Bild des Zustandekommens der Umorientierungsprozesse. Ohne das Feld H_1 präzediert μ um H_0, wobei für den Vektor $\vec{F}$ des Gesamtdrehimpulses gilt (vgl. Bild 1.51)

$$\frac{d\vec{F}}{dt} = \vec{\mu}_F \times \vec{H}_0 = \mu_B\, g\, \frac{\vec{F} \times \vec{H}_0}{\hbar}. \tag{1.88}$$

Daraus folgt

$$\frac{dF_x}{dt} = \frac{\mu_B\, g}{\hbar} F_y\, H_0, \qquad \frac{dF_y}{dt} = -\frac{\mu_B\, g}{\hbar} F_x\, H_0, \tag{1.89}$$

oder

$$\frac{d^2 F_x}{dt^2} = -\left(\frac{\mu_B\, gH_0}{\hbar}\right)^2 F_x \tag{1.90}$$

(und ebenso für F_y). Man erhält also einen Umlauf mit der Larmor-Frequenz

$$\omega_L = \frac{\mu_B\, gH_0}{\hbar}, \qquad \nu_L = \frac{\mu_B\, gH_0}{h} = \gamma H_0 \tag{1.91}$$

mit γ = gyromagnetisches Verhältnis (s. Ziff. 1.7.1).

Tabelle 1.9 HFS-Aufspaltung der Grundzustände aus Atomstrahl-Resonanz-Experimenten

Isotop	HFS-Aufspaltung des Grundzustandes ν_0 MHz	Wellenzahl der HFS-Aufspaltung cm^{-1}
^{1}H	$1420,4051 \pm 3 \cdot 10^{-4}$	0,04738215
^{2}H	$327,3842 \pm 14 \cdot 10^{-4}$	0,0109210
^{3}H	$1516,702 \pm 10 \cdot 10^{-3}$	0,0505945

Wird H_1 als lineares magnetisches Wechselfeld betrieben, dann soll es als Überlagerung eines rechts- und eines links-zirkular umlaufenden Feldes aufgefaßt werden. Wird dann die Frequenz ν gleich ν_L gewählt, dann ist *eine* Feldkomponente in Resonanz mit dem präzedierenden Dipol, es besteht dauernd ein auf den Dipol einwirkendes Drehmoment, das ihn aus seiner Richtung herauszudrehen versucht. Quantenmechanisch kommt es zu Umklapp-Prozessen, ausgelöst durch magnetische Dipolstrahlung, für die die Auswahlregeln bestehen

$$\Delta m_F = \quad 0 \; (\sigma\text{-Komponente}) \; \Delta F = \pm 1$$
$$\Delta m_F = \pm 1 \; (\pi\text{-Komponente}) \; \Delta F = \pm 1,0.$$

Für den Atomstrahl bedeutet es eine Umbesetzung der magnetischen Subniveaus, und das mißt der Detektor als Abfall eines Teilchenstroms. Abschließend geben wir noch die gefundenen Resonanzfrequenzen für die HFS-Aufspaltung des Grundzustandes der Wasserstoff-Isotope an (s. Bild 1.37), um einen Eindruck von der Genauigkeit der Methode zu vermitteln (Tabelle 1.9).

1.7.3.2 *Kernmagnetische Resonanz in Flüssigkeiten und Kristallen*

Im Atomstrahl werden die beobachteten Effekte an einzelnen Atomen (oder Molekülen) des Strahls beobachtet, und jede Veränderung der Spin-Stellung führt zum Ausscheiden des Teilchens, wird also prinzipiell nachgewiesen. In kompakter Materie kann der Kernspin-Magnetismus unter bestimmten Voraussetzungen ebenfalls nachgewiesen und gemessen werden. Man wird möglichst von diamagnetischen Substanzen ausgehen, damit der Kernparamagnetismus nicht völlig vom Hüllenparamagnetismus überdeckt wird. Die quantenmechanische *Langevin*-Formel besagt, daß bei N Teilchen das magnetische Moment ist

$$M_z = N\mu_I \frac{\mu_I H_z}{3kT} \frac{I+1}{I} . \tag{1.92}$$

Es ist sehr klein, denn bei Zimmertemperatur und H_z von einigen kOe ist $\mu_I H_z/kT \approx 10^{-6}$. Der Kernparamagnetismus wird also auch noch vom Diamagnetismus völlig überdeckt. Er war erst beobachtbar, als es gelang, zeitliche systematische Variationen des Kernparamagnetismus zu erzeugen. Wir wollen dazu nur kurz die wesentlichen Überlegungen zusammenstellen. *Erstens* kann das Verhalten des Magnetisierungsvektors der magnetisierten Substanz klassisch beschrieben werden. *Zweitens* setzt er sich aus den Momenten der Einzelteilchen zusammen, die genau so wie beim Atomstrahlresonanzexperiment durch Einstrahlung eines kleinen Zusatzfeldes zu Umklapp-Prozessen veranlaßt werden. Erfolgen solche, dann scheidet das Teilchen aber nicht aus, sondern es wird eine winzige Änderung der Magnetisierung erzeugt. *Drittens* wird durch die Einstrahlung von magnetischer Dipolstrahlung nicht nur Absorption möglich, sondern man bekommt auch induzierte Emission. Beide Prozesse führen zu einem vollständigen Verschwinden der beobachteten Effekte, wenn nicht durch einen anderen Prozeß dafür gesorgt wird, daß die Besetzung der Subniveaus immer wieder im Sinne einer Boltzmann-Verteilung wiederhergestellt wird. Es muß also die Temperatur des Spin-Systems von hervorragender Bedeutung sein. Temperatur ist dabei eine pauschale Größe, die andeutet, das es Energieaustauschprozesse und Spin-Austauschprozesse in der Materie gibt. Sie geben Anlaß, Strukturfragen der Materie zu diskutieren. *Viertens* sind Magnetisierung und Drehimpuls untrennbar über das gyromagnetische Verhältnis (s. Ziff. 1.7.1) miteinander verbunden. Die Magnetisierung führt also eine Präzessionsbewegung um das Feld $H_0 = H_z$ aus, und es gilt für diese ($\vec{L}$ Drehimpuls der Probe) allgemein:

$$\frac{d\vec{L}}{dt} = \vec{M} \times \vec{H}, \quad \frac{d\vec{M}}{dt} = \gamma\,\vec{M} \times \vec{H}. \tag{1.93}$$

Berücksichtigt man die Wechselwirkung des Spinsystems mit der Umgebung und der Spins untereinander durch Einführung von Relaxationszeiten T_1 (longitudinal) und T_2 (transversal), nimmt man ferner an, daß das Zusatzfeld die Kreisfrequenz ω habe, dann erhält man im mitrotierenden Koordinatensystem (u, v, w) die Beziehungen

$$\dot{M}_u\,F\,(\omega_L - \omega)\,M_v = -\frac{M_u}{T_2}, \quad \pm \dot{M}_v + (\omega_L - \omega)\,M_u - \omega_1 M_z = F\,\frac{M_v}{T_2}$$

$$\dot{M}_z \pm \omega_1 M_v = -\frac{M_z - M_0}{T_1} \tag{1.94}$$

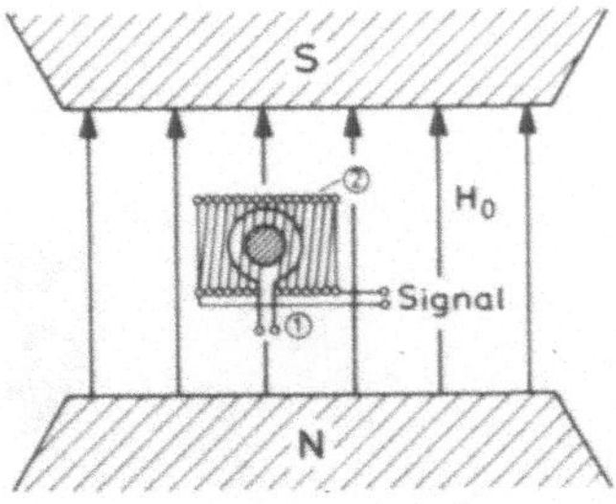

Bild 1.52
Bloch-Methode zur Aufnahme der kernmagnetischen Resonanz. ① Spule zur Erzeugung des Feldes H_1, ② Spule zur Aufnahme des Resonanzsignales. Im Bereich der Probe benötigt man ein sehr homogenes Feld, damit sich das Signal durch große Resonanzschärfe aus dem Untergrund gut abhebt.

mit ω_L = Larmorfrequenz = $|\gamma|\,H_z$ und $\omega_1 = |\gamma|\,H_1$. Die beiden Vorzeichen in (1.94) rühren von der Zerlegung des linearen Feldes $2H_1 \cos \omega t$ in die zirkularen Anteile her. Man kann zeigen, daß aus den abgeleiteten Beziehungen folgendes Verhalten von $\vec{M}$ folgt: Im Resonanzfall $\omega = \omega_L$ schwingt der $\vec{M}$-Vektor von der Ausrichtung parallel zu H_0 (= H_z) in Spiralen in die Antiparallelstellung durch. In einer geeigneten Spulenanordnung (*Bloch*-Methode, Bild 1.52) wird mit einer Spule ② das Induktionssignal aufgenommen, das ent-

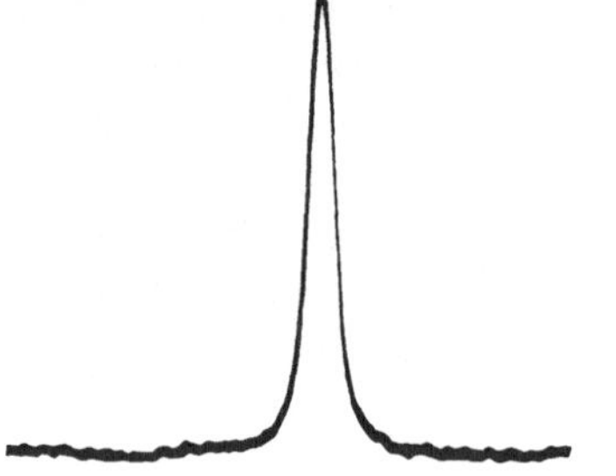

Bild 1.53
Protonen-Resonanzlinie mit der *Purcell*-Methode,
(*N. Bloembergen, E. Purcell, R. Pound*, Phys. Rev. **73**
(1948) 679)

steht, wenn der Magnetisierungsvektor durch die Ebene senkrecht zu H_0 hindurchpendelt. Aus der Resonanzfrequenz kann dann das gyromagnetische Verhältnis berechnet werden, ebenso das magnetische Moment. Es gibt noch andere Methoden des Nachweises der kernmagnetischen Resonanz, die hier nicht besprochen werden können. Es sei lediglich noch darauf hingewiesen, daß es auch hier zwei Arten des Experimentierens gibt: Wobbelung der Frequenz oder periodische Variation der Feldgröße H_0 durch die Resonanzstelle hindurch. Bild 1.53 gibt zum Abschluß eine Protonen-Resonanz-Absorptionslinie (*Purcell*-Methode) bei Durchfahren von H_0.

2 Kernmodelle

2.1 Empirische Massenformel (Flüssigkeits-Tropfen-Modell)

Wenn man aus mangelnder Kenntnis der Kernkraft ein Kernmodell aufstellt, dann ist zu fordern, daß durch das Modell mittels Anpassung einiger Parameter die experimentellen Daten der Atomkerne richtig wiedergegeben werden. Das sind insbesondere Masse, Radius, Ladungsverteilung, Form, Spin, magnetisches Moment, Quadrupolmoment. Die Modelle, mit denen man beginnt, sind einfach und werden daher zunächst nur grobe Züge der Kerndaten beschreiben. Mit höheren Ansprüchen an die Genauigkeit oder nach Gewinnung neuer Daten der Kerne muß das Modell verfeinert werden. Man hat keine beliebige Freiheit in der Auffindung von Modellen, denn sie müssen allgemeinen Regeln über die Naturgesetze folgen. Wir ziehen mit den Regeln der Quantenmechanik aus dem Modell Schlüsse, die wiederum zu beobachtbaren Aussagen führen. Demgegenüber wurde in Abschnitt 1 fast ausschließlich mit der klassischen Physik gearbeitet. Das war deshalb möglich, weil als Hintergrund für viele Aussagen quantenmechanische Rechnungen vorhanden sind, die die klassischen Überlegungen bestätigen.

Aufgrund der Theorie, daß die Kerne aus Protonen und Neutronen zusammengesetzt sind, die einander, abgesehen von der Ladung, sehr ähnlich sind, hat *v. Weizsäcker* erstmals 1935 eine Modellformel für die Atommassen angegeben, die als wesentliche Fakten berücksichtigte, daß die mittlere Kernbindungsenergie proportional zur Teilchenzahl ist und daß wegen der Ladung des Kerns im Innern eine abstoßende Kraft besteht.

Die gesamte Bindungsenergie müßte nach diesem Modell proportional zur Nukleonenzahl sein. Das kann nicht ganz richtig sein, weil die Nukleonen am Kernrand nur zum Innern hin Bindungspartner haben. Die Bindungsenergie ist also um einen Term zu vermindern, der proportional zur Oberfläche des Kerns ist. In erster Näherung ist damit die Nuklid-Masse

$$M(A, Z) = m_n N + m_H Z - c_1 A + c_2 A^{2/3} + c_3 \frac{Z^2}{A^{1/3}} , \tag{2.1}$$

wobei die Konstanten c_1, c_2, c_3 positiv sind: $c_1 A \cdot c^2$ ist die Volumenbindungsenergie, $c_2 A^{2/3} \cdot c^2$ die Oberflächen-Energie und $(c_3 Z^2/A^{1/3}) \cdot c^2$ die Coulomb-Energie. Die homogen geladene Kugel vom Radius $R = R_0 A^{1/3}$ liefert für c_3 den Wert

$$c_3 = \frac{3}{5} \frac{e^2}{R_0} \frac{1}{4\pi\epsilon_0} = 0{,}72 \frac{MeV}{c^2} , \quad \text{wenn} \quad R_0 = 1{,}2 \text{ fm.} \tag{2.2}$$

Damit liegt zumindest die Größenordnung von c_3 fest. Da man alle solche Formeln an experimentelle Daten angleicht, so sind die Zahlenwerte der Konstanten natürlich vom jeweiligen Stand der Kenntnisse abhängig. Größenordnungsmäßig ist aber

$$c_1 = 16 \text{ MeV}/c^2 , \quad c_2 = 19 \text{ MeV}/c^2 . \tag{2.3}$$

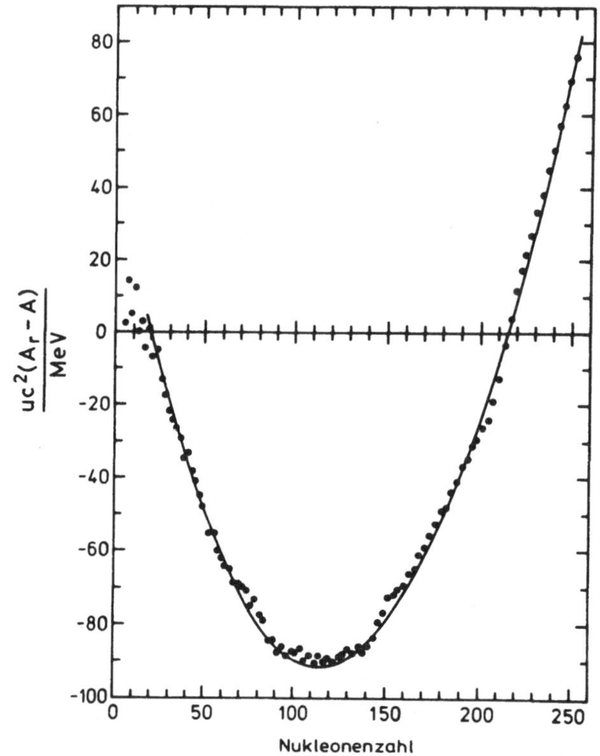

Bild 2.1

Verlauf der Massenüberschuß-Energie entlang der Talsohle (stabile Kerne) von Bild 1.2

Ein Großteil der Überlegungen zu einer Massenformel basiert auf den Massen der stabilen Kerne. Wenn man für sie den Massenüberschuß $(M - A) \cdot c^2$ als Funktion von A aufträgt, so erhält man eine erstaunlich glatte Kurve (Bild 2.1), die es vertretbar erscheinen läßt, nach einer einfachen Massenformel zu suchen.

Trägt man die heute bekannten *Massen isobarer Kerne* als Funktion von Z (oder N) auf (man schneidet also in Bild 1.2 längs $A = Z + N = $ konst.), dann ergibt sich, daß die Kerne auf einer gut ausgeprägten Parabel liegen (Bild 2.2a, A = 67), oder daß sie sich auf zwei solcher Parabeln gruppieren (Bild 2.2b, A = 68). Die ungeraden Kerne (ug, gu) liegen stets auf nur einer Parabel, die gg- und uu-Kerne liegen auf zwei gegeneinander verschobenen. Diese Parabeln machen es erforderlich, in der Massenformel einen *Symmetrieterm*

$$c_4 \frac{(N - Z)^2}{A} = \Delta_S \qquad (2.4)$$

hinzuzufügen, und es muß auch noch berücksichtigt werden, ob es sich um gu-, gg- oder uu-Kerne handelt. Man fügt daher noch einen *Paarungs-Energieterm* δ hinzu mit

$\delta = 0$, wenn A ungerade

$\delta \begin{cases} \text{positiv, wenn Z und N ungerade (uu)} \\ \text{negativ, wenn Z und N gerade} \quad \text{(gg)} \end{cases}$.

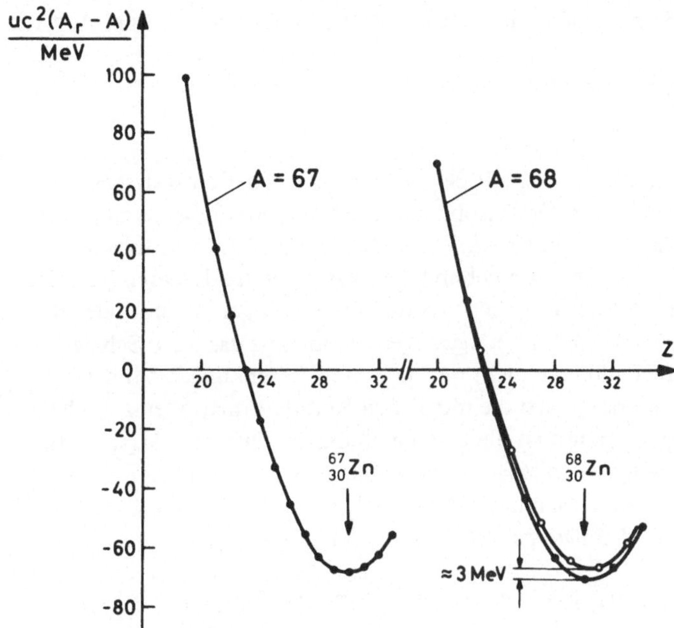

Bild 2.2 Massenüberschuß-Energie isobarer Kerne. a) A = 67, b) A = 68. Zum Minimum gehört der stabile Kern, rechts und links davon können β-Zerfälle erfolgen

Zahlenwerte sind

$$\delta = \pm \frac{11}{\sqrt{A}} \quad \text{oder} \quad \frac{33}{A^{3/4}} \frac{\text{MeV}}{c^2} \quad \text{und} \quad c_4 = \frac{25 \text{ MeV}}{c^2}. \tag{2.5}$$

Die verbesserte Massenformel des *(Flüssigkeits-)Tropfen-Modells* lautet damit

$$M = m_n N + m_H Z - c_1 A + c_2 A^{2/3} + c_3 \frac{Z^2}{A^{1/3}} + c_4 \frac{(N-Z)^2}{A} + \delta. \tag{2.6}$$

Die *Lage der stabilen Kerne* quer durch das ganze periodische System stellt die Kurve dar, die diejenigen Punkte miteinander verbindet, bei denen $\frac{\partial M}{\partial Z}\Big|_A = 0$. Aus Gl. (2.6) folgt

$$\frac{\partial M}{\partial Z}\Big|_A = - m_n + m_H + 2c_3 \frac{Z}{A^{1/3}} - 4 \frac{c_4}{A}(A - 2Z).$$

Das führt auf

$$Z = \frac{A}{2} \frac{m_n - m_H + 4c_4}{c_3 A^{2/3} + 4c_4} \approx \frac{A}{2} \frac{1}{0{,}72 \cdot 10^{-2} A^{2/3} + 1}. \tag{2.7}$$

Es folgt daraus der bekannte Sachverhalt, daß stets $Z < \frac{A}{2}$ ist. Zum Beispiel ist bei A = 125

$$Z = \frac{A}{2} \frac{1}{1,18}, \quad \frac{N}{Z} = \frac{A-Z}{Z} = \frac{A}{Z} - 1 = 1,36.$$

Man vergleiche damit die Lage dieses Kerns in Bild 1.2.

Der Vergleich der gemessenen Massen mit den aus der modifizierten Weizsäcker-Formel berechneten zeigt, daß der Verlauf der Talsohle des Bindungsenergiediagramms „runzelig" ist. Bei einer Serie ganzer Zahlen für N und Z (2, 8, 20, 28, 50, 82, 126), den sogenannten *magischen Zahlen,* findet man besonders fest gebundene Kerne. Die moderneren Verfeinerungen der Massenformel sind sämtlich ausgeführt worden, um die „Periodizität" der Bindungsenergie zu berücksichtigen. Das dafür herangezogene Modell ist das Kern-Schalenmodell. In der modifizierten Formel will man nicht nur die tiefen Absenkungen bei den magischen Zahlen berücksichtigen, sondern auch die möglichen Kerndeformationen zwischen abgeschlossenen Schalen. Ausgangspunkt ist die Untersuchung der Differenz $M_{exp} - M_{Flüss.}$, also die Abweichung der experimentellen Massen von denjenigen, die nach einer einfachen Massenformel berechnet worden sind. Man bezieht sich dabei heute vielfach auf die Untersuchung von *W. D. Myers* und *W. J. Swiatecki* (Nucl. Phys. **81** (1966) 1), der auch die Bilder 2.1 und 2.3 entstammen.
Dort wird wie folgt argumentiert: Zwischen den magischen Zahlen, besonders ausgeprägt bei den Seltenen Erden, sind die Kerne deformiert. Das führt offensichtlich zu einer Verminderung der Bindungsenergie. Auf der anderen Seite wird dadurch das Potential im Kerninnern verändert und damit wird die Amplitude der Welligkeit mit wachsendem N abgeflacht. Der Reihe nach werden die folgenden Effekte berücksichtigt.

a) Veränderung der *elektrischen Energie* bei verformten Kernen. Die Kerne seien elliptisch deformiert (Halbachsen a und b), aber noch rotationssymmetrisch. Das Quadrupolmoment eines solchen Kerns ist

$$Q = \frac{2}{5} Z (a^2 - b^2). \tag{2.8}$$

Ist die Form der Berandung

$$R(\vartheta) = R_0 (1 + a_2 P_2 (\cos \vartheta)),$$

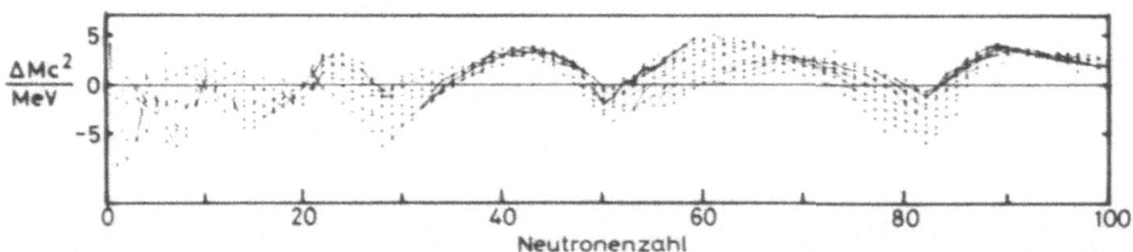

Bild 2.3 Abweichungen der experimentell bestimmten Massen von denjenigen der empirischen Massenformel von *Myers* und *Swiatecki,* a.a.O.

dann ist

$$a^2 - b^2 = 3R_0^2 a_2 + \frac{3}{4} a_2^2 R_0^2 \approx 3R_0^2 a_2, \quad \text{wenn} \quad a_2 \ll 1.$$

Der elektrische Energieinhalt der Ladungsverteilung ist (*S. Flügge*, Z. Phys. **130** (1951) 159)

$$E_{Coulomb} = \frac{3}{5} Z^2 \frac{e^2}{4\pi\epsilon_0} \frac{1}{R_0} \frac{(1-\epsilon^2)^{1/3}}{2\epsilon} \ln\frac{1+\epsilon}{1-\epsilon}, \tag{2.9}$$

mit $\epsilon = \sqrt{1 - b^2/a^2}$. In Bild 2.4 ist $E_C / \frac{3}{5} Z^2 \frac{e^2}{4\pi\epsilon_0} \frac{1}{R_0}$ als Funktion von ϵ aufgetragen. Hier kommt es nur auf kleine Deformationen an. Für kleine ϵ entsteht die Näherungsformel

$$E_{Coulomb} = \frac{3}{5} Z^2 \frac{e^2}{4\pi\epsilon_0} \frac{1}{R_0} \left(1 - \frac{1}{45}\epsilon^4 - \dots\right) = \frac{3}{5} Z^2 \frac{e^2}{4\pi\epsilon_0} \frac{1}{R_0}$$
$$\cdot \left(1 - \frac{1}{5} a_2^2 - \dots\right). \tag{2.10}$$

Die Coulomb-Energie nimmt demnach erwartungsgemäß mit wachsender Deformation ab.

b) Veränderung der nuklearen *Oberflächenenergie* bei verformten Kernen. Sie ändert sich dadurch, daß sich die Größe der Oberfläche ändert, wenn das Volumen konstant bleibt. Man benötigt die Kenntnis der Größe der Oberfläche eines Rotationsellipsoides. Es ergibt sich

$$E_{Oberfl.} = c_2 A^{2/3} \left(1 + \frac{2}{5} a_2^2 - + \dots\right). \tag{2.11}$$

[Sowohl für *a*) wie *b*) kann man allgemein dreiachsige Ellipsoide behandeln, deren Randfläche dann durch eine kompliziertere Kugelfunktionsentwicklung bestimmt ist, s. Ann. Phys. **84** (1974) 186].

c) Es bleibt noch der *Schaleneffekt* zu berücksichtigen. Bei $Z^2/A \leqslant 52{,}8$ sind die kugelförmigen Kerne diejenigen mit der geringsten Energie. Darüber wird Kernspaltung möglich, weil mit wachsender Deformation die Energie sinkt. Bei den stabilkugelförmigen Kernen sind permanent-deformierte Kerne empirisch nur nach Hinzufügung des Schaleneffekts möglich.

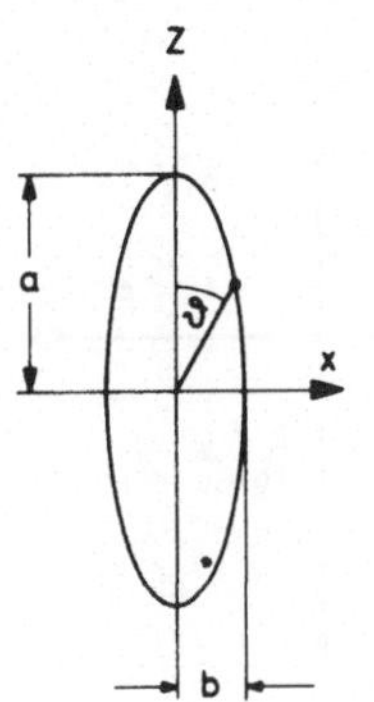

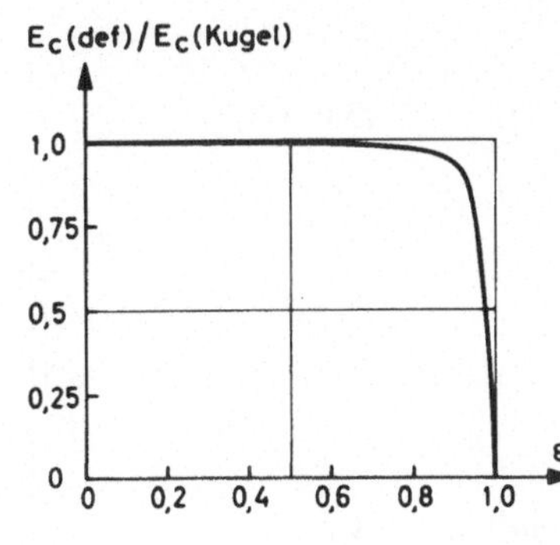

Bild 2.4

a) Modell des zylinder-symmetrisch elliptisch geformten Kerns, b) Verhältnis der Coulomb-Energie des deformierten Kerns zu der der Kugel

Wir fügen in der Beziehung (2.6) die Deformation ein und einen Zusatzterm, der den Schalen-effekt berücksichtigen soll:

$$M = m_n N + m_H Z - c_1 A + c_2 A^{2/3} \left(1 + \frac{2}{5} a_2^2 - + \ldots\right)$$

$$+ c_3 \frac{Z^2}{A^{1/3}} \left(1 - \frac{1}{5} a_2^2 + - \ldots\right) + c_4 \frac{(N-Z)^2}{A} + \delta \qquad (2.12)$$

$$+ S(N, Z) \exp\left(-\frac{\alpha^2}{\alpha_0^2}\right).$$

Darin ist $S(N, Z)$ die Schalenfunktion und $(\alpha/\alpha_0)^2$ ist praktisch gleich a_2^2. In dem Exponen-tialfaktor kommt zum Ausdruck, daß der Schaleneffekt an Bedeutung verliert, sobald die Deformation wächst. Das führt zu einer Verflachung der Modulation. – Die Schalenfunk-tion wird von *Myers* und *Swiatecki* statistisch behandelt: In der Nähe der Schalenabschlüsse findet eine Erhöhung der Termdichte statt, auf die dann ein hoher Termabstand folgt. Auf diese Weise gelang eine gute Anpassung der Massenformel an die experimentell gemessenen Werte (Bild 2.3).

2.2 Das einfachste Modell: Nukleonen im Potentialkasten mit unendlich hohen Wänden

Das Modell ist deshalb unrealistisch, weil es keine Verbindung zwischen dem Kernin-nern und dem Äußeren zuläßt. Sein Vorteil ist, daß es sich vollständig durchrechnen läßt. Insoweit ist es aber mehr oder weniger eine Übungsaufgabe der Quantenmechanik und ist als Beispiel zur Kernphysik nur deshalb gerechtfertigt, weil das Kernkraftpotential nicht bekannt ist. Es ist aber bekannt, daß es ein stark anziehendes Potential kurzer Reichweite ist. Wir geben das Potential in der Form vor (Bild 2.5)

$$V(\vec{r}) = -V_0, \quad |\vec{r}| < R$$
$$V(\vec{r}) = \infty \quad , \quad |\vec{r}| > R.$$

Da im Außenraum das Potential ∞ hoch ist, kann sich dort ein Nukleon nicht aufhalten, dort muß die Wellenfunktion identisch verschwinden. Im Innern gilt für ein Nukleon der Masse m die Schrödinger-Gleichung (SGl.)

$$\left(-\frac{\hbar^2}{2m} \Delta + V(\vec{r})\right) \Psi(\vec{r}) = E\Psi(\vec{r}), \qquad (2.13)$$

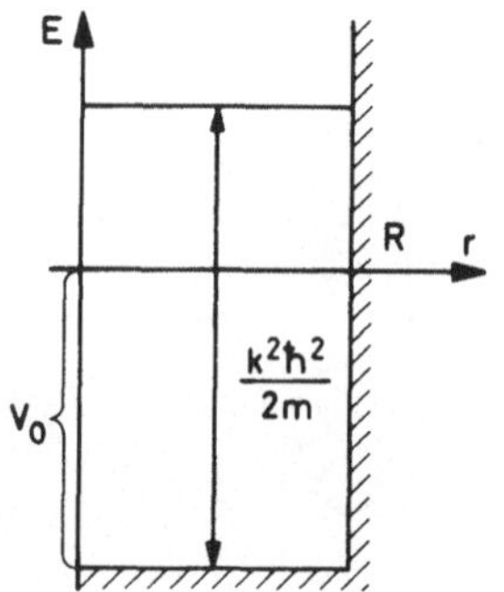

Bild 2.5

Potentialkasten mit unendlich hohen Wänden

wenn wir die stationären Lösungen zur Energie E suchen. Das Potential ist drehsymmetrisch (es ändert sich nicht bei einer beliebigen Drehung des Koordinatensystems), also ist neben der Energie auch der Drehimpuls scharf, d.h. eine „gute Quantenzahl". Das führt auf den Ansatz

$$\Psi(\vec{r}) = \frac{u_{nl}(r)}{r} Y_l^m(\vartheta, \varphi), \tag{2.14}$$

mit den Drehimpulsquantenzahlen l und m. Abseparation der winkelabhängigen Differentialgleichung (die durch Y_l^m erfüllt ist) führt auf die radiale Gleichung

$$\left(-\frac{\hbar^2}{2m} \frac{d^2}{dr^2} + V(r) + \frac{\hbar^2}{2m} \frac{l(l+1)}{r^2} - E \right) u_{nl}(r) = 0. \tag{2.15}$$

Man führt hierin, weil V(r) im Innern konstant ist, die Wellenzahl k durch die Beziehung ein (vgl. Bild 2.5)

$$\frac{k^2 \hbar^2}{2m} = E + V_0. \tag{2.16}$$

Lösungen der radialen Gl. (2.15) sind die Funktionen

$$\frac{u_{nl}(r)}{r} = A_l j_l(kr) \tag{2.17}$$

mit den sphärischen Bessel-Funktionen [54, 70]

$$j_0 = \frac{\sin kr}{kr}, \quad j_1 = \frac{\sin kr}{(kr)^2} - \frac{\cos kr}{kr}$$

$$j_2 = \left(\frac{3}{(kr)^3} - \frac{1}{kr} \right) \sin kr - \frac{3}{(kr)^2} \cos kr \tag{2.18}$$

usf. (Bild 2.6). Festzuhalten ist hier besonders das Verhalten der Funktionen für $kr \ll l$. Es gilt

$$j_l(kr) \cong \frac{(kr)^l}{(2l+1)!!}. \tag{2.19}$$

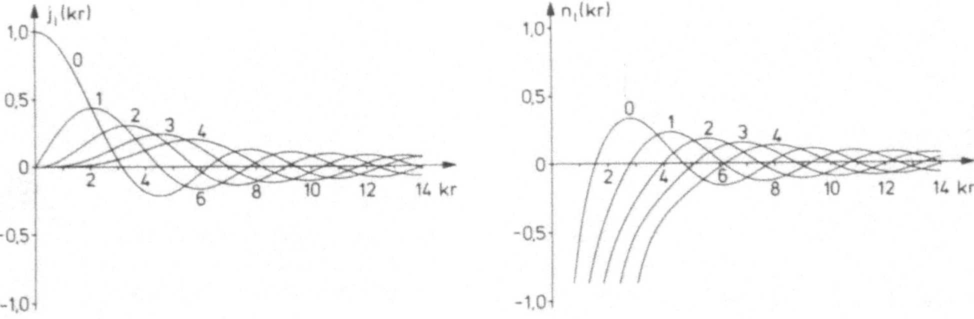

Bild 2.6 Verlauf einiger sphärischer Bessel- und Neumann-Funktionen $j_l(kr)$, bzw. $n_l(kr)$ für $l = 0, 1, 2, 3, 4$

Die zweite Lösung $n_l(kr)$ muß verworfen werden, weil sie bei $r = 0$ eine unendlich hohe Aufenthaltswahrscheinlichkeit des Nukleons ergeben würde.

Die *Eigenwerte des Problems* ergeben sich, wenn man die *Randbedingung* hinzufügt: $j_l(kR) = 0$. Es ergibt sich zu jedem Wert von l eine unendliche Folge von Werten $k_n R$, $n = 1, 2, \ldots$, die zu einer wachsenden Zahl von Nullstellen jeder Funktion j_l führt, und immer ist eine Nullstelle bei $r = R$ (Bild 2.7). Aus jedem k_n-Wert folgt eine Energie E_n gemäß Gl. (2.16). Die vollständigen Eigenfunktionen sind

$$\Psi_{nlm}(\vec{r}) = A_{nl}\, j_l(k_n r)\, Y_l^m(\vartheta, \varphi), \tag{2.20}$$

und A_{nl} folgt aus der Normierungsbedingung

$$\int |\Psi_{nlm}(\vec{r})|^2\, d\tau = 1.$$

Die hiernach gewonnenen Zustände sind mehrfach entartet:
a) alle Zustände mit $m = -l, \ldots, +l$ haben die gleiche Energie;
b) da jedes Nukleon den Spin $\frac{1}{2}$ hat, folgt eine weitere Entartung aus $m_s = \pm\frac{1}{2}$. Oder anders ausgedrückt: Die Zustände mit $j = l \pm \frac{1}{2}$ und mit $m_j = -j, \ldots, +j$ haben alle die gleiche Energie.

Die *Energien* $E_{l,n}$ sind nach Gl. (2.16)

$$E_{n,l} = \frac{k_{n,l}^2 \hbar^2}{2m} - V_0. \tag{2.21}$$

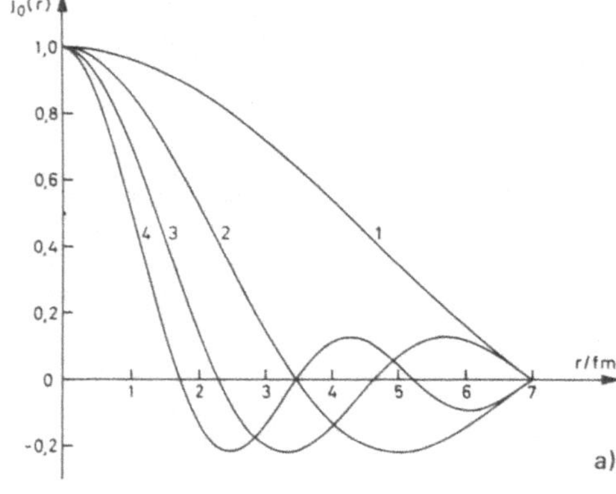

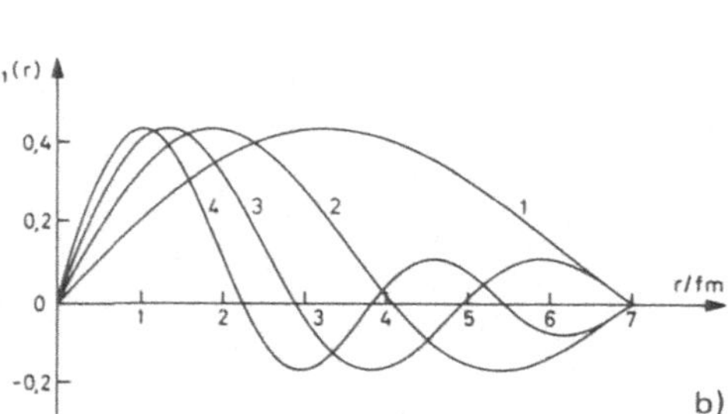

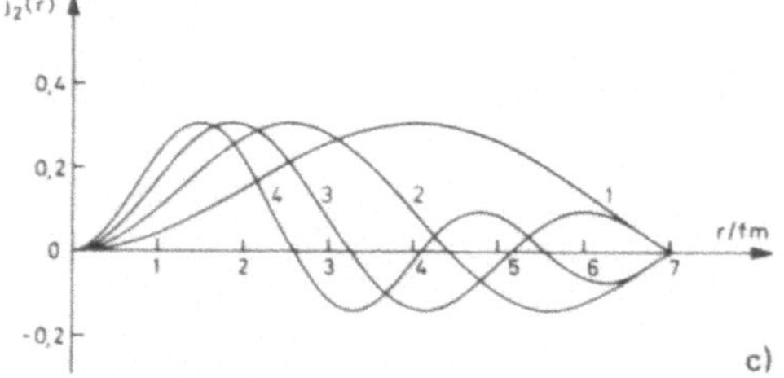

Bild 2.7

Einpassung der radialen Wellenfunktionen in einen Potentialkasten von $R = 7$ fm Radius. Hauptquantenzahl $n = 1, 2, 3, 4$

Quantitativ führt das für Nukleonen ($mc^2 \approx 10^3$ MeV) zu

$$\frac{(k_{n,l}R)^2 \hbar^2 c^2}{2mc^2} \frac{1}{R^2} \approx 20 \frac{\text{MeV fm}^2}{R^2} (k_{n,l}R)^2. \tag{2.22}$$

Ist etwa $l = 0$ und $A = 125$ ($R = 7$ fm), dann ist

$$E_{n,0} + V_0 \approx \frac{20}{49} (n\pi)^2 \text{ MeV} = 0{,}41 (n\pi)^2 \text{ MeV},$$

d.h. 4,04, 16,2 und 36,4 MeV bei $n = 1, 2, 3$. Die Werte sind charakteristisch für die sogenannten *Ein-Teilchen-Zustände* oder auch *Ein-Teilchen-Anregungen: Sie liegen im Bereich einiger MeV*.

Es hat historisch eine Rolle gespielt, ob auch Elektronen als Teilchen im Kern vorhanden sein könnten (und dann beim β-Zerfall nach außen in Erscheinung treten). Setzt man in der Energieformel die Elektronenmassen ein, dann wären die Elektronenenergien ca. 2000mal größer als die der Nukleonen und damit weit außerhalb aller sonst bei Kernen vorkommenden Teilchenenergien. Das führte schon zu Zweifeln an der Richtigkeit eines solchen Kernmodells.

Die Nukleonenterme werden in diesem Modell mit der Bahndrehimpulsquantenzahl gekennzeichnet und mit der „Hauptquantenzahl" n, die die Knotenzahl der radialen Funktion angibt (ähnlich wie in der Elektronenhülle der Atome). Wir geben in der Tabelle 2.1 einige Zahlen an. Die Zahlenwerte der letzten Spalte bestimmen die Folge der Energie-Eigenwerte. Man kann damit das Termschema aufzeichnen, Bild 2.8a.

Ähnlich wie in der Atomhülle wird man auch hier ein *Aufbauprinzip* anwenden: Man besetzt jeden Zustand mit soviel Nukleonen, wie nach dem Pauli-Prinzip (Spin $\frac{1}{2}$ Teilchen) gestattet ist und behandelt dabei Proton und Neutron als verschiedene Teilchen. Zeichnet man eine die abgeschlossenen Gruppierungen betreffende Anzahl $N = 2\Sigma(2l + 1)$ (s. 4. Spalte der Tabelle 2.1) als Funktion von $(k_{nl}R)^2$ (s. Bild 2.8b), dann ergibt sich eine Treppenfunktion, die man mit einer glatten Kurve annähern kann. Interessant ist dabei, daß sie

Tabelle 2.1 Ein-Teilchen Niveaus im Potentialtopf mit unendlich hohen Wänden

Term	$k_{nl} \cdot R$	$2(2l + 1)$	$2\Sigma(2l + 1)$	$(k_{nl} \cdot R)^2$
$2g_{9/2\ 7/2}$	11,705	18	156	136,2
$3p_{3/2\ 1/2}$	10,904	6	138	118,5
$1i_{13/2\ 11/2}$	10,513	26	132	110
$2f_{7/2\ 5/2}$	10,417	14	106	108,5
$3s_{1/2}$	9,425	2	92	90,8
$1h_{11/2\ 9/2}$	9,356	22	90	87,5
$2d_{5/2\ 3/2}$	9,095	10	68	82,5
$1g_{9/2\ 7/2}$	8,183	18	58	67
$2p_{3/2\ 1/2}$	7,725	6	40	59,7
$1f_{7/2\ 5/2}$	6,988	14	34	49
$2s_{1/2}$	6,28	2	20	39,5
$1d_{5/2\ 3/2}$	5,76	10	18	33,2
$1p_{3/2\ 1/2}$	4,493	6	8	20,1
$1s_{1/2}$	3,1416	2	2	9,9

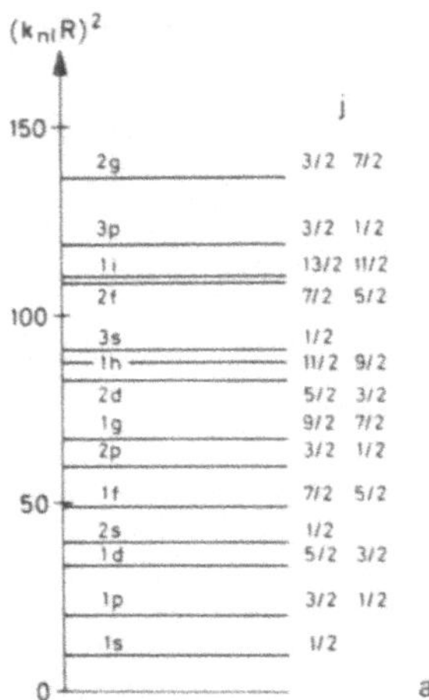

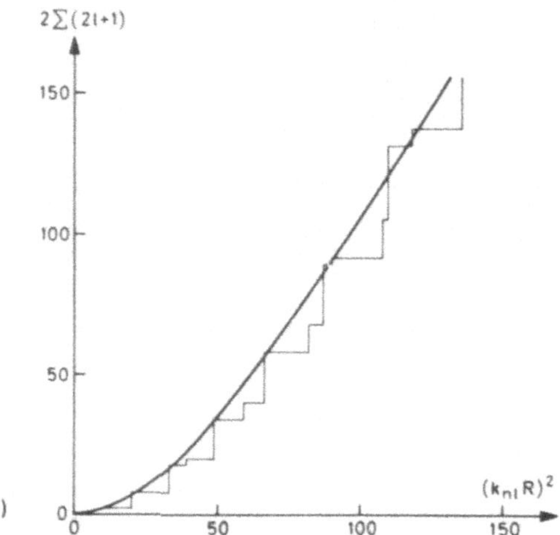

Bild 2.8 a) Folge der Zustände im unendlich hohen Potentialkasten, b) Nukleonen-Gesamtzahl in Abhängigkeit von der erreichten Energie

in der Nähe derjenigen liegt, die man mit einem ganz primitiven Abzählverfahren erhält (s. unten). Die glatte Kurve gibt allerdings ein fundamentales Ergebnis nicht wieder. Das ist dieses: Oberhalb gewisser Nukleonenzahlen (magische Zahlen) gibt es große Energiestufen, man hat also Schalenabschlüsse erreicht. Aus Bild 2.8a liest man dafür die Zahlen ab 2, 8, (18), 20, (24), 40, 58, 92, 106, usw.

1. Zusatzbemerkung: Der mittlere quadratische Radius eines Nukleons im Potential wird berechnet, indem man das Quadrat der radialen Wellenfunktion, multipliziert mit r^2, über den Bereich $0 \leq r \leq R$ integriert. Man erhält

$$\langle r^2 \rangle_{l,n} = \frac{R^2}{3} \left(1 + \frac{1}{2} \frac{(2l-1)(2l+3)}{(k_{l,n}R)^2} \right). \tag{2.23}$$

2. Zusatzbemerkung: Zusammenhang zwischen Nukleonenzahl und Energie im kubischen Potentialkasten. Der Potentialtopf sei durch ebene Wände begrenzt (Bild 2.9). Die Schrödinger-Gleichung wird bezüglich der x, y, z-Komponenten separiert, indem man

$$\Psi(x, y, z) = X(x)\, Y(y)\, Z(z)$$

einführt. Für jede der Komponenten gilt die gleiche Beziehung

$$-\frac{\hbar^2}{2m} \frac{d^2X}{dx^2} = \frac{\hbar^2 k_x^2}{2m} X,$$

und

$$\frac{\hbar^2}{2m}(k_x^2 + k_y^2 + k_z^2) = \frac{\hbar^2}{2m} k^2 = V_0 + E = E'.$$

Lösung sind die trigonometrischen Funktionen

$$X = A \sin k_x x + B \cos k_x x.$$

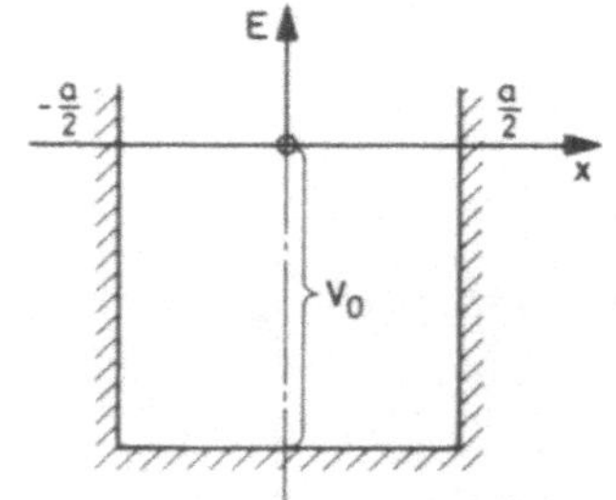

Bild 2.9 „Linearer" Potentialkasten

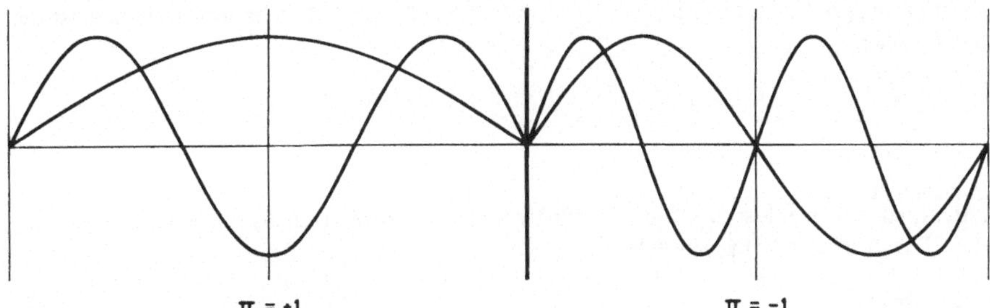

Bild 2.10 Eindimensionale Wellenfunktionen im rechteckigen Potentialkasten. Links: Funktionen positiver, rechts: negativer Parität (bezüglich einer Koordinate).

Die zu erfüllenden Randbedingungen lauten

$$X = 0 \quad \text{bei} \quad x = -\frac{a}{2} \quad \text{und} \quad \frac{a}{2};$$

das führt auf

$$-A \sin k_x \frac{a}{2} + B \cos k_x \frac{a}{2} = 0,$$

$$A \sin k_x \frac{a}{2} + B \cos k_x \frac{a}{2} = 0.$$

Eine nicht-triviale Lösung ist möglich, wenn die Koeffizientendeterminante verschwindet. Das ist der Fall, wenn

$$2 \sin k_x \frac{a}{2} \cos k_x \frac{a}{2} = \sin k_x \, a = 0,$$

also sind Lösungen nur möglich für $k_x a = n\pi$, $n = 1, 2, \ldots$. Es gibt zwei Gruppen von Eigenlösungen, $A \sin k_x^{(1)} x$ und $B \cos k_x^{(2)} x$. Sie unterscheiden sich durch ihre *Parität*, denn es ist (Bild 2.10)

$$P\left(A \sin k_x^{(1)} x\right) = A \sin k_x^{(1)} (-x) = -A \sin k_x^{(1)} x : \quad \pi = -1$$

$$P\left(B \cos k_x^{(2)} x\right) = B \cos k_x^{(2)} (-x) = +B \cos k_x^{(2)} x : \quad \pi = +1.$$

Für die Besetzungszahlen der Niveaus betrachten wir den Ganz-Zahlen-Vektor

$$\vec{n} = \left(\frac{k_x a}{\pi}, \frac{k_y a}{\pi} \; \frac{k_z a}{\pi} \right).$$

Im Längenbereich $n \ldots n + \Delta n$ liegen bei großem n $4\pi n^2 \Delta n$ Spitzen des n-Vektors (Bild 2.11). Das ist gleich der Zahl der möglichen Zustände auch für k, und damit der Energie. Damit ist die Zahl der k-Zustände im Bereich $k \ldots k + dk$

$$dZ = 4\pi n^2 dn = 4\pi n^2 \frac{dn}{dk} dk$$

$$= 4\pi \frac{a^2}{\pi^2} k^2 \frac{a}{\pi} dk = 4\pi \left(\frac{a}{\pi}\right)^3 k^2 dk.$$

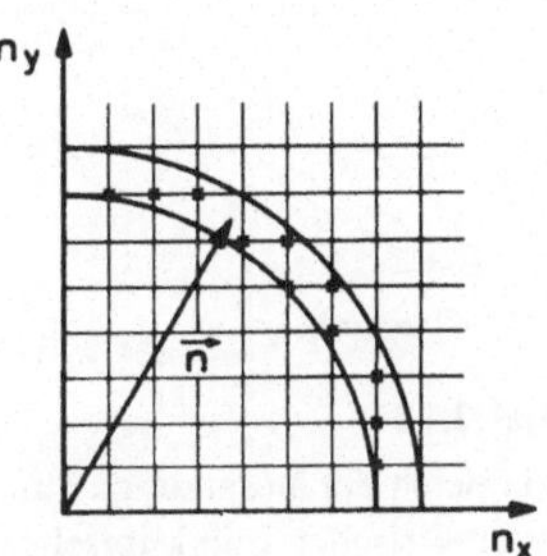

Bild 2.11
Zum Abzählen der Zustände im Energie-Intervall
$E \ldots E + \Delta E$

Jedes Niveau kann zweifach besetzt werden, und n ist auf einen Oktanden beschränkt. Demnach ist die Gesamtzahl der Teilchen

$$N = \frac{1}{8} \cdot 2 \left(\frac{a}{\pi}\right)^3 4\pi \int\limits_0^{k_F} k^2 \, dk = \frac{1}{4} \frac{4\pi}{3} \left(\frac{a}{\pi}\right)^3 k_F^3,$$

wobei k_F die Maximalwellenzahl ist; der Index F rührt von der Interpretation als Fermi-Grenze (Metall-elektronen!) her. Damit ist mit $\hbar^2 k_F^2/2m = E_F$

$$\frac{N}{a^3} = \frac{1}{3\pi^2\hbar^3} (2mE_F)^{3/2}. \tag{2.24}$$

Hier ergibt sich $N \sim E^{3/2}$, außerdem $\overline{E} = 3/5\, E_F$. In diesem Fall kann man also nachweisen, daß E_F und N eine glatte Kurve ergeben. Bei kleinen Nukleonenzahlen hat man natürlich Abweichungen zu erwarten. – Der Vergleich mit dem kugelsymmetrischen Fall führt zu folgendem. Im kubischen Kasten ist

$$N = a^3 \frac{1}{3\pi^2\hbar^3} (2m)^{3/2} \left(\frac{k_F^2 \hbar^2}{2m}\right)^{3/2} = \frac{1}{3\pi^2} ((ak_F)^2)^{3/2}.$$

Die unabhängige Variable $(ak)^2$ ist auch die unabhängige Variable in der Auftragung von Bild 2.12. Es hat demnach Sinn, die Größe $N^{2/3}$ als Funktion von $(ak)^2$ aufzutragen, woraus sich eine Gerade ergeben sollte, die eine gegenseitige Anpassung von a und R erlauben wird. Bild 2.12 zeigt eine entsprechende Auftragung. Beides ergibt je eine Gerade. Sie können zur Deckung gebracht werden, wenn man $a = 1{,}45$ R setzt.

2.3 Der endlich tiefe Potentialtopf

Um eine Verbindung des Kern-Äußeren mit dem Inneren zuzulassen, kann der Potentialtopf nur eine endliche Tiefe haben. Im Bereich negativer Energien liegen die gebundenen Zustände, die Energien oberhalb der Oberkante gehören zu den sogenannten Streuzuständen. Für das Potential gilt

$$V(\vec{r}) = -V_0, \qquad |\vec{r}| < R$$
$$V(\vec{r}) = 0 , \qquad |\vec{r}| \geqq R.$$

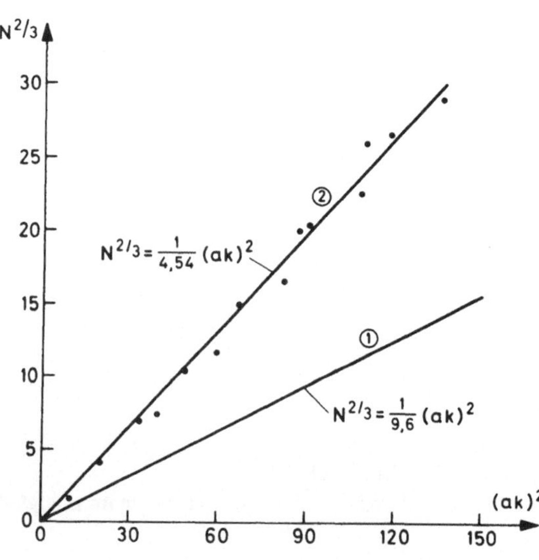

Bild 2.12

Vergleich der Besetzungszahlen im kugel-symmetrischen und kubischen Potential

Das Potential ist kugelsymmetrisch, also ist wieder der Bahndrehimpuls (und der Gesamtdrehimpuls) gute Quantenzahl,

$$\Psi(\vec{r}) = \frac{u(r)}{r}\, Y_l^m(\vartheta, \varphi).$$

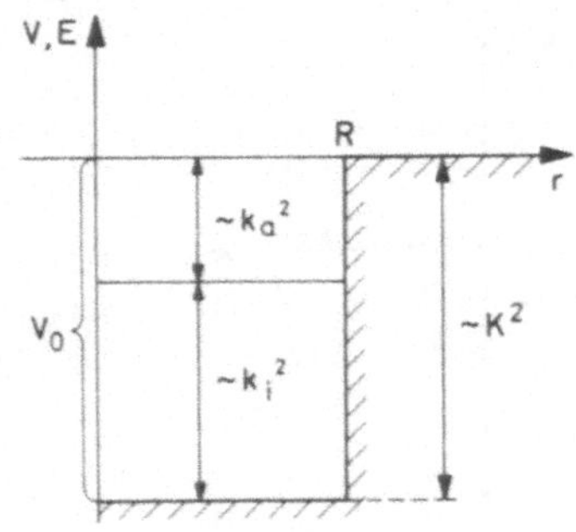

Bild 2.13
Bezeichnungen beim endlich-tiefen Potentialkasten der Tiefe V_0

Wir behandeln hier zunächst nur die *gebundenen Zustände*, für die $E < 0$ ist. Man setzt (s. Bild 2.13)

$$\frac{\hbar^2 K^2}{2m} = V_0, \quad E = -\frac{k_a^2 \hbar^2}{2m}, \quad E + V_0 = -\frac{k_i^2 \hbar^2}{2m}. \tag{2.25}$$

Im Innen- und Außenraum müssen zwei verschiedene Schrödinger-Gleichungen erfüllt werden:

$$r < R: \left(\frac{d^2}{dr^2} - \frac{l(l+1)}{r^2} + k_i^2 \right) u(r) = 0, \tag{2.26}$$

$$r > R: \left(\frac{d^2}{dr^2} - \frac{l(l+1)}{r^2} - k_a^2 \right) u(r) = 0. \tag{2.27}$$

Im Innenraum sind die Lösungen wieder (s. Gl. (2.17))

$$\frac{u_l(r)}{r} = A_l j_l(kr), \tag{2.28}$$

im Außenraum erhält man exponentiell wachsende oder fallende Lösungen. Nur die *exponentiell fallenden Lösungen* können zugelassen werden, und dies ist das *Kennzeichen für gebundene Zustände*. Die Lösungen sind die sphärischen Hankel-Funktionen 1. Art (s. Tabelle 3.2),

$$\frac{u_l(r)}{r} = B_l h_l^{(1)}(ik_a r) \tag{2.29}$$

mit

$$h_l^{(1)}(ik_a r) \Rightarrow -\frac{1}{k_a r} e^{-k_a r - il\frac{\pi}{2}} \tag{2.30}$$

für große r ($\Rightarrow$ bedeutet das asymptotische Verhalten). Es ist

$$h_l^{(1)}(z) = j_l(z) + in_l(z). \tag{2.31}$$

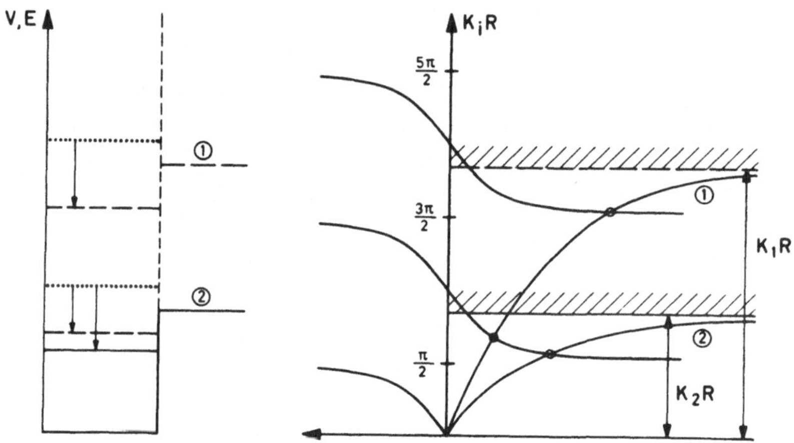

Bild 2.14 Graphische Konstruktion zur Gewinnung der S-Zustände
--- Lage der Zustände im unendlich tiefen Potentialkasten

Die Fixierung der Lösungen des Problems geschieht über die Anschlußbedingungen bei
r = R. Man fordert stetigen Anschluß mit stetiger Tangente, also

$$A_l\,j_l(k_i\,R) = B_l\,h_l^{(1)}(ik_a\,R)$$

$$k_i\,A_l\,j_l'(k_i\,R) = ik_a\,B_l\,h_l^{(1)'}(ik_a\,R),$$

wobei der Strich die Ableitung nach dem Argument z in $j_l(z)$ und $h_l^{(1)}(z)$ bedeutet. Man erhält nur dann eine nicht-triviale Lösung, wenn die Koeffizientendeterminante verschwindet, d.h.

$$k_i\,\frac{j_l'(k_i\,R)}{j_l(k_i\,R)} = ik_a\,\frac{h_l^{(1)'}(ik_a\,R)}{h_l^{(1)}(ik_a\,R)}. \tag{2.32}$$

Da $k_i^2 + k_a^2 = K_0^2$, so handelt es sich tatsächlich um eine Bestimmungsgleichung für k_i. Die Werte bestimmen die Energieeigenwerte, das sind die möglichen gebundenen Zustände im Potential.

Beispiel: l = 0, S-Zustände. Es ist

$$j_0 = \frac{1}{z}\sin z, \quad j_0' = -\frac{1}{z^2}\sin z + \frac{1}{z}\cos z$$

$$h_0^{(1)} = \frac{1}{iz}\,e^{iz}, \quad h_0^{(1)'} = -\frac{1}{iz}\left(\frac{1}{z} - i\right)e^{iz}.$$

Aus (2 32) folgt

$$\tan k_i\,R = -\frac{k_i\,R}{\sqrt{K_0^2\,R^2 - k_i^2\,R^2}}. \tag{2.33}$$

Die Gl. (2.33) löst man am besten grafisch, indem man einerseits die Funktion $\tan k_i R$ in Abhänigkeit von $k_i R$ aufträgt und andererseits in das gleiche Diagramm die rechte Seite einträgt. Der Topfboden gehört zu $k_i R = 0$, die Topf-Oberkante zu $k_i R = K_0 R$. Man sieht unmittelbar, daß um so weniger gebundene Zustände in den Potentialtopf hineinpassen, je flacher dieser ist. Unterhalb einer Größe V_{min} ist kein gebundener Zustand mehr möglich. – Das gilt ganz genau so für die Zustände mit $l \neq 0$.

Geht man von den S-Zuständen zu höheren Drehimpulsen über, dann wird das Potential durch den Zentrifugalterm angehoben, wodurch die Energiezustände aus dem Potential herausgedrängt werden. – Wieviel Energiezustände in einem gegebenen Potential enthalten sein können, ist für viele Probleme interessant, es sei dafür auf die Literatur verwiesen (z.B. *Calogero*, Variable Phase Approach to Potential Scattering, New York 1967). Im allgemeinen kann man $V_0 = 40 \dots 60$ MeV annehmen.

2.4 Gebundene Zustände im isotropen Oszillator-Potential

Die Rechteck-Potentiale sind in der Natur nicht verwirklicht. Alle Potentiale werden am Rand gerundet sein. Bei schweren Kernen wird die Potentialform allenfalls Ähnlichkeit mit dem Rechteckpotential haben, dagegen bei leichten viel eher mit einem Parabelpotential, dabei in abgeschnittener oder in nicht-abgeschnittener Form (Bild 2.15b). Die abgeschnittene Form wird häufig durch die Gauß-Form (Bild 2.15c) ersetzt, und in sehr vielen Fällen nimmt man die Saxon-Woods-Form (Bild 2.15d), die auch bei Streuzuständen sehr häufig verwendet wird. Wir studieren hier nach dem Rechteck-Potential als nächstes, noch einfach zu behandelndes Potential, das des isotropen Oszillators (Parabel-Potential), das eine Basis insbesondere für die viel diskutierten deformierten Oszillator-Potentiale darstellt.

Das Parabel-Potential in nicht-abgeschnittener Form hat die Gestalt

$$V(\vec{r}) = -V_0 + \frac{1}{2} m\omega^2 r^2 = -V_0 \left(1 - \frac{r^2}{R^2}\right) \tag{2.34}$$

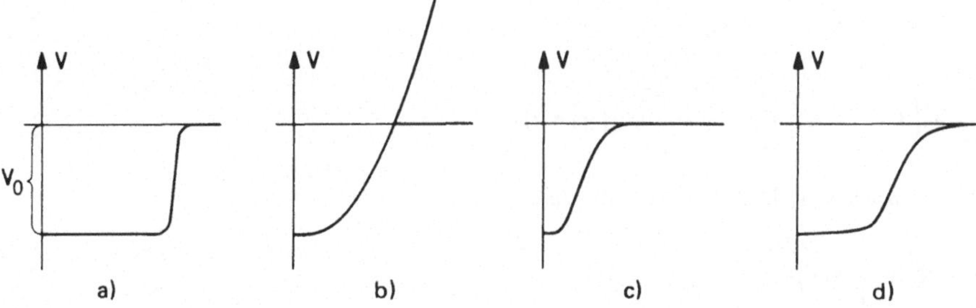

Bild 2.15 a) abgerundetes Rechteckpotential, b) Parabel-Potential, c) Gauß-Form $V = -V_0 \exp(-r^2/r_0^2)$, d) Saxon-Woods-Form $V = -V_0 \left(\exp\left(\frac{r-R}{a}\right) + 1\right)^{-1}$

mit $R^2 = 2V_0/m\omega^2$, oder $\frac{1}{2}mR^2\omega^2 = V_0$. Das Potential ist wieder kugelsymmetrisch, also kann der Ansatz benutzt werden $\Psi = u(r)\,Y_l^m(\vartheta, \varphi)/r$. Die radiale Wellengleichung lautet jetzt

$$\left[\frac{d^2}{dr^2} - \frac{l(l+1)}{r^2} + \frac{2m}{\hbar^2}\left(E + V_0 - \frac{m}{2}\omega^2 r^2\right)\right] u(r) = 0. \tag{2.35}$$

Der letzte Term wird in charakteristischer Weise umgeformt. Es ist

$$\frac{2m}{\hbar^2}\frac{m}{2}\omega^2 r^2 = \frac{m^2}{\hbar^2}\omega^2 r^2 = \frac{r^2}{r_0^4} = \frac{1}{r_0^2}\left(\frac{r}{r_0}\right)^2. \tag{2.36}$$

Dadurch ist der Radius r_0 definiert,

$$r_0^4 = \frac{\hbar^2}{m^2\omega^2}, \qquad r_0^2 = \frac{\hbar}{m\omega}, \qquad r_0 = \sqrt{\frac{\hbar}{m\omega}}. \tag{2.37}$$

Mit $\rho = r/r_0$ und $u(r) = v(\rho)$ ergibt sich

$$\left(\frac{d^2}{d\rho^2} - \frac{l(l+1)}{\rho^2} - \rho^2 + 2\frac{E+V_0}{\hbar\omega}\right) v(\rho) = 0. \tag{2.38}$$

Bei kleinem ρ ist der Term mit ρ^2 vernachlässigbar, und es bleibt eine Gleichung stehen, die wir vom Kastenpotential kennen. Dort würde die Gleichung auf j_l führen, was bei kleinem ρ wie ρ^{l+1} verläuft. Also ist die Aufspaltung berechtigt

$$v(\rho) = \rho^{l+1}\exp\left(-\frac{1}{2}\rho^2\right) w(\rho). \tag{2.39}$$

Für $w(\rho)$ bleibt noch zu lösen

$$\left[\frac{d^2}{d\rho^2} + 2\left(\frac{l+1}{\rho} - \rho\right)\frac{d}{d\rho} + 2(\lambda - l)\right] w(\rho) = 0 \tag{2.40}$$

mit $\lambda = \dfrac{E+V_0}{\hbar\omega} - \dfrac{3}{2}$. Schließlich führt man noch ein

$$x = \rho^2 = \left(\frac{r}{r_0}\right)^2 = \frac{m\omega r^2}{\hbar},$$

so daß

$$\left[x\frac{d^2}{dx^2} + \left(l + \frac{3}{2} - x\right)\frac{d}{dx} + \frac{\lambda - l}{2}\right] w(x) = 0. \tag{2.41}$$

entsteht. Lösungsansatz ist jetzt die Potenzreihe

$$w(x) = \sum_{\mu=0}^{\infty} c_\mu x^{\nu+\mu}, \quad c_0 \neq 0.$$

Man setzt $w(x)$ in die Gl. (2.41) ein, zieht die Glieder mit gleichen Potenzen von x zusammen, setzt die Koeffizienten gleich null und erhält die Rekursionsformel

$$(\nu + \mu + 1)(2\nu + 2\mu + 2l + 3)\, c_{\mu+1} = (2\nu + 2\mu - \lambda + l)\, c_\mu,$$

und für $\mu = 0$: $\nu(\nu + l + 1/2) = 0$. Damit gibt es zwei Lösungen, nämlich die eine für $\nu = -l - \frac{1}{2}$, die man ausschließen muß, weil sonst eine Singularität bei $r = 0$ für $u(r)$ entstehen würde. Die zweite Lösung gehört zu $\nu = 0$, so daß

$$w = \sum_{\mu=0}^{\infty} c_\mu x^\mu \quad \text{mit} \quad c_{\mu+1} = -\frac{\lambda - l - 2\mu}{(\mu+1)(2l+2\mu+3)}\, c_\mu.$$

Für große μ wird $c_{\mu+1} = \frac{1}{\mu} c_\mu$, dann verläuft aber für $x \gg 1$ die Funktion wie $x^N e^x = \rho^{2N} e\rho^2$, also

$$u \sim r^{2N+l}\, e^{r^2/r_0^2} \quad \text{für} \quad r \gg r_0.$$

Das ist physikalisch nicht sinnvoll. Also muß die Reihe abbrechen bei einem $\mu = n - 1$, so daß $c_{\mu-1} = 0$, d.h.

$$\lambda - l - 2(n-1) = 0, \tag{2.42}$$

l und n sind ganze Zahlen. Nur λ enthält (s. Gl. (2.40)) den Energieparameter, und dieser wird jetzt festgelegt durch

$$\lambda_{nl} = l + 2(n-1) = \frac{E + V_0}{\hbar\omega} - \frac{3}{2} \tag{2.43}$$

oder

$$E_{nl} = -V_0 + \left(\lambda_{nl} + \frac{3}{2}\right)\hbar\omega = -V_0 + \left(2n + l - \frac{1}{2}\right)\hbar\omega, \tag{2.44}$$

mit

$$l = 0, 1, 2, \dots, n = 1, 2, 3, \dots .$$

Aus Gl. (2.44) folgt, daß alle Zustände mit gleichem λ die gleiche Energie haben, die Zustände sind entartet. Fügt man den Spin noch hinzu, dann liegt auch Entartung bezüglich $j = l \pm \frac{1}{2}$ vor. Bei der Termbezeichnung ist es üblich, den Bahndrehimpuls wie bei den Atomelektronen zu bezeichnen. Als Hauptquantenzahl wird n notiert. Die Tabelle 2.2 enthält eine Zusammenstellung.

Das Ein-Teilchen-Termschema besteht demnach aus äquidistanten Niveaus im Abstand $\hbar\omega$. Es ist wieder eine Folge von Zahlen in abgeschlossenen Schalen erkennbar: 2, 8, 20, 40, ... , die zum Teil mit denen des Rechteckpotentials übereinstimmen. Von besonderer Bedeutung ist aber, daß die *Termfolge* bezüglich des Drehimpulses *geändert* ist. Ein Blick auf Tabelle 2.2 (s. auch Bild 2.16) lehrt, daß im Kastenpotential der $1h_{11/2\ 9/2}$-Zustand unter dem $3s_{1/2}$-Zustand liegt, dagegen im Oszillatorpotential sehr weit angehoben ist. Ähnliches liegt beim Zustand $1i_{13/2\ 11/2}$ vor. Auch er ist im Oszilla-

Tabelle 2.2 Daten im Oszillator-Modell

λ_{nl}	l	n	Terme	$E + V_0$	$2(2l+1)$	$N = 2\Sigma(2l+1)$	$N^{2/3}$
0	0	1	$1s_{1/2}$	0	2	2	1,58
1	1	1	$1p_{3/2\ 1/2}$	$\hbar\omega$	6	8	4
2	0 2	2 1	$2s_{1/2}$ $1d_{5/2\ 3/2}$	$2\,\hbar\omega$	$\left.\begin{array}{c}2\\10\end{array}\right\}12$	20	7,38
3	1 3	2 1	$2p_{3/2\ 1/2}$ $1f_{7/2\ 5/2}$	$3\,\hbar\omega$	$\left.\begin{array}{c}6\\14\end{array}\right\}20$	40	11,7
4	0 2 4	3 2 1	$3s_{1/2}$ $2d_{5/2\ 3/2}$ $1g_{9/2\ 7/2}$	$4\,\hbar\omega$	$\left.\begin{array}{c}2\\10\\18\end{array}\right\}30$	70	17
5	1 3 5	3 2 1	$3p_{3/2\ 1/2}$ $2f_{7/2\ 5/2}$ $1h_{11/2\ 9/2}$	$5\,\hbar\omega$	$\left.\begin{array}{c}6\\14\\22\end{array}\right\}42$	112	23,25
6	0 2 4 6	4 3 2 1	$4s_{1/2}$ $3d_{5/2\ 3/2}$ $2g_{9/2\ 7/2}$ $1i_{13/2\ 11/2}$	$6\,\hbar\omega$	$\left.\begin{array}{c}2\\10\\18\\26\end{array}\right\}56$	168	30,5

torpotential stark angehoben gegenüber dem Rechteckpotential. Generell sind die Terme mit hohem Bahndrehimpuls im Oszillatorpotential stark angehoben. Das ist verständlich, weil die Aufenthaltswahrscheinlichkeit mit wachsendem Bahndrehimpuls in den Bereichen größerer Radien anwächst. Dort ist aber das Potential viel höher als im Zentrum.

Wir geben noch die Wellenfunktionen für die *Ein-Teilchen-Zustände im Oszillatorpotential* an:

$$\Psi(\vec{r}) = A_{nl}\,\frac{1}{r}\left(\frac{r}{r_0}\right)^{l+1} e^{-\frac{1}{2}\left(\frac{r}{r_0}\right)^2} L_{n-1}^{l+\frac{1}{2}}\left[\left(\frac{r}{r_0}\right)^2\right] Y_l^m(\vartheta,\varphi). \tag{2.45}$$

Darin sind die Funktionen L_k^μ die *Laguerreschen Polynome* (s. z.B. [54]). Für sie gilt eine Orthogonalitätsrelation in der Form

$$\int_0^\infty x^\mu e^{-x} L_k^\mu(x)\, L_{k'}^\mu(x)\; dx = \frac{1}{k!}\,\Gamma(\mu+k+1)\,\delta_{kk'},$$

und es ist

$$L_0^{l+\frac{1}{2}} = 1, \qquad L_1^{l+\frac{1}{2}} = l + \frac{3}{2} - x,$$

$$L_2^{l+\frac{1}{2}} = \frac{1}{2}\left(l+\frac{3}{2}\right)\left(l+\frac{5}{2}\right) - \left(l+\frac{5}{2}\right)x + \frac{1}{2}x^2, \text{usf.}$$

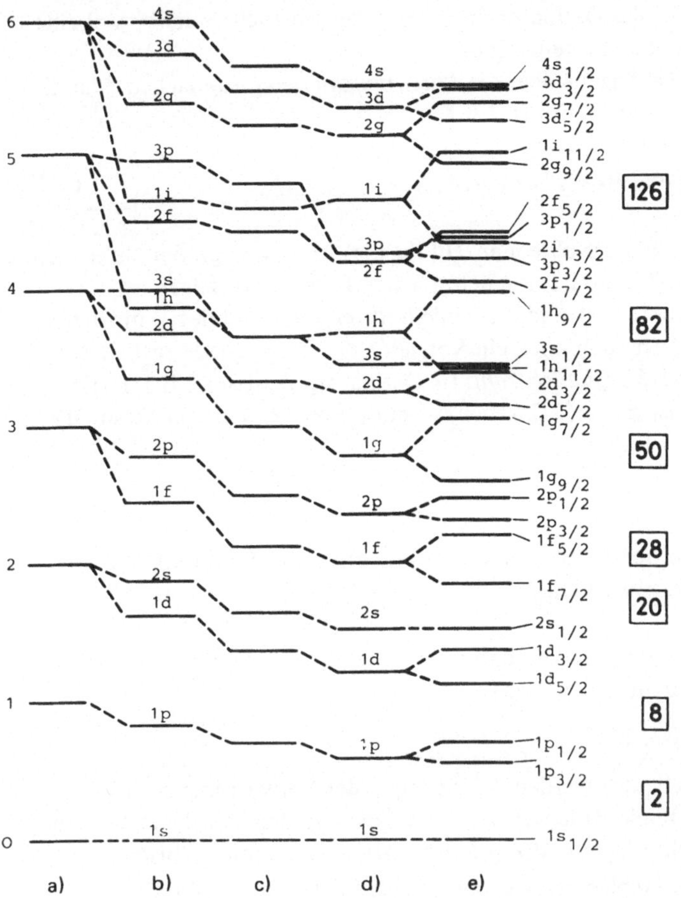

Bild 2.16 Termschema im Modell der unabhängigen Teilchen in einem Potential. a) Harmonischer Oszillator, b) unendlich tiefes Rechteckpotential, c) endlich tiefes Rechteckpotential, d) wie c) mit gerundeten Kanten, e) wie d) mit Spin-Bahn-Wechselwirkung, (nach [33])

Mit den angegebenen Funktionen kann man den *Erwartungswert des Quadrates des Kernradius* berechnen und findet

$$\langle r^2 \rangle = r_0^2 \left[2(n-1) + l + \frac{3}{2} \right] = r_0^2 \left[\lambda_{nl} + \frac{3}{2} \right], \tag{2.46}$$

also Proportionalität mit der Anregungsenergie. Das entspricht dem Verhalten eines klassischen, oszillierenden Teilchens.

Aus der Gestalt der Eigenfunktionen Gl. (2.45) wird deutlich, daß das nicht-abgeschnittene Oszillator-Potential noch einen unkorrekten Radialteil hat. Bei großen r verhält er sich wie $\exp(-\text{konst. } r^2)$, fällt also viel schneller ab, als bei gebundenen Zuständen gestattet $(\exp(-\text{konst. } r))$ und als beim abgeschnittenen Rechteckpotential gefunden wurde. Abzuschneiden ist das Oszillator-Potential natürlich auch deshalb, weil eine Verbindung von innen und außen bestehen muß.

Schließlich ist noch eine Angabe über die *Potentialparameter* zu machen. Man findet Übereinstimmung der Termlagen mit (s. [28])

$$\hbar\omega = \frac{34,7\ \text{MeV}}{A^{1/3} - 0,44} \quad \text{oder} \quad \hbar\omega = 41\ \text{MeV}\ A^{-1/3}. \tag{2.47}$$

Das Potential wird mit wachsender Nukleonenzahl flacher. Im Gebiet großer Nukleonenzahl wird man von vornherein ein Potential mit einem flachen Boden bevorzugen.

Ebenso wie im Kastenpotential sind die *Energiestufen groß* und liegen im *Bereich von einigen MeV*. Interessant ist auch noch ein Vergleich der Potentiale bezüglich der *Abhängigkeit der Energie von der Quantenzahl*. Im Oszillatorpotential ist $E \sim n$ (Gl. (2.44)). Im Kastenpotential ist $E \sim n^2$. Dagegen ist im Coulomb-Potential (Atomhülle) $E \sim -1/n^2$.

2.5 Abgeschlossene Nukleonenkonfigurationen und Ein-Teilchen-Modell mit Spin-Bahn-Wechselwirkung

2.5.1 Es wurde schon darauf hingewiesen, daß die sogenannten *magischen Nukleonenzahlen* (einzeln für Neutronen und Protonen)

$$A = 2,\ 8,\ 20,\ 28,\ 50,\ 82,\ 126$$

als Schalenabschlußzahlen gedeutet werden. Sie haben in der Entwicklung des Ein-Teilchen-Modells eine bedeutende Rolle gespielt, und daher werden hier die experimentellen Daten zusammengestellt, die zur Akzeptierung dieser Zahlenreihe führten.

a) Die Zahl der stabilen oder langlebigen Isotope der Elemente mit $Z = 20\,(\text{Ca})$, $Z = 50\,(\text{Sn})$ und mit $Z = 82\,(\text{Pb})$ ist viel größer als anderer Elemente mit geradem Z in der Umgebung. Daß $^{48}_{20}\text{Ca}_{28}$ als leichter Kern mit hohem Neutronenüberschuß existiert, ist dadurch verursacht, daß die Konfiguration mit 28 Neutronen besonders fest gebunden ist.

b) Eine ähnliche Häufigkeitsverteilung stabiler oder langlebiger Isotope findet man bei $N = 20,\ 28,\ 50$ und 82.

c) Hat man die Vermutung besonders stabiler Konfigurationen bei bestimmten Anzahlen von Nukleonen, dann wird die Separationsenergie (Ziff. 1.3) für 1 Neutron oder 1 Proton sich bei diesen Zahlen sprunghaft ändern. Die Tabelle 2.3 für den Kern $^{208}_{82}\text{Pb}$ und seine Umgebung liefert dafür eine eindrucksvolle Bestätigung. Horizontale Zahlenreihen: Separationsenergie für 1 Neutron, vertikale Zahlenreihe: Separationsenergie für 1 Proton (alle Daten in MeV).

d) Die Einfangwahrscheinlichkeit für Neutronen von 1 MeV Energie erweist sich als stark von der Neutronenzahl der Targetkerne abhängig. Bei Konfigurationen mit $N = 50,\ 82$ und 126 findet man ein drastisches Absinken des Einfang-WQ (s. Bild 2.17). Kurz davor $(N = 49,\ N = 81,\ N = 125)$ geht der WQ durch ein Maximum.

Tabelle 2.3 Neutronen- und Protonen-Separationsenergien bei Kernen der Konfigurationen um N = 126, Z = 82

$Z\,\backslash\,N$	122	123	124	125	126	127	128	129
85			7,26	7,68	5,03	5,89		
			2,70	2,99	3,02	3,50	3,38	
84	6,92	8,36	6,97	7,65	4,55	6,01	4,38	
	4,55	4,34	4,48	4,78	4,98	4,93	5,83	5,85
83	7,93	7,22	6,67	7,45	4,6	5,11	4,36	5,24
	3,25	3,65	3,79	3,72	3,80	4,46	4,39	4,93
82	6,73	8,08	6,73	7,37	3,94	5,18	3,83	5,12
	6,66	6,72	7,26	7,47	8,03	8,16	8,32	8,51
81	6,66	7,53	6,52	6,82	3,82	5,01	3,64	
			6,41	7,39	7,35			
80			5,54	6,86				

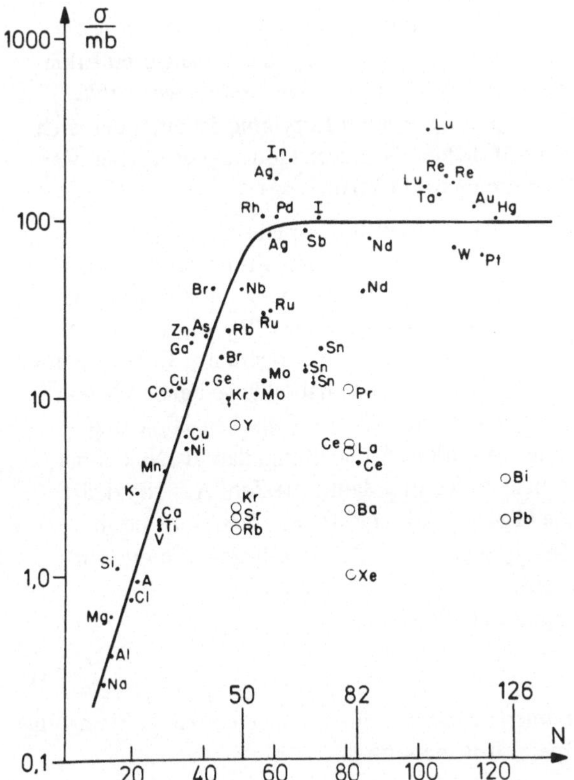

Bild 2.17 Einfang-WQ für schnelle Neutronen in Abhängigkeit von der Neutronenzahl des Targetkerns

e) In der Regel gehen Kerne mit zu großem Neutronenüberschuß durch β^--Zerfall in Kerne über mit kleinerem Überschuß an Neutronen. Es gibt aber drei Kerne, die in Konkurrenz dazu ein Neutron emittieren. Das sind die Kerne $^{87}_{36}\text{Kr}_{51}$, $^{137}_{54}\text{Xe}_{83}$ und $^{17}_{8}\text{O}_9$. Das sind aber gerade solche Kerne, die durch Emission eines Neutrons eine magische Neutronenzahl erreichen können.

2.5.2 In Analogie zu den Schalenabschlüssen der Atome auch die magischen Zahlen der Neutronen- bzw. Protonenkonfigurationen als *Schalenabschlüsse* zu deuten, wurde lange Zeit als nicht nützlich angesehen. Während in der Elektronenhülle das „Einfüllen" von Elektronen und die Addition der Drehimpulse der einzelnen Teilchen zum Gesamtdrehimpuls berechtigt ist, war dies Verfahren für die Nukleonen zweifelhaft, weil es kein vorgegebenes Potential gibt, in welchem die Einzelnukleonen als unabhängige Individuen zu behandeln möglich wäre. Die Nukleonen in ihrer Gesamtheit erst rufen das Kernfeld hervor. *M. Goeppert-Mayer* und unabhängig davon *O. Haxel, J. H. D. Jensen* und *H. E. Suess* haben 1949 dennoch vorgeschlagen, ernsthaft die Interpretation der *magischen Zahlen* als Schalenabschlüsse zu deuten und dabei anzunehmen, daß erstens in erster Näherung die *Nukleonen sich in einem gemittelten Potential unabhängig voneinander bewegen*, daß zweitens zwischen Bahnmoment und Spin eine starke Kopplung besteht (l, s-Kopplung, *Spin-Bahn-Kopplung*), die durch eine starke *Spin-Bahn-Wechselwirkung* verursacht ist, und daß drittens die Zustände des Gesamtdrehimpulses durch die *j, j-Kopplung der Nukleonen* bestimmt werden. Diese Annahmen haben sofort zu einer zwanglosen Erklärung der magischen Zahlen als Schalenabschlüsse geführt, und das *Modell der unabhängigen Teilchen (independent particle model)* mit *Spin-Bahn-Kopplung* ist eines der wichtigsten Kernmodelle. Es soll daher hier ausführlicher als andere Modelle besprochen werden. Zunächst diskutieren wir die rechte Seite von Bild 2.16.

2.5.3 Eine starke *Spin-Bahn-WW* bedeutet, daß im Hamilton-Operator ein Term $V_{s.o.} \sim (\vec{l} \cdot \vec{s})$ (s.o. $\equiv$ spin-orbit) auftritt. Er führt zu einer Aufspaltung der bezüglich $\vec{j} = \vec{l} + \vec{s}$ zunächst entarteten Terme in solche mit $j = l + \frac{1}{2}$ und $j = l - \frac{1}{2}$, die sich mit wachsendem l energetisch immer stärker unterscheiden. Und zwar liegen, wie man zeigen kann, die Terme mit höherem j tiefer als diejenigen mit niedrigerem j. Es tritt damit eine energetische Neugruppierung der Terme auf. Die Schalenabschlüsse bei den Nukleonenzahlen A = 2 und 8 bleiben erhalten, ebenso bei A = 20. Zwischen $1f_{7/2}$ und $1f_{5/2}$ kommt es aber ($l = 3$) schon zu einer so starken Aufspaltung, daß die Nukleonen im Quantenzustand $1f_{7/2}$ alleine eine Schale bilden und damit die Zahl A = 28 erklärt ist. Ähnlich kommt die Zahl 50 zustande ($1g_{7/2}$, $1g_{9/2}$, $l = 4$). Bei A = 82 ist der h-Term schon so weit aufgespalten, daß $1h_{11/2}$ sogar unter $3s_{1/2}$ zu liegen kommt, und bei A = 126 unter $2f_{5/2}$ und $3p_{1/2}$ rutscht.

Die Folgen der Hinzunahme des Spin-Bahn-Potentials

$$V_{s.o.} = a(\vec{l} \cdot \vec{s}) \tag{2.48}$$

kann man wie folgt überlegen. Wir berechnen zuerst den quantenmechanischen Erwartungswert des neuen Operators. Es gilt die Operator-Beziehung

$$(\vec{j})^2 = (\vec{l} + \vec{s})^2 = (\vec{l})^2 + 2(\vec{l} \cdot \vec{s}) + \vec{s}^{\,2}. \tag{2.49}$$

Ist $|>$ ein Eigenzustand zum Gesamtdrehimpuls $\vec{j}$ und zu $\vec{l}$ und $\vec{s}$, also

$$(\vec{j})^2|> = j(j+1)|>, \qquad (2.50)$$

dann folgt der Erwartungswert des Operators $\vec{l}\cdot\vec{s}$ aus

$$2\langle|\vec{l}\cdot\vec{s}|\rangle = \langle|\vec{j}^2|\rangle - \langle|\vec{l}^2|\rangle - \langle|\vec{s}^2|\rangle = j(j+1) - l(l+1) - s(s+1) \qquad (2.51)$$

mit $s(s+1) = \frac{3}{4}$ bei Spin $s = \frac{1}{2}$. Es folgt

$$2\langle|\vec{l}\cdot\vec{s}|\rangle = \begin{cases} +l, & \text{wenn } j = l + \frac{1}{2} \text{ (Parallel-Stellung)} \\ -(l+1), & \text{wenn } j = l - \frac{1}{2} \text{ (Antiparallel-Stellung).} \end{cases}$$

Man sieht, daß in der Tat die Aufspaltung mit wachsendem l anwächst. Die Lage des Schwerpunkts der Terme bleibt unverändert. Ebenso bleiben die s-Terme unverändert (s. Gl. (2.51)). Die Konstante a in der Beziehung (2.48) muß durch Vergleich mit experimentellen Daten bestimmt werden.

Das Vorhandensein einer Spin-Bahn-WW in der Kern-WW kann durch Streuexperimente gefunden werden. Man streut etwa Nukleonen (Protonen, Neutronen) an Kernen (Schema in Bild 2.18) (speziell und häufig untersucht an ^{4}He) und beobachtet eine auftretende *Polarisation der gestreuten Teilchen*, also eine Vorzugsrichtung ihres Spins. Im ersten Teil erfolge die Streuung um den Winkel θ_1. Dazu gehört ein bestimmter Stoßparameter b und der Bahndrehimpuls

$$\vec{l} = \vec{b} \times \vec{p}$$

($\vec{p}$ der Teilchenimpuls). In Bild 2.18 steht $\vec{l}$ senkrecht auf der Zeichenebene. Zu ihm stellt sich der Spin des Nukleons parallel oder antiparallel ein. Beim Winkel θ_1 tritt eine Bevorzugung einer Spin-Richtung ($\uparrow$ oder $\downarrow$) auf, weil die Teilchen verschiedene Stoßparameter haben müssen, um nach θ_1 gestreut zu werden. Wiederum unter der Wirkung der Spin-Bahn-WW ist daher die Zählrate in D_1 und D_2 bei gleichen Streuwinkeln θ_2 verschieden groß: Man mißt eine Asymmetrie. – Das Experiment ist ein Grundexperiment für Polarisationsuntersuchungen. Die erwarteten Asymmetrien und Polarisationen sind gefunden worden [36].

Versuche zur *Erklärung der Spin-Bahn-WW* verlaufen entlang klassischer Analogiebetrachtungen, ohne daß eine einfache Erklärung der WW aus den elementaren Kernkräften gefunden wurde. In der

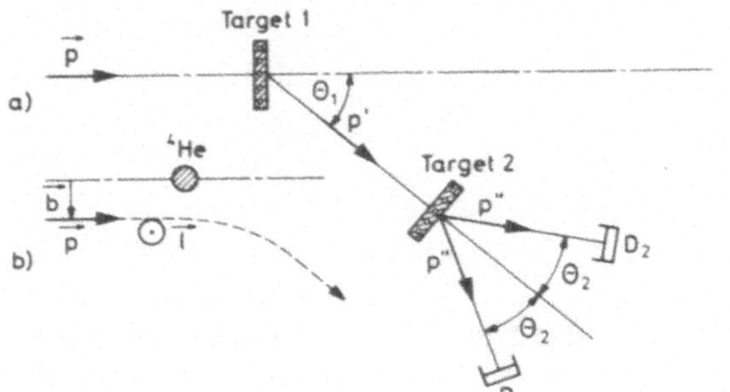

Bild 2.18

a) Schema eines Doppelstreu-Experimentes zum Nachweis der Polarisation durch Spin-Bahn-Wechselwirkung, b) Lage von Impuls- ($\vec{p}$)- und Drehimpulsvektor ($\vec{l}$) bei gegebenem Stoßparameter ($\vec{b}$)

Atomhülle erfolgt die Erklärung der Spin-Bahn-WW über die magnetischen Momente und Magnetfelder, die umlaufende Elektronen erzeugen. Man zeigt, daß die magnetische WW

$$\Delta W_{magn} = \frac{1}{2}\,\frac{e^2}{4\pi\epsilon_0}\,Z\,\frac{1}{m^2 c^2}\,\langle\frac{1}{r^3}\rangle\,(\vec{l}\cdot\vec{s}) \qquad (2.53)$$

ist. Nun ist im Coulomb-Feld

$$V(r) = -\frac{Ze^2}{4\pi\epsilon_0}\,\frac{1}{r} \quad \text{und} \quad \frac{Ze^2}{4\pi\epsilon_0}\,\frac{1}{r^3} = \frac{1}{r}\,\frac{dV}{dr}\,. \qquad (2.54)$$

Daher schreibt man in vielen Fällen für die *Kern*-Spin-Bahn-WW auch

$$V_{s.o.} = \text{konst.}\,\frac{1}{2m^2 c^2}\,\frac{1}{r}\,\frac{dV}{dr}(\vec{l}\cdot\vec{s}) \qquad (2.55)$$

und setzt für V(r) ein empirisches Kernpotential ein. Wählt man etwa das Oszillator-Potential

$$V(r) = -V_0 + \frac{1}{2}\,m\,\omega^2 r^2, \qquad (2.56)$$

dann ist $dV/dr = m\,\omega^2 r$, also

$$\frac{1}{r}\,\frac{dV}{dr} = m\,\omega^2 = \text{konstant.} \qquad (2.57)$$

Im Oszillatorpotential ist demnach das Spin-Bahn-Potential unabhängig von r eine Konstante.

Sehr häufig wird das Saxon-Woods-Potential benutzt, das eine Art Verbindung von Oszillator- und Kastenpotential darstellt (Bild 2.19)

$$V = -V_0\left(\exp\frac{r-R}{a} + 1\right)^{-1}.$$

Mit diesem Potential wird das Spin-Bahn-Potential wesentlich auf die Oberfläche des Kerns konzentriert.

2.5.4 Neben der *Korrektur des Potentials* durch das *Spin-Bahn-Potential* muß noch das *Coulomb-Potential* hinzugefügt werden. Es führt für die Protonen zu einer Anhebung des Topfbodens (Bild 2.20). Da die „Füllung" des Potentialtopfes mit Nukleonen bis zur

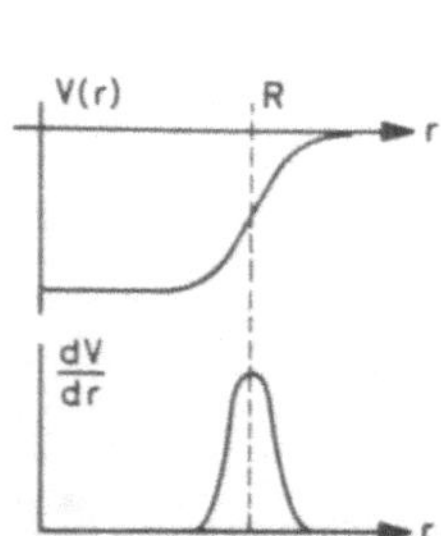

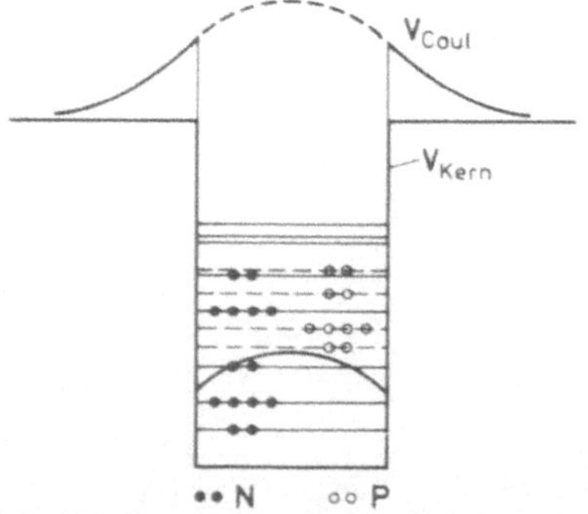

Bild 2.19 Beim Saxon-Woods-Potential ist die Spin-Bahn-WW am Kernrand am größten

Bild 2.20 Ein-Teilchen-Potential für Neutronen und Protonen unterscheiden sich um das Coulomb-Potential

gleichen Höhe erfolgen muß, so sind im Kern immer weniger Protonen vorhanden als Neutronen. Wäre nicht eine gleich hohe Füllung vorhanden, dann würde der Kern durch β-Zerfall in eine energetische tieferliegende Konfiguration übergehen (Umwandlung $n \to p$ oder $p \to n$).

Die *Bestimmung der Konstante a des Spin-Bahn-Potentials* kann dann aus Termschemata erfolgen, wenn diese ausreichend genau Ein-Teilchen-Anregungen entsprechen. Man muß, und das ist zunächst eines der Hauptprobleme, zuerst die zusammengehörigen Niveaus finden, wie z.B. $p_{3/2} - p_{1/2}$ oder $d_{5/2} - d_{3/2}$ usw. Wir diskutieren dazu drei Beispiele.

a) Auf den doppelt-geraden und doppelt-magischen Kern ^{4}He folgen bei Hinzufügung eines Nukleons ^{5}He bzw. ^{5}Li. Das hinzugefügte Nukleon würde gemäß Bild 2.16 ein $p_{3/2}$-Nukleon sein, und der erste angeregte Zustand ist ein $p_{1/2}$-Zustand. Man hat gefunden, daß dies die korrekte Termfolge ist. Daraus folgt, daß a negativ ist. Positives a hätte die umgekehrte Termfolge, wie aus Gl. (2.52) ersichtlich. Die bisher bekannten Termabstände (und sie sind nicht sehr gut bekannt) gibt Bild 2.21 wieder. Aus Gl. (2.51) folgt, daß die Spin-Bahn-*Aufspaltung*

$$\Delta W = \langle V_{s.o.} \rangle_{j = l + 1/2} - \langle V_{s.o.} \rangle_{j = l - 1/2}$$

$$= \frac{1}{2} a \left(l - (- (l + 1)) \right) = \frac{1}{2} a (2l + 1) \tag{2.58}$$

ist. Dieser Ausdruck, auf das Termschema des 5-Nukleonensystems angewandt, liefert

$$a = - \frac{2}{3} \Delta W = - 1{,}735 \text{ MeV} (^5\text{He}) \quad \text{bzw.} \quad a = - 5 \text{ MeV} (^5\text{Li}).$$

Allerdings müßte noch der Unterschied der Coulomb-Energien berücksichtigt werden. Wichtig ist aber, daß a in der Größenordnung von einigen MeV liegt, also nicht zu vernachlässigen ist.

b) Auf den doppelt-magischen Kern ^{16}O folgt ^{17}O mit dem zum Modell der unabhängigen Teilchen passenden Grundzustands-Spin von $\frac{5}{2}$ ($l = 2$). Das zugehörige Ein-Teilchen-

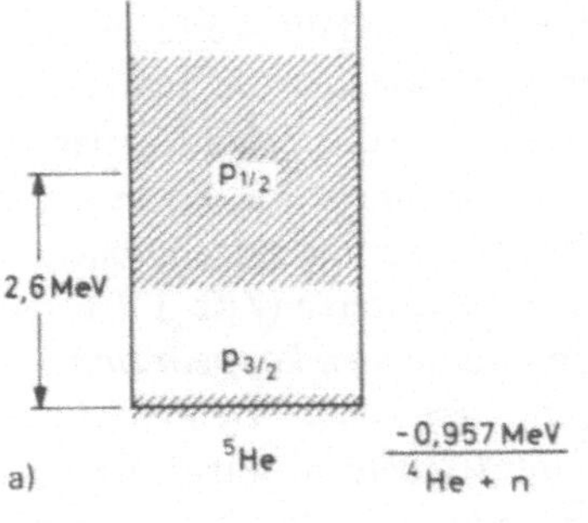

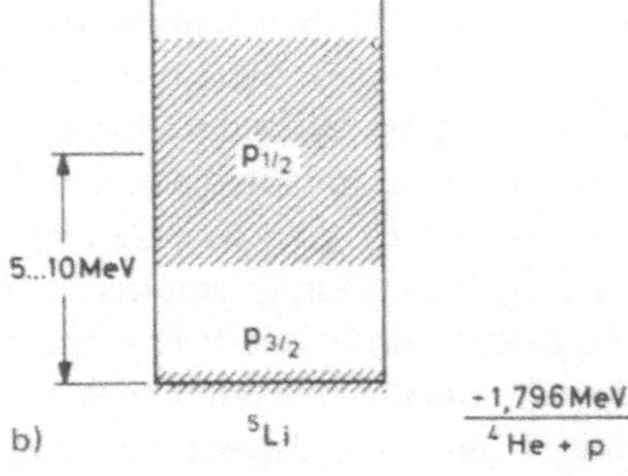

Bild 2.21 Energieschema von a) ^{5}He und b) ^{5}Li

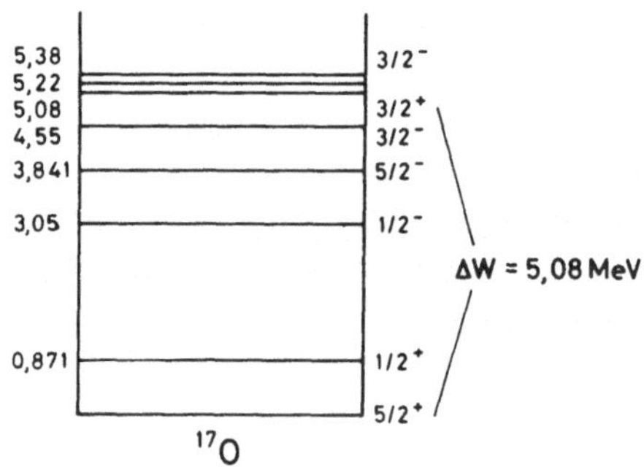

Bild 2.22 Energieschema des Kerns ^{17}O

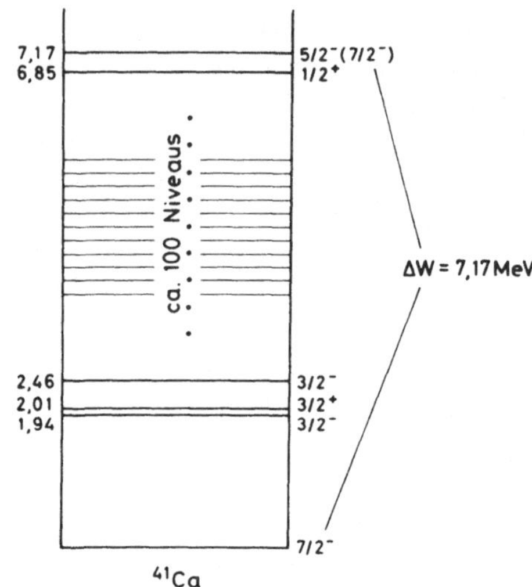

Bild 2.23 Energieschema des Kerns ^{41}Ca

Niveau mit Spin $\frac{3}{2}$ liegt erst bei der Anregungsenergie von 5,08 MeV (Bild 2.22). Es folgt hieraus

$$a = -\frac{2}{5}\,\Delta W = -2{,}03 \text{ MeV}.$$

c) Auf den doppelt-magischen Kern ^{40}Ca folgt ^{41}Ca mit dem zu erwartenden Grundzustands-Spin $\frac{7}{2}$. Um das zugehörige $f_{5/2}$-Niveau zu finden, mußte man zunächst $a = -2$ MeV annehmen, um die ungefähre Lage zu ermitteln. ^{41}Ca hat sehr viele angeregte Niveaus im fraglichen Bereich, doch konnte das gesuchte Niveau tatsächlich bei 7 MeV gefunden werden, was $a = -2$ MeV bestätigte (Bild 2.23).

d) Bei den bisher betrachteten Kernen waren mit Bedacht solche ausgesucht worden, bei denen *ein* zusätzliches Neutron außer dem doppelt magischen Kern vorhanden war. Selbstverständlich ist die Spin-Bahn-WW auch in den Konfigurationen wirksam, in denen mehr als ein Nukleon außerhalb der abgeschlossenen Schale vorhanden ist. Dann sind jedoch die Analysen komplizierter, weil die WW der Nukleonen untereinander berücksichtigt werden muß. Dennoch hat man eine Reihe sorgfältiger Analysen ausgeführt und die Werte der Tabelle 2.4 gefunden. Unklar ist in solchen Konfigurationen auch, wie man die Zusammenkopplung der Drehimpulse vorzunehmen hat. Man hat viele Hinweise gefunden, daß im Gegensatz zur Atomhülle in den Kernen weitgehend die j-j-Kopplung verwirklicht ist: $\vec{j}_1$ und $\vec{j}_2$ koppeln zu einem Gesamt $\vec{I}$, ohne daß die Spin-Bahn-Kopplung aufgebrochen wird. Es gibt dazu einige empirische Regeln, die mit den schon berichteten (Ziff. 1.7.1) zu vergleichen sind: 1. *Alle in gerader Anzahl vorkommenden Nukleonen koppeln zum Spin null, wenn es sich um äquivalente Nukleonen handelt, also um solche in der gleichen Schale. 2. Bei gu- und ug-Kernen koppeln die Nukleonen in der j-Schale bei ungerader Anzahl zu I = j, in seltenen Fällen zu I = j − 1. 3. Bei uu-Kernen herrscht die Tendenz vor, großes I zu bilden. 4. Mit wachsendem j wächst die Paarungs-Energie: wenn zwei Niveaus*

Tabelle 2.4 Spin-Bahn-Kopplungs-
Konstante in leichten Kernen
(*C. F. Barker*, Nucl. Phys. **83** (1966) 418;
P. Goldhammer, Rev. mod. Phys. **35**
(1963) 40, Table IV-6)

A	a MeV
6	− 1,583
7	− 1,66
8	− 2,4
9	− 1,8
10	− 4,2
11	− 5,4
12	− 4,5
13	− 4,8
14	− 4,0
15	− 4,2

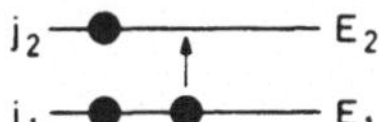

Bild 2.24
Zum Einfluß der Paarungsenergie bei der Niveaubesetzung

mit verschiedenem j nahe beieinander liegen (Bild 2.24), und wenn $E(j_1) < E(j_2)$ mit $j_2 > j_1$, dann kann es vorkommen, daß beim Einbau eines Nukleons in j_2 gleich eines aus j_1 in das höhere Niveau springt und tatsächlich ein Loch in der j_1-Konfiguration entsteht. Der Gewinn an Energie durch Bildung eines Paares $(j_2 j_2)$ ist größer als die Energie zur Anhebung des j_1-Nukleons in das j_2-Niveau.

2.6 Einschaltung: Einige Ergebnisse der Quantenmechanik und Vektor-Addition von Drehimpulsen

Wir übernehmen zur Erinnerung einige Ergebnisse der Quantenmechanik, die häufig benutzt werden müssen. Begründungen und Herleitungen werden in Vorlesungen über Quantenmechanik gegeben.

2.6.1 Den *physikalischen Größen* werden *Operatoren O zugeordnet,* speziell der Gesamtenergie der Hamilton-Operator H. Die Gesamtenergie eines keinen äußeren Kräften unterworfenen Systems ist konstant, die Zustände Ψ (oder $|>$) werden aus der Schrödingergleichung (SGl.) ermittelt,

$$H\Psi = E\Psi. \tag{2.59}$$

Wenn O und H das gleiche Funktionensystem als Eigenfunktion haben, also mit den gleichen Funktionen Ψ aus (2.59) auch

$$O\Psi = C\Psi \tag{2.60}$$

gilt, dann sind O und H vertauschbar,

$$O\,H\,\Psi = H\,O\,\Psi \tag{2.61}$$

oder

$$O\,H - H\,O = [H, O] = 0.$$ (2.62)

Es gilt auch die Umkehrung des Satzes: Sind H und O vertauschbar, dann besitzen beide Operatoren das gleiche Funktionensystem als Eigenfunktionen.

Die Beschreibung der Struktur von Zuständen, und damit von Teilchenkonfigurationen durch $\Psi = \Psi(\vec{r}_1, \ldots, \vec{r}_n)$, ist völlig äquivalent der Angabe der Eigenwerte eines Satzes von Operationen, der mit H vertauschbar ist (klassisch: Angabe der Konstanten der Bewegung). Die Angabe der Kern-WW ist bisher nicht möglich. Macht man aber bestimmte Annahmen über die WW, dann kann allein schon die Untersuchung der Vertauschbarkeitseigenschaften des gewählten Operators Auskunft über die vorkommenden Quantenzahlen des Systems geben. Als Beispiel erwähnen wir den Drehimpulsoperator. Die SGl. für ein Teilchen im Potential $V = V(\vec{r})$ lautet

$$\left(-\frac{\hbar^2}{2m}\Delta + V\right)\Psi = \left(-\frac{\hbar^2}{2m}\left(\frac{1}{r^2}\frac{\partial}{\partial r}r^2\frac{\partial}{\partial r} - \frac{L^2}{\hbar^2 r^2}\right) + V(\vec{r})\right)\Psi = E\Psi$$ (2.63)

mit

$$L^2 = L_x^2 + L_y^2 + L_z^2 = -\hbar^2\left[\frac{1}{\sin\vartheta}\frac{\partial}{\partial\vartheta}\left(\sin\vartheta\frac{\partial}{\partial\vartheta}\right) + \frac{1}{\sin^2\vartheta}\frac{\partial^2}{\partial\varphi^2}\right].$$

Wenn V nicht selbst von ϑ und φ abhängt, $V(\vec{r}) = V(r)$, d.h. kugelsymmetrisch ist, dann ist L^2 mit H vertauschbar, und das gleiche gilt für $L_z = \frac{\hbar}{i}\partial/\partial\varphi$. Eigenzustände der Energie sind gleichzeitig Eigenzustände zum Operator L^2 und zu L_z (Quantenzahlen $l(l+1)$ und $m = -l, \ldots, l$). Da $\vec{L}$ ein Differentialoperator ist, der kleine Drehungen vermittelt, so ist die Feststellung der Vertauschbarkeit gleichbedeutend damit, daß H selbst bei Drehungen des Koordinatensystems invariant ist (seine mathematische Gestalt bleibt erhalten). Vertauschbarkeit und Invarianz von H gehören untrennbar zusammen. Ist z.B. V ein nur noch zylinder-symmetrisches Potential, dann ist H nur noch invariant gegenüber Drehungen um die Zylinder-Symmetrieachse, also ist H nur noch mit dem entsprechenden L_z vertauschbar, und nur noch m ist eine gute Quantenzahl.

Wir ergänzen noch, daß die Quantenmechanik darauf aufbaubar ist, daß nicht alle Operatoren miteinander vertauschbar sind, z.B. gilt für die Drehimpuls-Operatoren

$$J_y J_z - J_z J_y = i\hbar J_x, \quad J_z J_x - J_x J_z = i\hbar J_y, \quad J_x J_y - J_y J_x = i\hbar J_z,$$ (2.64)

aber

$$J_{x,y,z} J^2 - J^2 J_{x,y,z} = 0.$$ (2.65)

Die Vertauschungsrelationen (2.64) nicht vertauschbarer Operatoren entsprechen der Gültigkeit der Heisenbergschen Unschärferelationen.

2.6.2 Besonders wichtig sind solche Operatoren und zugeordnete Quantenzahlen, für die es in der klassischen Physik kein Analogon gibt. Das betrifft *Parität* und *Symmetrie*. Über Symmetrie wird später nach Notwendigkeit gesprochen werden. Unter der *Paritätsoperation*, bzw. der Anwendung des Paritätsoperators P versteht man den Ersatz aller *Orts-*

koordinaten $\vec{r}$ durch $-\vec{r}$ im Hamilton-Operator (und auch in anderen Operatoren), d.h. *Spiegelung am Koordinaten-Anfangspunkt* (im eindimensionalen Fall vgl. Bild 2.10). Wenn das Potential $V(\vec{r})$ im Hamilton-Operator spiegelungs-invariant ist, dann ist auch H spiegelungs-invariant, denn der Δ-Operator

$$\Delta = \frac{\partial^2}{\partial x^2} + \frac{\partial^2}{\partial z^2} + \frac{\partial^2}{\partial z^2},$$

der ebenfalls in H auftritt, ist es auch, wie man unmittelbar sieht. Außerdem ist auch der Drehimpulsoperator $\vec{L}$ spiegelungs-invariant, denn in $\vec{L} = \vec{r} \times \vec{p}$ wechseln $\vec{r}$ und $\vec{p}$ beide ihr Vorzeichen, wenn $\vec{r}$ durch $-\vec{r}$ ersetzt wird.

Wenn H spiegelungs-invariant ist, dann ist aber der Paritätsoperator P mit H vertauschbar, d.h. PH − HP = 0. Damit sind die Eigenfunktionen von H auch solche von P. Nun bedeutet die Anwendung von P

$$P\Psi(\vec{r}) = \Psi(-\vec{r}) \tag{2.66}$$

und

$$P^2\Psi(\vec{r}) = P\Psi(-\vec{r}) = \Psi(\vec{r}), \tag{2.67}$$

also hat P^2 den Eigenwert $+1$. Es folgt, daß der Eigenwert π von P selbst eine Zahl vom Betrag 1 sein muß und grundsätzlich eine komplexe Zahl sein könnte. Da der EW von P^2 aber π^2 (nicht $\pi\pi^*$) ist, so folgt $\pi = \pm 1$. Demnach ist

$$P\Psi(\vec{r}) = \pm \Psi(\vec{r}). \tag{2.68}$$

Das wird so ausgedrückt: *Die Parität eines Zustandes ist entweder positiv* ($\pi = +1$) *oder negativ* ($\pi = -1$).

Wir überprüfen diese Voraussage bei den Eigenfunktionen zum Bahndrehimpulsoperator eines Teilchens. Sie sind

$$Y_l^m(\vartheta,\varphi) = \frac{(-1)^{l+m}}{2\,l!!}\left[\frac{2\,l+1}{4\pi}\frac{(l-m)!}{(l+m)!}\right]^{1/2} e^{im\varphi}(\sin\vartheta)^m$$

$$\cdot \frac{d^{l+m}}{d(\cos\vartheta)^{l+m}}(1-\cos^2\vartheta)^l. \tag{2.69}$$

Die Definition ist zunächst gültig für $m \geq 0$. Für $m < 0$ benutzt man $(Y_l^m)^* = (-1)^m Y_l^{-m}$. Die Paritätsoperation bedeutet die Ersetzung $r \to r$, $\varphi \to \varphi + \pi$, $\vartheta \to \pi - \vartheta$. Bezüglich φ gilt

$$e^{im(\varphi+\pi)} = e^{im\pi} e^{im\varphi} = (-1)^m e^{im\varphi}.$$

Bezüglich ϑ sind nur die Differentiationen zu beachten. Bei jedesmaligem Differenzieren ändert sich die Parität um -1, also ist die ganze Funktion von ϑ mit der Parität $(-1)^{l+m}$ versehen, und insgesamt ist damit

$$P\,Y_l^m(\vartheta,\varphi) = (-1)^l Y_l^m(\vartheta,\varphi). \tag{2.70}$$

Es haben alle Ein-Teilchenzustände mit $l = 0, 2, 4, \ldots, $ (s, d, g, …) die Parität $+1$, diejenigen mit $l = 1, 3, 5, \ldots, $ (p, f, h, …) die Parität -1.

Ein Blick auf die Termschemata des Kasten- wie des Oszillatorpotentials lehrt, daß jeder Zustand tatsächlich eine wohldefinierte Parität hat.

2.6.3 Vektor-Addition von Drehimpulsen

Wenn man nicht nur ein Teilchen zu betrachten hat, oder wenn man zum Bahndrehimpuls den Spin zur Beschreibung hinzuzufügen hat, so stellt sich das Problem, Zustände des Gesamtdrehimpulses zu finden. Es wird zu zeigen sein, inwieweit darin noch Daten der Einzelteilchen bzw. Daten von Bahndrehimpuls und Spin aufzeigbar sind. Man beginnt mit Eigenfunktionen der Art

$$\Psi_l^\lambda(\vec{r}_1), \qquad \chi_s^\sigma(s_1), \qquad \Psi_j^m(\vec{r}_1, s_1),$$

die EF sind zu $(\vec{l})^2$ und l_z, $(\vec{s})^2$ und s_z sowie $(\vec{j})^2$ und j_z. D.h. es gilt

$$(\vec{l})^2\Psi_l^\lambda(\vec{r}_1) = \hbar^2 l(l+1)\,\Psi_l^\lambda(\vec{r}_1), \qquad l_z\,\Psi_l^\lambda(\vec{r}_1) = \lambda\hbar\Psi_l^\lambda(\vec{r}_1), \tag{2.70a}$$

$$(\vec{s})^2\chi_s^\sigma(s_1) = \hbar^2 s(s+1)\chi_s^\sigma(s_1), \qquad s_z\,\chi_s^\sigma(s_1) = \sigma\hbar\chi_s^\sigma(s_1), \tag{2.70b}$$

$$(\vec{j})^2\Psi_j^m(\vec{r}_1, s_1) = \hbar^2 j(j+1)\,\Psi_j^m(\vec{r}_1 s_1), \qquad j_z\Psi_j^m(\vec{r}_1, s_1) = m\hbar\Psi_j^m(\vec{r}_1, s_1). \tag{2.70c}$$

Gegeben seien nun *zwei Teilchen*, von denen das eine den Drehimpuls j_1, das andere j_2 habe. *Oder*: Gegeben sei *ein Teilchen* mit dem Bahndrehimpuls l *und* dem Spin s. Die SGl., die das System zu erfüllen habe, sei so beschaffen, daß der Hamilton-Operator invariant gegenüber einer Drehung des Ortsraumes ist, d.h. der Gesamtdrehimpuls eine Konstante der Bewegung ist. Dann müssen die Lösungen der SGl. auch EF zum Gesamtdrehimpuls sein, also zu

$$\vec{J} = \vec{j}_1 + \vec{j}_2 \qquad \text{bzw.} \qquad \vec{j} = \vec{l} + \vec{s}. \tag{2.71a}$$

Diese EF sind zu bezeichnen mit $\Psi_J^M(1,2)$ bzw. $\Psi_j^m(\vec{r}, s)$. Bei Drehinvarianz des Hamilton-Operators muß ferner gelten, daß die gleichen Funktionen auch EF sind zu

$$J_z = j_{1z} + j_{2z} \qquad \text{bzw.} \quad j_z = l_z + s_z. \tag{2.71b}$$

Die Vermutung geht dahin, daß $\Psi_{j_1}^{m_1}(1) \cdot \Psi_{j_2}^{m_2}(2)$ EF zu J und $\Psi_l^\lambda(\vec{r})\chi^\sigma(s)$ EF zu j ist. Für diese Funktionen ist

$$J_z\Psi_{j_1}^{m_1}\Psi_{j_2}^{m_2} = J_z|j_1 m_1\rangle|j_2 m_2\rangle = (j_{1z} + j_{2z})|j_1 m_1\rangle|j_2 m_2\rangle$$

$$= (m_1 + m_2)\hbar|j_1 m_1\rangle|j_2 m_2\rangle = M\hbar\Psi_{j_1}^{m_1}\Psi_{j_2}^{m_2}$$

und

$$j_z|l\lambda\rangle|s\sigma\rangle = (l_z + s_z)|l\lambda\rangle|s\sigma\rangle = (l + \sigma)\hbar|l\lambda\rangle|s\sigma\rangle = m\hbar|l\lambda\rangle|s\sigma\rangle,$$

sie sind also schon EF zu j_z, sie sind es aber nicht zu den Operatoren $(\vec{J})^2$ bzw. $(\vec{j})^2$.

Man hat passende Linearkombinationen zu nehmen, die wie folgt geschrieben werden

$$\Psi^{M}_{J,j_1 j_2}(1,2) = \sum_{\substack{m_1,m_2 \\ M=m_1+m_2}} (j_1 m_1 j_2 m_2 | JM)\, \Psi^{m_1}_{j_1}(1)\, \Psi^{m_2}_{j_2}(2) \tag{2.72a}$$

bzw.

$$\Psi^{m}_{j,ls}(\vec{r},s) = \sum_{\substack{\lambda,\sigma \\ m=\lambda+\sigma}} (l\lambda s\sigma | jm)\, \Psi^{\lambda}_{l}(\vec{r})\, \chi^{\sigma}_{s}(s). \tag{2.72b}$$

Die Entwicklungskoeffizienten sind die *Clebsch-Gordan-Koeffizienten*. Man kann sie als reelle Zahlen angeben. Sie sind immer dann von null verschieden, wenn

$$M = m_1 + m_2 \qquad\qquad m = \lambda + \sigma$$

$$|j_1 - j_2| \leqslant J \leqslant j_1 + j_2 \qquad\qquad |l - s| \leqslant j \leqslant l + s. \tag{2.73}$$

Die *Gesamtdrehimpulse $\vec{J}$ und $\vec{j}$ werden also durch Vektoraddition gebildet.* Zu Gl. (2.73) gilt auch die Umkehrung

$$\Psi^{m_1}_{j_1}(1)\, \Psi^{m_2}_{j_2}(2) = \sum_{J,M} (j_1 m_1 j_2 m_2 | JM)\, \Psi^{M}_{J,j_1 j_2}(1,2) \tag{2.74a}$$

oder

$$|j_1 m_1\rangle |j_2 m_2\rangle = \sum_{J,M} (j_1 m_1 j_2 m_2 | JM) |JM, j_1 j_2\rangle. \tag{2.74b}$$

Als Indices bei den Funktionen (2.72a) und (2.72b) haben wir die Größen j_1 und j_2 bzw. l und s stehen gelassen. Das soll andeuten, daß neben J und M bzw. j und m auch noch j_1 und j_2 bzw. l und s gute Quantenzahlen sind, was man durch Benützung der Beziehungen (2.70) sofort sieht.

Die Clebsch-Gordan-Koeffizienten fassen die Funktionensätze $\Psi^{m_1}_{j_1}(m_1 = -j_1, \dots, +j_1)$, $\Psi^{m_2}_{j_2}(m_2 = -j_2, \dots, +j_2)$ neu zusammen. Aus den $(2j_1 + 1) \times (2j_2 + 1)$ Produkt-Funktionen bildet man die Funktionen Ψ^{M}_{J}. Ihre Gesamtzahl ist tatsächlich gleich der Zahl der Produktfunktionen

$$\sum_{J=|j_1-j_2|}^{j_1+j_2} (2J+1) = (2j_1+1)(2j_2+1).$$

Damit bilden die Clebsch-Gordan-Koeffizienten eine quadratische Matrix.

Man kann die Clebsch-Gordan-Koeffizienten (mit etwas anderer Definition auch als 3j- oder Wigner-Koeffizienten bezeichnet [29]) auf verschiedene Weisen berechnen. Eine mögliche Rechenmethode soll angegeben werden, weil sie allgemein interessant ist.

Der Maximalwert von J ist sicher $j_1 + j_2$, der dazugehörige Maximalwert von M ist $j_1 + j_2$. Zu $J = j_1 + j_2$ und $M = j_1 + j_2$ kann es nur *eine* Funktion geben, und diese kann nur $\psi_{j_1}^{j_1} \cdot \psi_{j_2}^{j_2}$ sein, so daß

$$(j_1 j_1 j_2 j_2 \,|\, j_1 + j_2, j_1 + j_2) = 1$$

und

$$\psi_{J=j_1+j_2}^{M=j_1+j_2}(1,2) = \psi_{j_1}^{j_1}(1) \cdot \psi_{j_2}^{j_2}(2).$$

Die weiteren Clebsch-Gordan-Koeffizienten werden mittels *Auf-* und *Absteige-Operatoren* gewonnen. Sie sind definiert durch

$$j^+ = -\frac{1}{\sqrt{2}}(j_x + ij_y), \qquad j^- = \frac{1}{\sqrt{2}}(j_x - ij_y).$$

Dann ist

$$j^+ j^- = -\frac{1}{2}(j_x^2 + j_y^2 - i(j_x j_y - j_y j_x)).$$

Nun gelten die Vertauschungsrelationen (Gln. (2.64) und (2.65)) $[j^2, j_{x,y,z}] = 0$, $[j_y, j_z] = i\hbar j_x$ (und zyklisch). Es folgt

$$j^+ j^- = -\frac{1}{2}(j^2 - j_z^2 + \hbar j_z)$$

als Operator-Beziehung. Angewandt auf eine Funktion ψ_j^m heißt dies

$$j^+ j^- \psi_l^m = -\frac{1}{2}(j(j+1) - m^2 + m)\,\hbar^2 \psi_j^m.$$

Diese Beziehung wird erfüllt von

$$j^\pm \psi_j^m = \mp \frac{1}{\sqrt{2}}[(j \mp m)(j \pm m + 1)]^{1/2}\, \hbar \psi_j^{m \pm 1}.$$

j^+ allein, bzw. j^- allein angewandt auf ψ_j^m erhöht also, bzw. vermindert, den Index der z-Komponente um 1. – Es folgt daraus

$$J^- \psi_{j_1+j_2}^{j_1+j_2}(1,2) = (j_1^- + j_2^-)\,\psi_{j_1}^{j_1}(1)\,\psi_{j_2}^{j_2}(2)$$

$$= \frac{1}{\sqrt{2}}\left[\sqrt{2j_1}\,\hbar\,\psi_{j_1}^{j_1-1}(1)\,\psi_{j_2}^{j_2}(2) + \sqrt{2j_2}\,\hbar\,\psi_{j_1}^{j_1}(1)\,\psi_{j_2}^{j_2-1}(2)\right]$$

$$= \frac{1}{\sqrt{2}}[(J+J)(J-J+1)]^{1/2}\,\hbar\,\psi_J^{J-1} = \sqrt{J}\,\hbar\,\psi_J^{J-1}(1,2).$$

Daraus liest man ab

$$\psi_{J=j_1+j_2}^{J-1=j_1+j_2-1}(1,2) = \sqrt{\frac{j_1}{J}}\,\psi_{j_1}^{j_1-1}(1)\,\psi_{j_2}^{j_2}(2) + \sqrt{\frac{j_2}{J}}\,\psi_{j_1}^{j_1}(1)\,\psi_{j_2}^{j_2-1}(2).$$

Das ist genau die Linearkombination, die man nach Gl. (2.72a) in diesem Fall erwartet. D.h. es ist

$$(j_1 j_1 - 1, j_2 j_2 \,|\, JJ - 1) = \sqrt{\frac{j_1}{J}}, \qquad (j_1 j_1 j_2 j_2 - 1 \,|\, JJ - 1) = \sqrt{\frac{j_2}{J}}$$

Tabelle 2.5 Clebsch-Gordan-Koeffizienten $(jm, \tfrac{1}{2} m' | JM)$

	$m' = \tfrac{1}{2}$	$m' = -\tfrac{1}{2}$
$J = j + \tfrac{1}{2}$	$\left(\dfrac{j + M + \tfrac{1}{2}}{2j + 1}\right)^{1/2}$	$\left(\dfrac{j - M + \tfrac{1}{2}}{2j + 1}\right)^{1/2}$
$J = j - \tfrac{1}{2}$	$-\left(\dfrac{j - M + \tfrac{1}{2}}{2j + 1}\right)^{1/2}$	$\left(\dfrac{j + M + \tfrac{1}{2}}{2j + 1}\right)^{1/2}$

(für $J = j_1 + j_1$). Nun kann man allerdings aus $\vec{j_1}$ und $\vec{j_2}$ auch $J = j_1 + j_2 - 1$ aufbauen, für das das maximale M ebenfalls $j_1 + j_2 - 1$ ist. Diese Funktion muß orthogonal zu der soeben gewonnenen sein. Daraus folgt

$$(j_1 j_1 - 1, \; j_2 j_2 | j_1 + j_2 - 1, \; j_1 + j_2 - 1) = -\sqrt{\frac{j_2}{J}}$$

$$(j_1 j_1 j_2 j_2 - 1 | j_1 + j_2 - 1, \; j_1 + j_2 - 1) = \sqrt{\frac{j_1}{J}} \; .$$

So kann man schließlich alle Clebsch-Gordan-Koeffizienten gewinnen (Tabellen: *E. U. Condon, G. H. Shortley*, The Theory of Atomic Spectra, Cambridge, 1959). Wir geben in Tabelle 2.5 die Formeln für $(jm, \tfrac{1}{2} m' | JM)$. Bei Rechnungen benötigt man die folgenden Relationen:

$$\sum_{J} (j_1 m_1 j_2 m_2 | JM)(j_1 m'_1 j_2 m'_2 | JM) = \delta_{m_1 m'_1} \, \delta_{m_2 m'_2} \qquad (2.75a)$$

$$\sum_{m_1 m_2} (j_1 m_1 j_2 m_2 | JM)(j_1 m_1 j_2 m_2 | J'M') = \delta_{JJ'} \, \delta_{MM'} \qquad (2.75b)$$

und

$$
\begin{aligned}
(j_1 m_1 j_2 m_2 | JM) &= (-1)^{j_1 + j_2 - J} (j_2 m_2 j_1 m_1 | JM) \\
&= (-1)^{-j_1 - j_2 + J} (j_1 - m_1, j_2 - m_2 | J - M) \\
&= (-1)^{j_1 - m_1} \sqrt{\frac{2J + 1}{2j_2 + 1}} (j_1 m_1 \, J - M | j_2 - m_2) \qquad (2.75c) \\
&= (-1)^{j_2 + m_2} \sqrt{\frac{2J + 1}{2j_1 + 1}} (J - M \, j_2 m_2 | j_1 - m_1).
\end{aligned}
$$

2.7 Magnetisches Moment und Quadrupolmoment im Ein-Teilchen-Modell

Die empirischen Regeln über die Spin-Werte zeigten, daß der Kernspin vielfach durch den eines einzelnen Nukleons bestimmt ist. Es liegt daher nahe, auch andere Daten im Rahmen des bisher erarbeiteten Modells zu berechnen und mit der Erfahrung zu vergleichen. Beim magnetischen Moment brauchen wir zudem die radialen Wellenfunktionen nicht, daher müßte besonders gute Übereinstimmung von Experiment und Theorie vorliegen.

2.7.1 Magnetisches Moment

Wir setzen das Bahn- und das Spin-magnetische Moment zusammen wie in der Atomhülle (vgl. (1.64) und (1.65))

$$\vec{\mu} = \vec{\mu}_{\text{Bahn}} + \vec{\mu}_{\text{Spin}} = \mu_K \left(g_l \, \vec{l} + g_s \, \vec{s} \right) \frac{1}{\hbar}. \tag{2.76}$$

Nach (1.69) ist für *Protonen*

$$g_l = 1, \quad g_s = 2 \cdot 2{,}79267$$

und für *Neutronen*

$$g_l = 0, \quad g_s = -2 \cdot 1{,}91298.$$

Der Erwartungswert des magnetischen Momentes in einem Zustand des Drehimpulses j und der z-Komponente m = j (das ist das magnetische Moment, welches gemessen wird) ist (Bild 2.25)

$$\mu = \mu_{z,\text{max}} = \langle jj | \mu_z | jj \rangle. \tag{2.77}$$

Im Ein-Teilchen-Modell ist

$$\Psi_j^m = A_{jlsm} \frac{1}{r} u_{nl}(r) \sum_{\sigma\lambda} (l\,\lambda\,s\,\sigma | jm)\, Y_l^\lambda(\vartheta, \varphi)\, \chi_s^\sigma, \tag{2.78}$$

, also

$$\mu = \mu_K \frac{1}{\hbar} \langle \Psi_j^j | g_l l_z + g_s s_z | \Psi_j^j \rangle. \tag{2.79}$$

Die Operatoren l_z und s_z wirken nur auf die Winkel- und Spinkoordinaten. Die Integration über die Radialkoordinate in (2.79) führt im Verein mit der Normierungskonstante A_{jlsm} zum Zahlenwert 1. Es bleibt

$$\mu = \mu_K \frac{1}{\hbar} \sum_{\substack{\lambda\sigma,\\ \lambda'\sigma'}} (l\lambda s\sigma | jj)\,(l\lambda's\sigma' | jj)\, \langle Y_l^\lambda \chi_s^\sigma | g_l l_z + g_s s_z | Y_l^{\lambda'} \chi_s^{\sigma'} \rangle.$$

Wir behandeln zuerst den Bahnteil:

$$\langle Y_l^\lambda \chi_s^\sigma | g_l l_z | Y_l^{\lambda'} \chi_s^{\sigma'} \rangle = \delta_{\sigma\sigma'}\, g_l \langle Y_l^\lambda | l_z | Y_l^{\lambda'} \rangle = \delta_{\sigma\sigma'}\, g_l \lambda' \hbar \delta_{\lambda\lambda'},$$

dann den Spinteil:

$$\langle Y_l^\lambda \chi_s^\sigma | g_s s_z | Y_l^{\lambda'} \chi_s^{\sigma'} \rangle = \delta_{\lambda\lambda'}\, g_s \sigma' \hbar \delta_{\sigma\sigma'}.$$

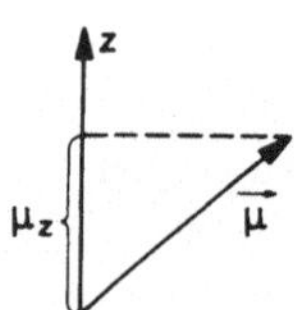

Bild 2.25

Bei der Messung des magnetischen Momentes mißt man seine Komponente bezüglich einer ausgezeichneten Richtung

Es bleibt

$$\mu = \mu_K \sum_{\lambda\sigma} (l\,\lambda\,s\,\sigma\,|\,jj)\,(l\,\lambda\,s\,\sigma\,|\,jj)\,(\lambda g_l + \sigma g_s) \qquad (2.80)$$

1. $j = l + \frac{1}{2}$

$$\mu = \mu_K \underbrace{\left(l\,l\,\tfrac{1}{2}\,\tfrac{1}{2}\,\Big|\,l+\tfrac{1}{2}\,l+\tfrac{1}{2} \right)^2}_{=\,1} \left(l\,g_l + \tfrac{1}{2}\,g_s \right) = \mu_K \left(l\,g_l + \tfrac{1}{2}\,g_s \right). \qquad (2.81a)$$

2. $j = l - \frac{1}{2}$

$$\mu = \mu_K \left\{ \left(l\,l\,\tfrac{1}{2}\,-\tfrac{1}{2}\,\Big|\,l-\tfrac{1}{2}\,l-\tfrac{1}{2} \right)^2 \left(l\,g_l - \tfrac{1}{2}\,g_s \right) \right.$$

$$\left. + \left(l\,l-1,\tfrac{1}{2}\,\tfrac{1}{2}\,\Big|\,l-\tfrac{1}{2}\,l-\tfrac{1}{2} \right)^2 \left((l-1)\,g_l + \tfrac{1}{2}\,g_s \right) \right\}.$$

Die Clebsch-Gordan-Koeffizienten kann man mit Hilfe von Tabelle 2.5 berechnen. Insgesamt wird in diesem Fall

$$\mu = \mu_K \frac{j}{j+1} \left((l+1)\,g_l - \tfrac{1}{2}\,g_s \right). \qquad (2.81b)$$

Da g_l und g_s gegebene Zahlenwerte sind, so wird durch (2.81a) und (2.81b) ein bestimmter Zusammenhang von μ und j vorhergesagt.

a) Der Kern habe ein unpaariges *Proton*. Wir setzen $g_l = 1$ und $g_s = 5{,}6$ ein. Es entsteht

$$\mu = \mu_K (j + 2{,}3) \ \text{ für } \ j = l + \frac{1}{2}, \quad \mu = \mu_K \frac{j}{j+1} (j - 1{,}3) \ \text{ für } \ j = l - \frac{1}{2}. \qquad (2.82a)$$

b) Der Kern habe ein unpaariges *Neutron*. Es ist $g_l = 0$ und $g_s = -4$. Damit wird

$$\mu = -2\mu_K \ \text{ für } \ j = l + \frac{1}{2}, \quad \mu = 2\mu_K \frac{j}{j+1} \ \text{ für } \ j = l - \frac{1}{2}. \qquad (2.82b)$$

Das sind genau die begrenzenden Linien im Diagramm von Bild 1.40 und 1.41 (*Schmidt-Linien*). Die gemessenen magnetischen Momente liegen *zwischen* den Grenzlinien. Das kann die folgenden Ursachen haben:

Erstens kann es sein, daß nicht allein das letzte Nukleon in der j-Schale den Zustand und damit das magnetische Moment bestimmt, zweitens können Beimischungen anderer j-Schalen vorhanden sein, drittens kann es sein, daß der Spin g-Faktor (g_s) für gebundene Nukleonen einen anderen Wert wie für freie Nukleonen hat. Die Untersuchung dieses Effektes erfolgt mit der Mesonentheorie der Kernkraft.

2.7.2 Elektrisches Quadrupolmoment

Es war (Ziff. 1.7.2) für eine Ladungsdichteverteilung $\rho = \rho\,(\vec{r})$

$$Q = \int (3\zeta^2 - r^2)\rho\,d\tau = 2 \int r^2 P_2(\cos\vartheta)\,\rho\,d\tau = 2!\,\sqrt{\frac{4\pi}{5}}\,\int \rho\,r^2 Y_2^0(\vartheta,\varphi)\,d\tau. \quad (2.83)$$

In einer systematischen Entwicklung von beliebigen Ladungsverteilungen nach Multipol-Momenten (vgl. Lehrbücher der Elektrodynamik) hat man Anlaß, noch vier weitere Multipol-Momente von 2. Ordnung einzuführen. Allgemein wird eine beliebige Ladungsverteilung vollständig durch die Angabe der Multipolmomente

$$Q_L^M = L!\,\sqrt{\frac{4\pi}{2L+1}}\,\int \rho\,r^L Y_L^M(\vartheta,\varphi)\,d\tau, \qquad (2.84)$$

charakterisiert, wobei die Kugelflächenfunktionen die gleichen sind, die als Eigenfunktionen zum Drehimpulsoperator schon häufig benutzt wurden (s. (2.69)). — Die zur Beziehung (2.84) äquivalente quantenmechanische Formel ist

$$Q_L^M = \int \Psi^* L!\,\sqrt{\frac{4\pi}{2L+1}}\,Y_L^M(\vartheta,\varphi)\,r^L \Psi\,d\tau = \langle\,|\widetilde{Q}_L^M\,|\,\rangle, \qquad (2.85a)$$

mit dem Multipoloperator

$$\widetilde{Q}_L^M = L!\,\sqrt{\frac{4\pi}{2L+1}}\,Y_L^M(\vartheta,\varphi)\,r^L. \qquad (2.85b)$$

Das Multipolmoment in einem durch den Drehimpuls j beschriebenen Ein-Teilchen-Zustand mit einem ungeraden Proton ist damit

$$\langle jj|\widetilde{Q}_L^M|jj\rangle = \int \Psi_j^{j*}\,\widetilde{Q}_L^M\,\Psi_j^j\,d\tau. \qquad (2.86)$$

Wir tragen die gleichen Funktionen wie beim magnetischen Moment ein, nämlich die Wellenfunktionen von Gl. (2.78). Weiterhin haben wir für das *Quadrupolmoment* $L = 2$ einzusetzen. Das ergibt

$$\langle jj\,|\widetilde{Q}_2^M\,|\,jj\rangle = \sqrt{\frac{16\pi}{5}}\,\int |A|^2\,\frac{|u|^2}{r^2}\,r^4\,dr$$

$$\cdot\,\langle\,\sum_{\sigma\lambda}(l\lambda s\sigma|jj)\,Y_l^\lambda \chi_s^\sigma\,|\,Y_2^M\,|\,\sum_{\sigma'\lambda'}(l\lambda' s\sigma'|jj)\,Y_l^{\lambda'}\chi_s^{\sigma'}\,\rangle.$$

Der Spin kommt im Quadrupolmoment-Operator nicht vor. Die Spin-Integration liefert also $\delta_{\sigma\sigma'}$. Da dann aber mit Hilfe des Clebsch-Gordan-Koeffizienten eindeutig $\lambda' = \lambda$ folgt, so bleibt nur noch

$$\langle jj|\widetilde{Q}_2^M|jj\rangle = \sqrt{\frac{16\pi}{5}}\,\langle r^2\rangle \sum_{\sigma\lambda}(l\lambda s\sigma|jj)\int Y_l^{\lambda*} Y_2^M Y_l^\lambda \sin^2\vartheta\,d\vartheta\,d\varphi. \qquad (2.87)$$

Nun gilt (s. z. B. [68])

$$\int Y_{l_3}^{m_3\,*}\, Y_{l_2}^{m_2}\, Y_{l_1}^{m_1}\, \sin\vartheta\, d\vartheta\, d\varphi$$

$$= \sqrt{\frac{(2\,l_1 + 1)\,(2\,l_2 + 1)}{4\,\pi\,(2\,l_3 + 1)}}\;(l_1 m_1 l_2 m_2 \,|\, l_3 m_3)\cdot(l_1 0\, l_2 0\,|\, l_3 0). \tag{2.88}$$

Damit bleibt

$$\langle jj\,|\,\widetilde{Q}_2^M\,|\,jj\rangle = 2\,\langle r^2\rangle \sum_{\lambda\sigma} (l\lambda s\sigma\,|\,jj)\,(l\lambda s\sigma\,|\,jj)\,(l\lambda 2M\,|\,l\lambda)\,(l\,0\,2\,0\,|\,l\,0).$$

Der 3. Clebsch-Gordan-Koeffizient fordert $M = 0$, und damit wird

$$\langle jj\,|\,\widetilde{Q}_2^0\,|\,jj\rangle = 2\,\langle r^2\rangle\,(l\,0\,2\,0\,|\,l\,0)\sum_{\lambda\sigma} (l\lambda s\sigma\,|\,jj)^2\,(l\lambda 2\,0\,|\,l\lambda). \tag{2.89}$$

Darin ist der vor dem Summen-Zeichen stehende Koeffizient nur dann von null verschieden, wenn $l + 2 + l$ eine gerade Zahl ist. Das ist immer gewährleistet, jedoch darf l nicht null sein: Ein kugelsymmetrischer Zustand besitzt kein Quadrupolmoment. Man schreibt die Summe in Gl. (2.89) für die beiden Fälle $j = l + \frac{1}{2}$ und $j = l - \frac{1}{2}$ auf. Im ersten Fall kann nur $\lambda = l$, $\sigma = +\frac{1}{2}$, im zweiten Fall $\lambda = l$, $\sigma = -\frac{1}{2}$ und $\lambda = l - 1$, $\sigma = +\frac{1}{2}$ sein. Im ersten Fall benötigt man die Koeffizienten

$$\left(l\,l\,\frac{1}{2}\,\frac{1}{2}\,\Big|\,jj\right) = 1$$

$$(l\,0\,2\,0\,|\,l\,0) = -l(l+1)\,\frac{1}{N}, \quad (l\,l-1,2\,0\,|\,l\,l-1) = \frac{1}{N}\,[3\,(l-1)^2 - l(l+1)],$$

$$(l\,l\,2\,0\,|\,l\,l) = (3\,l^2 - l(l+1))\,\frac{1}{N}$$

mit $N = \sqrt{(2\,l - 1)\,l(l+1)\,(2\,l + 3)}$.

Man erhält

$$\langle jj\,|\,\widetilde{Q}_2^0\,|\,jj\rangle = -\,2\,\langle r^2\rangle\,\frac{l}{2\,l + 3} = -\,2\,\langle r^2\rangle\,\frac{j - \frac{1}{2}}{2\,(j + 1)},$$

d.h. für $j = l + \frac{1}{2}$:

$$\langle jj\,|\,\widetilde{Q}_2^0\,|\,jj\rangle = -\,\frac{1}{2}\,\langle r^2\rangle\,\frac{2\,j - 1}{j + 1}\;. \tag{2.90}$$

Im zweiten Fall findet man genau den *gleichen Ausdruck*. Die Gleichheit der Ausdrücke in den beiden Fällen ist verständlich: Es kommt beim elektrischen Quadrupolmoment nicht auf die Spineinstellung an.

Aus der Beziehung (2.90) finden wir unsere bisherigen Regeln bestätigt: Das Quadrupolmoment verschwindet, wenn $j = \frac{1}{2}$ ist (der Wert $j = 0$ kommt hier nicht vor!). – Schließlich ergibt sich für Ein-Teilchen-Zustände

$$\langle jm | \widetilde{Q}_2^0 | jm \rangle = - \frac{3\,m^2 - j\,(j+1)}{2\,j\,(j+1)} \, \langle r^2 \rangle, \tag{2.91}$$

(vgl. 1.86).

Wichtig sind die folgenden Ergebnisse:

1. $\langle | \widetilde{Q}_2^0 | \rangle$ ist für ein ungerades Proton immer negativ oder verschwindet ($j = \frac{1}{2}$).
2. Das Quadrupolmoment abgeschlossener Schalen verschwindet. Beweis: Im Modell der unabhängigen Teilchen ist $Q_{gesamt} = \Sigma Q_i$ und mit

$$3 \sum_{m=-j}^{+j} m^2 = 6 \sum_{m=\frac{1}{2}}^{j} m^2 = 6 \frac{j\,(j+1)\,(j+\frac{1}{2})}{3}$$

ist

$$\sum Q_i = - \langle r^2 \rangle \, \frac{1}{2\,j\,(j+1)} \cdot [2\,j\,(j+1)\,(j+\tfrac{1}{2}) - j\,(j+1)\,(2\,j+1)] = 0.$$

3. Fehlt vor einer abgeschlossenen Schale ein Proton, dann sollte das Quadrupolmoment positiv sein.
4. Ein ungerades Neutron führt zu keinem Quadrupolmoment.

2.7.3 Vergleich mit experimentellen Daten

Nach der hergeleiteten Formel für das Quadrupolmoment im Ein-Teilchen-Modell müßten alle Quadrupolmomente mit ungeradem Proton negativ, die Form des Kerns also die eines abgeplatteten Ellipsoids sein (oblate Form). Diese Vorstellung ist mit der eines Protons, das um den Äquator einer Kugel kreist, verträglich (Bild 2.26a). Jedoch führt auch ein ungerades Neutron zu einem von null verschiedenen und negativen Q. Das versteht man noch anschaulich: Kugelförmiger Kern + Neutron rotieren um die gemeinsame Schwerpunktachse. Die mittlere Ladungsverteilung entspricht einem oblaten Ellipsoid (Bild 2.26b). Für die Schwerpunktsverschiebung des Kerns der Masse A, zusammengesetzt aus A − 1 Nukleonen und 1 Neutron, gilt

$$x\,(A-1) = (R - x) \cdot 1,$$

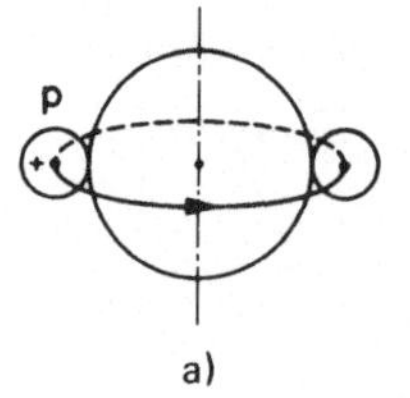

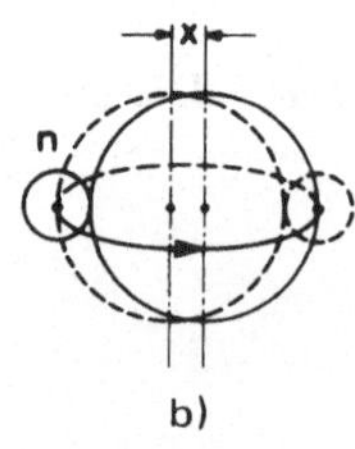

Bild 2.26

Modellvorstellung zum Quadrupolmoment: a) ein einzelnes umlaufendes Proton, b) ein umlaufendes Neutron

d.h. $x = R/A$. Das Quadrupolmoment kann damit abgeschätzt werden zu
$x^2 = R^2/A^2 = 1/A^2 \langle r^2 \rangle$. Es wird deutlich kleiner als dasjenige eines umlaufenden Protons.
In beiden Fällen ist aber $Q \leqslant 0$. Positive Quadrupolmomente können also nicht häufig
sein. Ein Blick auf Bild 1.44 lehrt jedoch, daß die Mehrzahl der gemessenen Quadrupolmomente positiv ist. Nur unmittelbar nach abgeschlossenen Schalen (z.B. $^{17}_{8}O_9$,
$Q = -0,004 \cdot 10^{-24}\,cm^2\ {}^{209}_{83}Bi_{126}$, $Q = -0,4 \cdot 10^{-24}\,cm^2$) ist das Quadrupolmoment tatsächlich negativ. Dort sollte auch das Ein-Teilchen-Modell besonders gut die Wirklichkeit
wiedergeben.

Quantitativ sollte Q aus dem mittleren quadratischen Kernradius folgen. Im Kasten-
potential ist $\langle r^2 \rangle$ nach Gl. (2.23) etwas größer als $R^2/3$. Jedenfalls sollte $Q \sim A^{2/3}$ sein.
Man trägt daher $Q \cdot A^{-2/3}$ als Funktion von Z bzw. N auf, um den Anteil abzuspalten,
der von der reinen Volumenvergrößerung herrührt. Bild 2.27 enthält ein solches Diagramm.

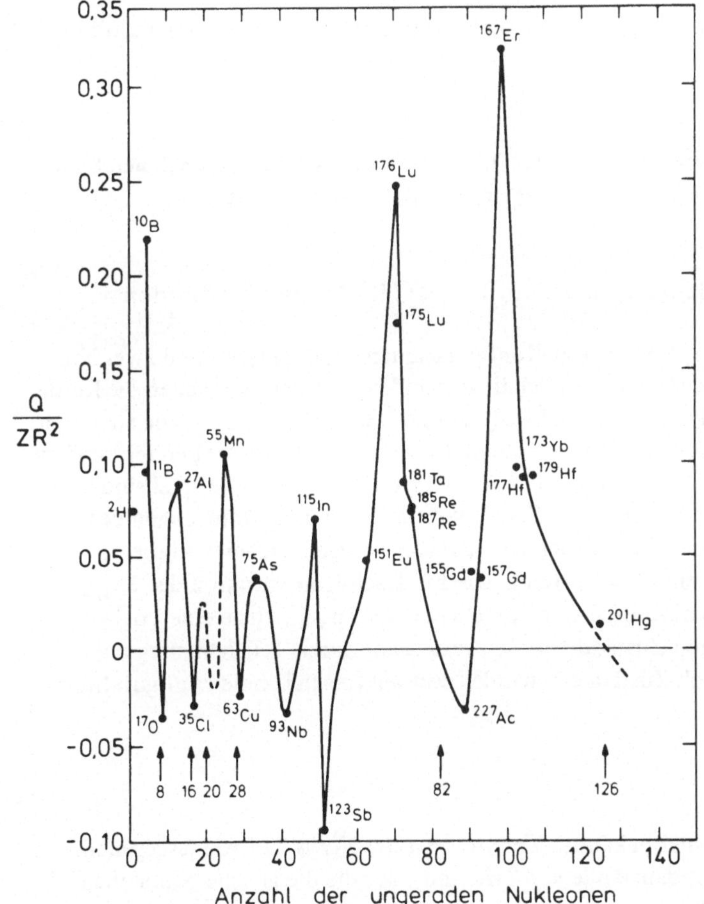

Bild 2.27 Gemessene Kern-Quadrupolmomente als Funktion der Anzahl der Nukleonen, die eine ungerade Anzahl bilden

Man erkennt sehr deutlich, daß erstens in der Mehrzahl positive Quadrupolmomente vorkommen und zweitens erheblich viel größere Werte als nach dem Ein-Teilchen-Modell zu erwarten sind (10bis 20-mal so groß). Vor allem dieses Ergebnis hat dazu geführt, daß das Ein-Teilchen-Modell wesentlich durch das Kollektiv-Modell geändert werden mußte. Damit werden wir uns in Ziff. 2.9 befassen.

Nach dem Ein-Teilchen-Modell läßt sich noch eine weitere überprüfbare Vorhersage machen. Da jedes einzelne Teilchen, wenn es unabhängig von den anderen ist, seinen eigenen Beitrag zu Q liefert, so ist bei nur teilweiser Besetzung einer Schale

$$\langle Q \rangle_{I=j} = \langle Q_j \rangle \cdot \frac{2j + 1 - 2\zeta}{2j + 1}$$

für ungerade Besetzungszahl ζ. Für gerade Besetzungszahl ist

$$\langle Q \rangle_I = 0.$$

Da $\langle Q_j \rangle$ negativ ist, so müßte $\langle Q \rangle_I$ innerhalb einer Schale sein Vorzeichen wechseln:

$$\zeta \leqslant \frac{2j + 1}{2} : Q_I < 0, \qquad \zeta \geqslant \frac{2j + 1}{2} : Q_I > 0.$$

Wechsel des Vorzeichens treten durchaus auf, jedoch gerade zwischen den Schalen beobachtet man auch große Q-Werte, die von einer Rumpfdeformation herrühren.

2.8 Das Ein-Teilchen-Schalenmodell mit Zwei-Nukleonen-Zuständen

Es handelt sich um zwei Arten von Konfigurationen. In der *ersten* sind zwei Nukleonen außerhalb einer abgeschlossenen Schale vorhanden. Als Beispiel dienen die Kerne ^{6}Li (1p und 1n außerhalb der 1s-Schale), ^{6}He (2n) und ^{6}Be (2p). Die Zustände stellen in 1. Näherung solche der beiden Nukleonen außerhalb der 1s-Schale dar. — Bei der *zweiten* Art handelt es sich um die angeregten Zustände eines g-g-Kernes. Zum Beispiel sind im Kern ^{16}O die Protonen- und Neutronen-p-Schale vollständig gefüllt. Anregungen des Kerns werden zunächst durch Ein-Teilchen-Anregungen erfolgen. Dabei wird die 1p-Schale aufgebrochen, in ihr entsteht ein Loch. Die Ein-Loch-Konfiguration der $1p_{1/2}$-Schale ist eine $1p_{1/2}^{-1}$-Konfiguration, die entsprechende der $1p_{3/2}$-Schale eine $1p_{3/2}^{-1}$-Konfiguration. Die angeregten Zustände in ^{16}O, verursacht durch Teilchenanregung, müssen also als Teilchen-Loch-Zustände behandelt werden (particle-hole-configurations).

2.8.1 Die Kerne mit A = 6

In Bild 2.28 ist das bisher bekannte *Termschema des Kerns* ^{6}Li wiedergegeben, ebenso wie die Lage der Grundzustände von ^{6}He und ^{6}Be, die die gleiche Nukleonenzahl enthalten. Die relative Termlage der Nuklide ist dadurch mitbestimmt, daß sowohl die Coulomb-Energie verschieden ist, wie auch der Massenunterschied von n und p sich auswirkt. Wenn man zunächst einfach die Drehimpulse der beiden Nukleonen der p-Schale

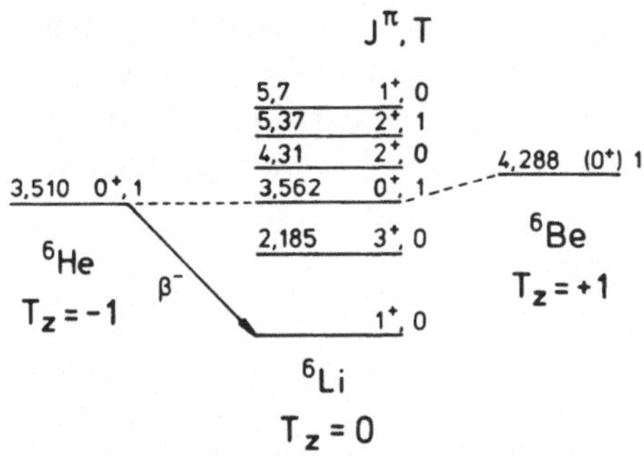

Bild 2.28

Energieschema des Nuklids ^{6}Li, Energien in MeV

($p_{3/2}$-Nukleonen) nach Art der Vektoraddition kombiniert, dann ergeben sich die Terme mit dem Gesamtdrehimpuls J = 3, 2, 1, 0. Wenn man weiter daran denkt, daß die $p_{3/2}$-Ein-Teilchen-Wellenfunktionen alle die Parität $\pi = -1$ haben (s. Ziff. 2.6.2) und daß bei der Kombination zur Zwei-Teilchen-Wellenfunktion immer Produkte von zwei solchen Funktionen auftreten (s. Ziff. 2.6.3), so sieht man, daß die *Zustände regulärer Parität* diejenigen mit $\pi = +1$ sind. Erst dann, wenn wenigstens ein Nukleon in die s-d-Schale ginge, würde die Parität $\pi = -1$, und damit *nicht-regulär* sein (Zustände bei 6,8 MeV, $J^{\pi} = 2^-$; 7,8 MeV, $J^{\pi} = 1^-$; usw.).

Für die Grundzustände kann man Regeln benutzen, die schon früher angegeben wurden:

1. Zwei äquivalente Nukleonen koppeln zu I = 0, der Grundzustand von ^{6}He und ^{6}Be ist dementsprechend I = 0 (gefunden bei ^{6}He, noch nicht gesichert bei ^{6}Be).
2. Zwei ungerade Nukleonen haben die Tendenz zu maximalem Spin zu koppeln: In ^{6}Li findet man dementsprechend I = 1 (jedoch nicht den Maximalwert I = 3).

In gewisser Weise sind ^{6}He und ^{6}Be einander ähnlich. Zur Erklärung der Termschemata braucht man aber Berechnungen der Energien mittels einer Kenntnis der Wechselwirkung, wobei man allgemeine Grundsätze berücksichtigen muß: Gleichbehandlung von Neutron und Proton, und Beschreibung der Zustände durch total-antisymmetrische Funktionen (Pauli-Prinzip). – Für die Gesamtenergie der beiden Nukleonen schreiben wir

$$H = t(1) + v_0(1) + t(2) + v_0(2) + v(1,2) \tag{2.92}$$

mit

$$v_0 = -V_0 f(r) - V_{s.o.} \left(\frac{\hbar}{m_\pi c}\right)^2 \frac{1}{r} \frac{df}{dr} (\vec{l} \cdot \vec{s}) + v_{Coul}(r)$$

und

$$f(r) = -\left(1 + e^{\frac{r-R}{a}}\right)^{-1}, \quad m_\pi \text{ Pionenmasse.} \tag{2.94}$$

Darin ist V_0 ein noch zu bestimmender Parameter, ebenso $V_{s.o.}$. Es bleibt noch die Frage nach v(1,2). Darauf kommen wir später zurück und bemerken hier nur, daß v(1,2) durch Streuversuche zu bestimmen versucht wird [(n,n), (n,p), (p,p)-Streuung], und auch an der Struktur des Deuterons prüfbar ist.

Die *Gleichbehandlung von Neutron und Proton* erfolgt nach folgendem Verfahren. Wir fassen Neutron und Proton als *gleiche* Teilchen auf (ihr Massenunterschied ist sehr gering) und beschreiben die Eigenschaft „Ladung" durch eine Quantenzahl: $-1/2$ soll heißen, die Ladung verschwindet, $+1/2$ soll heißen, die Ladung ist $+e$. Da es genau zwei Ladungszustände gibt, müssen wir eine „Ladungsfunktion" (*Isospin-Funktion*) von nur zwei Komponenten benutzen:

$$\xi_{1/2}^{-1/2} : \text{Neutron}, \quad \xi_{1/2}^{+1/2} : \text{Proton}.$$

Dementsprechend führen wir den Ladungsoperator (Isospin-Operator) t ein. Die Anwendung seiner z-Komponente t_z auf eine Isospinfunktion läßt sich die Eigenschaft Neutron bzw. Proton erkennen

$$t_z \, \xi_{1/2}^{-1/2} = -\frac{1}{2} \, \xi_{1/2}^{-1/2}, \quad t_z \, \xi_{1/2}^{+1/2} = \frac{1}{2} \, \xi_{1/2}^{+1/2}. \tag{2.95}$$

Die „z-Komponente" von t ist eine irreführende Bezeichnung, denn es handelt sich nicht um eine z-Komponente im Raum, sondern um die dritte Komponente in einem abstrakten Isospin-Raum. Von dem Formalismus brauchen wir, daß sich Kombinationen von Operatoren und Funktionen genauso wie beim Spin bilden lassen. Insbesondere interessiert hier der Gesamt-Isospin:

$$\vec{T} = \vec{t_1} + \vec{t_2}, \quad T_z = t_{1z} + t_{2z}. \tag{2.96}$$

Mit Clebsch-Gordan-Technik gewinnt man folgende Kombinationen und Partikel-Konfigurationen:

$$\xi_{1/2}^{+1/2}(1)\,\xi_{1/2}^{+1/2}(2): \ T_z = 1, \quad 2\ \text{Protonen}, \quad T = 1$$

$$\xi_{1/2}^{-1/2}(1)\,\xi_{1/2}^{-1/2}(2): \ T_z = -1, \quad 2\ \text{Neutronen}, \ T = 1 \tag{2.97}$$

$$\frac{1}{\sqrt{2}}(\xi_{1/2}^{+1/2}(1)\,\xi_{1/2}^{-1/2}(2) + \xi_{1/2}^{+1/2}(2)\,\xi_{1/2}^{-1/2}(1)): \ T_z = 0,$$
$$1\ \text{Proton} + 1\ \text{Neutron}, \ T = 1$$

$$\frac{1}{\sqrt{2}}(\xi_{1/2}^{+1/2}(1)\,\xi_{1/2}^{-1/2}(2) - \xi_{1/2}^{+1/2}(2)\,\xi_{1/2}^{-1/2}(1)): \ T_z = 0,$$
$$1\ \text{Proton} + 1\ \text{Neutron}, \ T = 0. \tag{2.98}$$

Die Konfiguration 1 Proton + 1 Proton entspricht genau dem Kern ^{6}Be (die Komponente des Isospins ist $T_z = 1$), die Konfiguration 1 Neutron + 1 Neutron entspricht ^{6}He$(T_z = -1)$, die Konfiguration 1 Neutron + 1 Proton entspricht ^{6}Li$(T_z = 0)$. Die ganze Termleiter zu ^{6}Li gehört also zu $T_z = 0$, aber die Terme können zu verschiedenem Isospin, nämlich $T = 1$ und 0 gehören, während zu ^{6}He und ^{6}Be $T_z = -1$ und $+1$, aber nur $T = 1$ gehört. Jetzt erkennen wir die Ähnlichkeit von ^{6}He und ^{6}Be als durch $T = 1$ gegeben, und man hat gefunden, daß in der Termleiter von ^{6}Li der Zustand bei 3,562 MeV mit $J^\pi = 0^+$ und $T = 1$ zu indizieren ist. Damit ist ein *Isospin-Triplett* gefunden.

Entsprechend ist der *Zustand des Deuterons* im Grundzustand mit $T = 0$, $T_z = 0$ zu kennzeichnen. Der Zustand mit $T = 1$, $T_z = \pm 1$ ist dort der Zustand zweier freier Protonen bzw. zweier freier Neutronen.

Tabelle 2.6 Termschema von ^{6}Li mit Zustandsfunktion in L-S-Kopplung

	E/MeV	I π T	$\Psi(1,2)$	
	5,9	1 + 0	$0{,}058\,^{31}S_1 + 0{,}966\,^{31}D_1 - 0{,}252\,^{11}P_1$	
^{6}He* ←	5,36	2 + 1	$0{,}833\,^{13}D_2 + 0{,}553\,^{33}P_2$	→ ^{6}Be*
	4,57	2 + 0	$1{,}0\,^{31}D_2$	
^{6}He ←	3,56	0 + 1	$0{,}934\,^{13}S_0 - 0{,}358\,^{33}P_0$	→ ^{6}Be
	2,18	3 + 0	$1{,}0\,^{31}D_3$	
		1 + 0	$0{,}992\,^{31}S_1 - 0{,}028\,^{31}D_1 + 0{,}120\,^{11}P_1$	

$$^6\text{Li}$$
$$T_z = 0$$

Bei einem Kern mit A Nukleonen hat die Gesamt-Isospin-Funktion die Struktur

$$\xi = \prod_{i=1}^{A} \xi_{1/2}^{\nu}(i)$$

mit $\nu = \pm \frac{1}{2}$, je nachdem ob ein Nukleon ein Proton oder ein Neutron ist. Damit ist

$$T_z \xi = (t_z(1) + \dots + t_z(A)) \prod_{i=1}^{A} \xi_{1/2}^{\nu}(i)$$

$$= \left(\frac{1}{2}Z - \frac{1}{2}N\right) \prod_{i=1}^{A} \xi_{1/2}^{\nu}(i), \tag{2.99}$$

also ist T_z immer eine gute Quantenzahl,

$$T_z = \frac{1}{2}(Z - N), \tag{2.100}$$

weil Z und N für jeden Kern wohl definiert ist. In jedem Kern gehört zu *allen* Zuständen das *gleiche* T_z.

Wir können hier keine Berechnung des Termschemas durchführen, notieren aber die Ergebnisse von *F. C. Barker* (Nucl. Phys. **83** (1966) 418): Im Kern ^{6}Li können die Zustände noch gut mit L-S-Kopplung beschrieben werden (ähnlich wie in der Physik der Atomhülle). Die Symbole S, P, D, ... bedeuten $L (= l_1 + l_2) = 0, 1, 2, \dots$; obere Indices sind der Reihe nach $2S + 1$ und $2T + 1$ ($S = s_1 + s_2$, $T = t_1 + t_2$), der Index rechts unten ist der Gesamtdrehimpuls (Spin I) des Kerns. Die Symbole S, P, ... stehen für Funktionen der beiden Variablen $\vec{r}_1, \vec{r}_2$. Die Hauptkomponenten sind diejenigen mit dern größten Koeffizienten. Die Zustände bei 2,18 MeV und 4,57 MeV ergeben sich als Reinzustände in L-S-Kopplung (bei 4,57 MeV mit 1 % Beimischung von T = 1, s. *De Vries* et al., Phys. Rev. **C6** (1972) 1447).

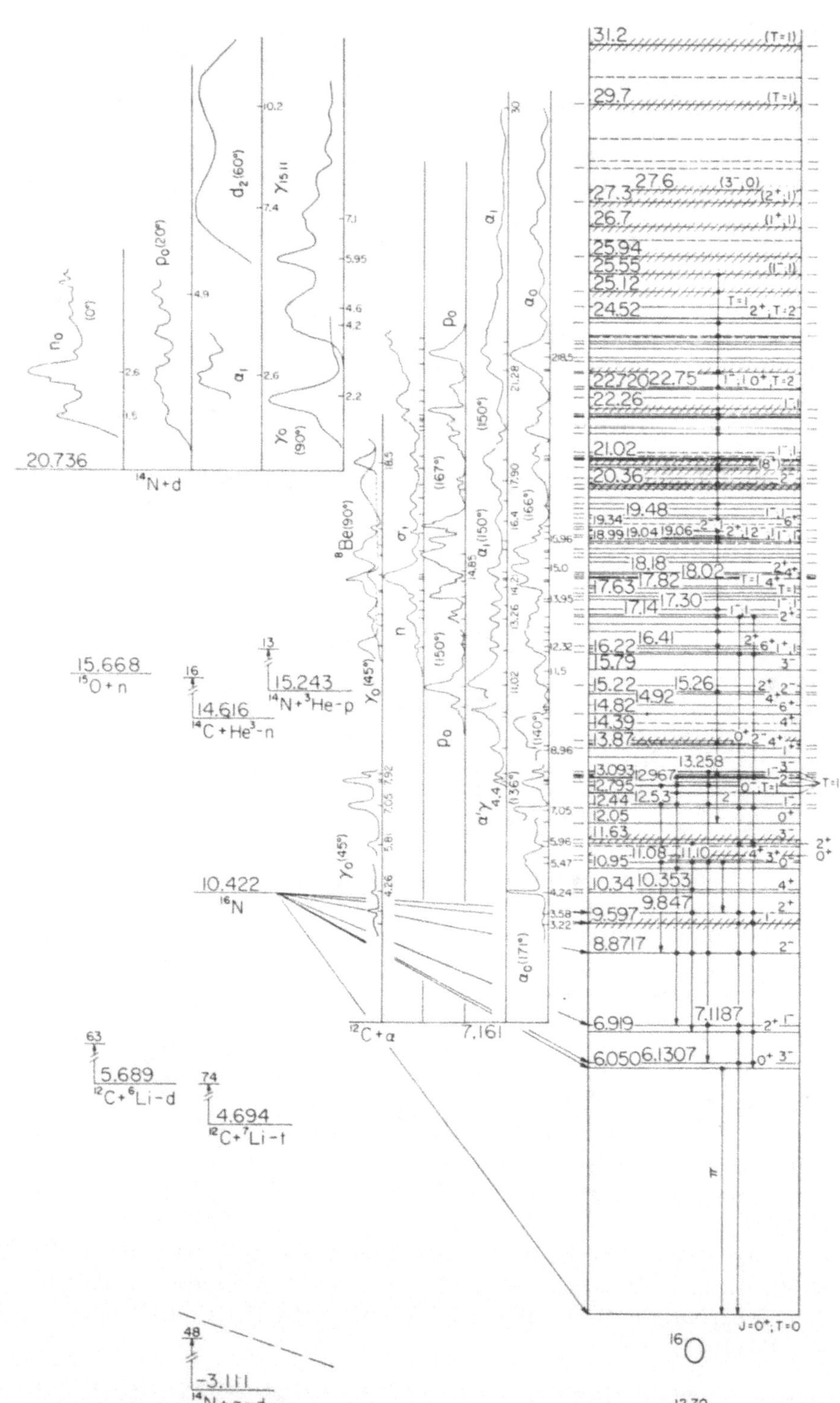

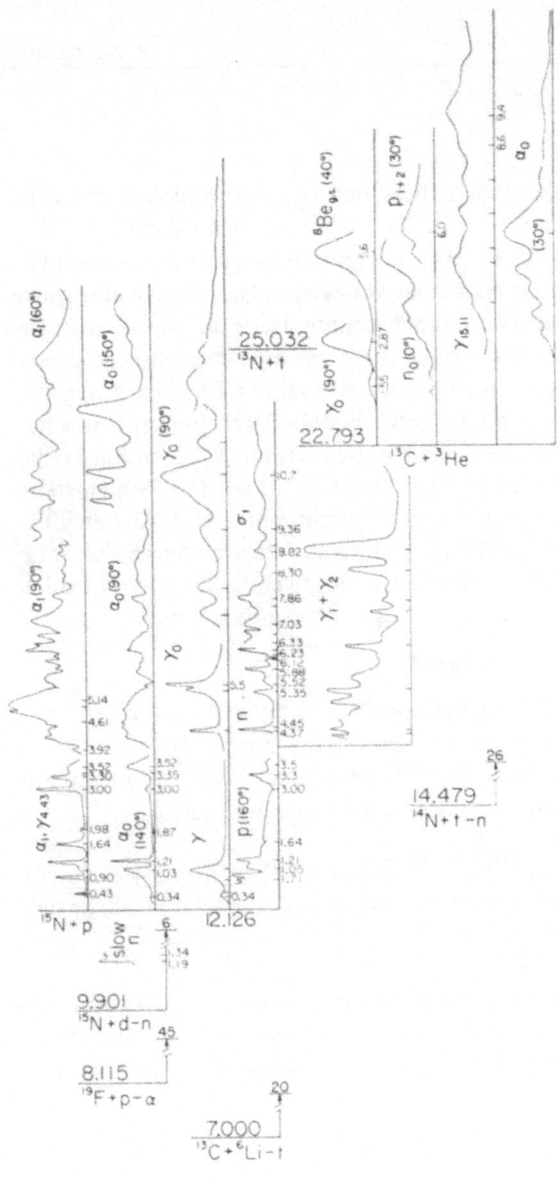

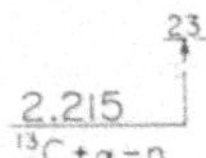

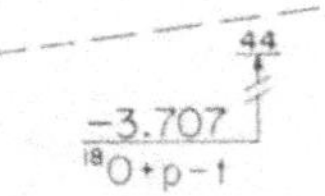

Bild 2.29

Energieschema des Nuklids ¹⁶O, Energien in MeV.
Aus *F. Ajzenberg-Selove*, Nucl. Phys. A 166 (1971) 1.
Kurven: Anregungskurven als Funktion der Labor-
Einschuß-Energie

2.8.2 Der Kern ^{16}O

Im Grundzustand sind die Schalen $1s_{1/2}$, $1p_{3/2}$ und $1p_{1/2}$ sowohl für Protonen wie Neutronen voll besetzt. Dementsprechend ist der Spin des Grundzustandes $I = 0$, die Parität $\pi = + 1$. Der Isospin ist $T = 0$, $T_z = 0$. Ein vollständiges Termschema enthält Bild 2.29. Man sieht zunächst eine verwirrende Fülle von Niveaus, von denen eine ganze Reihe mit spektroskopischen Daten versehen werden konnte. Der erste angeregte Zustand hat einen großen Abstand vom Grundzustand (ähnlich bei anderen doppelt-magischen Kernen, ^{40}Ca, ^{208}Pb). Das ist dadurch verursacht, daß bei einer Ein-Teilchen-Anregung eine abgeschlossene Schale aufgebrochen werden muß. Wir überlegen zunächst, welche Erwartung bezüglich Spin und Parität besteht, wenn es sich um Ein-Teilchen-Ein-Loch-Anregungen handelt. Das Teilchen wird in die s- und d-Schale gehen, das Loch entsteht in der p-Schale. Die Tabelle 2.7 gibt die möglichen Drehimpuls- und Paritätsdaten, die allein aufgrund der Vektorkopplung entstehen würden. Es sind zusammen 16 Zustände, die bei verschiedenen Energien liegen und sämtlich von negativer Parität sind. Mit solchen Ein-Teilchen-Ein-Loch-Zuständen konnte man die Zustände identifizieren bei

$$6{,}13 \text{ MeV}: 3^-, \; d_{5/2} - p_{1/2}^{-1}, \qquad 7{,}12 \text{ MeV}: 1^-, \; s_{1/2} - p_{1/2}^{-1},$$

8,88 MeV und 10,95 MeV (sämtlich zu $T = 0$ gehörig).

Ungeklärt ist damit zunächst das Auftreten der Zustände mit positiver Parität. Eine mögliche Erklärung ist, daß es sich um Zwei-Teilchen-Zwei-Loch-Zustände handelt. Sie haben positive Parität. Man findet damit eine Erklärung für die Zustände bei

$$11{,}26 \text{ MeV}: 0^+, \quad 11{,}52 \text{ MeV}: 2^+, \quad 16{,}8 \text{ MeV}: 4^+.$$

Der nächste Schritt wäre ein 3-Teilchen-3-Loch-Zustand. Sie erklären die Zustände bei

$$9{,}59 \text{ MeV}: 1^-, \quad 11{,}62 \text{ MeV}: 3^-.$$

Bemerkenswert ist dabei, daß nicht *eine* dieser Konfigurationen einen angeregten Zustand ergibt, der tiefer als 6,13 MeV liegt. Der nächste Versuch, 4-Teilchen-4-Loch-Konfigurationen führt aber zum Erfolg. Dafür ist positive Parität vorhersagbar. Dann ist vorstellbar,

Tabelle 2.7 Zustände für ^{16}O aus Ein-Teilchen-Ein-Loch-Konfigurationen

Konfiguration	Spin	Parität
$2s_{1/2} \; 1p_{1/2}^{-1}$	1,0	-1
$1d_{5/2} \; 1p_{1/2}^{-1}$	3,2	-1
$1d_{3/2} \; 1p_{1/2}^{-1}$	2,1	-1
$2s_{1/2} \; 1p_{3/2}^{-1}$	2,1	-1
$1d_{5/2} \; 1p_{3/2}^{-1}$	4, 3, 2, 1	-1
$1d_{3/2} \; 1p_{3/2}^{-1}$	3, 2, 1, 0	-1

daß eine Kombination von 4 Nukleonen sich zu einer α-Teilchen-ähnlichen Struktur mit hoher Bindungsenergie zusammenfinden kann. Dadurch wird ein solcher Anregungszustand wieder relativ tief liegen. Es steht damit überhaupt ein α-Teilchen-Modell in Konkurrenz (^{16}O $\rightarrow 4\alpha$), in welchem prinzipiell Rotationszustände möglich sein sollten, ähnlich wie Molekülrotations-Zustände. Berechnungen von 4-Teilchen-4-Loch-Konfigurationen haben ergeben, daß so die Zustände bei

$$6{,}06\,\text{MeV}: 0^+; \quad 6{,}92: 2^+; \quad 10{,}36: 4^+; \quad 16{,}2: 6^+,$$

erklärbar sind, was eine Termfolge darstellt, die typisch für Rotationszustände ist (Ziff. 2.9).

Die Anregung von mehreren Nukleonen nennt man *Kollektiv-Anregungen* oder *Kollektiv-Zustände*. Die Rotationszustände dagegen werden durch im ganzen deformierte Kerne verursacht, wenn auch sicher Kollektiv-Anregungen das mikroskopische Bild von Rotationszuständen sein können. Wegen der großen Bedeutung der Deformationen behandeln wir solche Kerne in der folgenden Ziffer. Zuvor sei darauf hingewiesen, daß schon die Ein-Teilchen-Ein-Loch-Anregungszustände nicht einfach aus der Zwei-Teilchen-WW berechnet werden können, weil das „Teilchen" mit allen Restnukleonen der Schale in Wechselwirkung steht.

Der ^{16}O-Kern ist besonders häufig untersucht worden. Man muß neben den T = 0 Zuständen auch die T = 1 und schließlich die T = 2 Zustände zu erklären versuchen.

2.9 Deformierte Atomkerne: Rotationsspektrum

Insbesondere die gegenüber den Schalenmodellrechnungen viel zu großen experimentellen Quadrupolmomente haben zu der Erkenntnis geführt, daß Deformationen des Kerns in vielen Fällen den wesentlichen Anteil am Quadrupolmoment bringen müssen. Schon *Rainwater* hatte das Modell entworfen, daß einzelne umlaufende Nukleonen den Kernrumpf polarisieren, also deformieren, und sich die Nukleonen in diesem deformierten Potential bewegen. Damit werden natürlich auch die Energieniveaus verändert. Das Modell des deformierbaren Kerns ist später sorgfältig von *A. Bohr, B. Mottelson* und von *S. G. Nilsson* untersucht worden. Es wird heute zur Erklärung vieler Phänomene der Physik der Atomkerne herangezogen.

Der Atomkern kann auf verschiedene Weisen Energie aufnehmen: Rotation als starrer Körper mit entweder deformierter oder kugelförmiger Gestalt; Schwingung, ausdrückbar als Oberflächenwelle sowohl auf einem kugelförmigen wie deformierten Kern. An diese Bewegungen muß dann diejenige eines einzelnen Nukleons oder auch mehrerer Nukleonen außerhalb einer abgeschlossenen Schale angekoppelt werden. Das Problem ist bedeutend schwieriger als in der Molekülphysik, weil keine Substrukturen (Atome, Atomgruppen) vorhanden sind, die nicht aufgebrochen werden. Im folgenden werden einige Teilprobleme erörtert. Dabei sei darauf hingewiesen, daß diese Teilprobleme ohne Berücksichtigung der Nukleon-Nukleon-Kraft besprochen werden.

2.9.1 Beschreibung der rotatorischen Bewegung des Kerns

Wir greifen auf die Kreisel-Mechanik zurück. In jedem Körper gibt es ein Trägheitsachsensystem x', y', z', das im Körper festliegt und sich mit ihm bewegt. In ihm sind die Hauptträgheitsmomente θ_1, θ_2 und θ_3 definiert. Erfolgt eine Drehbewegung um eine beliebige Achse mit der Winkelgeschwindigkeit $\vec{\omega}$, dann ist der Drehimpuls

$$\vec{I} = \theta\,\vec{\omega}, \tag{2.101}$$

wobei θ der Trägheitstensor ist. Im Trägheitsachsensystem lautet die Beziehung (2.101)

$$I_{x'} = \theta_1\,\omega_{x'}, \quad I_{y'} = \theta_2\,\omega_{y'}, \quad I_{z'} = \theta_3\,\omega_{z'}. \tag{2.102}$$

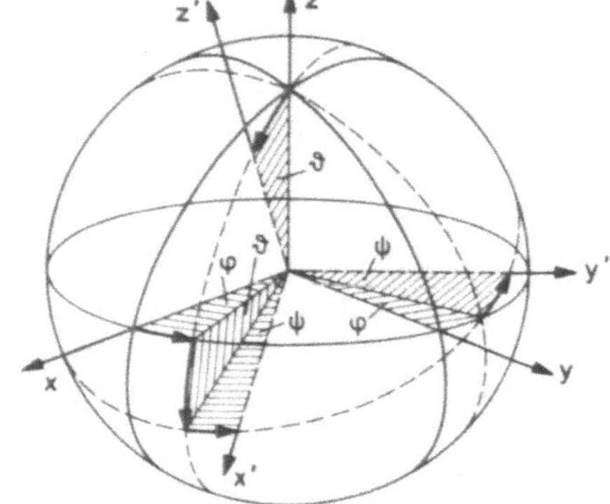

Bild 2.30

Zur Definition der Eulerschen Winkel bei Drehungen eines Koordinatensystems

Im allgemeinen sind die Hauptträgheitsmomente voneinander verschieden, und damit stimmen die Richtungen von $\vec{I}$ und $\vec{\omega}$ nur in Sonderfällen überein.

Wenn kein äußeres Drehmoment wirkt, hat der Drehimpulsvektor $\vec{I}$ einen festen Betrag und ist in einem raumfesten Koordinatensystem x, y, z fest orientiert. Die Lage des Systems x', y', z' wird relativ zu x, y, z durch drei Eulersche Winkel φ, ϑ, ψ festgelegt (Bild 2.30). Sie sind in der klassischen Physik von der Zeit abhängige Größen, deren Angabe die Bewegung des Körpers vollständig beschreibt. Übertragung in die Quantenmechanik bedeutet, daß wir eine Wellenfunktion $u = u(\varphi, \vartheta, \psi)$ suchen, mit der die Rotationszustände bestimmbar sind.

Zunächst beschreiben wir die Bewegung des Kern-Kreisels im kanonischen Formalismus und drücken dabei alle zeitabhängigen Größen mit Hilfe der zeitabhängigen Eulerschen Winkel aus, die wie bei *M. E. Rose* [68], S. 50 eingeführt werden. Die erste Drehung wird um die z-Achse um den Winkel φ ausgeführt. Die zweite Drehung erfolgt um die neue y-Achse um den Winkel ϑ. Danach stimmt die z-Achse schon mit z' überein (d.h. die vorherige Drehung φ muß richtig gewählt sein). Die letzte Drehung erfolgt um die z'-Achse um den Winkel ψ, so daß die x- und y-Achse mit x' und y' übereinstimmen.

Der momentane Drehgeschwindigkeitsvektor hat drei Komponenten sowohl im x, y, z- wie im x', y', z'-System, und diese Komponenten lassen sich durch die drei Winkelgeschwindigkeiten $\dot\varphi, \dot\vartheta$ und $\dot\psi$ ausdrücken (s. z.B. *F. Weller,* Fortschritte der Physik **19** (1971) 201−299):

$$
\begin{cases}
\omega_x = -\dot\vartheta \sin\varphi + \dot\psi \sin\vartheta \cos\varphi \\
\omega_y = \dot\vartheta \cos\varphi + \dot\psi \sin\vartheta \sin\varphi \\
\omega_z = \dot\psi \cos\vartheta + \dot\varphi
\end{cases}
\quad
\begin{cases}
\omega_{x'} = -\dot\varphi \sin\vartheta \cos\psi + \dot\vartheta \sin\psi \\
\omega_{y'} = \dot\varphi \sin\vartheta \sin\psi + \dot\vartheta \cos\psi \\
\omega_{z'} = \dot\varphi \cos\vartheta + \dot\psi.
\end{cases}
\tag{2.103}
$$

D.h. wir erhalten Linearkombinationen $(\varphi \equiv \vartheta_1,\ \vartheta \equiv \vartheta_2,\ \psi \equiv \vartheta_3)$

$$\omega_i = \sum_\lambda p_{i\lambda}\,\dot\vartheta_\lambda, \qquad \omega_{i'} = \sum_\lambda q_{i'\lambda}\,\dot\vartheta_\lambda. \tag{2.104}$$

Im *Trägheitsachsensystem* wird die *kinetische Energie* sehr einfach,

$$T = \frac{1}{2}\sum_{i'} \theta_{i'}\,\omega_{i'}^2 = \frac{1}{2}\sum_{\substack{i'\\ \lambda\lambda'}} \theta_{i'}\,q_{i'\lambda}\,q_{i'\lambda'}\,\dot\vartheta_\lambda\,\dot\vartheta_{\lambda'}, \tag{2.105}$$

wogegen im raumfesten System der Ausdruck komplizierter ist,

$$T = \frac{1}{2}\sum_{ik\,\lambda\lambda'} B_{ik}\,p_{i\lambda}\,p_{k\lambda'}\,\dot\vartheta_\lambda\,\dot\vartheta_{\lambda'}, \tag{2.106}$$

weil die Trägheitsmomente einen Tensor darstellen und im raumfesten System die Deviationsmomente im allgemeinen nicht verschwinden (und selbst zeitabhängig sind). Man kann aber stets die zu $\dot\vartheta$ kanonischen Impulse π durch die Beziehung einführen

$$\pi_\mu = \frac{\partial T}{\partial \dot\vartheta_\mu} = \sum_{ik\,\lambda} B_{ik}\,p_{i\lambda}\,p_{k\mu}\,\dot\vartheta_\lambda = \sum_{i'\lambda} \theta_{i'}\,q_{i'\lambda}\,q_{i'\mu}\,\dot\vartheta_\lambda. \tag{2.107}$$

Dann erhält die kinetische Energie T in beiden Systemen eine einfache Gestalt,

$$T = \frac{1}{2}\sum_\mu \pi_\mu\,\dot\vartheta_\mu. \tag{2.108}$$

Sie übernimmt beim reinen Rotator die Rolle des *Hamilton-Operators*. Genauso wichtig ist es, den *Drehimpuls-Operator* in einer geeigneten Form darzustellen, denn der Drehimpuls ist eine Konstante der Bewegung. Wir gehen aus von $\vec{L} = \theta \cdot \vec\omega$, wobei θ der Trägheitstensor ist. Im körperfesten System ist der Zusammenhang wieder sehr einfach, nämlich mit $\vec{L} = (Q_1, Q_2, Q_3) \equiv (Q_{x'}, Q_{y'}, Q_{z'})$

$$Q_{i'} = \sum_\lambda \theta_{i'}\,q_{i'\lambda}\,\dot\vartheta_\lambda, \tag{2.109}$$

dagegen ist im raumfesten System (mit $\vec{L} = (P_1, P_2, P_3) \equiv (P_x, P_y, P_z)$)

$$P_i = \sum_{k\lambda} B_{ik}\,p_{k\lambda}\,\dot\vartheta_\lambda, \tag{2.110}$$

und damit folgt auch aus Gl. (2.107)

$$\pi_\mu = \sum_i p_{k\mu}\,P_k = \sum_{i'} q_{i'\mu}\,Q_{i'}. \tag{2.111}$$

Man kann dann zeigen, daß die klassischen Poisson-Klammern, die das Analogon zu den Vertauschungsrelationen darstellen, die Form haben

$$[P_1, P_2] = P_3 \quad \text{(und zyklisch)}$$
$$[Q_1, Q_2] = -Q_3 \quad \text{(und zyklisch)} \tag{2.112}$$
$$[Q_i, P_k] = 0 \quad \text{(alle } i,k\text{)}.$$

2.9.2 Quantenmechanische Formulierung

In Gl. (2.112) tritt rechts statt P_3 die Größe $i\hbar P_3$ bzw. statt Q_3 die Größe $i\hbar Q_3$ auf. Die Drehimpulskomponenten P und Q sind Operatoren, und man findet

$$P_x = -i\hbar \left(-\sin\varphi \frac{\partial}{\partial\vartheta} - \frac{\cos\vartheta\cos\varphi}{\sin\vartheta} \frac{\partial}{\partial\varphi} + \frac{\cos\varphi}{\sin\vartheta} \frac{\partial}{\partial\psi} \right)$$

$$P_y = -i\hbar \left(\cos\varphi \frac{\partial}{\partial\vartheta} - \frac{\cos\vartheta\sin\varphi}{\sin\vartheta} \frac{\partial}{\partial\varphi} + \frac{\sin\varphi}{\sin\vartheta} \frac{\partial}{\partial\psi} \right) \tag{2.113}$$

$$P_z = -i\hbar \frac{\partial}{\partial\varphi} .$$

$$Q_{x'} = -i\hbar \left(+\sin\psi \frac{\partial}{\partial\vartheta} - \frac{\cos\psi}{\sin\vartheta} \frac{\partial}{\partial\varphi} + \frac{\cos\vartheta\cos\psi}{\sin\vartheta} \frac{\partial}{\partial\psi} \right)$$

$$Q_{y'} = -i\hbar \left(\cos\psi \frac{\partial}{\partial\vartheta} + \frac{\sin\psi}{\sin\vartheta} \frac{\partial}{\partial\varphi} - \frac{\cos\vartheta\sin\psi}{\sin\vartheta} \frac{\partial}{\partial\psi} \right) \tag{2.114}$$

$$Q_{z'} = -i\hbar \frac{\partial}{\partial\psi} .$$

Außerdem gilt

$$\sum_i Q_{i'}^2 = \sum_i P_i^2 = I^2 , \tag{2.115}$$

und I^2 ist das Betragsquadrat des Gesamtdrehimpulses.

Die *Schrödinger-Gleichung* gewinnen wir aus der Hamilton-Funktion im körperfesten System

$$H = \frac{1}{2} \sum_{i'} \frac{1}{\theta_{i'}} Q_{i'}^2 . \tag{2.116}$$

Wir nehmen an, daß wir *zylindersymmetrische Kerne* haben, also $\theta_{x'} = \theta_{y'}$ ist, und machen Gebrauch davon, daß

$$Q_{x'}^2 + Q_{y'}^2 = I^2 - Q_{z'}^2 . \tag{2.117}$$

Dann lautet die Schrödinger-Gleichung

$$-\frac{\hbar^2}{2}\left\{\frac{1}{\theta_{x'}}\,(I^2 - Q_{z'}^2) + \frac{1}{\theta_{z'}}\,Q_{z'}^2\right\}\,u(\varphi, \vartheta, \psi) = E\,u(\varphi, \vartheta, \psi). \tag{2.118}$$

Wir können eine Eigenfunktion u so wählen, daß sowohl P_z wie $O_{z'}$ gleichzeitig diagonal sind und als EF $\exp(iM\,\varphi)$ bzw. $\exp(iK\,\psi)$ haben. Für die EW von I^2 ist $I(I + 1)$ zu erwarten und für

$$P_z : M = -I, \dots, +I, \quad Q_{z'} : K = -I, \dots, +I.$$

Dann bleibt einzig noch eine Funktion $f(\vartheta)$ aus Gl. (2.118) zu bestimmen, und es ist dann

$$u_{IMK}(\varphi, \vartheta, \psi) = |\,IMK\rangle = e^{iM\,\varphi}\,f_{MK}^I(\vartheta)\,e^{iK\,\psi}. \tag{2.119}$$

Insgesamt findet man, daß $|\,IMK\rangle$ bekannte Funktionen sind, es sind die sogenannten D-Funktionen (verallgemeinerte Kugelfunktionen)

$$u_{IMK}(\varphi, \vartheta, \psi) = \sqrt{\frac{2I + 1}{8\pi^2}}\,D_{MK}^I(\varphi, \vartheta, \psi), \tag{2.120}$$

die auch bei der Transformation von EF-Systemen des Drehimpulses auftreten, wenn im R_3 Drehungen ausgeführt werden.

Damit gelten die Beziehungen:

$$\vec{I}^2\,u_{IMK}(\varphi, \vartheta, \psi) = I(I + 1)\,\hbar^2 u_{IMK}(\varphi, \vartheta, \psi), \tag{2.121}$$

$$Q_{z'}\,u_{IMK}(\varphi, \vartheta, \psi) = K\hbar u_{IMK}(\varphi, \vartheta, \psi), \tag{2.122}$$

$$P_z\,u_{IMK}(\varphi, \vartheta, \psi) = M\hbar u_{IMK}(\varphi, \vartheta, \psi). \tag{2.123}$$

Man beachte: u gibt *keine* Aussage über die Kerngestalt, sondern nur über die Wahrscheinlichkeit, das Trägheitsachsensystem bei den Winkeln φ, ϑ, ψ anzutreffen. Dagegen wird die Form des Kerns durch die Trägheitsmomente bestimmt.

Die D-Funktionen hängen mit den Kugelfunktionen eng zusammen. Zum Beispiel ist im Falle, daß ein unterer Index verschwindet

$$D_{Mo}^L(\varphi, \vartheta, \psi) = \sqrt{\frac{4\pi}{2L + 1}}\,(-1)^M Y_L^M(\vartheta, \varphi)$$

und nach Gl. (2.69)

$$Y_0^0 = \frac{1}{\sqrt{4\pi}}, \quad Y_1^0 = \sqrt{\frac{3}{4\pi}}\,\cos\vartheta, \quad Y_1^{\pm 1} = \mp\sqrt{\frac{3}{4}}\,\sin\vartheta\,\frac{1}{\sqrt{2\pi}}\,e^{\pm i\varphi},$$

$$Y_2^0 = \sqrt{\frac{5}{4\pi}}\left(\frac{3}{2}\cos^2\vartheta - \frac{1}{2}\right), \quad Y_2^{\pm 1} = \mp\sqrt{\frac{15}{4}}\,\cos\vartheta\,\sin\vartheta\,\frac{1}{\sqrt{2\pi}}\,e^{\pm i\varphi},$$

$$Y_2^{\pm 2} = \sqrt{\frac{15}{16}}\,\sin^2\vartheta\,\frac{1}{\sqrt{2\pi}}\,e^{\pm 2 i\varphi}.$$

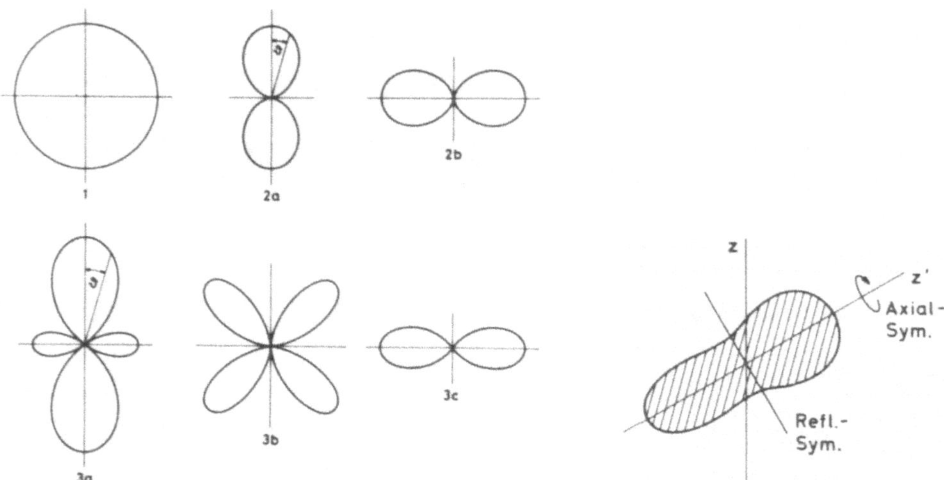

Bild 2.31 Polardiagramme einiger Kugelflächenfunktionen niedriger Indices

Bild 2.32 Die axialsymmetrischen Kerne sollen auch spiegelsymmetrisch sein

Bild 2.31 enthält Polardiagramme der Beträge dieser Funktionen. Bis auf Zahlenfaktoren handelt es sich um: 1: $|Y_0^0|^2$, 2a: $|Y_1^0|^2$, 2b: $|Y_2^{\pm 1}|^2$, 3a: $|Y_2^0|^2$, 3b: $|Y_2^{\pm 1}|^2$, 3c: $|Y_2^{\pm 2}|^2$.

Die D-Funktionen sind z.B. bei *M. E. Rose* [68] angegeben; man beachte, daß verschiedene Autoren auch etwas andere Definitionen benutzen und auch manchmal anstelle von Rechts-Systemen Links-Systeme benutzt werden.

2.9.3 Energie der Rotationsbewegung

Aus der Schrödinger-Gleichung (2.118) liest man für zylindersymmetrische Kerne ab

$$E_{IMK} = \frac{\hbar^2}{2\theta_{x'}} \left(I(I+1) - K^2\right) + \frac{\hbar^2}{2\theta_{z'}} K^2. \tag{2.124}$$

Die Rotationsenergie ist unabhängig von M. Es liegt $2I + 1$-fache Entartung vor.

Bevor wir dies Ergebnis mit experimentellen Daten vergleichen, berücksichtigen wir noch einige physikalische Fakten. Die doppeltmagischen Kerne haben kein Rotationsspektrum, obwohl sie schließlich auch rotieren könnten und dann das Trägheitsmoment des kugelförmigen Kerns ins Spiel käme. Daraus ist zu schließen, daß die Rotationsspektren nicht dadurch zustande kommen, daß die Kerne als starrer Körper rotieren. – Ferner gehen wir davon aus, daß die Kerne axialsymmetrisch sind, und auch spiegelsymmetrisch um eine Ebene senkrecht zur Drehachse sind: Die Form in Bild 2.32 soll *nicht* vorkommen. Die Axialsymmetrie bedeutet, daß bei einer beliebigen Drehung um die z'-Achse die EF ungeändert bleibt. Man setzt zur Prüfung in den entsprechenden Ausdruck der Wellenfunktion (2.119) $\psi' = \psi + \Delta\psi$ ein und findet, daß K = 0 sein muß, wenn Invarianz gefordert wird. Demnach haben alle *axial-symmetrisch deformierten Kerne K = 0*.

Die Prüfung der Reflexionssymmetrie läuft darauf hinaus, daß man in der Wellenfunktion die Ersetzungen macht

$$R_1: \quad \varphi \to \varphi + \pi, \; \vartheta \to \pi - \vartheta, \; \psi \to - \psi,$$

bzw. daß man eine Drehung um eine senkrecht zu z' orientierte Achse ausführt, etwa um
die Achse x' oder y', und zwar um 180°. Wendet man die Drehung R_1 an, dann entsteht

$$R_1\,(D^I_{MK}(\varphi, \vartheta, \psi)) = (-1)^{I+K}\, D^I_{M,-K}(\varphi, \vartheta, \psi),$$

so daß man bei der Forderung der Spiegelungssymmetrie stets zwei Terme zusammen
zu nehmen hat,

$$|\,IMK\rangle = \sqrt{\frac{2I+1}{8\pi^2}}\;\frac{1}{\sqrt{2}}\,(1 + R_1)\,D^I_{MK}(\varphi, \vartheta, \psi)$$

$$= \sqrt{\frac{2I+1}{8\pi^2}}\;\frac{1}{\sqrt{2}}\,(D^I_{MK}(\varphi, \vartheta, \psi) + (-1)^{I+K}\, D^I_{M,-K}(\varphi, \vartheta, \psi)).$$

In unserem Fall ist aber $K = 0$, und damit die Wellenfunktion nur dann von null verschieden, wenn *I gerade* ist, also $I = 0, 2, 4, 6, 8, \dots\,$, . Alle Ergebnisse zusammengenommen
haben wir für die axialsymmetrischen Kerne mit Reflexionssymmetrie die Energiezustände

$$E_{IMK} = \frac{\hbar^2}{2\theta_{x'}}\; I(I+1) \quad \text{mit} \begin{cases} I = 0, 2, 4, \dots \\ K = 0 \end{cases}. \tag{2.125}$$

Alle Zustände haben gerade Parität. — Anschaulich bedeutet $K = 0$, daß der Drehimpulsvektor die Komponente null bezüglich der Hauptträgheitsachse z' hat. Eine Rotation erfolgt demnach tatsächlich um eine Achse in der Ebene senkrecht zur Symmetrieachse
des Kerns (Bild 2.33).

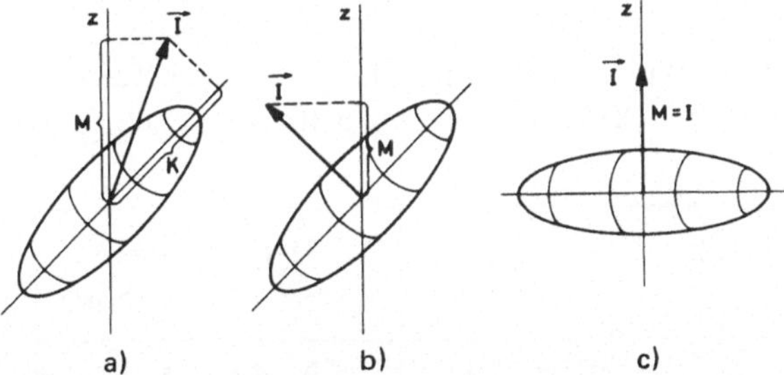

Bild 2.33 a) Allgemeine Lage von I, M und K, b) und c) Lagen von I und M bei den axialsymmetrischen Kernen mit Spiegelebene

2.9.4 Kerne mit Rotationszuständen

Man findet solche Zustandsleitern in doppelt-geraden Kernen

z.B. $^{232}_{90}\text{Th}$, $^{238}_{92}\text{U}$, $^{238}_{94}\text{Pu}$, $^{170}_{72}\text{Hf}$, $^{120}_{54}\text{Xe}$, $^{182}_{74}\text{W}$, $^{170}_{70}\text{Yb}$, $^{156}_{66}\text{Dy}$ usw.

Bild 2.34 enthält als Beispiel das Energieschema von $^{170}_{72}$Hf. Man kann verschiedene Tests anwenden, um zu prüfen, ob eine Termleiter der des Rotators entspricht, wie sie durch Gl. (2.125) gegeben ist. In der Tabelle 2.8 sind einige Daten zusammengestellt. Die letzte Spalte enthält E_I/E_2. Diese Größe sollte charakteristisch für die Zustände sein, weil die erste Energiestufe bei konstantem Trägheitsmoment alle Abstände bestimmt. Man sieht, daß mit wachsender Massenzahl eine bessere Annäherung an die Theorie erfolgt. Entsprechend der wachsenden Masse wird das Trägheitsmoment größer, die Energiestufen werden kleiner. Einen Eindruck von der Übereinstimmung von Experiment und Theorie gibt Bild 2.35, in der $E_I/(I(I+1))$ als Funktion von $I(I+1)$ aufgetragen ist. Besonders bei ^{182}W ist offenbar das Trägheitsmoment in mehreren Niveaus konstant. Im Prinzip werden aber alle Trägheitsmomente mit wachsendem Drehimpuls größer. Das kann eine dynamische Vergrößerung bedeuten: Mit wachsender Drehgeschwindigkeit wächst das Trägheitsmoment an.

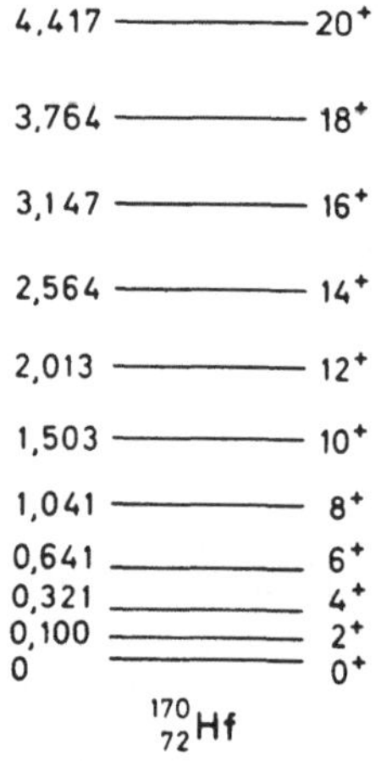

Bild 2.34

Energieschema des Kerns $^{170}_{72}$Hf
(Energieskala links in MeV, rechts
Drehimpuls und Parität)

Tabelle 2.8 Rotationszustände der Grundzustandsbande einiger doppeltgerader Kerne. Die Anregungsenergien sind in keV angegeben. Die jeweils zweite Spalte eines Nuklids enthält E_I/E_2

Drehimpuls $\hbar$	$^{120}_{54}$Xe		$^{156}_{66}$Dy		$^{170}_{72}$Hf		$^{182}_{74}$W		$^{238}_{92}$U		E_I/E_2 theor.
0	0		0		0		0		0		0
2	322	1,0	137,8	1,0	100	1,0	100	1,0	44,9	1,0	1,0
4	795	2,47	404,1	2,93	321	3,21	329	3,29	148,4	3,30	3,333
6	1396	4,34	770,3	5,59	642	6,42	680	6,80	307,2	6,84	7,0
8	2097	6,52	1215,7	8,82	1042	10,42	1144	11,44	517,8	11,53	12,0
10	2870	8,92	1725,0	12,52	1504	15,04	1712	17,12	775,7	17,28	18,333
12			2286,0	16,59	2014	20,14			1076,5	23,98	26,0
14			2887,8	20,96	2565	25,65			1415,3	31,52	35,0
16			3523,3	25,57	3149	31,49			1788,2	39,83	45,333
18			4178,2	30,32	3764	37,64			2190,7	48,79	57,0
20			4859,0	35,27	4417	44,17			2618,7	58,32	70,0

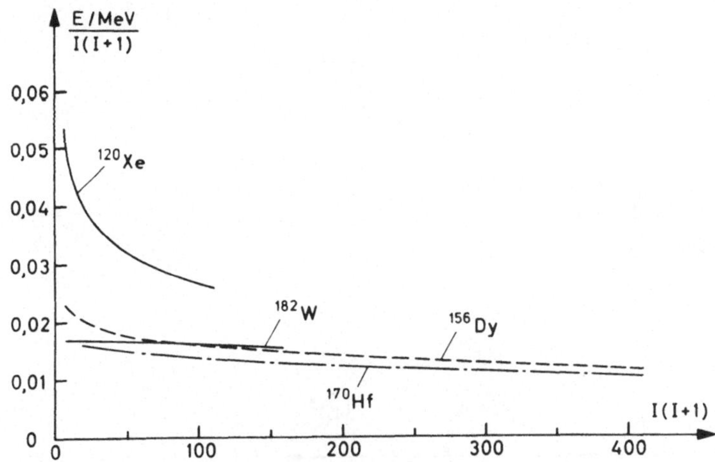

Bild 2.35 Rotationsenergien einiger Kerne als Funktion von I (I + 1)

Eine Auftragung des *Trägheitsmomentes als Funktion der Winkelgeschwindigkeit* ist in neuerer Zeit besonders interessant geworden (*A. Johnson, Z. Szymański*, Physics Reports **7c** (1973) 182, *R. A. Sorensen,* Rev. Mod. Phys. **45** (1973) 353). Aus der Energiebeziehung folgt für das Trägheitsmoment

$$\frac{2\theta}{\hbar^2} = \left(\frac{dE}{d\,(I\,(I+1))} \right)^{-1} . \tag{2.126}$$

Die Winkelgeschwindigkeit ω folgt aus $E = \frac{1}{2}\,\theta\,\omega^2$ mittels der Beziehung $\Delta E = \theta\,\omega\,\Delta\omega = \omega\,\Delta I$, oder

$$\hbar\omega = \frac{dE}{d\,\sqrt{I\,(I+1)}} . \tag{2.127}$$

Aus der Tabelle 2.8 wurden entsprechende Daten für ^{182}W und ^{156}Dy berechnet und in Bild 2.36 aufgetragen. Man sieht, daß bei diesen Kernen das Trägheitsmoment monoton wächst.

Bei mehreren Kernen (^{166}Yb, ^{158}Er) beobachtete man aber überraschend ein „backbending" des Trägheitsmomentes (z.B. *R. M. Lieder* u. Mitarb., Z. Phys. **257** (1972) 147; *I. Y. Lee* u. Mitarb., Phys. Rev. Lett. **38** (1977) 1454), das heute aktueller Forschungsgegenstand ist. In Bild 2.36 ist auch das statische Trägheitsmoment von ^{166}Yb eingetragen, das sich aus dem Kernradius bei kugelförmigem Kern ergibt. Die gemessenen Trägheitsmomente sind sämtlich kleiner als die einer starren Kugel. – Aus Gln. (2.126) und (2.127) folgen die Beziehungen

$$\frac{2\theta}{\hbar^2} = \frac{4\,I - 2}{E_I - E_{I-2}}$$

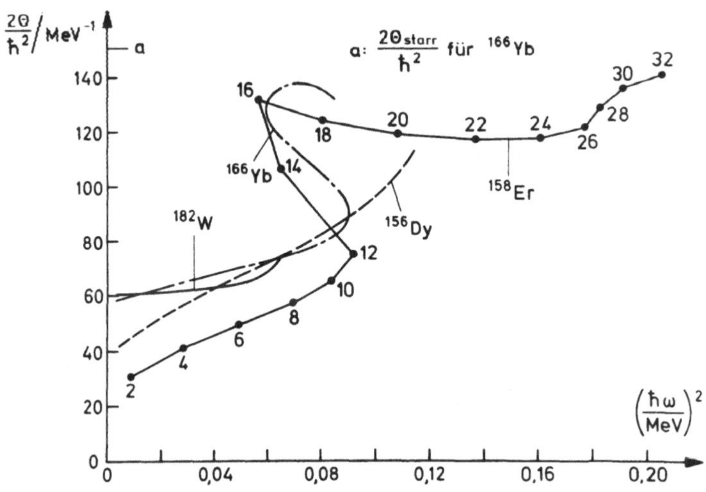

Bild 2.36 Trägheitsmoment in Abhängigkeit von der Drehenergie. Die Zahlenwerte an der ^{158}Er-Kurve sind Drehimpuls-Quantenzahlen

und

$$\hbar^2 \omega^2 = \frac{I^2 - I + 1}{(2I - 1)^2} (E_I - E_{I-2})^2 .$$

Diese Werte sind in Bild 2.36 eingetragen. Man sieht, daß die Auftragung sehr empfindlich die Frequenzabhängigkeit von θ darzustellen erlaubt.

Die Erklärung für das back-bending wird heute darin gesehen, daß ein Nukleonenpaar aufgebrochen wird und dabei eine andere Rotations-Termleiter erreicht wird mit anderem Trägheitsmoment. Das Nukleonenpaar koppelt seine Spins, so daß ein hoher Spin entsteht. Mit wachsender Energie ist es denkbar, daß dies für immer mehr Paare geschieht, s. auch die Diskussion in Ziff. 2.10.2.

2.9.5 Ein zusätzliches Nukleon

Solche Konfigurationen entsprechen ug- und gu-Kernen. Bei Abwesenheit äußerer Drehmomente ist wieder der Gesamtdrehimpuls (Nukleon + Rumpf) im Laborsystem eine Konstante, ebenso wie seine z-Komponente. Wenn keine Kopplung zwischen Nukleon und Rumpf besteht, dann sind Rumpf- und Teilchendrehimpuls einzeln konstant ($\vec{P}$ bzw. $\vec{j}$), und das würde auch für die z-Komponenten gelten. Sobald eine Wechselwirkung vorhanden ist, verlieren $\vec{P}$ und $\vec{j}$ selbst ihre Bedeutung: Nur noch die Komponenten bezüglich der z'-Achse sind gute Quantenzahlen, weil das Potential bei deformierten Kernen nicht kugelsymmetrisch, sondern ellipsoidal verformt ist. Es sei nun $(\vec{I})^2$ das Quadrat des Gesamtdrehimpulses, I_z seine z-Komponente (im raumfesten System), $I_{z'}$ seine z'-Komponente (also im körperfesten System), und $j_{z'}$ sei die z'-Komponente des Teilchendrehimpulses. Dann gilt für die Gesamtwellenfunktion, die neben I, M, K auch die Quantenzahl Ω des Einzelnukleons enthalten muß

$$(\vec{I})^2 \,|\,IMK\Omega\rangle = I\,(I+1)\,\hbar^2\,|\,IMK\Omega\rangle \tag{2.128}$$

$$I_z\,|\,IMK\Omega\rangle \quad = M\hbar\,|\,IMK\Omega\rangle \tag{2.129}$$

$$I_{z'}\,|\,IMK\Omega\rangle \quad = K\hbar\,|\,IMK\Omega\rangle \tag{2.130}$$

$$j_{z'}\,|\,IMK\Omega\rangle \quad = \Omega\hbar\,|\,IMK\Omega\rangle, \tag{2.131}$$

und für sie bietet sich die Produkt-Wellenfunktion an

$$|\,IMK\Omega\rangle = D^I_{MK}\,(\varphi,\vartheta,\psi)\,\chi_\Omega\,(\vec{r'}) \tag{2.132}$$

mit

$$j_{z'}\,\chi_\Omega\,(\vec{r'}) = \Omega\hbar\chi_\Omega\,(\vec{r'}). \tag{2.133}$$

Das ist schon die korrekte Wellenfunktion für „kleine Wechselwirkung". Man diskutiert die *verschiedenen Stärken der WW* anhand des Ausdruckes für den Hamilton-Operator

$$H = H_i\,(\vec{r'}) + H_{Kopplung} + T_{Rotation}. \tag{2.134}$$

Für den Rotationsterm gilt im körperfesten System

$$T_{rot} = \frac{\hbar^2}{2\theta_{x'}}\,(Q^2 - Q_3^2) + \frac{\hbar^2}{2\theta_{z'}}\,Q_3^2$$

$$= \frac{\hbar^2}{2\theta_{x'}}\,\{(\vec{I}-\vec{j})^2 - (I_{z'}-j_{z'})^2\} + \frac{\hbar^2}{2\theta_{z'}}\,(I_{z'}-j_{z'})^2.$$

Ausmultiplikation liefert den Ausdruck

$$T_{rot} = \frac{\hbar^2}{2\theta_{x'}}\,(\vec{I})^2 - \frac{\hbar^2}{\theta_{x'}}\,(\vec{I}\cdot\vec{j}) + \frac{\hbar^2}{2\theta_{x'}}\,\vec{j}^{\,2} - \frac{\hbar^2}{2\theta_{x'}}\,(I_{z'}-j_{z'})^2 + \frac{\hbar^2}{2\theta_{z'}}\,(I_{z'}-j_{z'})^2$$

$$\tag{2.135}$$

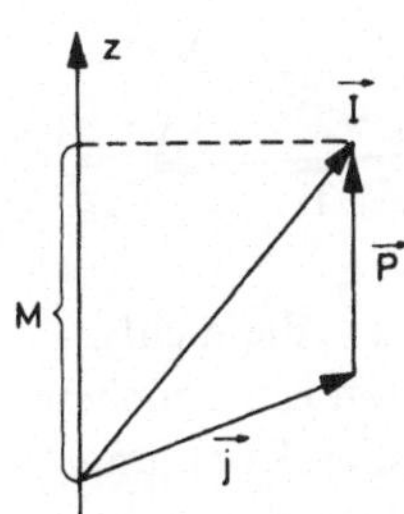

Bild 2.37 Der Kernspin I setzt sich aus dem Rumpf- und Teilchendrehimpuls zusammen

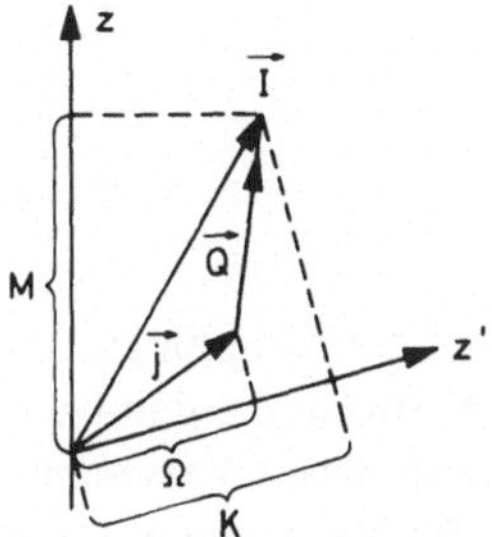

Bild 2.38 Nur noch die z'-Komponenten von $\vec{Q}$ und $\vec{j}$ sind gute Quantenzahlen

und damit für den Gesamt-Hamilton-Operator

$$H = \underbrace{\frac{p^2}{2m} + V(\vec{r}') + \frac{\hbar^2}{2\theta_{x'}} \vec{j}^2}_{H_i} + \frac{\hbar^2}{2\theta_{x'}} (\vec{I})^2 - \frac{\hbar^2}{\theta_{x'}} I_{z'} j_{z'}$$

$$+ \frac{\hbar^2}{2\theta_{z'}} (I_{z'} - j_{z'})^2 - \frac{\hbar^2}{2\theta_{x'}} (I_{z'} - j_{z'})^2 \tag{2.136}$$

$$\underbrace{- \frac{\hbar^2}{\theta_{x'}} (I_+ j_- + I_- j_+) + H_{Kopplung}}_{H_c} .$$

Man hat hierbei die Formel benutzt

$$\vec{I} \cdot \vec{j} = I_{z'} j_{z'} + (I_+ j_- + I_- j_+). \tag{2.137}$$

$I_{+(-)}$ und $j_{+(-)}$ sind Auf- bzw. Absteigeoperatoren (vgl. Ziff. 2.6.3): Ihre Anwendung auf eine Eigenfunktion gibt, abgesehen von einem Faktor, eine Erhöhung bzw. Verminderung der z-Quantenzahl um 1.

Man nennt den ersten Teil des Operators, der nur auf das Teilchen wirkt H_i. Es wird dabei anzunehmen sein, daß $V(\vec{r}')$ nicht kugelsymmetrisch ist.

Wenn man dann einmal $H_{Kopplung}$ und den Ausdruck $(I_+ j_- + I_- j_+)$ ganz wegläßt, dann stellt man fest, daß die oben angegebene Funktion Gl. (2.132) Lösung der Schrödingergleichung ist. Dies ist der Fall der *„starken Kopplung"*, weil das Teilchen streng dem deformierten Potential folgt. Wieder kann man Axialsymmetrie des Problems um die z'-Achse bezüglich des Rumpfes fordern. Es folgt $K = \Omega$, also steht der Rumpfdrehimpuls immer noch senkrecht auf der z'-Achse, und es besteht die Konfiguration wie in Bild 2.39. Die Quantenzahl K bestimmt sich jetzt aus den Einteilchenquantenzahlen Ω. Damit ist in diesem Fall die Energie (weil die Eigenwerte von $j_{z'}$ und $I_{z'}$ gleich sind) bestimmt durch

$$H = H_i + \frac{\hbar^2}{2\theta_{x'}} (I(I+1) - 2K^2), \tag{2.138}$$

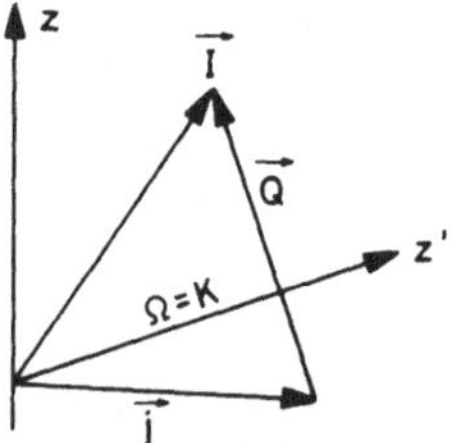

Bild 2.39 Der Fall starker Kopplung

und eigentlich ist der Kopplungs-Term noch hinzuzufügen. H_i gibt Energien, die nicht von I und K abhängen, die demnach eine Verschiebung der I, K-Banden um Ein-Teilchen-Energien bewirken. Diese Verschiebung wird beträchtlich sein: In der starken Kopplung (auch adiabatische Näherung genannt), läuft das einzelne Teilchen schnell um den sich langsam bewegenden Rumpf herum.

Der Term $\vec{I} \cdot \vec{j}$, den wir fast vernachlässigt haben (wir ließen nur den Term mit den Auf- und Absteigeoperatoren weg), verschwindet, wenn $\vec{I}$ auf $\vec{j}$ senkrecht steht. Das ist dann der Fall, wenn Rumpf und Teilchen entkoppelt sind: Der Rumpf-Drehimpuls $\vec{Q}$ steht dann senkrecht auf der Achse z', und $\vec{j}$ hat die Tendenz, parallel zur z'-Achse zu stehen. Hat man aber Kopplung zwischen Rumpf und Teilchen, dann wird $\vec{j}$ aus der z'-Achse herausgedreht, also vom Rumpf entkoppelt. Die sogenannte rotation-particle-coupling (RPC), ausgedrückt durch den Coriolis-Kraft-ähnlichen Ausdruck $\vec{I} \cdot \vec{j}$ gibt allen *Termleitern mit K = 1/2 die Zusatzenergie*

$$\Delta E = \frac{\hbar^2}{2\theta_{x'}} \, \delta_{K,1/2} \, (-1)^{I+1/2} \left(I + \frac{1}{2} \right) a, \tag{2.139}$$

wobei man a den *Entkopplungsparameter* nennt.

Im Fall des reinen Rotationsmodells waren aus Symmetrieeigenschaften Schlüsse bezüglich der Quantenzahlen (und damit auch der Parität) möglich. Derartige Untersuchungen sind hier viel schwieriger. Wenn man definierte Parität verlangt, dann werden die Eigenfunktionen für $K \neq 0$

$$|IMKK\rangle = \sqrt{\frac{2I+1}{16\pi^2}} \, \{ D^I_{MK}(\varphi, \vartheta, \psi) \chi_K(\vec{r}') + (-1)^{I+K} D^I_{M,-K} \chi_{\overline{K}}(\vec{r}') \} \tag{2.140}$$

mit $\chi_{\overline{K}} = (-1)^{j+K} \chi_{-K}$.

Im Fall $K = 0$ gilt für die Drehimpulsquantenzahlen bei

positiver Parität von χ_0: $I = 0+, 2+, 4+, \dots$
negativer Parität von χ_0: $I = 1-, 3-, 5-, \dots$.

Sonst ist bei $K \neq 0$

$$I = K, \ K+1, \ K+2, \dots . \tag{2.141}$$

Wenn $K = \frac{1}{2}$, dann ist die Termfolge bestimmt durch

$$E\left(I, \frac{1}{2} \right) = \frac{\hbar^2}{2\theta_{x'}} \left[I(I+1) - \frac{1}{2} + (-1)^{I+1/2} \left(I + \frac{1}{2} \right) a \right]. \tag{2.142}$$

Ist I_0 der Spin des Grundzustandes, dann gilt für das Verhältnis der ersten Termabstände

$$\frac{\Delta E(I_0+2, I_0)}{\Delta E(I_0+1, I_0)} = \frac{(I_0+2)(I_0+3) - I_0(I_0+1)}{(I_0+1)(I_0+2) - I_0(I_0+1)} = 2 + \frac{1}{I_0+1} . \tag{2.143}$$

Beispiele: Ein-Teilchen-Zustände in Kernen mit $A > 228$ werden von *R. R. Chasman* und Mitarb. in Rev. mod. Phys. **49** (1977) 833–891 besprochen. Hier betrachten wir das Termschema des Kerns ^{239}Pu (Bild 2.40). Aus den Daten der Leiter mit $K = \frac{1}{2}$ bestimmt man den Entkopplungsparameter zu $a = -0,58$, und es wird $\hbar^2/2\theta_{x'} = 6,26$ keV gefunden. In dieser Leiter ist a verantwortlich für die unregelmäßigen Abstände. Bei $K = \frac{5}{2}$ ergibt sich das Verhältnis nach Gl. (2.143) zu 2,28, während die Formel 2,286 verlangt. Die entsprechenden Zahlen bei $K = \frac{7}{2}$ sind 2,18 (exp.) und 2,222.

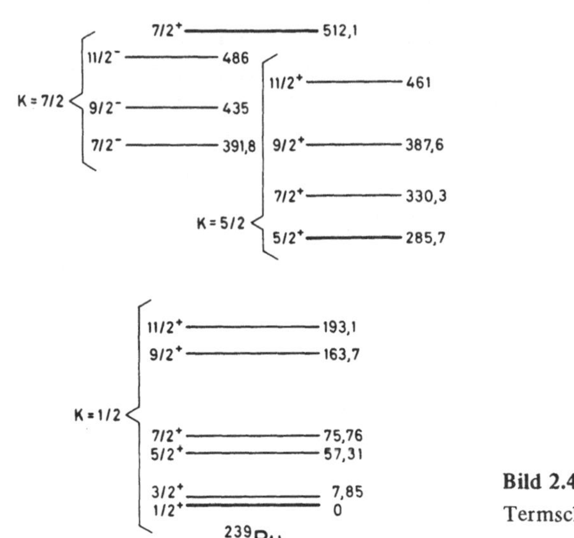

Bild 2.40
Termschema des Kerns ^{239}Pu (Energien in keV)

2.10 Schwingungen des Kerntropfens

Wenn man feststellt, daß die Kerne ein kleineres Trägheitsmoment haben, als ihren
Dimensionen als starren Körpern entspricht, dann muß es möglich sein, daß nicht die
Gesamtmasse an der rotatorischen Bewegung teilnimmt, sondern etwa nur eine Bewegung
der Oberfläche nach Art von Oberflächenwellen stattfindet. Eine solche Bewegung paßt
gut zum Tröpfenmodell, dessen Charakteristika sind: Vernachlässigbare Kompressibilität
und endliche Oberflächenspannung, die die rücktreibende Kraft bei Deformationen der
Oberfläche liefert. Entsprechende Schwingungen definieren das *Schwingungsspektrum
des Kerns*.

2.10.1 Schwingungen auf einem kugelförmigen Kern

Die Randkurve $R = R(t, \vartheta, \varphi)$ des Kerns beschreiben wir mit einer Reihenentwicklung

$$R = R_0 \left(1 + \sum_{L=0}^{\infty} \sum_{M=-L}^{+L} \alpha_{LM}(t) \, Y_L^M(\vartheta, \varphi) \right). \tag{2.144}$$

Die Kugelflächenfunktionen sind komplex, und es ist $Y_L^{-M} = (-1)^M Y_L^{M\,*}$. Da R eine
reelle Größe ist, so folgt für die Entwicklungskoeffizienten

$$\alpha_{L,-M}(t) = (-1)^M \alpha_{LM}(t). \tag{2.145}$$

Wir setzen $\alpha_{1M}(t) \equiv 0$, weil sonst Schwerpunktsverschiebungen vorkommen würden, für
die es bei freien Schwingungen keine Ursache gibt. Es sind ferner keine beliebig großen L
mitzunehmen, wir beschränken uns auf $L = 2$. Zwischen den Entwicklungskoeffizienten

in Gl. (2.144) muß noch eine weitere Beziehung bestehen, die garantiert, daß das *Kernvolumen konstant* bleibt. Es ist

$$V = \int d\tau = \int_0^{2\pi} \int_0^{\pi} \int_0^{R(\vartheta,\varphi)} r^2 dr \sin\vartheta \, d\vartheta \, d\varphi = \frac{1}{3} \int_0^{2\pi} \int_0^{\pi} R^3(\vartheta,\varphi) \sin\vartheta \, d\vartheta \, d\varphi. \qquad (2.146)$$

Für kleine Schwingungsamplituden erhält man (s. z.B. [43])

$$V - V_0 = R_0^3 \, \alpha_{00} \sqrt{4\pi} + R_0^3 \sum_{L,M} |\alpha_{LM}|^2.$$

Es folgt

$$\alpha_{00} = -\frac{1}{\sqrt{4\pi}} \sum_{LM} |\alpha_{LM}|^2. \qquad (2.147)$$

α_{00} ist also „von 2. Ordnung klein".

Neben der Inkompressibilität der Kernmaterie nehmen wir noch Reibungsfreiheit, Quellen- und Wirbelfreiheit der Kernmaterie-Strömung an. Insbesondere die Wirbelfreiheit schließt reine Drehbewegungen wie ein starrer Körper aus. Das Strömungsbild, Bild 2.41a, kommt nicht vor, wohl aber Bild 2.41b. Bei Wirbelfreiheit ist die Geschwindigkeit $\vec{v}$ aus einem (Geschwindigkeits-)Potential ableitbar,

$$\vec{v} = \text{grad } \Phi,$$

oder, da $\text{div } \vec{v} = 0$,

$$\text{div grad } \Phi = \Delta \Phi = 0.$$

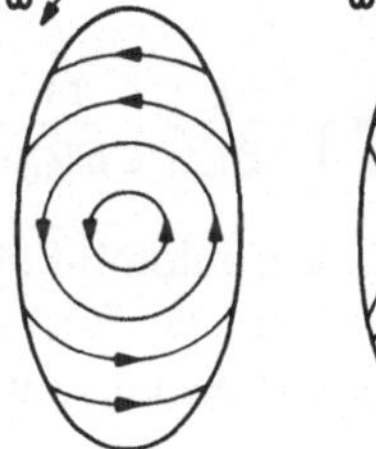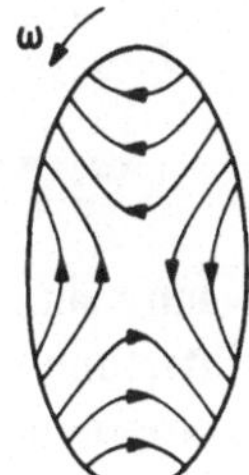

Bild 2.41
Geschwindigkeitsverteilung in der Kernmaterie

Die allgemeine Lösung dieser Laplaceschen Gleichung ist, mit noch zu bestimmenden Amplituden β_{LM},

$$\Phi = \sum_{L,M} \beta_{LM} \, r^L Y_L^M(\vartheta,\varphi). \qquad (2.148)$$

Die einzuhaltende Randbedingung heißt, daß an der Kernoberfläche die Geschwindigkeit genau die ist, die aus Gl. (2.144) folgt,

$$R_0 \, \dot{\alpha}_{LM}(t) = L \, \beta_{LM} \, R_0^{L-1},$$

$$\beta_{LM} = \dot{\alpha}_{LM} \, \frac{1}{LR_0^{L-2}}.$$

Die gesamte kinetische Energie wird damit

$$T = \frac{1}{2} \int \rho v^2 d\tau = \frac{1}{2} \int \rho |\text{grad } \Phi|^2 d\tau = \frac{1}{2} \sum_{L,M} B_L |\dot{\alpha}_{LM}|^2, \quad \text{mit } B_L = \rho \frac{R_0^5}{L}. \qquad (2.150)$$

Die potentielle Energie entsteht aus der Oberflächenvergrößerung bei Deformationen. Es sei die Oberflächenspannung γ_0, dann ist

$$\Delta E_{Oberfl.} = \gamma_0 \int dA = \frac{1}{2} \sum_{L,M} C_L \, |\alpha_{LM}|^2 \tag{2.151}$$

mit

$$C_L = \gamma_0 R_0^2 (L - 1) (L + 2)$$

(Berechnung z.B. bei [43], S. 592 ff., aber auch schon bei *J. M. Strutt*, Proc. Roy. Soc. (London) **29** (1879) 71, Phil. Mag. XIV (1882) 184). Man hat noch die Verminderung der Coulomb-Energie zu berücksichtigen, so daß

$$C_L = \gamma_0 R_0^2 (L - 1) (L + 2) - \frac{3}{2\pi} \frac{L-1}{2L+1} \frac{Z^2 e^2}{4\pi\epsilon_0} \frac{1}{R_0} . \tag{2.152}$$

Die gesamte Energie in klassischer Behandlung wird damit

$$E = \frac{1}{2} \sum_{L,M} (B_L \, |\dot\alpha_{LM}|^2 + C_L \, |\alpha_{LM}|^2). \tag{2.153}$$

Dies ist auch der Ausdruck für die *Gesamtenergie harmonischer Oszillatoren* mit den Frequenzen

$$\omega_L = \sqrt{\frac{C_L}{B_L}} = \left[\frac{\gamma_0}{\rho R_0^3} L (L - 1) (L + 2) \right]^{1/2}, \tag{2.154}$$

wenn man die Coulomb-Energie wegläßt. Bei jedem L-Oszillator liegt $(2L + 1)$-fache Entartung vor, da die Energie nicht von M abhängt. Speziell ist bei den Quadrupol-, Oktopol- und Hexadekapolschwingungen

$$E_{2,n_2} = \hbar\omega_2 \left(n_2 + \frac{5}{2}\right), \quad E_{3,n_3} = \hbar\omega_3 \left(n_3 + \frac{7}{2}\right), \quad E_{4,n_4} = \hbar\omega_4 \left(n_4 + \frac{9}{2}\right) \tag{2.155}$$

mit $n_i = 0, 1, 2, \dots$. Je nachdem wie groß bei einem Oszillator die Zahl n ist, spricht man von einer Ein-, Zwei-, Drei-, ... Phonon-Anregung. Jedes Phonon hat die Energie $\hbar\omega_L$, die *Parität* eines *Ein-Phonon-Zustandes ist $(-1)^L$.*

Die Schwingungsfrequenzen stehen nach Gl. (2.154) in bestimmten Verhältnissen, die durch L bestimmt sind. Die Oberflächenspannung γ_0 folgt aus der Massenformel für die Grundzustände (s. Ziff. 2.1). Die Anregungsenergien liegen dann für L = 2 bei 0,5 ... 1 MeV und sinken erwartungsgemäß mit wachsender Kernmasse (Vergrößerung von R_0) ab. Sie sind aber nicht eigentlich klein gegen die Ein-Teilchen-Anregungsstufen. Aus Gl. (2.154) folgt

$$\frac{\omega_L}{\sqrt{\gamma_0/(\rho R_0^3)}} = \begin{cases} 2\sqrt{2} = 2,828 & \text{für } L = 2 \\ \sqrt{30} = 5,47 & \text{für } L = 3 \\ 6\sqrt{2} = 8,4852 & \text{für } L = 4. \end{cases}$$

Die Phononen-Energien stehen also in nahezu ganzzahligen Verhältnissen, L = 0 (Kompressionsschwingungen) und L = 1 (Schwerpunktschwingungen) kommen nicht vor. Die Energie des Kerns ist

$$E = \hbar\omega_2 \left(n_2 + \frac{5}{2}\right) + \hbar\omega_3 \left(n_3 + \frac{7}{2}\right) + \hbar\omega_4 \left(n_4 + \frac{9}{2}\right)$$

$$= E_0 + \hbar\omega_2 n_2 + \hbar\omega_3 n_3 + \hbar\omega_4 n_4 . \tag{2.156a}$$

Setzt man hierin die Quantenzahlen n_2, n_3 und n_4 als ganze Zahlen ein (0, 1, 2, ...), dann ergibt sich Bild 2.42. Der Grundzustand ist mit I = 0, Parität + 1 versehen. Im ersten angeregten Zustand hat man 1-Phonon-Quadrupol-Anregung mit I = 2, π = + 1. Im zweiten angeregten Zustand sind zwei Quadrupol-Phononen vorhanden, der Spin ist I = 0, 2, 4, π = + 1. Nahe bei diesem Zustand liegt der Oktopol-Schwingungszustand n_3 = 1 ($n_2 = n_4$ = 0) mit der Parität π = − 1. Beim nächsten Zustand hat man bei den Quadrupolschwingungen den 3-Phononen-Zustand (I = 0, 2, 3, 4, 6, π = + 1), aber auch nahebei 1-Phonon von ω_2 plus 1-Phonon von ω_3 und auch 1-Phonon von ω_4. Das Bild wird dadurch komplizierter, vgl. [25].

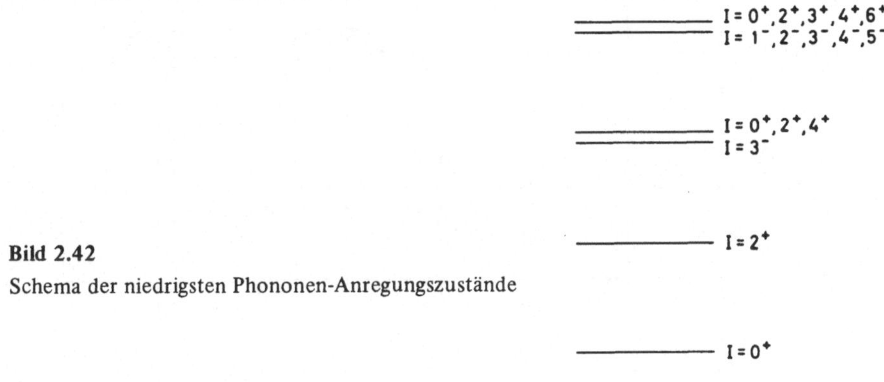

Bild 2.42
Schema der niedrigsten Phononen-Anregungszustände

Für den *Vergleich mit experimentellen Ergebnissen* zieht man vor allem heran, daß das *Verhältnis der Anregungsenergien* des zweiten zum ersten angeregten Zustand den Wert zwei haben sollte. Ein experimentelles Ergebnis zeigt Bild 2.43, wo die ersten Terme von doppel-geraden Cadmium-Isotopen aufgezeichnet sind. Die Termfolgen wird man als Schwingungsterme interpretieren. Man sieht, daß $\hbar\omega_2$ bei 0,5 MeV liegt, also die ersten angeregten Zustände deutlich höher liegen als bei den Rotations-Termen von Tabelle 2.7. Für die dortigen Terme galt außerdem für das Verhältnis der ersten Anregungsstufen der Wert 3,33. Quer durch das periodische System hindurch ist demnach für die gg-Kerne gerade dieses Verhältnis interessant bezüglich des Vorkommens von Schwingungs- und Rotationszuständen. Bild 2.44 enthält eine Zusammenstellung solcher Verhältnisse von Anregungsenergien. Sie streuen zwar, aber z.B. sieht man bei N = 100 und N $\gtrsim$ 140 ganz deutlich den Rotationswert 3,33 verwirklicht, während bei N = 40 ... 80 meist der Wert zwei vorkommt. Man zieht daraus den Schluß, daß um N = 100 und $\gtrsim$ 140 permanent verformte Kerne vorkommen, bei den anderen Nukleonenzahlen aber kugelförmige Kerne mit Oberflächen-Schwingungen.

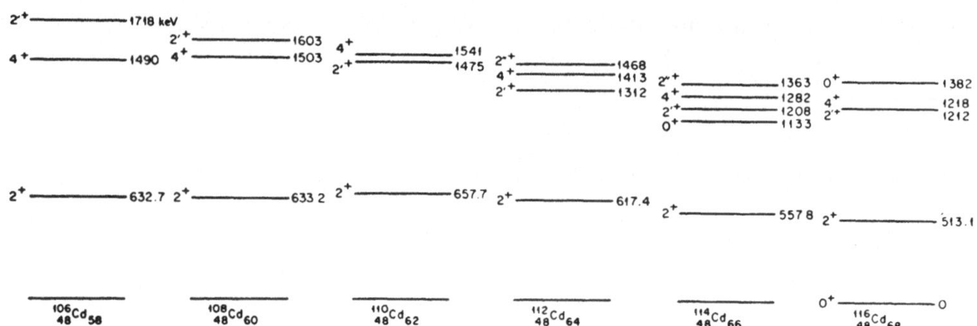

Bild 2.43 Die ersten Anregungsstufen einiger doppelt-gerader Cadmium-Isotope (*W. J. Milner* und Mitarb., Nucl. Phys. **A 129** (1969) 687)

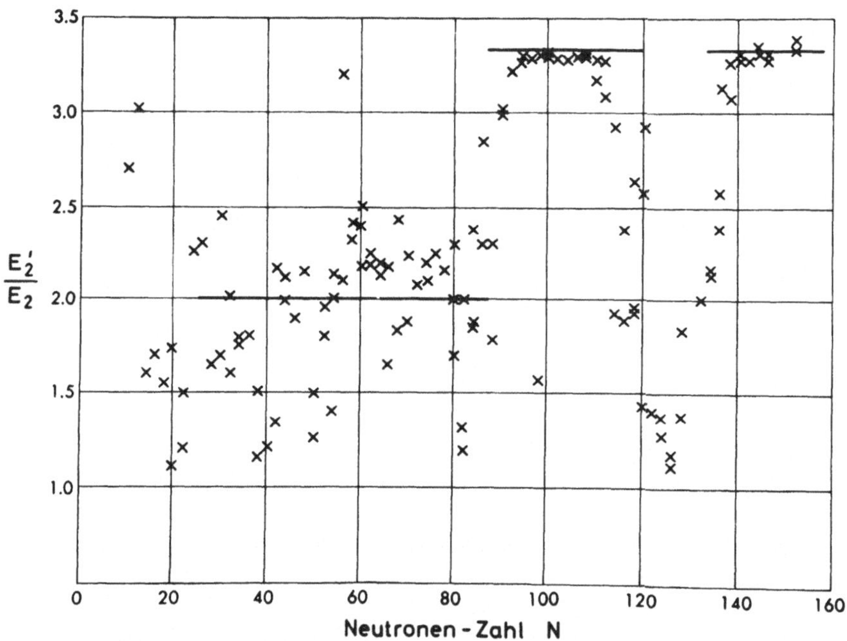

Bild 2.44 Verhältnisse der Anregungsenergien der ersten beiden angeregten Zustände von gg-Kernen (Rev. mod. Phys. **32** (1960) 1, **36** (1964) 809, **37** (1965) 105)

2.10.2 Permanent verformte Kerne

Hier werden die Verhältnisse wesentlich komplizierter. Einerseits hat man Schwingungen auf solchen Kernen zu studieren, andererseits wird es auch eine Schwingungs- und Rotationskopplung geben, ganz abgesehen von der Ankopplung etwa weiterer, außen umlaufender einzelner Nukleonen. Wir stellen hier nur kurz die Behandlung von *Quadrupol-Schwingungen auf* Quadrupol-*verformten Kernen* dar, weil sich für sie eine bestimmte Bezeichnungsweise durchgesetzt hat.

Sowohl im körperfesten System $(x', y', z'; \vartheta', \varphi')$ wie im raumfesten System $(x, y, z; \vartheta, \varphi)$, verbunden durch die Eulerschen Winkel Φ, Θ, Ψ, stellen wir den Kernrand durch eine Entwicklung nach Kugelflächenfunktionen dar

$$R = R_0 \left[1 + \sum_{M'=-2}^{+2} a_{2M'} Y_2^{M'}(\vartheta', \varphi') \right] = R_0 \left[1 + \sum_{M=-2}^{+2} \alpha_{2M} Y_2^{M}(\vartheta, \varphi) \right]. \qquad (2.157a)$$

Dabei wurde das sehr einfache Transformationsverhalten der Kugelflächenfunktionen als sphärischer Tensoren ausgenutzt, daß nämlich

$$Y_2^{M}(\vartheta, \varphi) = \sum_{M'} D_{MM'}^{2}(\Phi, \Theta, \Psi) Y_2^{M'}(\vartheta', \varphi'), \qquad (2.158)$$

man also nicht aus den Quadrupolverformungen herausrutscht, wenn man vom einen zum anderen System übergeht.

Die Physik des Problems berücksichtigen wir durch zwei Forderungen, die darauf basieren, daß wir es immer mit einem höchstens drei-achsigen Ellipsoid zu tun haben, und dieses hat drei Symmetrieebenen.

a) Symmetrie bezüglich der x'-y'-Ebene (senkrecht zur z'-Achse) heißt, daß R ungeändert bleiben soll bei der Ersetzung $(\vartheta', \varphi') \rightarrow (\pi - \vartheta', \varphi')$. Aus dem Verhalten von $Y_2^{M'}$ folgt $a_{2, \pm 1} = 0$.

b) Symmetrie bezüglich der y'-z'-Ebene (ebenso x'-z'-Ebene) erfordert $a_{22} = a_{2-2}$.

Letztlich bleiben zur Beschreibung aller Phänomene die fünf Parameter a_{20}, a_{22} und Φ, Θ, Ψ übrig. Man setzt nun

$$a_{20} = \beta \cos \gamma, \qquad a_{22} = \frac{1}{\sqrt{2}} \beta \sin \gamma \qquad (2.159)$$

und erhält

$$\sum_{M=-2}^{+2} |\alpha_{2M}|^2 = \sum_{M'=-2}^{+2} |a_{2M'}|^2 = \beta^2,$$

also für die potentielle Oberflächenenergie (s. Gl. (2.151))

$$\Delta E_{\text{Oberfl.}} = \frac{1}{2} \sum_{M} C_2 |\alpha_{2M}|^2 = \frac{1}{2} C_2 \beta^2. \qquad (2.160)$$

β mißt demnach die Änderung der Oberfläche, die Größe wird *Deformationsparameter* genannt. Demgegenüber gibt γ eine Aussage über die Form des ellipsoidalen Kerns: *Form-* oder *„shape"-Parameter*. Entsprechende Schwingungsformen (β- *und* γ-*Vibrationen*) entwickelt man anhand des neu formulierten Ausdrucks für die Kernoberfläche,

$$R = R_0 \left[1 + \sqrt{\frac{5}{16\pi}} \, \beta \left(\cos\gamma (3\cos^2\vartheta' - 1) + \sqrt{3}\,\sin\gamma\,\sin^2\vartheta'\cos 2\varphi' \right) \right]. \qquad (2.157\text{b})$$

Ist $\gamma = 0$, dann verschwindet der Term mit $\cos 2\varphi'$, d.h. man hat stets ein prolates oder oblates Ellipsoid mit z'-Achse als Symmetrieachse, also ein Rotationsellipsoid. β kann eine Zeitfunktion sein und liefert β-Vibrationen. Im einzelnen führt man die Achsenabschnitte des Ellipsoids ein

$$c' = R_0 \left[1 + \sqrt{\frac{5}{4\pi}} \, \beta \cos\gamma \right]$$

$$b' = R_0 \left[1 + \sqrt{\frac{5}{4\pi}} \, \beta \cos\left(\gamma - \frac{2\pi}{3}\right) \right] \qquad (2.161)$$

$$a' = R \left[1 + \sqrt{\frac{5}{4\pi}} \, \beta \cos\left(\gamma - \frac{4\pi}{3}\right) \right]$$

1. $\gamma = 0$ oder π liefert die β-Vibrationen, evtl. um die feste Deformation β_0 herum.
2. $\gamma = \pi/3$ oder $2\pi/3$ liefert erneut Rotationsellipsoide, jedoch um die x'- bzw. y'-Achse.
3. $\gamma \neq n\pi/3$: Man erhält ein allgemeines 3-achsiges Ellipsoid, das β-Vibrationen ausführt.
4. Es sei $\beta = \beta_0$ zeitlich konstant, aber γ zeitabhängig. Man erhält die γ-*Vibrationen*, bei denen z.B. eine Welle um die z'-Achse umlaufen kann.
5. Wenn $\gamma = 0, \pi$, also nur a_{20} vorkommt, dann ist die Projektion des Drehimpulses auf die z'-Achse null; von a_{22} wird die Projektion $2\hbar$ geliefert. Die Termleitern, die bei einer β-Vibration beginnen, haben daher $K = 0$; diejenigen, die mit einer γ-Vibration beginnen, haben $K = 2$.

In Bild 2.45 ist ein Termschema für den Kern ^{156}Dy aufgezeichnet, für den einige Daten auch in den Bildern 2.35 und 2.36 enthalten sind. Jene Daten bezogen sich auf die Grundzustands-Termleiter, die eine Rotationsleiter ist. Die in Bild 2.45 eingezeichneten β- und γ-Banden bauen auf einer β- und γ-Vibration auf und stellen ebenfalls Rotationszustände dar. Durch eine Berechnung von Trägheitsmomenten wurde gezeigt, daß die sog. „Super"-Bande, die man bisher an die β-Bande angeschlossen hatte, tatsächlich zu einer veränderten Kernstruktur gehört (*Y. El Masri* u. Mitarb., Nucl. Phys. **A271** (1976) 133 und *L. K. Peker, F. W. N. de Boer, J. Konjin*, Z. Phys. **A285** (1978) 67). – Die Aufklärung solcher komplizierter Termschemata ist schwierig und erfordert neben Präzisions-Gamma-Spektroskopie auch die Ausnutzung gemessener Intensitätsverhältnisse. Das Bild 2.45 ist durchaus noch unvollständig, denn es fehlen noch die ebenfalls gefundenen Zustände ungerader Parität (Oktopol-Zustände) und noch weitere positiver Parität.

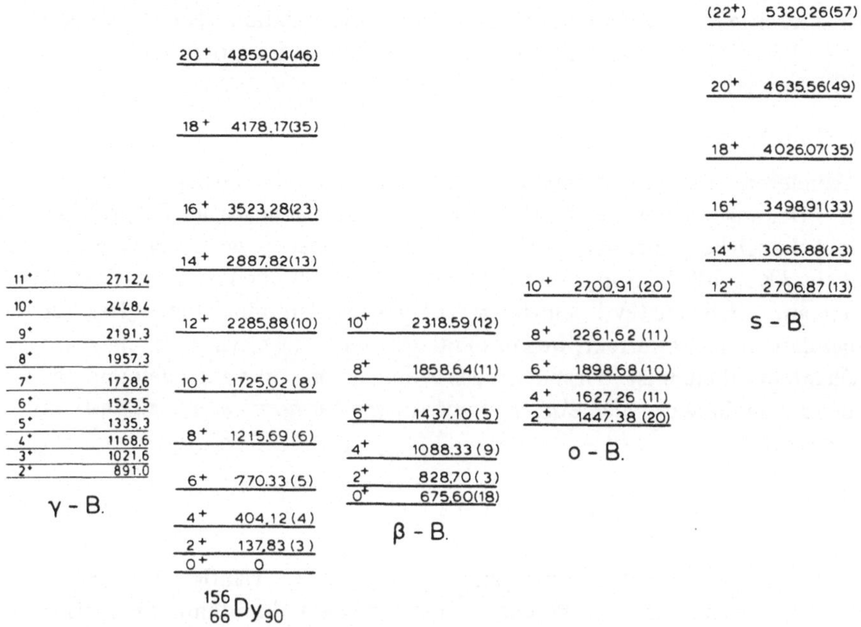

(22^+) 5320,26(57)

20^+ 4859,04(46)

20^+ 4635,56(49)

18^+ 4178,17(35)

18^+ 4026,07(35)

16^+ 3523,28(23)

16^+ 3498,91(33)

14^+ 2887,82(13)

14^+ 3065,88(23)

11^+ 2712,4

10^+ 2448,4

10^+ 2700,91 (20) 12^+ 2706,87(13)

9^+ 2191,3 12^+ 2285,88(10) 10^+ 2318,59(12)

s – B.

8^+ 1957,3 8^+ 2261,62 (11)

7^+ 1728,6 8^+ 1858,64(11) 6^+ 1898,68(10)

6^+ 1525,5 10^+ 1725,02 (8)

5^+ 1335,3 4^+ 1627,26 (11)

4^+ 1168,6 6^+ 1437,10(5) 2^+ 1447,38 (20)

3^+ 1021,6 8^+ 1215,69(6)

2^+ 891,0

4^+ 1088,33 (9) o – B.

6^+ 770,33 (5)

2^+ 828,70 (3)

γ – B. 0^+ 675,60(18)

4^+ 404,12 (4)

β – B.

2^+ 137,83 (3)

0^+ 0

$^{156}_{66}$Dy$_{90}$

Bild 2.45 Verschiedene Termleitern des Kerns $^{156}_{66}$Dy$_{90}$ (vgl. Bild 2.35 und 2.36 für die Grundzustandsbande). s-B. Super-Bande, o-B. obere Bande, β-B. Beta-Bande, γ-B. Gamma-Bande

2.11 Das Nilsson-Modell

In den vorangehenden Abschnitten wurden die Energiezustände behandelt, wenn sie durch Rotationen und Vibrationen des Kerns bestimmt sind. Das Nilsson-Modell gibt eine Möglichkeit, *Ein-Teilchen-Zustände* zu berechnen und mit dem Experiment zu vergleichen, wenn das Teilchen sich in einem deformierten Kern bewegt, also einem nicht-kugelsymmetrischen Potential unterliegt [17, 60]. Insoweit ist der Gegenstand dieser Ziffer eine detailliertere Diskussion der Ein-Teilchen-Wellenfunktion, die wir mit $\chi_\Omega\,(\vec{r}')$ bezeichnet hatten (Gl. (2.132)).

Die Hamilton-Funktion soll die folgenden Wechselwirkungen enthalten

1. Spin-Bahn-WW, proportional zu $(\vec{l}\cdot\vec{s})$;
2. eine empirische Interpolation zwischen dem Rechteck- und dem Oszillator-Potential, ausgedrückt durch den Zusatzterm $D(\vec{l})^2$. In Ziff. 2.4 bei der vergleichenden Diskussion von Rechteck- und Oszillatorpotential war allerdings aufgefallen, daß hohe Bahndrehimpulse im Oszillatorpotential zu weit angehoben werden;
3. ein „deformiertes Oszillator-Potential", das der Kerndeformation Rechnung trägt.

Zunächst könnte man daran denken, daß man die Deformation, also im Potential $V = V_{harm.Osz.}$ $(1 + \beta Y_2^0)$ die mit β behaftete Größe einfach als Störpotential aufzufassen hat und die Störenergie

$$\Delta E_{jm} = \langle jm | V_{h.O.}\, \beta Y_2^0 | jm \rangle = \beta (3m^2 - j(j+1))\, b\,(j)$$

als einzige Abänderung des Termschemas entsteht. Dann bleibt die mittlere Termlage sogar unverändert. — Der angegebene Ausdruck für ΔE_{jm} folgt aus dem Wigner-Eckart-Theorem. Es läßt die m-Abhängigkeit eines Matrix-Elementes direkt angeben, wenn der Operator von der Struktur einer Kugelflächenfunktion ist (hier Y_2^0). Es bleibt dann noch ein Faktor $b\,(j)$ übrig, den man nur durch eine (evtl. schwierige) Integration ermitteln kann. — Das Verfahren ist aber deshalb nicht korrekt, weil das Potential nicht kugelsymmetrisch, also j keine gute Quantenzahl mehr ist. Wir müssen das Problem von vorne aufrollen und beginnen mit der Behandlung des *nicht-kugelsymmetrischen harmonischen Oszillators* mit dem Hamilton-Operator

$$H_0 = \frac{p^2}{2m} + \frac{m}{2}\,(\omega_{x'}^2\, x'^2 + \omega_{y'}^2\, y'^2 + \omega_{z'}^2\, z'^2). \qquad (2.162)$$

Wir setzen noch Zylindersymmetrie voraus, also $\omega_{x'} = \omega_{y'} \neq \omega_{z'}$. Häufig sucht man Vergleiche mit dem kugelsymmetrischen Potential, indem man ein „konstantes Potentialvolumen" einführt, d.h. $\omega_{x'} \omega_{y'} \omega_{z'} = \omega_{x'}^2 \omega_{z'} = $ konst. einführt, und

$$\omega_{x'}^2 = \omega_{y'}^2 = \omega^2 \left(1 + \frac{2}{3}\delta\right), \quad \omega_{z'}^2 = \omega^2 \left(1 - \frac{4}{3}\delta\right) \qquad (2.163)$$

setzt. Dann ist

$$\omega_{x'} \omega_{y'} \omega_{z'} = \omega^3 \left(1 - \frac{4}{3}\delta^2 - \frac{16}{27}\delta^3\right)^{1/2} = \text{konst.} = \omega_0^3,$$

woraus

$$\omega = \omega_0 \left(1 - \frac{4}{3}\delta^2 - \frac{16}{27}\delta^3\right)^{-1/6} = \omega(\delta) \qquad (2.164)$$

folgt. ω wird damit noch mindestens quadratisch abhängig von der Deformation δ. In erster Näherung ist aber $\omega = \omega_0$ und damit konstant. Um die Schrödinger-Gleichung in eine integrable Form zu bringen, setzt man

$$\begin{aligned}
\omega_{x'}^2 = \omega_{y'}^2 &= \omega^2 e^{2\alpha} \approx \omega^2 (1 + 2\alpha) \\
\omega_{z'}^2 &= \omega^2 e^{-4\alpha} \approx \omega^2 (1 - 4\alpha)
\end{aligned} \qquad (2.165)$$

für kleine Werte des Deformationsparameters $\alpha(\delta = 3\alpha)$,

$$\left[-\frac{\hbar^2}{2m} \left(\frac{\partial^2}{\partial x'^2} + \frac{\partial^2}{\partial y'^2} + \frac{\partial^2}{\partial z'^2} \right) + \frac{1}{2} m\omega^2 (e^{2\alpha}(x'^2 + y'^2) + e^{-4\alpha} z'^2) \right] \Psi = E\Psi. \qquad (2.166)$$

Sie kann durch den Ansatz $\Psi = X(x')\, Y(y')\, Z(z')$ separiert werden. Man erhält die Schwingungs-SGl. mit den Frequenzen

$$\omega e^{\alpha} \quad \text{und} \quad \omega e^{-2\alpha}, \qquad (2.167)$$

und damit als Energiestufen

$$E(n_1, n_2, n_3) = \hbar\omega e^{\alpha}(n_1 + n_2 + 1) + \hbar\omega e^{-2\alpha}\left(n_3 + \frac{1}{2}\right).\qquad(2.168)$$

Mit der *Hauptquantenzahl* $N = n_1 + n_2 + n_3$ auch

$$E(N, n_3) = \hbar\omega e^{\alpha}(N - n_3 + 1) + \hbar\omega e^{-2\alpha}\left(n_3 + \frac{1}{2}\right)\qquad(2.169)$$

mit $n_3 = 0, \dots, N$.

Bei dem hier eingeschlagenen Verfahren stellt sich heraus, daß die Energie-Eigenwerte entartet sind gegenüber der Quantenzahl $n_1 + n_2$. Das ist hier ähnlich wie im einfachsten Atommodell: Die Energie hängt nur von der Hauptquantenzahl n, nicht von der Bahndrehimpulsquantenzahl l ab. In den Eigenfunktionen ist jedoch sehr wohl l (und l_z) sichtbar. Obwohl hier die *Energie* nur von N und n_3 abhängt, werden die *Eigenfunktionen* noch von einer weiteren Quantenzahl Λ abhängen. Wir finden sie auf die folgende Weise. Da das Potential Axialsymmetrie besitzt, gibt es zu $l_{z'}$ eine Eigenwert-Gleichung mit dem Eigenwert Λ, und der winkelabhängige Anteil der EF wird $\exp(i\Lambda\varphi')$ sein. Drehen wir um den Winkel π um die z'-Achse, dann erhält die EF den Faktor $(-1)^{\Lambda}$. Eine solche Drehung ist aber äquivalent dem Übergang $x', y' \to -x', -y'$, und die Ausführung dieser Operation in der EF $|n_1, n_2, n_3\rangle$ würde den Faktor $(-1)^{n_1 + n_2}$ ergeben. Demnach gibt $\Lambda = n_1 + n_2$ die richtigen Eigenschaften der EF, jedoch gilt das auch für $\Lambda = -(n_1 + n_2)$, und daraus folgt schließlich auch

$$\Lambda = \pm(n_1 + n_2), \qquad \pm(n_1 + n_2 - 2), \qquad \pm(n_1 + n_2 - 4), \dots$$
$$\pm(N - n_3), \qquad \pm(N - n_3 - 2), \qquad \pm(N - n_3 - 4), \dots .$$

Man muß noch hinzufügen, daß die *Parität* durch $\pi = (-1)^N$ bestimmt ist. Dann kann man die folgende Tabelle 2.9 über die Zustände und ihre maximale Besetzung angeben (Summe der Zustände). Man vergleiche mit Tabelle 2.2. Erst die quantitative Berechnung zeigt, ob die Zahlen für die Schalenabschlüsse erhalten bleiben.

Tabelle 2.9 Ein-Teilchen-Zustände im deformierten Oszillator-Potential ohne Spin-Bahn-WW und ohne l^2-Term

N	n_3	Λ	Zahl der Zustände	Zahl der Zustände, mit Spin	Summe der Zustände	Parität
0	0	0	1	2	2	$+1$
1	0	± 1	2	4	6	-1
	1	0	1	2	8	-1
2	0	$\pm 2,0$	3	6	14	$+1$
	1	± 1	2	4	18	$+1$
	2	0	1	2	20	$+1$

Der Deformationsparameter α (bzw. δ) ist in der Beziehung (2.169) noch offen geblieben. Wir suchen ihn dadurch zu bestimmen, daß wir nach einem Minimum der Energie fragen, $dE/d\alpha = 0$. Es ergibt sich

$$\alpha = \frac{1}{3} \ln \frac{2n_3 + 1}{N - n_3 + 1} \; . \tag{2.170}$$

Bild 2.46 enthält einige Verläufe der Energie gemäß Gl. (2.169), aus denen Minima ersichtlich sind. Das wesentliche Ergebnis ist: es gibt eine von null verschiedene Gleichgewichtsdeformation, bei der der Kern minimale Energie hat, Potential und Ein-Teilchen-Bewegung stabilisieren sich. Das ist neu, weil im Tröpfchen-Modell die Gleichgewichtsfrom die Kugel ist.

Wir gehen jetzt zur Behandlung der *Ein-Teilchen-Zustände im vollständigen Nilsson-Potential* über,

$$H = H_0 + C \vec{l} \cdot \vec{s} + D (\vec{l})^2 \, , \tag{2.171}$$

mit

$$H_0 = T + \frac{1}{2} m\omega^2 r'^2 \underbrace{- \frac{4}{3} m\omega^2 r'^2 \sqrt{\frac{4\pi}{5}} \, \delta \, Y_2^0(\vartheta', \varphi')}_{H_\delta}. \tag{2.172}$$

$$\underbrace{\phantom{H_0 = T + \frac{1}{2} m\omega^2 r'^2}}_{H_0^0}$$

H_0 ist genau die Umschreibung von Gl. (2.162) mit den durch Gl. (2.163) eingeführten Beziehungen. Darin ist ω nach Gl. (2.164) selbst noch von δ abhängig, aber H_0^0 ist noch kugelsymmetrisch. Die EF von H_0^0 werden demnach mit $|N\,l\,\Lambda\,\Sigma\rangle$ bezeichnet, denn sie sind EF nicht nur zu H_0^0 sondern auch noch zu $(\vec{l})^2$, $\vec{l}_z$ und $\vec{s}_z$. Das heißt es gilt

$$H_0^0 \, |N\,l\,\Lambda\,\Sigma\rangle = \hbar\omega \left(N + \frac{3}{2} \right) |N\,l\,\Lambda\,\Sigma\rangle$$

$$(\vec{l})^2 \, |N\,l\,\Lambda\,\Sigma\rangle = l(l+1) \, \hbar^2 \, |N\,l\,\Lambda\,\Sigma\rangle$$

$$l_z \, |N\,l\,\Lambda\,\Sigma\rangle = \hbar\Lambda \, |N\,l\,\Lambda\,\Sigma\rangle$$

$$s_z \, |N\,l\,\Lambda\,\Sigma\rangle = \hbar\Sigma \, |N\,l\,\Lambda\,\Sigma\rangle. \tag{2.173}$$

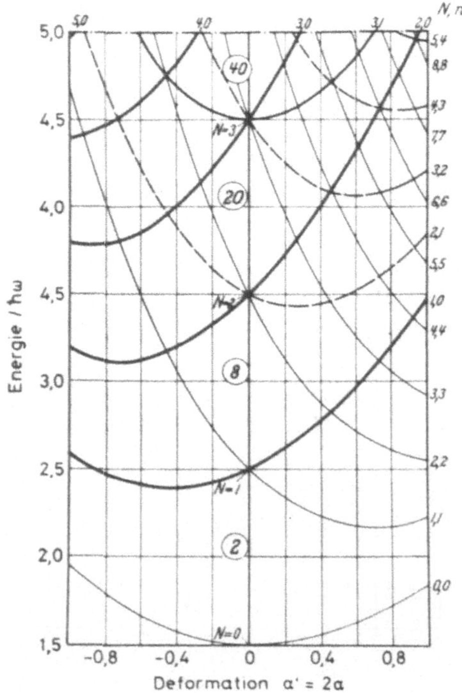

Bild 2.46

Ein-Teilchen-Energien im deformierten Potential (ohne Spin-Bahn-WW und l^2-Term) als Funktion der Deformation $\alpha' = 2\alpha$ entsprechend Gl. (2.169)

Diese Funktionen sind jedoch nicht gleichzeitig EF zu $C(\vec{l} \cdot \vec{s})$ und zu H_δ. Vielmehr ist z.B. mit dem Anteil $r'^2 Y_2^0$ das Matrix-Element

$$\langle N' l' \Lambda' \Sigma' | r'^2 Y_2^0 | N l \Lambda \Sigma \rangle = \langle N' l' | r'^2 | N l \rangle \langle l' \Lambda' | Y_2^0 | l \Lambda \rangle \, \delta_{\Sigma' \Sigma}.$$

Der 2. Faktor ist von null verschieden für alle

$$l' = |l - 2|, \dots , l + 2; \quad \Lambda' = \Lambda.$$

Der 1. Faktor ist von null verschieden, wenn

$$N' = N \quad \text{und} \quad l' = l$$
$$N' = N - 2, \, l' = l - 2; \quad N' = N - 2, \, l' = l + 2$$
$$N' = N, \, l' = l - 2; \qquad N' = N - 2, \, l' = l,$$

d.h.

$$N = \begin{cases} N' \\ N' \pm 2 \end{cases}, \quad l = \begin{cases} l' \\ l' \pm 2 \end{cases}, \quad \Lambda' = \Lambda, \quad \Sigma' = \Sigma. \tag{2.174}$$

Alle anderen Matrixelemente verschwinden.

Beim Matrixelement mit $(\vec{l} \cdot \vec{s})$ setzt man

$$(\vec{l} \cdot \vec{s}) = l_z s_z + \frac{1}{2} (l_+ s_- + l_- s_+)$$

und findet, daß die Matrixelemente dann von null verschieden sind, wenn

$$\Lambda = \Lambda', \qquad \Sigma = \Sigma'$$
$$\Lambda = \Lambda' \pm 1, \quad \Sigma = \Sigma' \mp 1, \tag{2.175}$$

also

$$\Lambda + \Sigma = \Lambda' + \Sigma' \quad \text{und} \quad N = N', \, l = l' \text{ ist.}$$

Die Matrixelemente der Funktionen $| N l \Lambda \Sigma \rangle$ mit H sind demnach in den stark umrandeten Teilen des Schemas in Bild 2.47 von null verschieden: H ist nicht diagonal in $| N l \Lambda \Sigma \rangle$. Bei $\Delta N = \pm 2$ müßte man aber zwei Zustände miteinander koppeln, die um etwa 30 MeV auseinander liegen. Man kann erwarten, daß die Matrixelemente von null verschieden, aber sehr klein sind. Damit verwerfen wir $\Delta N = \pm 2$, und es bleibt H diagonal in N.

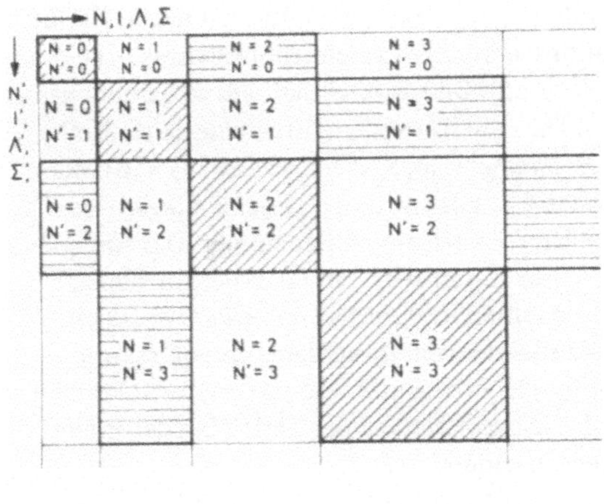

Bild 2.47

Bereich der von null verschiedenen Matrixelemente von H mit $| N l \Lambda \Sigma \rangle$

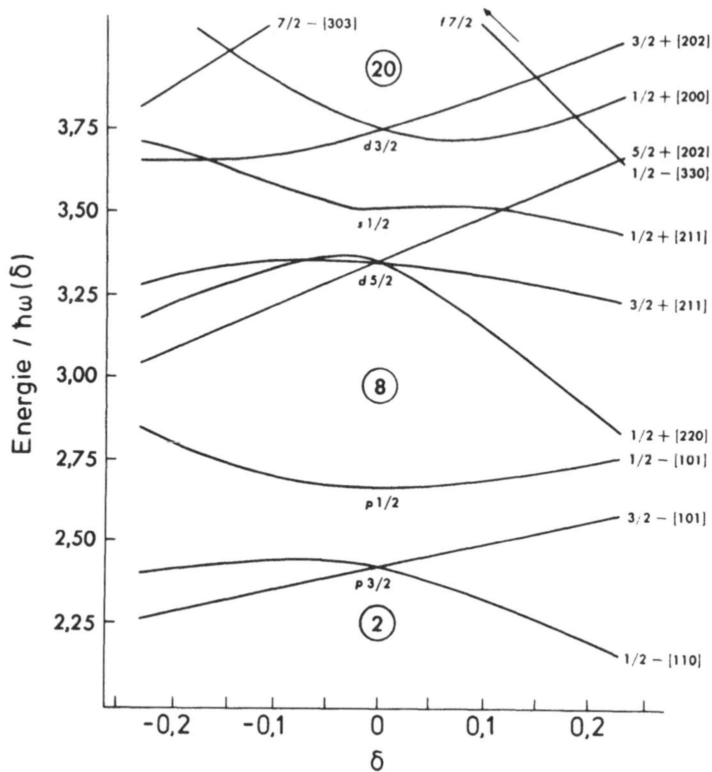

Bild 2.48 Die tiefsten Ein-Teilchen-Zustände im vollständigen Nilsson-Potential. $\omega\,(\delta)$ aus Gl. (2.164) [42]

Aus Gl. (2.175) sehen wir auch, daß H diagonal in $\Omega = \Lambda + \Sigma$ ist, und durch vollständige Diagonalisierung wird man noch weitere gute Quantenzahlen finden, die mit Ξ bezeichnet werden sollen. Das neue Funktionensystem anstelle von $|N\,l\,\Lambda\,\Sigma\rangle$ ist damit zu bezeichnen mit $|N\,l\,\Omega\,\Xi\rangle$, und Ω ist der Drehimpuls bezüglich der z'-Achse. Das ist genau die Größe, die schon in Bild 2.38 eingeführt wurde.

Wird das Verfahren vollständig durchgeführt, dann kann man mit den neuen EF die Termenergie in Abhängigkeit vom Deformationsparameter berechnen. Negatives δ bedeutet oblaten, $\delta > 0$ bedeutet prolaten Kernrumpf. Bild 2.48 enthält ein so gefundenes Energiediagramm von Ein-Teilchen-Energien. Die Details werden durch eine ganze Reihe von Parametern bestimmt (z.B. *B. Hird, K. H. Huang*, Can. J. Phys. **51** (1973) 956), die wir hier nicht weiter diskutieren können. Wichtig ist aber noch die *Bezeichnungsweise. Wenn δ groß ist*, dann verliert der $(\vec{l})^2$- und der $(\vec{l}\cdot\vec{s})$-Term an Bedeutung. Das *Energieschema* ist dann *allein durch* H_δ *bestimmt*. Dafür gelten aber die schon besprochenen Quantenzahlen: $|N n_3 \Lambda \Sigma\rangle$. Dies sind die sogenannten *asymptotischen Quantenzahlen*. Man schreibt sie in eckigen Klammern (mit Ausnahme von Σ) an den Term an (s. Bild 2.48 rechts). Die Parität der Zustände bleibt durch N bestimmt und ist $(-1)^N$. Außerdem ist in jedem Fall $\Omega = \Lambda + \Sigma$ gute Quantenzahl. Die Entstehung der Terme bei deformierten Kernen erläutern wir noch an den tiefsten Zuständen:

Der Zustand $\frac{1}{2}-$ ist entstanden aus $p_{3/2}$: $N = 1$, $n_3 = 1$, $\Lambda = 0$, $\Omega = \frac{1}{2}$

Der Zustand $\frac{3}{2}-$ ist entstanden aus $p_{3/2}$: $N = 1$, $n_3 = 0$, $\Lambda = 1$, $\Omega = \frac{3}{2}$

Der Zustand $\frac{1}{2}-$ ist entstanden aus $p_{1/2}$: $N = 1$, $n_3 = 0$, $\Lambda = 1$, $\Omega = \frac{1}{2}$

Der Zustand $\frac{3}{2}+$ ist entstanden aus $p_{5/2}$: $N = 2$, $n_3 = 1$, $\Lambda = 1$, $\Omega = \frac{3}{2}$

usw.

Wir beenden die *Diskussion der Kernmodelle* mit einem *Ausblick* auf heutige *aktuelle Untersuchungen*. Die Wechselwirkung zwischen Teilchen-„Bahnen" und Rumpfdeformation kann dazu führen, daß neben der kugelsymmetrischen Konfiguration eine neue deformierte Konfiguration die stabile ist (evtl. in Form eines langlebigen, sog. isomeren Zustandes). Neben der Untersuchung der bekannten Kerne bis $Z = 92$ spielt dies Phänomen eine große Rolle bei der Kernspaltung, dem Zerfall eines schweren Kerns in zwei etwa gleich große Bruchstücke (Fission). Es sind in diesem Zusammenhang viele Untersuchungen angestellt worden, von denen nur einige neuere zitiert seien: *S. G. Nilsson* und Mitarb., Nucl. Phys. **A131** (1969) 1, *A. Sobiczeswki* und Mitarb., ebda. S. 67, *J. Nix*, Ann. Rev. Nucl. Sci. **22** (1972) 65, *M. Brack* und Mitarb., Rev. mod. Phys. **44** (1972) 320, *M. Bolsterli* und Mitarb., Phys. Rev. **5C** (1972) 1050, *H. C. Pauli*, Phys. Rep. **7** (1973) 35. Für die potentielle Energie macht man sich eine Vorstellung, wie etwa in Bild 2.49 aufgezeichnet (*S. G. Nilsson, J. Damgaard*, Physica Scripta **6** (1972) 81). Man

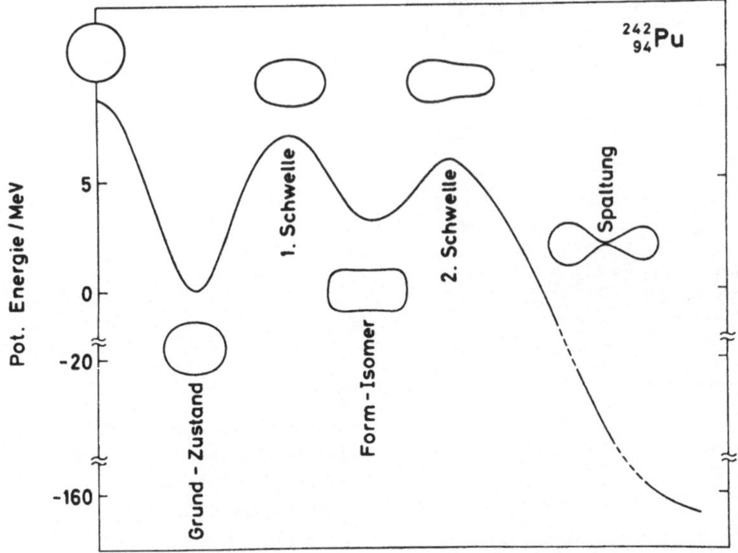

Bild 2.49 Schematischer Verlauf der potentiellen Energie schwerer Kerne bis zur Spaltung

kommt nicht mehr mit Deformation entsprechend Y_2^M aus, und bei größeren Deformationen entwickeln sich Zwei-Zentren-Kerne, die die quantenmechanische Behandlung von Teilchen-Zuständen erschweren. Besonderes Interesse haben diese Untersuchungen auch im Zusammenhang mit der Suche nach superschweren Elementen gewonnen, die evtl. als shape-Isomere genügend langlebig sein mögen.

In einer realistischen Theorie der WW von Teilchen mit deformierten Kernrümpfen hat sich auch eine Revision des Begriffes des Schalenabschlusses ergeben. Er war früher im Sinne der Atomphysik als Auffüllen einer Schale und Erreichen eines kugelsymmetrischen Zustandes mit Spin I = 0 definiert worden. Das ergab die Zahlenfolge 2, 8, 20, ... Auf der anderen, sozusagen auf der entgegengesetzten Seite steht das statistische Kernmodell: In ihm werden Potentialtöpfe nach der Art der Metallelektronenphysik aufgefüllt bis zu einer oberen (Fermi-)Grenze, und ein Schalenabschluß heißt dort, daß eine Anregung eines Nukleons über die Grenze hinweg einen hohen Energieaufwand kosten soll. Eine solche Konfiguration bedeutet eine große Energielücke im Anschluß an die Fermi-Grenze (z.B. beim ^{16}O). Es hat sich nun gezeigt, daß mit der Einführung der Kerndeformation in der Tat Schalenabschlüsse drastisch verschoben werden können. Davon gibt Bild 2.50 einen Eindruck (aus *M. Brack*, loc. cit.), wo deutlich wird, daß neue Energielücken z.B. bei ϵ = 0,6 entstehen, die stark ausgeprägt sind. Gerade die Untersuchung schwerer Kerne und hoher Anregungszustände wird in dieser Richtung neue interessante Resultate geben. Sie werden ein Arbeitsgebiet der Kernphysik mit schweren Ionen sein.

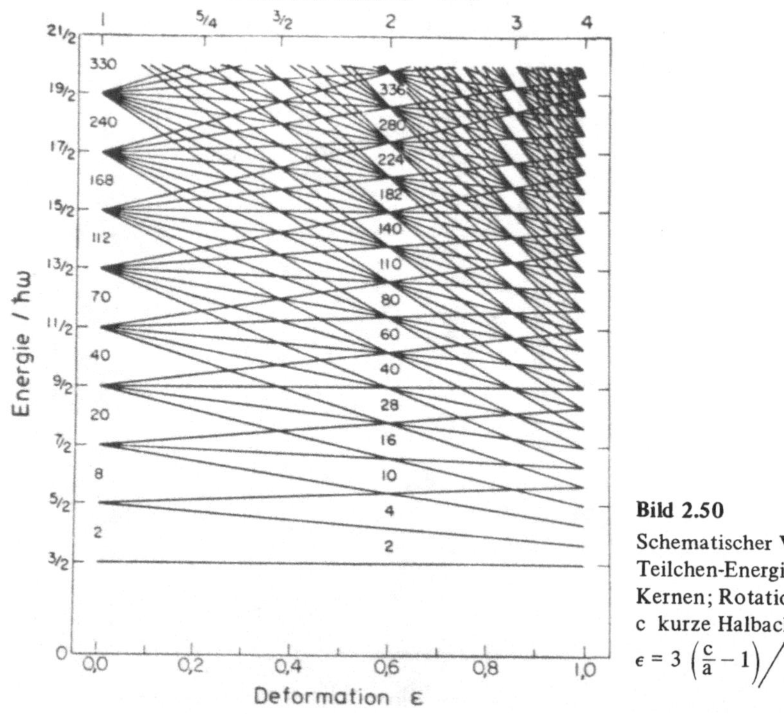

Bild 2.50

Schematischer Verlauf von Ein-Teilchen-Energien in deformierten Kernen; Rotationsellipsoid, a lange, c kurze Halbachse,

$$\epsilon = 3\left(\frac{c}{a} - 1\right)\Big/\left(2\frac{c}{a} + 1\right)$$

2.12 Nukleon-Nukleon-Wechselwirkung

Nach unserer heutigen Kenntnis unterliegen die Nukleonen (in dieser Ziffer zusammenfassend mit N bezeichnet) vier verschiedenen Wechselwirkungen, nämlich, abgestuft nach ihrer Stärke, der „starken", der „elektromagnetischen", der „schwachen" und der Gravitationswechselwirkung. Dabei sind die starke (sog. Kernkraft) und die schwache WW typisch nuklearer Natur und in der makroskopischen Physik unbekannt; das liegt an ihrer außerordentlich kleinen Reichweite. Die Gravitations-Wechselwirkung hingegen, die im täglichen Leben dominiert, spielt im mikroskopischen Geschehen wegen ihrer bei sehr kleinen Abständen vergleichsweise außerordentlich geringen Stärke keine Rolle. So beträgt die potentielle Energie der Gravitation zweier Nukleonen in 1 fm = 10^{-15} m Abstand nur $1{,}16 \cdot 10^{-36}$ MeV, verglichen etwa mit der elektromagnetischen Energie zweier Protonen von 1,44 MeV beim gleichen Abstand. Im Gegensatz dazu ist bei dieser Entfernung die starke Wechselwirkung noch um rund drei Zehnerpotenzen größer, fällt allerdings, ebenso wie die schwache Wechselwirkung, mit zunehmenden Abstand sehr schnell ab. Die Kernkraft ist von sehr kurzer Reichweite, etwa gleich der Konstanten R_0 in den Formeln für den Kernradius. Genaueres darüber sowie über weitere wichtige Eigenschaften dieser Wechselwirkung erfährt man nicht nur aus den Eigenschaften des einzigen gebundenen Nukleon-Nukleon-Systems, des Deuterons, sondern vor allem aus dem Studium der N-N-Streuzustände bei verschiedenen Energien unterhalb der Mesonenschwelle. Die dabei gemessenen Wirkungsquerschnitte lassen sich durch Streuphasen für die verschiedenen Partialwellen beschreiben (Ziff. 3.5). Diese zeigten, von Einzelheiten abgesehen, ein charakteristisches Verhalten: während sie bei niedrigen Energien teils positiv (attraktives Potential), teils negativ (repulsives Potential) sind, werden sie bei hohen Energien alle monoton negativ (Bild 3.33), die zugehörigen Kräfte werden stark abstoßend.

Für jeden Bahndrehimpulszustand ist niedrige Energie (große de Broglie-Wellenlänge) gleichbedeutend damit, daß der langreichweitige Anteil des N-N-Potentials den

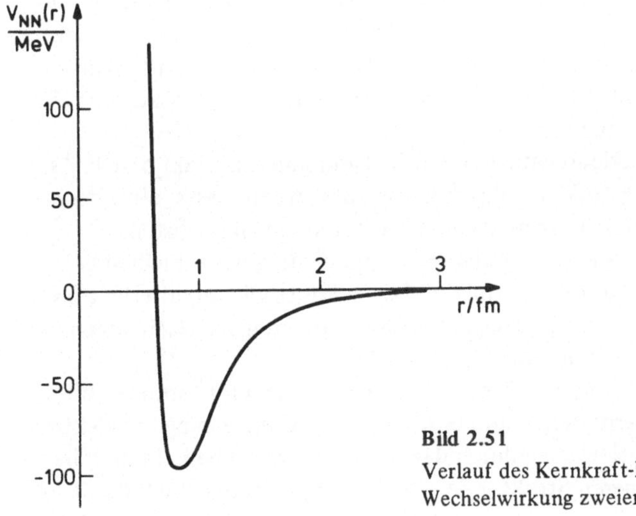

Bild 2.51

Verlauf des Kernkraft-Potentials V (r) der Wechselwirkung zweier Nukleonen

Wirkungsquerschnitt bestimmt, höhere und hohe Energie dagegen, daß die mittel- und kurzreichweitigen Anteile dominieren. Der qualitative radiale Verlauf des Kernpotentials V(r), der aus den experimentellen Ergebnissen folgt, ist in Bild 2.51 wiedergegeben: bei großen Entfernungen, etwa ab 1 ... 2 fm, fällt das Potential schnell ab und verschwindet asymptotisch. Bei mittleren Entfernungen, zwischen 0,5 fm und 1,0 fm, ist es stark attraktiv, d.h. *negativ* von der Größenordnung -100 MeV. Darunter wächst es sehr steil an zu hohen *positiven* Werten.

Unklar ist bis heute, ob das Potential bei abnehmendem Abstand über alle Grenzen wächst („hard core" Potential), oder ob es am Ursprung zwar sehr groß, aber doch endlich ist („soft core" Potential). Es hat nicht an Versuchen gefehlt, die Form des Kernpotentials aus den fundamentalen Prinzipien der Quantenfeldtheorie herzuleiten, doch stößt dieses Vorhaben auf so erhebliche Schwierigkeiten, daß es bis heute noch nicht befriedigend gelöst werden konnte (vgl. [13]).

Die *starke Wechselwirkung* wirkt nicht nur zwischen Nukleonen, sondern zwischen allen *Hadronen*, d.h. *Mesonen* und *Baryonen* (Tabelle 1.1). Sie wird daher oft auch als „hadronische Wechselwirkung" bezeichnet. Bei Laborenergien oberhalb von etwa 290 MeV können bei N-N-Stößen π-Mesonen erzeugt (und beobachtet) werden: $N + N \rightarrow N + N + \pi$. Unterhalb dieser Energieschwelle (Ziff. 3.2), bestimmt durch die Ruhmassen, ist die Erzeugung solcher realen Pionen verboten. Infolge der Unschärferelation sind jedoch während kurzer Zeitspannen Δt Unbestimmtheiten der Gesamtenergie des Systems von etwa $\Delta E = \hbar/\Delta t$ möglich, so daß für ein Nukleon die Emission eines Pions möglich ist, wenn dieses nur innerhalb der Zeit

$$\Delta t \approx \frac{\hbar}{mc^2} \tag{2.176}$$

reabsorbiert wird. Wegen seiner Ruhenergie $mc^2 = 140$ MeV beträgt diese „Lebensdauer" für das Pion rund $5 \cdot 10^{-24}$ s. Ein derartiges π-Meson nennt man „virtuell", da es zwischen Emission und Absorption nur so kurze Zeit existiert, daß es prinzipiell nicht „real" nachgewiesen werden kann. Nach unserer heutigen Vorstellung sind die Nukleonen stets von einer derartigen Wolke virtueller π-Mesonen umgeben (Emission und Reabsorption der Pionen erfolgen völlig unabhängig von ihrer Umgebung, also auch im Vakuum). Man spricht vom „physikalischen" Nukleon (engl.: "dressed" nucleon) im Gegensatz zum „nackten" Nukleon ("undressed" nucleon).

Ein Pion, das von *einem* Nukleon emittiert wurde, kann innerhalb von $5 \cdot 10^{-24}$ s (oder weniger) von einem *anderen* Nukleon absorbiert werden, wenn dieses, etwa beim N-N-Stoß, nur nahe genug ist, nämlich innerhalb einer Entfernung von höchstens $\Delta r = c \cdot \Delta t = \hbar/mc \approx 1{,}5$ fm (c als obere Grenzgeschwindigkeit). Insgesamt bleiben beim N-N-Stoß Energie und Impuls asymptotisch erhalten. Das heißt, es gilt Impulserhaltung und Energieerhaltung für Abstände und Zeiten weit ab vom Stoßereignis. Nach außen hin manifestiert sich der Pionenaustausch als die N-N-Wechselwirkung.

Die anschauliche Vorstellung einer Austauschwechselwirkung wird formal in die feldtheoretische Beschreibung übernommen und dort präzisiert. Ganz analog zur elektromagnetischen Wechselwirkung, beschrieben durch das elektromagnetische Feld und die Lichtquanten, ordnet man der inneren Struktur der Nukleonen, verantwortlich für deren

Quantenzahlen, Felder zu, deren Quanten unter virtuellem Austausch zwischen den Trägern des Feldes, den Hadronen, die Wechselwirkung hervorrufen. Die Feldquanten heißen Mesonen, und als leichtestes dieser Teilchengruppe kommen die π-Mesonen in Frage. Ihre Existenz wurde schon 1935 von *Yukawa* theoretisch vorhergesagt, aber erst 1947 durch *Powell* experimentell nachgewiesen.

Yukawa berechnete erstmals die Potentialform, die sich aus der Annahme eines Pionen-Austauschmechanismus' ergibt. Bild 2.52 veranschaulicht die kinematischen Verhältnisse. Derartigen Diagrammen, die nach bestimmten Regeln aufgestellt werden (Feynman-Graphen) und denen bestimmte mathematische Operationen entsprechen, kann man die Struktur der Übergangsamplituden der in Frage stehenden Prozesse unmittelbar entnehmen. Jedem Verzweigungspunkt (Vertex) entspricht eine Amplitude $a_i = \langle p_i | V_i | p_i' \rangle$ (hervorgerufen durch prozeßspezifische Vertexoperatoren V_i), und dem ausgetauschten Teilchen ein Operator der freien Bewegung (Propagator) der Form $(m^2 c^2 + p^2)^{-1}$, so daß die Gesamtamplitude

$$M(p_1, p_1', p_2, p_2') = a_1 \cdot \frac{1}{m^2 c^2 + p^2} \cdot a_2 \qquad (2.177)$$

ist. Dieser Übergangsamplitude entspricht in der Ortsdarstellung (Fouriertransformation) ein Potential der Form

$$V(r) \sim \frac{1}{r} \, e^{-\frac{mc}{\hbar} r}. \qquad (2.178)$$

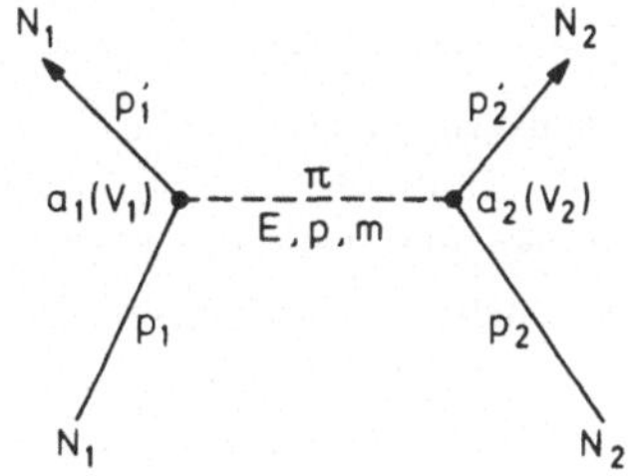

Bild 2.52

Feynman-Diagramm zur Nukleonen-Wechselwirkung als Pionenaustausch

Man nennt es *Yukawa-Potential* oder auch One-Pion-Exchange-Potential (OPEP), wobei $\hbar/mc$ die Comptonwellenlänge des ausgetauschten Pions ist. — Würde man hier $m = 0$ setzen (Quanten des elektromagnetischen Feldes), dann ergibt sich die Form der Coulomb-WW, $V(r) \sim 1/r$. — Das Potential (2.178) stimmt hervorragend mit dem experimentell gefundenen Kernpotential bei großen Abständen $r \geqslant 4$ fm überein, so daß der langreichweitige Teil der Kernkraft theoretisch gut gesichert ist.

Bei mittleren und kleinen Abständen dagegen sind die Verhältnisse nicht eindeutig. Gemäß Gl. (2.178) müssen entweder Teilchen größerer Masse oder gleichzeitig mehrere leichte Teilchen (Pionen) ausgetauscht werden. In Bild 2.53 sind verschiedene mögliche Terme angegeben. Term (a) beschreibt den eben besprochenen Ein-Pionen-Austausch. In (b) werden zwei Pi-Mesonen ausgetauscht; die Nukleonen verbleiben dabei im Grundzustand. Daneben besteht wie in (c) die Möglichkeit, daß beim Zwei-Pionen-Austausch (Two-Pion-Exchange-Potential, TPEP) eines der Nukleonen oder beide intermediär in einen angeregten Zustand als Δ-Resonanz gehoben werden. Schließlich können, wie in (d), zu jedem Mehrteilchen-Austausch Terme beitragen, bei denen die Teilchen „über Kreuz" an die Nukleonen gekoppelt werden. Außerdem können schwerere Vektormesonen, ins-

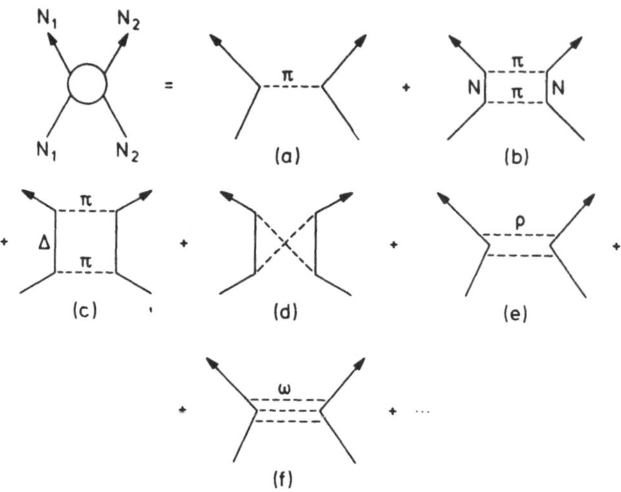

Bild 2.53 Diagramme für ein- und mehrfachen Teilchenaustausch in der Nukleon-Nukleon-Wechselwirkung

besondere die ρ- und die ω-Mesonen, d.h. 2π- bzw. 3π-Resonanzen, in Konkurrenz zum mehrfachen π-Austausch treten. Keiner dieser Terme ist nach heutigem Wissen zu vernachlässigen, so daß die Situation vieldeutig ist.

In dieser Situation ist der Einbau phänomenologischer Elemente in die Theorie unumgänglich. Dabei verbleiben offene Parameter, die an die experimentellen Ergebnisse angepaßt werden müssen. Bei diesem Vorhaben ist zunächst zu überlegen, welche Anteile in einem phänomenologischen Potential berücksichtigt werden müssen. Dabei lassen sich praktisch allein aus den Daten des Deuterons, des einzig gebundenen N-N-Zustandes, alle wesentlichen Beiträge zum N-N-Potential ablesen. Zunächst wurde in den vorhergehenden Abschnitten vielfach Gebrauch von zentralen Potentialen $V(\vec{r}) = V(|\vec{r}|)$ gemacht. Zu ihnen gehört etwa das Coulomb-Potential, das die Physik der Elektronenhülle der Atome in erster Näherung bestimmt.

An einzelnen Kernen werden weitere Abhängigkeiten sichtbar. Besonders instruktiv ist das Deuteron. Im Grundzustand ist der Spin $I = 1$, ein angeregter Zustand (Singulett-Zustand, $I = 0$) liegt um die Bindungsenergie des Deuterons höher (2 MeV). Man muß daraus schließen, daß die Wechselwirkung einen spin-abhängigen, zentralen Anteil enthält,

$$V(r) = V_r(r) + V_\sigma(r)\, \vec{\sigma}_1 \cdot \vec{\sigma}_2 . \tag{2.179}$$

Da die WW noch zentral ist, so ist der Bahndrehimpuls noch eine gute Quantenzahl. Zum Grundzustand des Deuterons gehört $I = 1$ und $L = 0$; würde V_σ verschwinden, dann würde das Deuteron im Verhältnis der statistischen Gewichte mit $I = 0$ und $I = 1$ vorkommen. Aus dem gemessenen Quadrupolmoment des Deuterons, $Q_D = 2,82 \cdot 10^{-27}\,\text{cm}^2$ im Grundzustand, folgt weiter, daß in der Kernkraft ein nichtzentraler Anteil vorhanden sein muß. Dieses Quadrupolmoment kann nämlich nur von Bahndrehimpulsen $L > 0$ hervorgerufen werden (ein reiner S-Zustand ist kugelsymmetrisch), aus Paritätsgründen

(Parität des Deuterons $\pi = +1$) also insbesondere durch einen D-Wellen-Anteil. Die Mischung verschiedener Bahndrehimpulszustände kann aber nur durch nichtzentrale Anteile in der Kernkraft verursacht werden, für die eine Tensorkraft gemäß

$$V_T(\vec{r}) = V_t(r)\,S_{12} \tag{2.180}$$

mit

$$S_{12} = \frac{1}{r^2}\,(\vec{\sigma}_1 \cdot \vec{r})\,(\vec{\sigma}_2 \cdot \vec{r}) - \frac{1}{3}\,(\vec{\sigma}_1 \cdot \vec{\sigma}_2) \tag{2.181}$$

angenommen wird. Dies ist die einfachste Form, bei der der räumliche Mittelwert Null ist. Der letzte wichtige Anteil zum N-N-Potential, der Spin-Bahn-Term, hängt von der relativen Orientierung des Kanalspins $\vec{S} = \vec{s}_1 + \vec{s}_2$ und des Bahndrehimpulses der Relativbewegung $\vec{L}$ ab und ist daher von grundsätzlich anderer Natur als alle bisher besprochenen Terme. Seine Bedeutung wird nicht nur durch den weitgehenden Erfolg des Schalenmodells der Atomkerne nahegelegt, dem gerade die Hinzunahme eines Spin-Bahn-Gliedes in die Modell-WW zum entscheidenden Durchbruch verhalf, sondern vor allem durch die experimentelle Beobachtung von Polarisationen bei der N-N-Streuung gefordert. Ein Term der Form

$$V_0(r) = V_{LS}(r)\,\vec{L} \cdot \vec{S}, \qquad \vec{S} = \vec{s}_1 + \vec{s}_2 \tag{2.182}$$

ist der einfachste mit allen in Betracht kommenden allgemeinen Invarianzforderungen verträgliche Ausdruck, der das Auftreten von Polarisationen zu erklären vermag. Insgesamt ergibt sich also

$$V(\vec{r}, \vec{s}_1, \vec{s}_2) = V_r(r) + V_\sigma(r)\,\vec{\sigma}_1 \cdot \vec{\sigma}_2 + V_t(r)\,S_{12} + V_{LS}(r)\,\vec{L} \cdot \vec{S}. \tag{2.183}$$

Auf dieser Basis ist eine große Zahl halbempirischer Potentiale entwickelt worden. Die darin auftretenden Parameter werden an die experimentellen Ergebnisse, insbesondere an die Streuphasen angepaßt. Angesichts der teilweise sehr großen Anzahl solcher offenen Parameter (bis über 30) ist dieses Verfahren allerdings nicht eindeutig.

3 Kernreaktionen

3.1 Übersicht, Schema experimenteller Untersuchungen

Eine Kernreaktion, bei der aus a und A die Kerne b und B entstehen, schreiben wir

$$a + A \to b + B \quad \text{oder} \quad A(a, b)\,B. \tag{3.1}$$

Dabei ist verabredungsgemäß a das Geschoßteilchen, das mittels eines Beschleunigers (wenn a mit Ladung versehen) oder auf andere Weise (Neutronen eines Reaktors) als gerichtetes Teilchenbündel mit einstellbar variabler Energie zur Verfügung stehen soll. In der Regel werden wir es mit leichten Geschoßteilchen zu tun haben (p, d, ^{3}He, t, α), jedoch werden in der Kernphysik mit schweren Ionen auch Geschosse bis zu Uran verwendet werden. Ist die Orientierung eines Kernspins für die Reaktion von Bedeutung, so wird ein Pfeil über das Symbol gesetzt. $A(\vec{a}, b)\,B$ heißt, daß mit polarisierten Teilchen a bestrahlt wird. Wie schon in Ziff. 1.3 besprochen, gehört zur Kernreaktion eine Energietönung (Q-$Wert$), die sich aus den Ruhmassen oder aus den kinetischen Energien der beteiligten Teilchen berechnen läßt,

$$Q = (m_a + m_A)\,c^2 - (m_b + m_B)\,c^2 = E_b + E_B - (E_a + E_A). \tag{3.2}$$

Bei elastischer Streuung ($a \equiv b$, $A \equiv B$) ist $Q = 0$, bei inelastischer Streuung ist $Q < 0$. Die Reaktion (3.1) stellt eine Kernreaktion mit nur 2 Teilchen als Endprodukt dar. Andere Reaktionstypen sind

$$a + A \to b + B^* \to b + b_1 + b_2 \qquad \text{(der Endkern } B^* \text{ ist Teilchen-instabil)} \tag{3.1a}$$

$$\to c_1 + c_2 + c_3 \qquad \text{(Drei-Teilchen-Reaktion, schwierig} \tag{3.1b}$$
$$\text{von (3.1a) zu unterscheiden)}$$

$$\to d_1 + d_2 + d_3 + ... + d_n \qquad \text{(n-Teilchen-Reaktion)} \tag{3.1c}$$

Wesentlich einfacher theoretisch zu behandeln und experimentell zu untersuchen ist der Typ (3.1a), er wird daher hier fast ausschließlich besprochen. Natürlich werden auch Reaktionen vorkommen, wo $B^* \to B_0 + \beta^\pm$ oder $B^* \to B_0 + \gamma$. Im Prinzip erzielt man dann durch die Kernreaktion radioaktive Kerne. Ihr Studium kann von der Beschleunigerpyhsik abgetrennt werden, wenn die Halbwertszeit genügend lang ist (mindestens von der Größenordnung 1 Sekunde). Sonst spricht man von in-beam-Experimenten.

Bild 3.1 enthält eine Skizze der allgemein verwendeten Anordnung. T ist das Target (englisch: Zielscheibe), das die Kerne A enthält. Die bei der Reaktion entstandenen Teilchen sollen in einem Detektor D registriert werden, von dem wir annehmen, daß er für jedes Teilchen b, das ihn erreicht, ein elektrisches Signal abgibt, dessen Höhe h proportional zur Teilchenenergie ist. Der Monitor-Detektor M ist im Prinzip genauso wie der Meßdetektor beschaffen. Wir besprechen im folgenden die Funktionsweise und Aufgabe der dargestellten Einrichtung.

Das *Target* wird als „dünnes" oder „dickes" Target verwendet. Dünn ist es dann, wenn seine Dicke klein gegenüber der Reichweite der Teilchen a ist. Dann wird der Teilchenstrahl hinsichtlich der Energie nur wenig gebremst, auch wird die Gesamtreaktionsrate nur gering sein, so daß er fast ungeschwächt durch das Target hindurchgeht. Im nachgeschalteten Auffänger (Faraday-Becher) kann er mit einem Galvanometer gemessen werden, heute als Integrator ausgebildet: man mißt die in der Meßzeit aufgelaufene Ladung und ist damit unabhängig von Registrierungsproblemen bei Stromschwankungen. Der Strom der Teilchen a muß gemessen werden, wenn quantitative Angaben über die Reaktionswahrscheinlichkeit zu machen sind. – Selbstverständlich soll das Target auch so dünn sein, daß die in ihm entstehenden Reaktionsprodukte dieses verlassen können. Anhand von Energie-Verlust-Daten (aus Tabellenwerken) hat man zu entscheiden, welches die zu verwendende Targetdicke ist. Das Target ist „dick", wenn es dicker als die Reichweite der eingeschossenen oder entstandenen Teilchen ist.

Der Detektor wird bezüglich eines zunächst frei wählbaren Koordinatensystems (mit Zentrum im Target) beim Winkel ϕ, θ (Polarkoordinaten) aufgestellt. Die z-Achse wird überwiegend identisch mit der Richtung der einfallenden Teilchen a gewählt, kann aber auch z.B. als identisch mit der Richtung der Normalen auf der Reaktionsebene gewählt werden, die durch den Impuls von a und von b definiert ist. Im gleichen Koordinatensystem steht der Monitor-Detektor bei den Winkeln ϕ_M, θ_M, braucht also nicht in der Zeichenebene wie in Bild 3.1 zu liegen. Die Detektoröffnungen (durch einsetzbare Blenden definierbar) sind die Raumwinkel $\Delta\Omega_D$ und $\Delta\Omega_M$. In der Zeichnung wurden symbolisch sogenannte Festkörper-Detektoren (Halbleiter-Dioden aus dotiertem Si oder Ge) eingezeichnet. Sie werden in der Regel so dick gewählt, daß die zu registrierenden Teilchen sich im empfindlichen Material totlaufen, also ihre ganze kinetische Energie abgeben (Protonen von 10 MeV, Detektordicke mindestens 0,5 mm). Verschiedene Teilchenarten (p, d, α, ...) können nur mit experimentellen Kunstgriffen unterschieden werden (Detektor-Teleskope als Teilchen-Diskriminatoren), entsprechend Bild 3.1 würden sie nur nach Energie sortierbar sein: Alle einlaufenden Teilchen (Ansprechwahrscheinlichkeit für schwere Teilchen wie Protonen usw. in der Regel 100 %) besitzen ein Energiespektrum, dessen Abbild das elektrische Pulshöhenspektrum ist, das in einem Vielkanal-Analysator gespeichert werden kann und dann für die Auswertung zur Verfügung steht. – Anstelle der Festkörper-Detektoren, die seit ca. 20 Jahren hauptsächlich in der Meßtechnik mit Ionen verwendet werden, werden als Präzisionsgeräte auch magnetische Spektrometer verwendet, bei denen die Selektion der Teilchen bezüglich ihrer Impulse

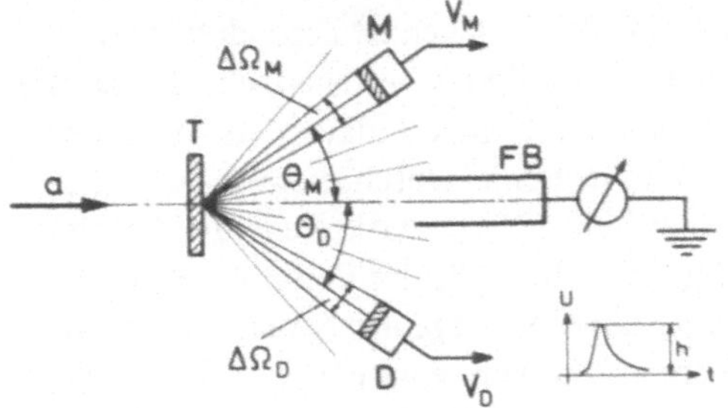

Bild 3.1
Experimentelle Anordnung zur Untersuchung von Kernreaktionen, U elektrisches Signal eines Detektors

erfolgt. Wegen der andersartigen Selektionsweise stellen sie ein manchmal unerläßliches zusätzliches Nachweismittel dar. Bei ihnen braucht der eigentliche Detektor (in der Bild-fläche des Spektrometers) nicht mehr bestimmte Dispersionseigenschaften zu haben.

Es kann sein, daß die gesuchten Teilchen im Spektrum des Detektors leicht auf-findbar sind, es kann aber auch erst eine relativ komplizierte Analyse zum Ziel führen. Findet man *mehrere Teilchen„linien"* von b, so zeigen sie, daß der *Endkern B in verschie-denen Anregungsstufen* entsteht, und aus dem Energiespektrum lassen sich die Anregungs-energien bestimmen, s. Bild 3.2 für ^{40}Ca. (Man vergleiche damit das Schema von Bild 1.12: Von links kommend können angeregte Zustände von ^{9}Be gefunden werden.) Ist es gelun-gen, im Detektorspektrum das gesuchte Teilchen b herauszupräparieren, dann können an diesem verschiedene Grundstudien angestellt werden.

a) Die *Winkelverteilung* der Teilchen wird gemessen, indem der Detektor in einem bestimmten Winkelbereich um das Target geführt und die Zählrate $\dot{Z}$ (Teilchenanzahl durch Meßzeit) registriert wird. Werden keine polarisierten Teilchen verwendet, dann liegt keinerlei Auszeichnung des Winkels ϕ um die Strahlachse vor, daher ist die Winkel-verteilung nur als Funktion von θ interessant $\dot{Z} = \dot{Z}(\theta)$. Eine solche Messung ist stets mit einem gewissen (evtl. großen) Zeitaufwand verbunden. In dieser Zeit kann das Target einen Abbrand haben (Zerstäubung), es können auch Verunreinigungen abgelagert werden. Daher muß die Messung stets mit der Zählrate in einem Monitor M verglichen werden. So kann aber mit aller gewünschten Präzision die Winkelverteilung gemessen werden.

b) Die Ermittlung des *Wirkungsquerschnitts* (WQ) erfordert neben der Messung der Zählrate $\dot{Z}$ auch die Kenntnis aller sonstigen Daten, wie z.B. Targetdicke, Detektoröff-nung, und vor allem die Kenntnis des einfallenden Teilchenstroms. Prinzipiell braucht eine Absolutmessung nur bei einer Winkelstellung ausgeführt zu werden, wenn die Win-kelverteilungsmessung nach a) erfolgt.

c) Während das Energiespektrum im Detektor über die stattfindenden Reaktionen Auskunft gibt, insbesondere auch über Anregungsstufen der Endkerne, gibt eine andere Messung Auskunft über Anregungszustände von *Zwischen-* oder *Compound*-Kernen: Man untersucht den *Wirkungsquerschnitt als Funktion der Einschußenergie* E_a. Das Ergebnis einer solchen Messung ist die *Anregungsfunktion*. Sie kann scharf ausgeprägte Maxima des Reaktions-WQ aufweisen. Diese werden mit dem *N. Bohrschen Modell* des *Ablaufs einer Kernreaktion* gedeutet: Das einlaufende Teilchen (in Bild 1.12 etwa ^{3}He) verschmilzt mit dem Targetkern (^{7}Li) zu einem Zwischen- oder Compoundkern (^{10}B) in einem hoch angeregten Zustand (im Bild 20 MeV), aus dem das Teilchen b (hier ein Proton p) emittiert wird (oder übrigens auch wieder a, also ^{3}He). Werden Maxima des WQ gefunden, dann liegt eine *Resonanz* vor, die WW der Teilchen ist besonders intensiv, und in der Resonanz kann der Zwischenkern eine gewisse Zeit τ bestehen, ehe der Zerfall erfolgt. Das Auffinden eines Maximums bedeutet für den Compoundkern das Auffinden eines *Resonanzniveaus*, dessen Breite aus der Heisenbergschen Unschärferelation folgt, $\Gamma = \hbar/\tau$. Diese Zustände liegen, weil oberhalb einer Teilchen-Separationsenergie, für diese Teilcheneingangs-Gruppe im Kontinuum des Anregungsbereichs des Compoundkerns: man nennt sie ins Kontinuum eingebettet. Man bestätigt die Lage der Niveaus durch Aus-führung einer Reaktion, bei der der fragliche Kern als Endkern entsteht. – In Bild 2.29 ist an beiden Seiten des Schemas von ^{16}O eine Vielzahl von WQ-Verläufen eingezeichnet,

Bild 3.2

Streuung von α-Teilchen am Kern ^{40}Ca (*M. J. A. de Voigt, D. Cline, R. N. Horoshko,* Phys. Rev. 10C (1974) 1789). Die Streulinien (b) verifizieren das Energieschema (a). Die Intensitätsverhältnisse müssen mit einer Streutheorie erklärt werden. – Aufnahme des Spektrums (b) mit einem Magnetspektrometer mit Fotoplatte und Zählung der α-Spuren; --- Plattengrenze; $E_x \,\hat{=}\,$ Entfernung auf der Fotoplatte.

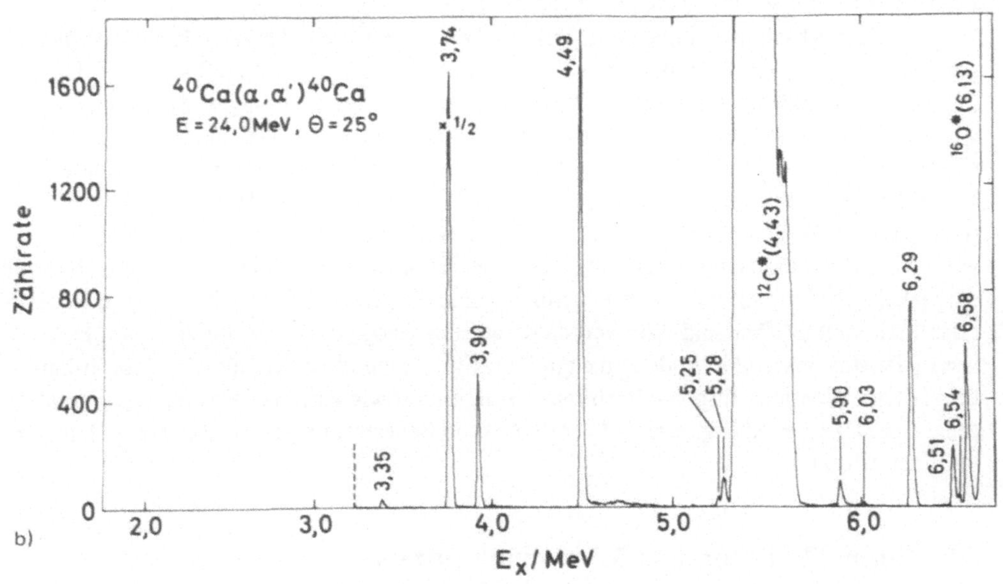

aus denen zu ersehen ist, mit welchen Messungen entsprechende Niveaus in ^{16}O gefunden wurden.

d) Die Untersuchung von Kernreaktionen vom Typ (3.1a), (3.1b) und allgemein (3.1c) erfordert, daß man zusammengehörige Teilchen registriert, z.B. in (3.1a) die Teilchen b und b_1 oder b und b_2 oder b_1 und b_2. Sicher sind dazu zwei Detektoren $D_1(\phi_1, \theta_1)$ und $D_2(\phi_2, \theta_2)$ notwendig, die zudem so geschaltet sein müssen, daß nur dann eine Teilchenregistrierung erfolgt, wenn beide Detektoren gleichzeitig von zwei Teilchen erreicht werden. Das läßt sich elektrisch nur im Rahmen eines gewissen kleinen Zeitintervalls (etwa 10^{-9} s) eingrenzen. Eine solche Messung ist eine *Koinzidenzmessung*. Man mißt die Koinzidenzrate $\dot{Z}(\phi_1, \theta_1, \phi_2, \theta_2)$, und solche Messungen sind in der Regel besonders zeitraubend und erfordern hohen elektronischen Aufwand. Es ist dies die Domäne der Messungen mit on-line-computern.

e) Die Reaktionen mit vielen Teilchen im Endzustand (Typ (3.1c)) werden in der Zukunft in der *Kernphysik mit schweren Ionen* (heavy ion physics) untersucht: bei hinreichend hoher Energie der eingeschossenen Teilchen (10 MeV je Nukleon; ist die Nukleonenzahl von a z.B. 100, so muß die Einschußenergie 1000 MeV betragen) können im Prinzip sehr viele Reaktionsprodukte entstehen. Um die Gleichzeitigkeit der Emission von Teilchen zu untersuchen, geht man z.Zt. so vor, daß ein Detektor mit Massen- und Energie-Bestimmungseinrichtung ausgerüstet wird und daneben N andere Detektoren eingesetzt werden, die anzeigen, ob mit dem Hauptteilchen gleichzeitig noch 1, 2, 3, ... , p andere entstanden sind (p-fach Koinzidenzen). Statistische Aussagen (neben anderen Untersuchen) geben dann Auskunft über die Häufigkeitsverteilung der Beteiligung der Drehimpulse an der Reaktion. Es handelt sich um elektronisch aufwendige Messungen, die noch am Anfang der Entwicklung stehen (z.B. [41]).

f) Zum Abschluß sei noch eine kurze *Übersicht über die theoretischen Methoden* gegeben, von denen im folgenden nur eine Auswahl besprochen werden kann. Alle Theorien von Kernreaktionen benutzen quantenmechanische Beschreibungen. Sie können teilweise vereinfacht werden durch Übernahme der Vorstellung von Teilchenbahnen, insbesondere bei Streu-Problemen mit schweren Teilchen. Vielfach benutzt man stationäre Methoden: Im *Eingangskanal* (a + A) bestehe eine ebene einlaufende Welle und man fragt nach den Wellenamplituden in den möglichen *Ausgangskanälen* (b + B). Der WQ wird dann durch eine Übergangs-Matrix gegeben. Parallel dazu ist die Wellenpaket-Methode entwickelt worden, mit welcher sehr grundlegende Fragen z.B. der Einhaltung des Kausalitätsprinzips aufgreifbar sind. Wir werden darauf nur gelegentlich zur Stützung von Ergebnissen der stationären Methode zurückgreifen. Fundamental ist die Gültigkeit von Erhaltungssätzen: Energie-, Impuls-, Drehimpulserhaltung sowie Paritäts-, Isospin- usw. Erhaltung. Geradezu das Rückgrat aller Theorien ist die Beherrschung der Kinematik [2], daher beginnen wir damit.

3.2 Kinematik, Labor- und Schwerpunktsystem

Bild 3.3 enthält das Geschwindigkeitsdiagramm im *Labor-System (L-System)*, das gekennzeichnet ist durch *in Ruhe befindliche Targetkerne* A. Das *Schwerpunktsystem*

(S-System) ist dadurch gekennzeichnet, daß in ihm die Schwerpunktgeschwindigkeit verschwindet und (gleichbedeutend) *die Summe der Teilchenimpulse null ist*. Wir bezeichnen grundsätzlich die kinematischen Größen des Laborsystems mit großen, diejenigen des Schwerpunktsystems mit kleinen Buchstaben. Der Übergang vom einen in das andere System wird durch eine L-S-Transformation vermittelt, die physikalisch nur auf die Addition bzw. Subtraktion der Schwerpunktgeschwindigkeit hinausläuft. Wirken keine äußeren Kräfte bei der Reaktion, so sind der Gesamtimpuls und die Gesamtenergie konstant. Dies ergibt schon wichtige Aussagen für den Zusammenhang der Geschwindigkeiten nach Abschluß der Reaktion mit denjenigen vor Beginn der Reaktion. Wir rechnen vorerst durchweg nicht-relativistisch.

Der konstante Gesamtimpuls ist

$$\vec{P} = \vec{P}_a + \vec{P}_A = M\vec{V}_s = m_a\vec{V}_a = \vec{P}_b + \vec{P}_B, \qquad (3.3)$$

mit $M = M_a + M_A$ gleich der „Masse des Schwerpunktes".

Es folgt

$$\vec{V}_s = \frac{m_a}{m_a + m_A}\,\vec{V}_a, \qquad\qquad (3.4)$$

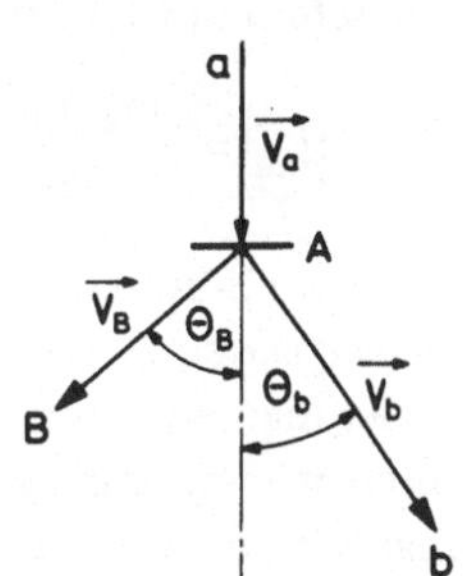

Bild 3.3 Geschwindigkeiten und Winkel im Laborsystem

und für die kinetische Energie des Schwerpunktes

$$E_s = \frac{1}{2}MV_s^2 = \frac{1}{2}(m_a + m_A)\frac{m_a^2 V_a^2}{(m_a + m_A)^2} = \frac{m_a}{m_a + m_A}E_a.$$

$$(3.5)$$

Die Energie der Schwerpunktsbewegung steht für eine Reaktion nicht zur Verfügung, sie ist jedoch umso kleiner, je kleiner die Masse m_a des Geschoßteilchens relativ zur Masse des Targetkerns m_A ist. Daher rührte lange Zeit eine gewisse Bevorzugung von leichten Geschoßteilchen (p, n, d). Mit dem Bau großer Beschleuniger ist das Argument nicht mehr so wichtig. Im *Schwerpunktsystem* steht damit nur noch die *Energie zur Verfügung*

$$e_{aA} = E_a - \frac{m_a}{m_a + M_A}E_a = \frac{m_A}{m_a + m_A}E_a. \qquad (3.6)$$

Das läßt sich auch wie folgt zeigen. Die Geschwindigkeiten von a und A sind im Schwerpunktsystem

$$\vec{v}_a = \vec{V}_a - \vec{V}_s = \frac{m_a}{m_a + m_A}\vec{V}_a, \quad \vec{v}_A = -\vec{V}_s = -\frac{m_a}{m_a + m_A}\vec{V}_a, \qquad (3.7)$$

und die Impulssumme verschwindet,

$$\vec{p}_a + \vec{p}_A = m_a\vec{v}_a + m_A\vec{v}_A = 0. \qquad (3.8)$$

Beim Übergang ins Schwerpunktsystem ändert sich übrigens die *Relativgeschwindigkeit* der beiden Teilchen nicht, sie ist *invariant*

$$\vec{V}_a - \vec{V}_A = \vec{V}_a = \vec{V}_a - \vec{V}_s + \vec{V}_s = \vec{v}_a - \vec{v}_A = \vec{v}_{rel}, \tag{3.9}$$

und das gilt auch bei einem Übergang in jedes andere Koordinatensystem, das sich nur um eine konstante Geschwindigkeit unterscheidet (Inertialsysteme). Die *kinetischen Energien* im S-System und die gesamte kinetische Energie sind damit

$$e_{aA} = e_a + e_A = \frac{1}{2} m_a v_a^2 + \frac{1}{2} m_A v_A^2 = \frac{m_A}{m_a + m_A} E_a = \frac{1}{2} \mu_{aA} v_{rel}^2, \tag{3.10}$$

wie schon in Gl. (3.6) dargelegt, und mit der reduzierten Masse

$$\mu_{aA} = \frac{m_a m_A}{m_a + m_A}, \quad \frac{1}{\mu_{aA}} = \frac{1}{m_a} + \frac{1}{m_A}. \tag{3.10a}$$

Im S-System ist bei Abwesenheit äußerer Kräfte auch die Summe der *Impulse der auslaufenden Teilchen* null, $\vec{p}_b + \vec{p}_B = 0$, d.h. die beiden Teilchen b und B laufen zueinander diametral aus dem Reaktionszentrum: Wird b unter ϑ_b emittiert, dann wird B unter $\pi - \vartheta_b$ emittiert ($\varphi_b = 0$, $\varphi_B = \pi$). Die Kinematik kann keinerlei Aussage darüber machen, mit welcher Wahrscheinlichkeit ein Emissionswinkel ϑ vorkommt, sondern das geschieht in der Dynamik und wird durch den Wirkungsquerschnitt $d\sigma/d\omega = d\sigma/(\sin \vartheta d\vartheta d\varphi)$ beschrieben. Im S-System gelten damit die Beziehungen für Betrag und Richtung der vorkommenden Geschwindigkeiten wie folgt (Bild 3.4)

$$m_a v_a = m_A v_A = m_A V_s, \tag{3.11a}$$

$$m_b v_b = m_B v_B, \tag{3.11b}$$

$$V_b \sin\theta_b = v_b \sin\vartheta_b, \tag{3.11c}$$

$$V_b \cos\theta_b = v_b \cos\vartheta_b + V_s. \tag{3.11d}$$

Ganz entsprechende Winkelbeziehungen wie Gln. (3.11c) und (3.11d) gelten natürlich auch für das Teilchen B.

Bevor die Winkelbeziehungen in eine kompakte Form gebracht werden, schreiben wir noch die *Energiebeziehungen* auf. Die *Reaktionsenergie* hatten wir bisher im Laborsystem definiert durch die Forderung der Erhaltung der relativistischen Gesamtenergie:

$$Q = (m_a + m_A) c^2 - (m_b + m_B) c^2 = E_b + E_b - (E_a + E_A), \tag{3.12}$$

Bild 3.4

Geschwindigkeiten und Winkel im Schwerpunkt- und im Laborsystem

worin $E_A = 0$ zu setzen ist (das Target ist im L-System in Ruhe). Im Schwerpunktsystem wäre die entsprechende Definitionsgleichung

$$q = (m_a + m_A)c^2 - (m_b + m_B)c^2 = e_b + e_B - (e_a + e_A) = e_{bB} - e_{aA}. \qquad (3.12a)$$

Die Ruhmassen sind (auch relativistisch) invariant, die Transformation der kinetischen Energien liefert jedoch für ihre Summen einen kleinen Unterschiedsbetrag der Größenordnung $E_a/(m_a + m_A)c^2$, der verschwindet, wenn korrekt relativistisch zwischen S- und L-System transformiert wird. Rechnet man im allgemeinen mit den Nukleonenzahlen außer bei der Definition von Q(!), dann verschwindet der Unterschied von q und Q ebenfalls. Solange die kinetische Energie E_a vernachlässigbar ist gegenüber der Ruhenergie $(m_a + m_A)c^2$, können wir demnach auch nicht-relativistisch $q = Q$ setzen.

Zunächst findet man aus Gl. (3.12a) unter Benutzung von Gl. (3.11b)

$$e_b + \frac{m_b}{m_B} e_b = e_{aA} + Q = \frac{m_A}{m_a + m_A} E_a + Q,$$

also

$$\frac{e_b}{E_a} = \frac{m_B}{m_b + m_B} \frac{m_A}{m_a + m_A} \left[1 + \frac{m_a + m_A}{m_A} \frac{Q}{E_a} \right]. \qquad (3.13)$$

Es folgt: Die Teilchenenergien e_b und e_B sind unabhängig vom Emissionswinkel ϑ_b und ϑ_B im S-System. Dagegen sind die entsprechenden Energien E_b und E_B im L-System sehr wohl von θ_b und θ_B abhängig. Um dies zu zeigen, führen wir zunächst eine Hilfsgröße ζ_b (bzw. ζ_B) ein, mit der man viele kinematische Zusammenhänge sehr kompakt schreiben kann. Aus Bild 3.4 lesen wir die Beziehung ab

$$\frac{v_b}{\sin\theta_b} = \frac{V_s}{\sin(\vartheta_b - \theta_b)},$$

die sich mit der Definition von

$$\zeta_b = \frac{V_s}{v_b} = \frac{\text{Schwerpunktgeschwindigkeit}}{\text{Teilchengeschwindigkeit im Schwerpunktsystem}} \qquad (3.14)$$

sehr einfach als

$$\sin(\vartheta_b - \theta_b) = \zeta_b \sin\theta_b \qquad (3.15)$$

schreiben läßt. Eine ganz entsprechende Beziehung gilt mit dem Index B für das Teilchen B.

Die Größe ζ kann grundsätzlich zwischen 0 und ∞ liegen. Sie wird bei exothermen Reaktionen häufig klein sein, sie kann, besonders bei endothermen Reaktionen, aber auch sehr groß sein und ist die beherrschende Größe für alle Winkelbeziehungen. Bild 3.5b enthält ein Übersichtsdiagramm. Ist $\zeta \geqslant 1$ ($V_s \geqslant v_b$), dann gibt es im *L-System einen Grenzwinkel* θ_{grenz}, außerhalb dessen die Teilchen b nicht beobachtet werden können. Man mache sich dies anhand von Geschwindigkeitsdiagrammen mit geeignet gewählten Geschwindigkeiten klar.

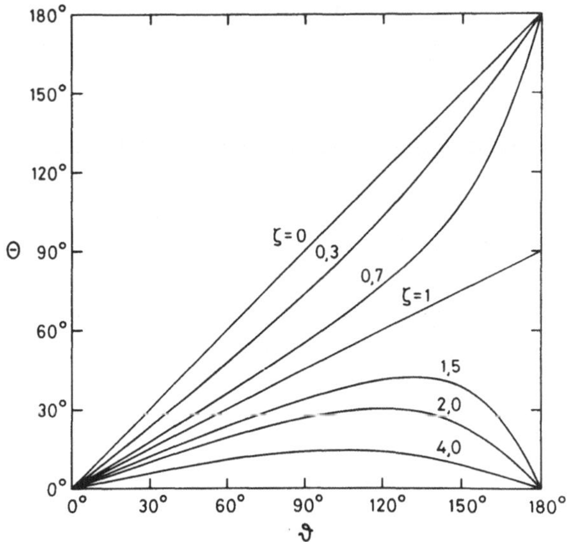

Bild 3.5
Zusammenhang zwischen Emissionswinkel ϑ im S-System und θ im L-
System

Bei $\zeta > 1$ ist der Grenzwinkel definiert durch

$$\zeta \sin \theta_{gr} = 1,$$
$$\sin \theta_{gr} = 1/\zeta. \tag{3.16}$$

Der Wert von ζ *für eine bestimmte Reaktion* folgt aus Massen und Energien. Man findet

$$\zeta_b = \frac{m_a}{m_a + m_A} \, V_a \left(\frac{2e_b}{m_b}\right)^{-1/2} = \left[\frac{m_B m_A}{m_b m_a} \, \frac{m_a + m_A}{m_b + m_B} \left(1 + \frac{m_a + m_A}{m_A} \, \frac{Q}{E_a}\right)\right]^{-1/2}. \tag{3.17}$$

Da Q selbst aus den Massen berechenbar ist, so ist ζ_b nur von den Massen und E_a abhängig. Es ist aber bequem, Q in der Formel stehen zu lassen. Sie vereinfacht sich noch
dadurch, daß bei Verwendung der Nukleonenzahlen anstelle der Massen der Ausdruck
$(m_a + m_A)/(m_b + m_B) = 1$ ist.

Anhand der Beziehung (3.17) kann man sehr einfach den Spezialfall der *endothermen Reaktion* untersuchen. Dabei ist $Q < 0$, und der Radikand des Wurzelausdrucks
muß durch ausreichend hohe Einschußenergie E_a positiv gehalten werden,

$$\frac{m_a + m_A}{m_a} \, \frac{Q}{E_a} + 1 \geqslant 0.$$

Das führt zu einer minimalen Einschußenergie (auch *Schwellen-* oder *Einsatzenergie*
genannt)

$$E_{a,\,Einsatz} = - \frac{m_a + m_A}{m_A} \, Q. \tag{3.18}$$

Erst oberhalb dieser kann die infrage stehende Reaktion stattfinden. Zu dem Wert
$E_a = E_{a,\,Einsatz}$ gehört dann $\zeta_b = \infty$ und damit nur $\theta_b = 0°$: Die entstehenden Teilchen
werden in die Vorwärtsrichtung emittiert. Mit wachsender Einschußenergie erweitert
sich der Emissionswinkelbereich.

Es ist wichtig, sich zu überlegen, wie viele und welche Größen man messen muß, um die Kinematik vollständig zu bestimmen. Im Ausgangskanal (b, B) hat man 6 Impulse zu ermitteln. Energie- und Impulssatz liefern 4 Beziehungen, so daß noch zwei unabhängige Messungen auszuführen sind. Als solche nimmt man am einfachsten einen Winkel und die unter diesem Winkel auftretende Teilchenenergie, also θ_b und E_b. Aus dem Impulsdiagramm (Bild 3.6) folgt

$$\frac{1}{2m_B} P_B^2 = \frac{1}{2m_B} (P_a^2 + P_b^2) - \frac{1}{2m_B} 2 P_a P_b \cos\theta_b,$$

$$E_B = \frac{m_b}{m_B} E_b + \frac{m_a}{m_B} E_a - 2 \frac{\sqrt{m_a m_b}}{m_b} \sqrt{E_a E_b} \cos\theta_b, \tag{3.19}$$

also mit dem Energiesatz

$$E_B = Q - E_b + E_a,$$

$$Q = \left(1 + \frac{m_b}{m_B}\right) E_b - \left(1 - \frac{m_a}{m_B}\right) E_a - 2 \frac{\sqrt{m_a m_b}}{m_B} \sqrt{E_a E_b} \cos\theta_b. \tag{3.20}$$

Dies ist die *Q-Wert-Gleichung*: Allein aus der Messung der Energie E_b unter dem Winkel θ_b folgt der Q-Wert der Reaktion, jedoch muß man wissen, welches die Teilchenmassen oder wenigstens die Nukleonenzahlen sind, und dessen ist man sich nicht unbedingt sicher. Ferner folgt aus Gl. (3.19), daß mit E_b und θ_b auch E_B bestimmt ist, außerdem folgt aus dem Geschwindigkeitsdiagramm von Bild 3.6, daß auch e_b angebbar ist, nämlich

$$e_b = \frac{1}{2} m_b v_b^2 = \frac{1}{2} m_b (V_b^2 + V_s^2 - 2 V_b V_s \cos\theta_b)$$

$$= E_b + \frac{m_a m_b}{(m_a + m_A)^2} E_a - 2 \frac{\sqrt{m_a m_b}}{m_a + m_A} \sqrt{E_a E_b} \cos\theta_b. \tag{3.21}$$

Anwendung: Ist man sich nicht sicher, das richtige Teilchen b erfaßt zu haben, so hilft eine Koinzidenzmessung weiter: man verwendet einen 2. Detektor und sucht den Winkel θ_B auf, bei dem koinzidente Teilchen registriert werden. Man mißt demnach θ_b, θ_B und E_b. Direkte Anwendung des Impulssatzes im L-System (Gl. (3.2)) führt auf die Beziehungen

$$\sqrt{m_a E_a} = \sqrt{m_B E_B} \cos\theta_B + \sqrt{m_b E_b} \cos\theta_b,$$

$$\sqrt{m_b E_b} \sin\theta_b = \sqrt{m_B E_B} \sin\theta_B.$$

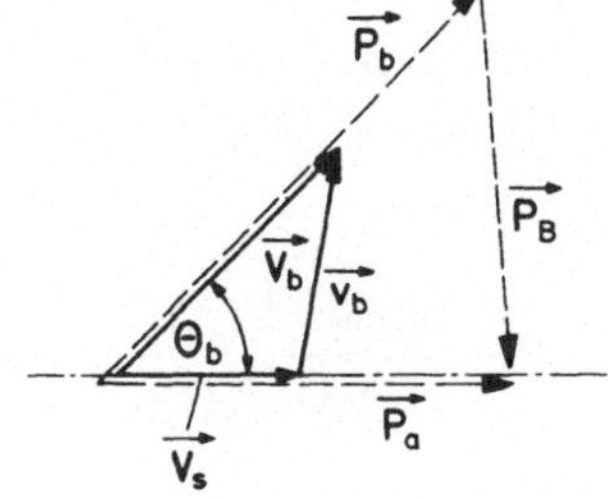

Bild 3.6
Geschwindigkeits- und Impulsvektoren

Die Größe $\sqrt{m_B E_B}$ wird aus der 2. in die 1. Beziehung eingetragen. Das führt auf

$$\sqrt{m_a E_a} = \sqrt{m_b E_b} \, \frac{\sin\theta_b}{\sin\theta_B} \cos\theta_B + \sqrt{m_b E_b} \cos\theta_b$$

$$= \sqrt{m_b E_b} \, \sin\theta_b \, (\cot\theta_B + \cot\theta_b)$$

und schließlich auf

$$m_b = m_a \frac{E_a}{E_b} \left[\sin^2\theta_b \, (\cot\theta_B + \cot\theta_b)\right]^{-2}. \tag{3.22}$$

So kann man zum Beispiel bei Reaktionen schwerer Ionen, bei denen viele verschiedene Teilchen entstehen können, ihre Masse mittels einer Koinzidenzmessung bestimmen. Man wählt $\theta_b = 90°$; dann vereinfacht sich Gl. (3.22) zu

$$m_b = m_a \frac{E_a}{E_b} \tan^2\theta_B. \tag{3.23}$$

Man beachte, daß nur e_b allein aus der Kenntnis von m_a (Geschoß), m_b (registriertes Teilchen), m_A (Target) und E_a, E_b, θ_b bestimmt werden kann. Die beiden anderen Größen E_B und Q kann man nur aufgrund der Kenntnis von m_B ermitteln. Aber dann ist man sowieso fertig, weil alle Massen über Q miteinander zusammenhängen. Relativ leicht ist in der Regel die Bestimmung der Nukleonenzahl von B. Dann kennt man Q in 1. Näherung und kann sich weiterhelfen. Korrekt ergibt sich dagegen $(m_B E_B)/m_A$,

$$\frac{m_B}{m_A} E_B = \frac{m_b}{m_A} E_b + \frac{m_a}{m_A} E_a - 2 \, \frac{\sqrt{m_a m_b}}{m_A} \sqrt{E_a E_b} \cos\theta_b = \alpha,$$

$$\alpha = \frac{m_a + m_A - m_b - Q/c^2}{m_A} \, (E_a - E_b + Q),$$

$$m_A \alpha = (m_a + m_A - m_b)(E_a - E_b) - (E_a - E_b)\frac{Q}{c^2} - \frac{Q^2}{c^2} + (m_a + m_A - m_b)Q,$$

oder

$$\frac{Q^2}{c^2} - \left(m_a + m_A - m_b - \frac{1}{c^2}(E_a - E_b)\right)Q + m_A\alpha - (m_a + m_A - m_b)(E_a - E_b) = 0.$$

Daraus läßt sich Q bestimmen.

Wir stellen noch einen Satz von Beziehungen zusammen, die nützlich für Zahlenrechnungen sind, die man bei der Planung von Experimenten braucht. Mit den Massen, dem Q-Wert und E_a berechnet man ς. Aus Gl. (3.21) bildet man e_b/E_a und ersetzt diesen Ausdruck durch die Beziehung (3.13). Es entsteht

$$\frac{m_a m_b}{(m_a + m_A)^2} \left(\frac{1}{\varsigma^2} - 1\right) = \frac{E_b}{E_a} - \frac{\sqrt{m_a m_b}}{m_a + m_A} \sqrt{\frac{E_b}{E_a}} \cos\theta$$

oder

$$\frac{m_a m_b}{(m_a + m_A)^2} \left(\frac{1}{\varsigma^2} - 1 + \cos^2\theta\right) = \left[\sqrt{\frac{E_b}{E_a}} - \frac{\sqrt{m_a m_b}}{m_a + m_A} \cos\theta\right]^2.$$

Da

$$\frac{1}{\zeta^2} - 1 + \cos^2\theta = \frac{1}{\zeta^2} \cos^2(\vartheta - \theta),$$

so folgt

$$\frac{E_b}{E_a} = \frac{m_a m_b}{(m_a + m_A)^2} \left[\frac{1}{\zeta} \cos(\vartheta - \theta) + \cos\theta\right]^2 = \frac{m_a m_b}{(m_a + m_A)^2} S^2 \tag{3.24}$$

mit

$$S^2 = 1 + \frac{1}{\zeta^2} + \frac{2}{\zeta} \cos\vartheta. \tag{3.25}$$

Schließlich gilt noch

$$\frac{e_b}{E_b} = \frac{1}{\zeta^2 S^2}, \qquad \frac{e_b}{E_a} = \frac{1}{\zeta^2} \frac{m_a m_b}{(m_a + m_A)^2}. \tag{3.26}$$

Ergänzungen

1. Relativistische Mechanik. Zum Beispiel *K. G. Dedrick*, Rev. mod. Phys. **34** (1962) 429–442. Wenn die kinetischen Energien nicht mehr klein gegen die Ruhenergien sind, dann muß relativistisch gerechnet werden. Das gilt immer für γ-Quanten und Neutrinos, deren Ruhmasse null ist. Die Gesamtenergie W eines Teilchens ist mit $\beta = v/c$ gegeben durch

$$W^2 = p^2 c^2 + m_0^2 c^4 = m^2 c^4 = \frac{m_0^2 c^4}{1 - \beta^2}, \tag{3.27}$$

und die kinetische Energie E ist definiert durch

$$W = m_0 c^2 + E. \tag{3.28}$$

Es folgt $p^2 c^2 = \beta^2 m_0^2 c^4 / (1 - \beta^2)$ und damit

$$\beta = \frac{pc}{W}. \tag{3.29}$$

Ist V_s die Geschwindigkeit des Schwerpunktes (die noch berechnet werden muß), der sich in x-Richtung bewegen möge, dann gelten die folgenden Impuls- und Energie-Beziehungen:

$$\begin{aligned}
cp_x &= \gamma_s (cP_x - \beta_s W) \\
cp_y &= cP_y \\
cp_z &= cP_z \\
w &= \gamma_s (W - \beta_s c P_x);
\end{aligned} \tag{3.30}$$

$$\begin{aligned}
cP_x &= \gamma_s (cp_x + \beta_s w) \\
cP_y &= cp_y \\
cP_z &= cp_z \\
W &= \gamma_s (w + \beta_s c p_x),
\end{aligned} \tag{3.31}$$

wobei $\gamma_s = (1 - \beta_s^2)^{-1/2}$ gesetzt wurde. Wir schreiben die Beziehungen (3.30) sowohl für das Teilchen a wie A an und berücksichtigen, daß im Laborsystem $P_A = 0$. Das Schwerpunktsystem ist wieder definiert durch $p_a + p_A = 0$, also

$$cp_{xa} + cp_{xA} = 0 = \gamma_s (cP_{xa} - \beta_s W_a - \beta_s W_A),$$

woraus für die Schwerpunktsgeschwindigkeit folgt

$$\beta_s = \frac{V_s}{c} = \frac{cP_{xa}}{W_a + W_A} = \beta_a \frac{W_a}{W_a + W_A} \tag{3.32}$$

(nicht-relativistisch: wie bisher $V_s = m_a V_a/(m_a + m_A)$).

Der Zusammenhang zwischen dem *Winkel im Labor- und Schwerpunktsystem* wird wie folgt gewonnen. Die x- und y-Achse mögen in der Ebene der Teilchenbewegung liegen. Dann folgt aus den Beziehungen (3.31)

$$cP_x = \gamma_s (cp_x + \beta_s w), \quad cP_y = cp_y, \quad cP_z = cp_z = 0$$

für das Teilchen b (oder B). Man löst die erste Gleichung nach p_x auf und bildet die Summe der Quadrate der Impulskomponenten. Diese Quadratsumme p^2 (im S-System) ist unabhängig vom Emissionswinkel ϑ, wir können durch p^2 dividieren und erhalten

$$\frac{1}{\gamma_s p^2} \left(P_x - \beta_s \gamma_s \frac{w}{c} \right)^2 + \frac{P_y^2}{p^2} = 1. \tag{3.33}$$

Das ist die Gleichung einer Ellipse für die Spitze des Vektors $\vec{P}$ im L-System. Im nicht-relativistischen Fall ($\beta_s \to 0$) wird daraus ein Kreis mit Radius p und Mittelpunkt um $V_s m_b$ (Bild 3.7). Im extrem relativistischen Fall werden die große Halbachse und der Mittelpunktsabstand gleich: Es wird praktisch alles in die Vorwärtsrichtung emittiert.

Die Winkeländerung beim Übergang vom S- zum L-System erhält man aus

$$cP \cos \theta = \gamma_s (cp \cos \vartheta + \beta_s w)$$
$$cP \sin \theta = cp \sin \vartheta$$
$$W = \gamma_s (w + \beta_s cp \cos \vartheta).$$

Das ergibt mit $\beta_b' = cp/w$ für das Teilchen b

$$\tan \theta = \sqrt{1 - \beta_s^2} \; \frac{\sin \vartheta}{\cos \vartheta + \beta_s/\beta_b'} \; . \tag{3.34}$$

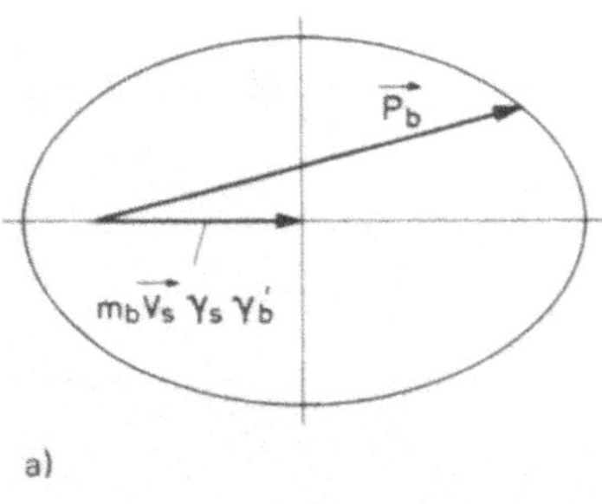

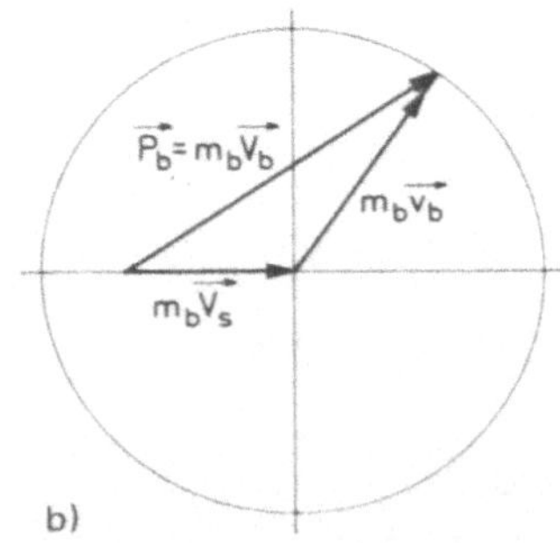

Bild 3.7 Impulsdiagramm im (a) relativistischen Fall, (b) nicht-relativistischen Grenzfall (γ_b' für das betrachtete Teilchen b im S-System)

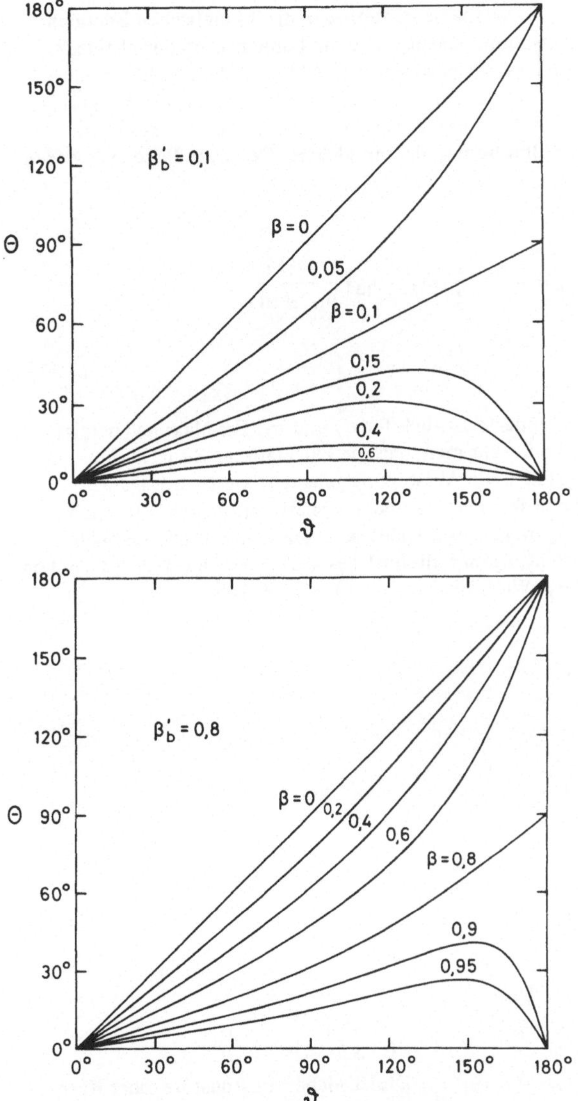

Bild 3.8

Zusammenhang zwischen Emissionswinkel ϑ im S-System und θ im L-System bei relativistischer Behandlung. Variables β_S entspricht variabler Geschwindigkeit des Schwerpunktes.

Man vergleiche diesen Ausdruck mit der Beziehung (3.15), die sich in ähnliche Form bringen läßt. Man kann Gl. (3.34) in verschiedener Weise diskutieren. Die Bilder 3.8a und 3.8b enthalten die Fälle β'_b = konst. = 0,5 und β'_b = 0,8, aber β_S (also die Schwerpunktenergie) variabel zwischen β_S = 0 und β_S = 1.

2. *Kinematik für drei Teilchen im Ausgangskanal.* Wir behandeln kurz nur den nicht-relativistischen Fall, außerdem beschränken wir die Darstellung auf die Verhältnisse im Schwerpunktsystem. Für das Laborsystem ist zu jeder einzelnen Geschwindigkeit die Schwerpunktsgeschwindigkeit zu addieren. Im S-System ist

$$\vec{p}_1 + \vec{p}_2 + \vec{p}_3 = 0, \tag{3.35}$$

$$\frac{p_1^2}{2m_1} + \frac{p_2^2}{2m_2} + \frac{p_3^2}{2m_3} = e_1 + e_2 + e_3 = e_{aA} + Q = T. \tag{3.36}$$

Im Schwerpunktsystem liegen alle 3 Impulse in einer Ebene. Unterliegen die 3 kinetischen Energien keinen weiteren Einschränkungen, als daß ihre Summe T sein soll, dann können sie in dem Dreieck liegen, das durch die Achsen $e_1 = 0$, $e_2 = 0$ und $e_3 = 0$ bestimmt ist (Bild 3.9). Weitere Einschränkungen ergeben sich jedoch daraus, daß die Summe der Impulse verschwinden muß. Zunächst gibt es für jedes der Teilchen eine Maximalenergie. Sie wird dann erreicht, wenn die beiden restlichen Teilchen sich mit der Relativgeschwindigkeit null (also parallel mit gleicher Geschwindigkeit) bewegen (Bild 3.10). Zum Beispiel gilt dann

$$m_1 v_1 = m_2 v_2 + m_3 v_3 = (m_2 + m_3) v$$

$$\left(\frac{m_1}{2} v_1^2 \right)_{max} = e_{aA} + Q - \frac{1}{2} (m_2 + m_3) v^2 = T - \frac{1}{2} (m_2 + m_3) \frac{m_1^2 v_1^2}{(m_2 + m_3)^2}$$

oder

$$e_{1,\,max} = \frac{m_2 + m_3}{m_1 + m_2 + m_3} \, T, \tag{3.37}$$

und mit zyklischer Vertauschung ein entsprechender Ausdruck für e_2 und e_3. Die Maximalenergien sind in Bild 3.9 ebenfalls angedeutet. Aus Bild 3.9 sieht man, daß die kinematische Situation nur eindeutig festgelegt werden kann, wenn die experimentelle Aufstellung genauer fixiert wird. Das geschieht dadurch, daß *zwei* Detektoren unter den Winkeln ϑ_1 und ϑ_2 relativ zur Einfallsstrahlrichtung aufgestellt werden. Die Winkel ϑ_1 und ϑ_2 mögen so gewählt sein, daß in der durch die beiden Detektoren gegebenen Ebene auch die Strahlrichtung enthalten ist ($\varphi_2 = \varphi_1 + \pi$). Der Winkel zwischen den Detektoren ist dann einfach $\vartheta_{12} = \vartheta_2 - \vartheta_1$. Wir bilden aus Gl. (3.35) die Größe

$$(\vec{p}_1 + \vec{p}_2)^2 = p_1^2 + 2\vec{p}_1\vec{p}_2 + p_2^2 = p_3^2$$

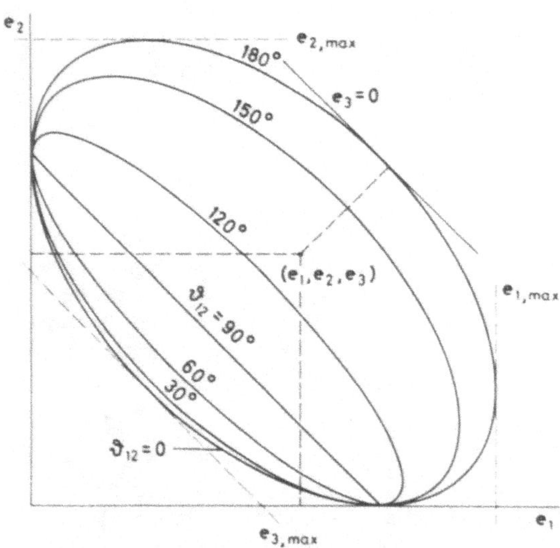

Bild 3.9

Drei Teilchen als Endstufe einer Kernreaktion, S-System, durch Energie- und Impulssatz eingeschränkter Bereich möglicher Energien

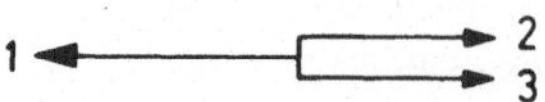

Bild 3.10 Drei Teilchen als Endstufe einer Kernreaktion: ein Teilchen (1) erhält maximale kinetische Energie, wenn die beiden anderen (2), (3) antiparallel zu (1) mit gleicher Geschwindigkeit emittiert werden

und tragen dies in die Energiebeziehung ein. Es entsteht

$$T = e_1 + e_2 + \frac{1}{2m_3}(\vec{p}_1 + \vec{p}_2)^2$$

$$= \frac{m_1 + m_3}{m_3} e_1 + \frac{m_2 + m_3}{m_3} e_2 + \frac{2\sqrt{m_1 m_2}}{m_3} \sqrt{e_1 e_2} \cos \vartheta_{12}. \tag{3.38}$$

Durch eine Hauptachsentransformation kann man zeigen, daß die durch Gl. (3.38) gegebene Beziehung im e_1, e_2-Diagramm Ellipsenbögen darstellt: Es sind die *kinematischen Kurven*, auf denen koinzidente Energiepaare liegen. Bei $\vartheta_{12} = 90°$ ergibt sich eine Gerade. Will man ein vollständiges Bild des Wirkungsquerschnittes erhalten, so hat man durch Wahl verschiedener ϑ_{12} die Belegung des e_1, e_2-Diagramms vollständig auszumessen. Das Ergebnis ist das *Dalitz-Diagramm*. Bild 3.11 enthält ein solches für die Kernreaktion

$$^{11}B + p \rightarrow \alpha_1 + \alpha_2 + \alpha_3$$

für $E_p = 150\,\text{keV}$ ($Q = +8{,}68\,\text{MeV}$). In diesem Beispiel erkennt man eine Häufung der Zählereignisse längs Parallelen zu den Dreiecksseiten. Sie enthüllen die Lage angeregter Zustände des Zwischenkerns ^8Be,

$$^{11}B + p \rightarrow \alpha_3 + {}^8Be \rightarrow \alpha_3 + \alpha_1 + \alpha_2.$$

In diesem Fall ist der erste Teil der Reaktion eine zwei-Teilchenreaktion mit fester Energie e_3 (im S-System), also fester Energiesumme $e_1 + e_2$. Die Symmetrie des Systems (drei gleiche Teilchen im Ausgangskanal) ergibt 2×3 solche konstante Energiesummen

$$(^8Be \rightarrow \alpha_{01} + \alpha_{02} \quad \text{und} \quad {}^8Be^* \rightarrow \alpha_{11} + \alpha_{12}).$$

Wird durch Verwendung mehrerer Detektoren die kinematische Situation eindeutig bestimmt, so nennt man die Messung „kinematisch vollständig". In der Schwerionen-Kernphysik mit evtl. vielen Reaktionsprodukten spricht man dann auch von Exklusiv-Reaktionen, wird dagegen nur ein Teilchen registriert, von Inklusiv-Reaktionen.

Bild 3.11
Belegung der Energiefläche nach Bild 3.9 in der Kernreaktion $^{11}B\,(p, \alpha)\,2\alpha$ bei $E_p = 150\,\text{keV}$ (*Dalitz*-Diagramm). Die (koinzidenten) Ereignisse auf den geraden Stücken parallel zu den drei Seiten gehören zum Ablauf der Reaktion über Zustände des Kerns ^8Be, (a) Grundzustand, (b) erster angeregter Zustand bei 2,9 MeV, [23].

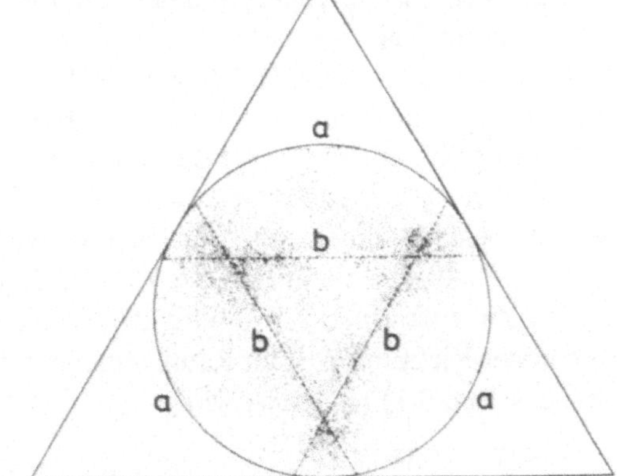

3.3 Wirkungsquerschnitt

Der Wirkungsquerschnitt (WQ) ist das Maß für die Häufigkeit — oder Wahrscheinlichkeit — mit der eine Kernreaktion stattfindet. Seine Definition wurde schon gegeben. Ist $\dot{n}$ die Zahl der auf ein Target einfallenden Teilchen pro Zeiteinheit, $\dot{n}$ die Anzahl der wegen einer Kernreaktion (oder eines Streuprozesses) ausscheidenden Teilchen, ferner

N die Zahl der Kerne in der Volumeneinheit der Targetsubstanz, mit denen eine Reaktion stattfinden kann, und schließlich dx die Dicke des Targets, dann ist der WQ definiert durch

$$\frac{d\dot{n}}{\dot{n}} = - \sigma N \, dx. \tag{3.40}$$

Die Dimension von σ ist die einer Fläche, und die den Kerndimensionen angepaßte Einheit 1 barn $= 10^{-24} \, cm^2$. Die für die quantenmechanische Berechnung des WQ besonders geeignete Definitionsbeziehung lautet

$$\sigma = \frac{d\dot{n}}{ANdx} \bigg/ \frac{\dot{n}}{A} = \frac{\text{Reaktionsrate pro Kern}}{\text{einfallende Stromdichte}} \, . \tag{3.41}$$

Eine andere Beziehung benutzt man zur Berechnung von Reaktionsratendichten in (hocherhitzten) Gasen, Plasmen, Sternatmosphären,

$$\begin{aligned}
\frac{d\dot{n}}{Adx} &= \sigma \frac{\dot{n}}{A} N = \sigma \times \text{Stromdichte} \times N \\
&= \sigma \times \text{Teilchendichte } n \times \text{Relativgeschwindigkeit} \times N \\
&= nN \langle \sigma \cdot v \rangle,
\end{aligned} \tag{3.42}$$

mit dem über die Geschwindigkeitsverteilung gemittelten WQ $\langle \sigma \cdot v \rangle$.

Man mag geneigt sein, die Definitionsbeziehung (3.40) sogleich in die Form zu bringen

$$\dot{n} = \dot{n}_0 \exp{(- \sigma Nx)}. \tag{3.43}$$

Die Größe $\dot{n}$ ist dann die nach Passieren der Strecke x noch vorhandene Stromstärke. Die Integration von Gl. (3.40) ist aber in aller Regel in dieser Weise nicht gestattet, weil die eingeschossenen Teilchen in der Materie abgebremst werden und der Reaktions-WQ stark von der Teilchenenergie abhängt, also $\sigma = \sigma(E) = \sigma(x)$. Nur wenn es sich um Gamma-Strahlung handelt, ist Gl. (3.43) anwendbar, weil die Qualität der γ-Strahlung (die Energie der Quanten) bis zum WW-Prozeß unverändert bleibt.

Es sollte noch bemerkt werden, daß die Definitions-Beziehung (3.40) auf Reaktions- = Ausscheidungs-Prozesse abgestellt ist und nur dann den WQ für eine bestimmte Reaktion ergibt, wenn das entstandene Teilchen b identifiziert und registriert wird. Insoweit ist also Gl. (3.40) die Definition des WQ „im Eingangskanal" und für den „totalen WQ".

Der *differentielle* WQ wird mit Hilfe der Anzahl der Reaktionsprodukte b definiert, die in der Richtung ϕ, θ im Raumwinkelbereich $\Delta\Omega$ (definiert durch die Detektoröffnung, s. Bild 3.1) registriert wird,

$$\frac{\Delta\dot{n}}{\dot{n}} = - \frac{d\sigma}{d\Omega} N \, \Delta x \, \Delta\Omega = - \frac{d\sigma^L}{d\Omega_b} N \, \Delta x \, \Delta\Omega, \tag{3.44}$$

wobei durch die Bezeichnung L auf Messung (und Definition) im Laborsystem, und durch den Index b auf die Teilreaktion A(a, b) B hingewiesen wird. Im allgemeinen wird sich der differentielle WQ als abhängig sowohl von ϕ wie θ erweisen. Aus dem differentiellen WQ erhält man den Gesamt-WQ durch Integration über den ganzen Winkelbereich

$$\sigma_b = \int \frac{d\sigma^L}{d\Omega_b} \sin\theta_b \, d\theta_b \, d\phi_b. \tag{3.45}$$

Genau die gleiche Definition wie im L-System kann man auch für das S-System einführen und erhält $d\sigma^S/d\omega_b$. Da beide Definitionen den gleichen physikalischen Prozeß beschreiben, so sind die WQ ineinander umrechenbar,

$$\frac{1}{\dot{n}} \frac{d\dot{n}}{N\,dx} = -\frac{d\sigma^S}{d\omega} \Delta\omega = -\frac{d\sigma^L}{d\Omega} \Delta\Omega,$$

wobei aber immer $\phi = \varphi$, weil die Schwerpunktsgeschwindigkeit parallel zur z-Achse liegt. Damit wird

$$\frac{d\sigma^L}{d\Omega} = \frac{d\sigma^S}{d\omega} \frac{d\omega}{d\Omega} = \frac{d\sigma^S}{d\omega} \frac{\sin\vartheta\,d\vartheta}{\sin\theta\,d\theta}\,, \tag{3.46}$$

und die oberen Indizes L und S deuten an, daß die Variablensätze verschieden sind: $\sigma^L(\theta,\phi)$, $\sigma^S(\vartheta,\varphi)$. Die Winkel sind gemäß der vorhergehenden Ziffer (3.2) umzurechnen. Die Umrechnungsfunktion der Raumwinkel ist

$$\frac{d\omega}{d\Omega} = \frac{\sin\vartheta\,d\vartheta}{\sin\theta\,d\theta} = G(\zeta,\vartheta) = \frac{\sin\vartheta}{\sin\theta}\left[1 + \frac{\zeta\cos\theta}{\sqrt{1 - \zeta^2\sin\theta}}\right] \tag{3.47}$$

mit

$$G(\zeta,0) = (1+\zeta)^2\,, \quad G(\zeta,\vartheta) = (1 \pm 2\zeta\cos\vartheta) \text{ für kleine } \zeta$$

und

$$G(0,\vartheta) = 1, \text{ unabhängig von } \vartheta \text{ und } \theta,$$

$$G(1,\vartheta) = 4\cos\frac{\vartheta}{2} = 4\cos\theta, \quad \left(\theta = \frac{\vartheta}{2}\right).$$

Bei den Definitionen des WQ gingen wir von Beziehungen aus, die stets „dünne Targets" der Dicke $\Delta x \to 0$ zur Voraussetzung hatten. Bei *dicken Targets* (Dicke $\geq$ Reichweite) spricht man von der *Ausbeute* Y (Yield) der Reaktion. Sie ist definiert durch

$$Y = \frac{\Delta\dot{n}}{\dot{n}} = N \int_0^R \sigma(x)\,dx = N \int_{E_0}^0 \frac{\sigma(E)\,dE}{\dfrac{dE}{dx}}\,, \tag{3.48}$$

wobei R die Reichweite der mit der Energie E_0 eingeschossenen Teilchen ist. Die Größe dE/dx nennt man *Bremsung.* — Man kann aus *Messungen der Ausbeute* den *WQ bestimmen*, wenn man sie bei verschiedenen Energien E_0 mißt, denn es folgt aus Gl. (3.48)

$$\frac{dY}{dE_0} = -N \frac{\sigma(E_0)}{\dfrac{dE}{dx}\bigg|_0}\,. \tag{3.49}$$

Hier braucht man demnach auch eine Kenntnis der Bremsung (Beispiel in Bild 3.12, sonst aus Tabellenwerken).

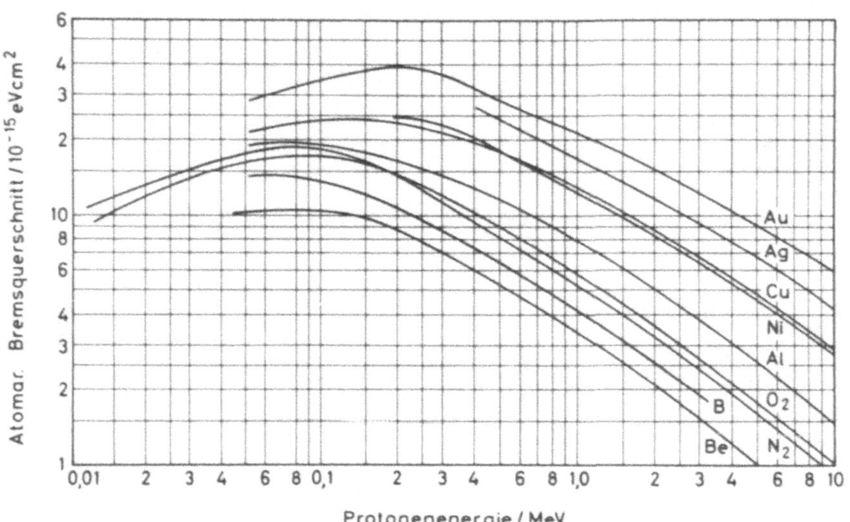

Bild 3.12 Atomarer Bremsquerschnitt σ_B verschiedener Stoffe gegenüber Protonen

Tabelle 3.1 Umrechnungsfaktoren der Bremsung. *Atomarer Bremsquerschnitt* σ_B, definiert durch $dE = N \sigma_B dx$, N die Atom-Anzahldichte der Bremssubstanz. *Bremsung* angegeben in keV/mg cm^{-2} oder MeV/cm, wobei $1 \cdot 10^{-15}$ eV cm$^2 \,\hat{=}\,$ A keV/(mg cm^{-2}) $\hat{=}$ B MeV/cm; Daten für N_2 und O_2 für 15 °C, 1,013 bar (Handbuch der Physik, *34*, S. 213)

Material	A	B
Be	66,8	124
B	55,7	130
N_2	43,0	0,0509
O_2	38,8	0,0509
Al	22,3	60,3
Ni	10,3	91,3
Cu	9,48	84,7
Ag	5,58	58,6
Au	3,05	59,0

In den folgenden Bildern werden einige *typische Verläufe des WQ* wiedergegeben, die wir in Form einer Übersicht hier besprechen.

1. In Bild 3.13 sind zwei Meßergebnisse für die gleiche Reaktion bei verschiedener Experimentierweise wiedergegeben: der Protonen-Einfang in ^{27}Al, also für ^{27}Al(p, γ) ^{28}Si. Man erkennt die *Resonanzen* als *Maxima des WQ* im Fall der Verwendung dünner Targets. Sie führen zu *Ausbeute-Stufen* bei dicken Targets.

2. Wie aus dem Termschema Bild 3.14 hervorgeht, erreicht man bei ^{27}Al + p schon bei niedrigen Einschußenergien sehr hohe Anregungsenergien des Zwischenkerns ^{28}Si. Der Protoneneinfang führt zu relativ hohen γ-Energien. Resonanzen des WQ werden als Niveaus in ^{28}Si interpretiert. Ganz offensichtlich ist auch der Übergang zur Gruppe ^{24}Mg + α als exotherme Reaktion möglich, und auch die umgekehrte Reaktion ist möglich: ^{24}Mg(α, p) ^{27}Al, sie ist jedoch endotherm. Am einfachsten sind die Ergebnisse in B und C von Bild 3.15 zu erklären: Sie weisen auf Resonanzen in ^{28}Si hin, die in der Tat in beiden Kanälen (α und p) bei den gleichen Energien im S-System auftreten, wie es sein muß. Die Resonanzen in B und C sind praktisch alle von gleicher Kurvenform, auch

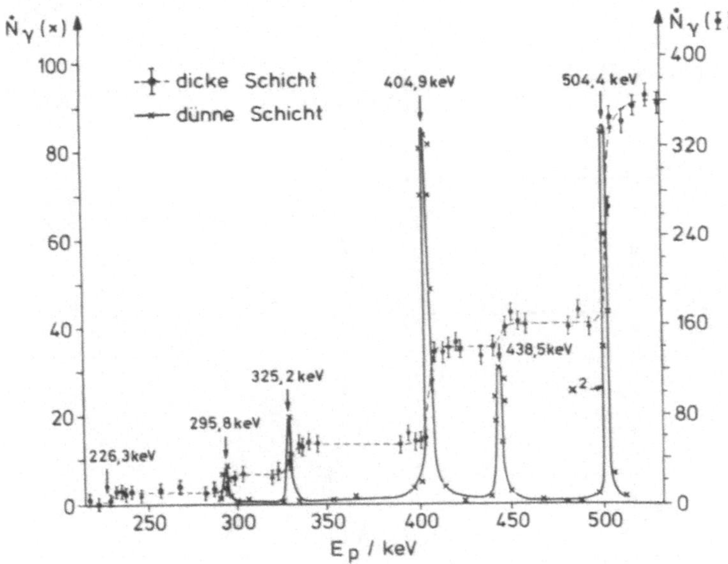

Bild 3.13 Protonen-Einfang bei ^{27}Al; Messung der Einfang-γ-Strahlung aus ^{27}Al (p, γ) ^{28}Si. Den Maxima der Reaktionsrate bei dünnem Target entsprechen Stufen der Ausbeute bei dickem Target [43].

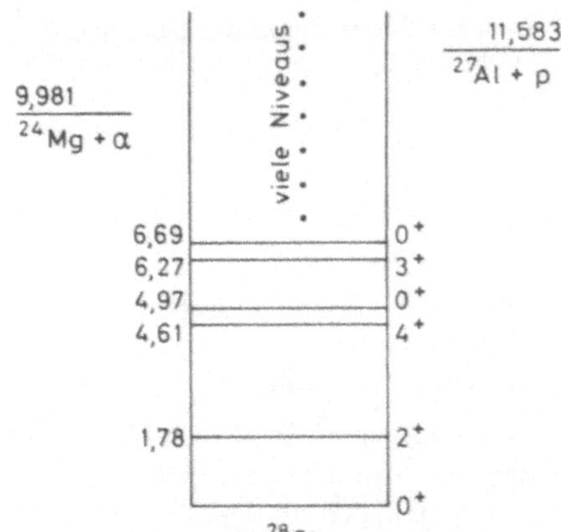

Bild 3.14

Energieschema des Nuklids ^{28}Si; Energien in MeV

die relativen Intensitäten sind praktisch gleich. Das ist ein eindrucksvolles Beispiel für die überprüfbare Lage von angeregten Zuständen des Zwischenkerns. — Die WQ-Verläufe A und D weisen auf die gleichen Niveaus in ^{28}Si hin, jedoch ist die Kurvenform durchaus verschieden und wechselt von Niveau zu Niveau. Das ist charakteristisch für ein wellenmechanisches Phänomen: Die Überlagerung der *Potential-Streuamplitude* mit der *Resonanzstreuamplitude* für in den Kern eindringende Teilchen (Ziff. 3.8.4).

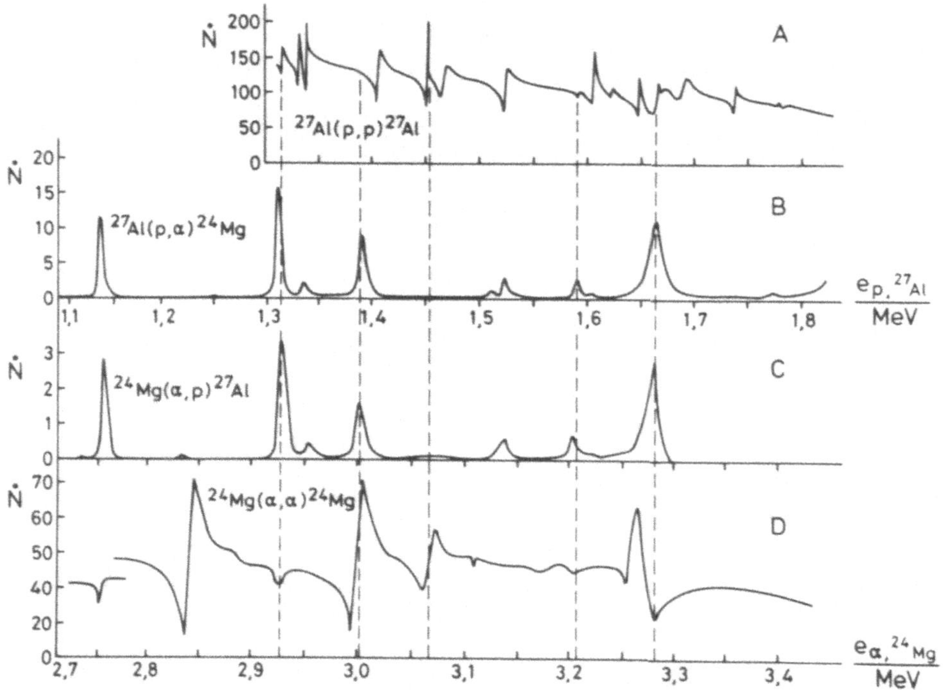

Bild 3.15 Streuung und Reaktion mit verschiedenen Targetkernen zur Untersuchung des gleichen Compoundkerns ^{28}Si. (*S. G. Kaufmann* und Mitarb., Phys. Rev. 88 (1952) 673)

3. In älteren Messungen sind die gemessenen Zählraten in der Regel nicht hoch, auch heben sich die interessierenden Linien manchmal nicht sehr deutlich vom „Untergrund" ab, der aus mancherlei experimentellen Gründen vorhanden sein, aber auch in der Natur der Sache liegen kann (Streuung, Verläufe A und D in Bild 3.15). Bild 3.16 enthält das Ergebnis einer neueren Messung der Protonenstreuung (elastisch, p_0) und der zu α-Teilchen führenden Reaktion (zum Grundzustand des Endkerns, $α_0$) an ^{40}Ar. Die eingetragenen Energien bedeuten die Einschußenergien, bei denen die Resonanz gefunden wird. Das Target ist ein Gas. Es wird durch offene Blenden in eine kleine Gaskammer eingeschossen, durch welche das Gas hindurchströmt. Die Messung zeigt trotz hoher Zählrate praktische Untergrundfreiheit. In solchen Fällen macht es keine Mühe, den WQ zu bestimmen: der *Flächeninhalt* unter der *Linie* ist die *Reaktionsrate*, aus der man den WQ errechnet.

4. Wenn die *Einschußenergie wesentlich erhöht* wird, kommt man in einen Bereich des Zwischenkerns, wo sich viele Zustände überlagern. Die Emission von Teilchen ist dann eine Art von *Verdampfungsprozeß*, auch in mehr oder weniger hoch angeregte Zustände des Endkerns, wo sich dann ebenfalls viele Niveaus finden. Bild 3.17 enthält ein Spektrum der ^{6}Li-Kerne aus der Reaktion ^{14}N + ^{12}C → ^{6}Li + ^{20}Ne (*T. A. Belote* und Mitarb.,

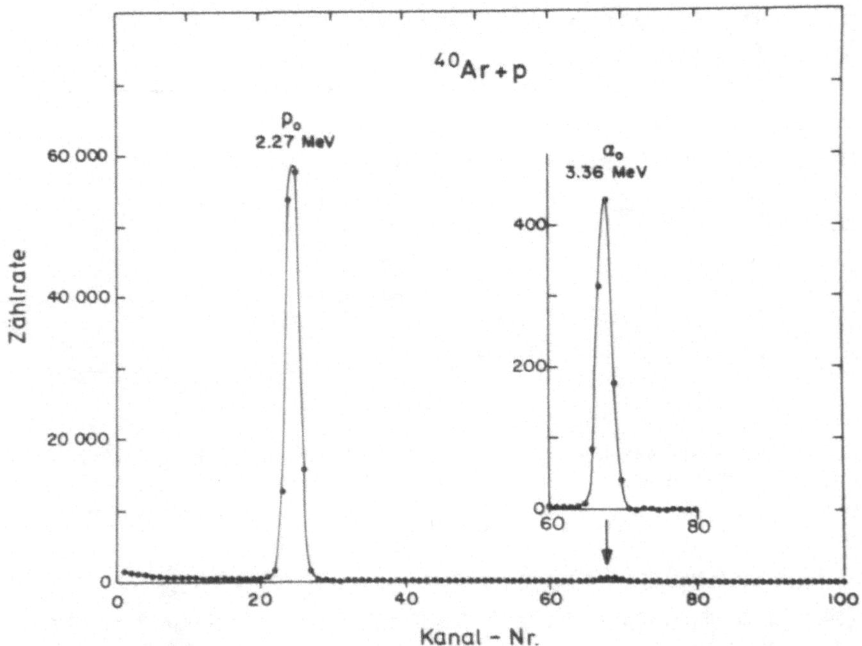

Bild 3.16 Streu- und Reaktionsrate beim Beschuß von ^{40}Ar (Gastarget) mit Protonen; Winkel 135° im L-System [50].

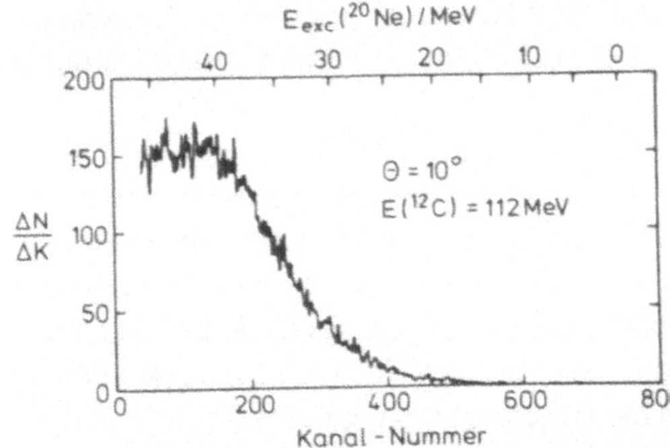

Bild 3.17

Energiespektrum der auslaufenden ^{6}Li-Kerne aus der Reaktion ^{14}N (^{12}C, ^{6}Li) ^{20}Ne, Einschußenergie 112 MeV, Emissionswinkel 10° (L-System). Obere Abszisse: Anregungsenergie im Restkern ^{20}Ne.

Phys. Rev. Lett. **30** (1973) 450), das als *Verdampfungsspektrum* zu interpretieren ist. Selbst bei solch hohen Energien hat der *Gesamtdrehimpuls* noch einen großen Einfluß auf die *Winkelverteilung*. Schon aus dem klassischen Bild mit einlaufendem Teilchen auf einer Bahn mit dem Stoßparameter b und dem Impuls p folgt, daß der Zwischenkern jeden *Drehimpuls* haben kann, der *senkrecht auf der Bahnebene* ist, also parallel zu $\vec{b} \times \vec{p}$. Diese Drehimpulse stehen alle nach Art einer Kreisscheibe senkrecht auf der Einfalls-Strahlachse. Bild 3.18 enthält eine Skizze der Lage der Bahndrehimpulse $\vec{l}$, die gleichzeitig auch die Drehimpulse $\vec{J}$ des Zwischenkerns sind (hier sind die Teilchenspins

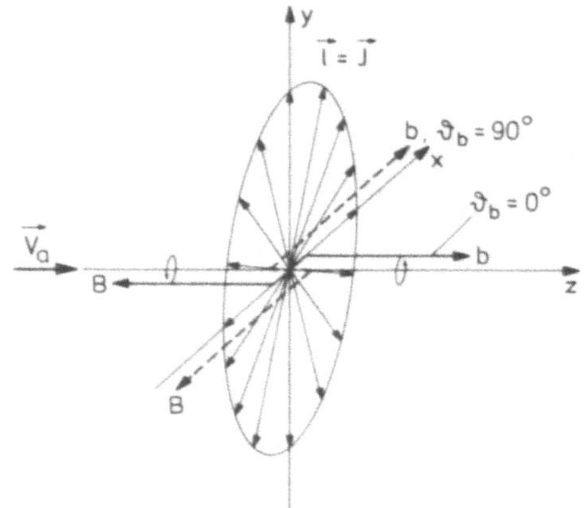

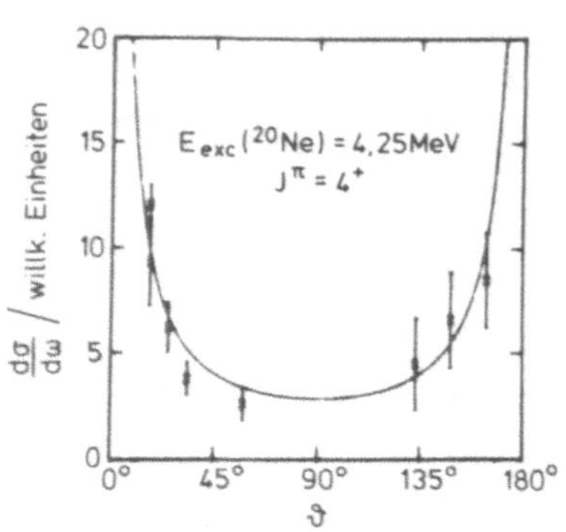

Bild 3.18 Klassisches Bild zu den Winkelverteilungen mit bevorzugter Vorwärts- und Rückwärtsemission

Bild 3.19 Winkelverteilung von ^{6}Li aus ^{14}N (^{12}C, ^{6}Li) ^{20}Ne* (Anregungsenergie 4,25 MeV); Kurve entspricht dem Verlauf $(\sin \vartheta)^{-1}$.

sämtlich = 0 gesetzt). Versucht man nun alle Impuls-Kombinationen für b und B zu finden, mit denen man bei bestimmten Emissionswinkeln ϑ_b, $\vartheta_B = \pi - \vartheta_b$ die Drehimpulse der Scheibe darstellen kann (Vektor $\vec{p}_b$ und $\vec{p}_B$ sind dann antiparallel, haben aber einen Abstand $\neq$ 0), dann sieht man, daß die Teilchenemission in Vorwärts- und Rückwärtsrichtung maximal ist und unter 90° ein Minimum hat. Ein experimentelles Ergebnis enthält Bild 3.19, die Winkelverteilung paßt gut zur Form $(\sin \vartheta_b)^{-1}$. An diesem klassischen Bild (gültig vor allem für große Drehimpulse) muß man wellenmechanische Korrekturen anbringen (s. den nachfolgenden Absatz 6).

5. Im Bereich von *10 ... 20 MeV Anregungsenergie* werden sich Niveaus stets in dichter Folge finden, und experimentelle Ergebnisse werden eine gewisse Mittelung über angeregte Niveaus darstellen. Trotzdem werden noch Erhaltungssätze gültig sein, die Invarianzen des Hamilton-Operators entsprechen. Eine solche ist z.B. die zu prüfende Zeit-Umkehr-Invarianz ($t \rightarrow - t$) des Hamilton-Operators (auch Bewegungs-Umkehr-Invarianz genannt). Sie besagt, daß WQ von Hin- und Rückreaktionen in einem einfachen Verhältnis zueinanderstehen müssen. Die quantenmechanische Berechnung des WQ geht von der „goldenen Regel No. 2" aus. Die Übergangswahrscheinlichkeit (Dimension Zeit^{-1}) aus einem Anfangszustand in einen Endzustand unter der Wirkung eines Hamilton-Operators ist

$$w = \frac{2\pi}{\hbar} |M|^2 \frac{dZ}{dE} , \qquad (3.50)$$

wobei M das Matrixelement des Hamilton-Operators zwischen Anfangs- und Endzustand ist und dZ/dE die Energie-Niveaudichte im Endzustand bedeutet. Der WQ ist damit

$$\sigma = \frac{w}{\dot{n}/A} . \qquad (3.51)$$

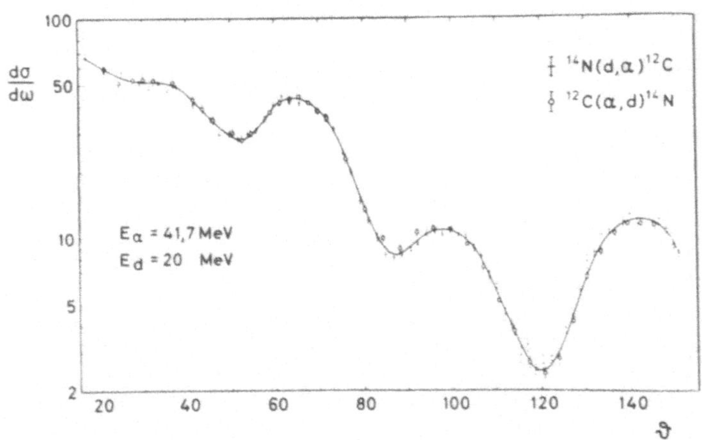

Bild 3.20 Winkelverteilung für Hin- und Rückreaktion ^{14}N + d $\rightleftarrows$ ^{12}C + n (*D. Bodansky* und Mitarb., Phys. Rev. Lett. **2** (1959) 101)

Aussagen über den Hamilton-Operator (oder die Zustandsfunktionen) haben demnach Konsequenzen für die Übergangswahrscheinlichkeit bzw. den WQ. So findet man für die Hin- und Rückreaktion einer Reaktion durch den gleichen Zwischenkern-Zustand bei Gültigkeit der Zeitumkehrinvarianz des Hamilton-Operators

$$\frac{\sigma(aA \rightarrow bB)}{\sigma(bB \rightarrow aA)} = \frac{(2I_B + 1)(2I_b + 1)}{(2I_A + 1)(2I_a + 1)} \; \frac{p_{bB}^2}{p_{aA}^2} \; . \tag{3.52}$$

Die Beziehung ist eine Formulierung des *detaillierten Gleichgewichts*. Die Beziehung (3.52) ist z. B. an den Reaktionen ^{12}C + α(E_α = 41,7 MeV), ^{14}N + d(E_d = 20 MeV) geprüft worden. Beide Reaktionen laufen über hoch angeregte ^{16}O-Zustände ab (Bild 2.29), die sich stark überlappen. Das Ergebnis des Experimentes zeigt Bild 3.20. Die Winkelverteilungen wurden an einer beliebigen Stelle aufeinander normiert und stimmen dann im ganzen Verlauf völlig überein.

6. Bei *niedrigen Einschußenergien* ist die Coulomb-Abstoßung im Eingangskanal bestimmend für den WQ (Ziff. 3.8.7). Nur bei einfallenden *Neutronen* entfällt die Coulomb-WW. Daher sind dann auch bei sehr niedrigen Energien (10^{-3} eV) Kernreaktionen, insbesondere Einfangprozesse (n, γ) mit großem WQ möglich, und man findet sehr scharfe Resonanzen (Bild 3.21). Es gibt im Bereich niedriger Einschußenergien aber auch sehr einfache WQ-Verläufe, z. B. besonders ausgeprägt bei Bor. Dort ist der WQ einfach proportional der Verweilzeit eines Neutrons in Kernnähe, also $\sigma \sim 1/v$ (v die Geschwindigkeit des Neutrons), s. Bild 3.22.

Häufig werden Resonanz-Linienbreiten durch experimentelle Energiebreiten wesentlich mitbestimmt. Erst wenn man diese genügend herabgesetzt hat, kann die natürliche Linienbreite hervortreten. Bild 3.23 enthält ein Beispiel. Es konnte eine Linienbreite von 110 eV erreicht werden durch Verwendung eines ^{20}Ne-Gastargets auf der Temperatur von 20 K und durch extrem gute Schärfe und Stabilisierung der Teilchenenergie [6].

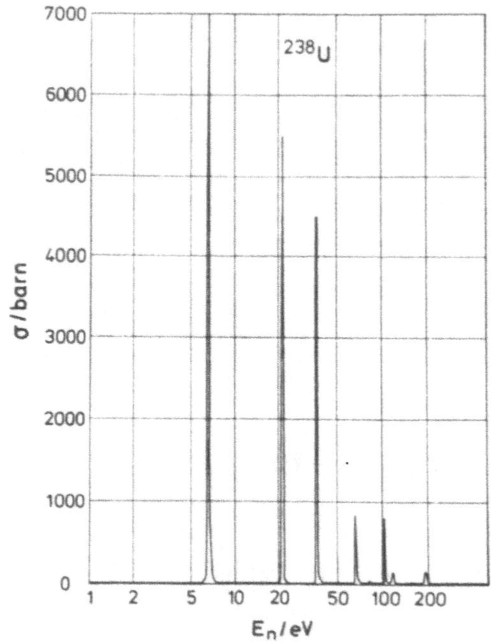

Bild 3.21

Totaler Wirkungsquerschnitt von ^{238}U für Neutronen bei niedrigen Energien

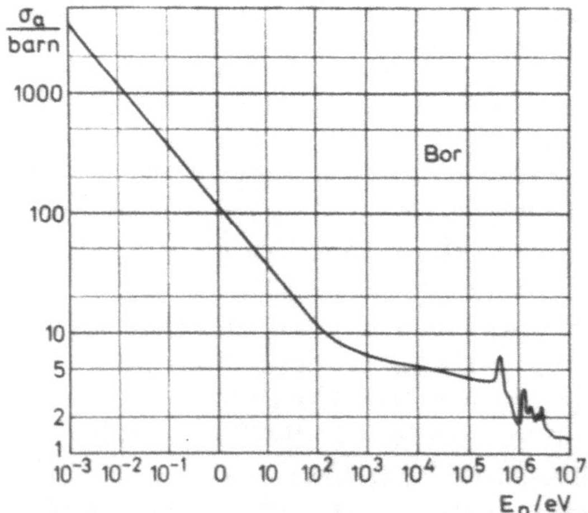

Bild 3.22

Absorptions-WQ von Bor für Neutronen. Bis 100 eV gilt das 1/v-Gesetz.

7. Während bei hohen Einschußenergien stets eine große Zahl von Bahndrehimpulsquantenzahlen in der wellenmechanischen Behandlung zu berücksichtigen ist, wie im folgenden noch gezeigt wird, sind im Bereich der Nieder-Energiekernphysik viele experimentelle Ergebnisse wesentlich durch das Zusammenwirken nur weniger Drehimpulse, oder sogar nur durch eine einzige Quantenzahl bestimmt. An herausragender Stelle stehen die Messungen von *Winkelverteilungen*, die entscheidend durch den Drehimpuls bestimmt wer-

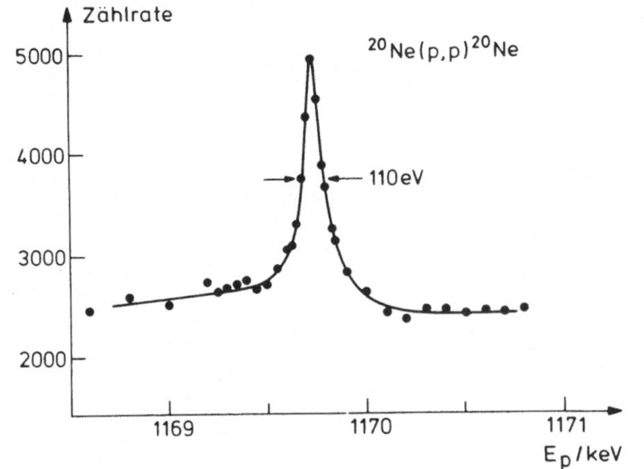

Bild 3.23
Streuung von Protonen an ^{20}Ne (Tief-Temperatur-Gas-Target, Streuwinkel 150° im L-System). Durch Verbesserung der apparativen Energieschärfe wurde die experimentelle Halbwertsbreite von 110 eV erreicht; die natürliche Breite des Niveaus wird mit 10 eV angegeben [6], ist also immer noch deutlich kleiner.

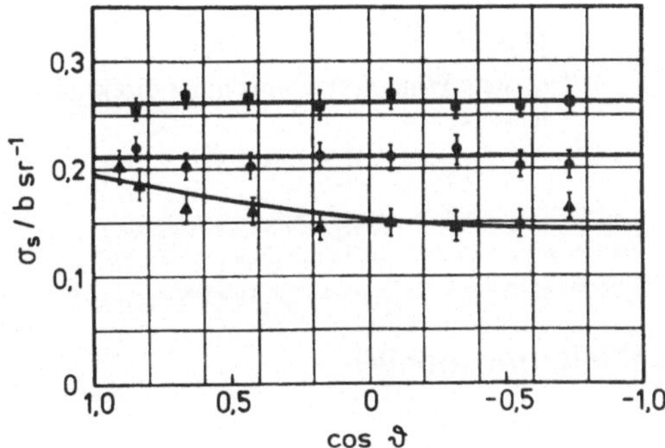

Bild 3.24
Differentieller elastischer Streu-WQ für Neutronen an ^{12}C; Streuwinkel im S-System (*H. B. Willard, J. D. Kington;* Phys. Rev. **98** (1955) 669), E_n = 0,55 MeV (■), 1,0 MeV (●), 1,5 MeV (▲)

den. Sehr wohl ist es möglich, daß isotrope Winkelverteilungen gefunden werden, insbesondere sind sie bei $E_a \to 0$ zu erwarten. Bild 3.24 gibt ein experimentelles Ergebnis wieder. Solche Winkelverteilungen werden mit der Compound-Vorstellung erklärt und mit isolierten Niveaus im Compoundkern, also bei mäßig hohen Anregungen. Man hat aber auch ganz andersartige Winkelverteilungen gefunden, die starker Vorwärtsemission entsprechen, woran sich ein mehr oder weniger welliger Ausläufer anschließt (Bild 3.25). Solche Reaktionen, und auch Streu-Winkelverteilungen, werden mit einem geänderten Reaktionsmechanismus erklärt, nämlich als sogenannte *direkte Kernreaktion.* Ohne Bildung eines Zwischenkerns wird ein Nukleon (oder eine Nukleonengruppe) aus dem Targetkern vom Einfallsgeschoß absorbiert (pick-up-Reaktion), oder es wird aus dem einfallenden Teilchen ein Teil abgestreift und vereinigt sich mit dem Targetkern (stripping). Es konnte gezeigt werden, daß der WQ durch spektroskopische Daten mitbestimmt ist, die modellabhängig sind, und damit konnten direkte Reaktionen ausgezeichnet zu Tests des Schalenmodells benutzt werden (Ziff. 3.10.6).

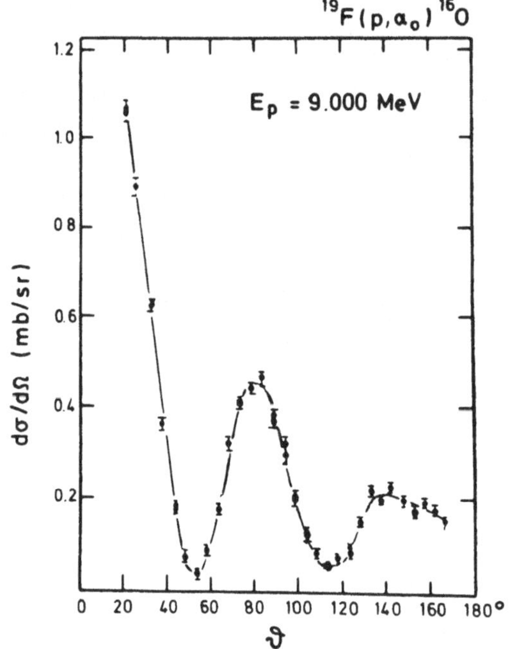

Bild 3.25
Typische Winkelverteilung einer direkten
Kernreaktion

3.4 Streuung und Reaktion (allgemeine Wellenmechanik)

3.4.1 Koordinaten und Kanäle

In der Regel laufen die Kenreaktionen zwischen zusammengesetzten Teilchen ab.
Ihre Beschreibung ist ein Viel-Nukleonen-Problem. Solange a und A, bzw. b und B hinreichend weit voneinander entfernt sind, wirkt höchstens noch die Coulombkraft, aber
auch diese kann durch die Elektronenhüllen der Ionen oder Atome abgeschirmt sein, so
daß tatsächlich a und A, sowie b und B sich dann kräftefrei bewegen. Jede Gruppierung
a, A; b, B; C_1, C_2, C_3; usw. nennen wir einen *Kanal*. Bei endothermen *Ausgangskanälen*
braucht man eine Mindestenergie im *Eingangskanal*, um die Reaktion energetisch möglich
zu machen. Bei gegebener Einschußenergie sind also nur mehr oder weniger viele Ausgangskanäle offen. Wir geben hier nur die stationäre wellenmechanische Theorie wieder.
Ihr Hauptnachteil ist, daß die Wellenfunktionen nicht quadrat-integrabel sind. Eine Normierung muß auf die Stromdichte erfolgen.

Wenn n Nukleonen beteiligt sind (n = a + A = b + B), dann lautet die Schrödinger-
gleichung

$$H\psi = \left(-\frac{\hbar^2}{2m}\sum_{i=1}^{n}\Delta_i + V(\vec{r}_1,\ldots,\vec{r}_n)\right)\psi(\vec{r}_1,\ldots,\vec{r}_n) = E\psi, \tag{3.53}$$

wobei allgemein komplizierte Potentiale zugelassen werden müssen (z.B. das schon benutzte Spin-Bahn-Potential). In den verschiedenen Kanälen erwartet man, daß bei hinreichender Trennung der Teilchengruppen die Wechselwirkung V in drei Anteile zerfällt, z.B. im Eingangskanal in der Form

$$V_1(\vec{\xi}_1^{(1)}, \ldots, \vec{\xi}_{a-1}^{(1)}); \quad V_2(\vec{\xi}_1^{(2)}, \ldots, \vec{\xi}_{A-1}^{(2)}; \quad V_{12} = V_{12}(\vec{R}_a, \vec{R}_A).$$

V_1 bestimmt mittels der inneren Koordinate $\vec{\xi}$ die innere Struktur von a, V_2 diejenige von A, und V_{12} beschreibt die WW der ganzen Kerne a und A miteinander, zum Beispiel nach Art der Coulomb-Energie.

Schließlich wird *häufig angenommen*, daß V_{12} *nur vom Abstand* $\vec{r}_{12} = \vec{R}_a - \vec{R}_A = \vec{r}$ *abhängt*, also vom Abstand der Kern-Schwerpunkte. Mit der reduzierten Masse

$$\mu = \frac{m_a m_A}{m_a + m_A},$$

und der Koordinate

$$\vec{R} = \frac{1}{m_a + m_A}(m_a \vec{R}_a + m_A \vec{R}_A)$$

des Schwerpunktes, entstehen aus Gl. (3.53) drei Schrödinger-Gleichungen

$$\left(-\frac{\hbar^2}{2\mu}\Delta_{\vec{r}_{12}} + V_{12}(\vec{r}_{12}) - e_{12}\right)\psi(\vec{r}_{12}) = 0 \tag{3.54}$$

$$\left(-\frac{\hbar^2}{2}\sum_j \frac{1}{m_j}\Delta\xi_j^{(1)} + V_1(\ldots, \vec{\xi}_j^{(1)}, \ldots) - E_1\right)\psi_1(\ldots \vec{\xi}_j^{(1)} \ldots) = 0 \tag{3.55}$$

$$\left(-\frac{\hbar^2}{2}\sum_{j'} \frac{1}{m_{j'}}\Delta\xi_{j'}^{(2)} + V_2(\ldots, \xi_{j'}^{(2)}, \ldots) - E_2\right)\psi_2(\ldots \vec{\xi}_{j'}^{(2)} \ldots) = 0. \tag{3.56}$$

Wir nehmen in der Regel an, daß die Gln. (3.55) und (3.56) wohlbekannte Lösungen haben: Es sind die aus Modellrechnungen des 2. Abschnittes folgenden Grund- und Anregungszustände der Kerne in den Kanälen. Die Reaktionstheorie soll anzugeben erlauben, mit welcher Wahrscheinlichkeit die Kanäle b, B usw. aus dem Eingangskanal a, A entstehen.

3.4.2 Kräftefreier Fall

Er ist der Ausgangszustand: wenn $V_{12} = 0$, dann gibt es keine Reaktion oder Streuung. Aus Gl. (3.54) wird

$$\left(\frac{\hbar^2}{2\mu}\Delta + e_{12}\right)\psi(\vec{r}) = 0.$$

Lösungen sind *ebene Wellen* bei positiver kinetischer Energie e_{12}

$$\psi(\vec{r}) = A\exp(i\vec{k}\,\vec{r}) \tag{3.57}$$

mit $e_{12} = k^2 \hbar^2 / 2\mu$. Diese ebene Welle besteht im ganzen Raum und läuft in Richtung des Wellenvektors $\vec{k}$ (sieht man nach Hinzufügung von $e^{-i\omega t}$). Über die Konstante A verfügt man durch die Forderung, daß mit der Welle eine bestimmte Teilchenstromdichte verknüpft sein soll. Sie ergibt sich nach den Regeln der Quantenmechanik zu

$$\vec{j} = \frac{\hbar}{2\mu} \left(\psi^* \frac{1}{i} \operatorname{grad} \psi - \frac{1}{i} (\operatorname{grad} \psi^*) \psi \right) = \frac{\hbar}{\mu} |A|^2 \vec{k}, \tag{3.58}$$

also

$$|\vec{j}| = j = \frac{\hbar k}{\mu} |A|^2.$$

A nimmt man reell an und hat dann

$$A = \left(\frac{\mu j}{\hbar k} \right)^{1/2}. \tag{3.59}$$

Speziell und häufig verwendet wird $j = 1$ Teilchen pro Sekunde und cm^2. Dann ist

$$A = \left(\frac{\mu}{\hbar k} \right)^{1/2} = \frac{1}{\sqrt{v}} \tag{3.60}$$

mit v gleich Relativgeschwindigkeit (Invariante der L-S-Transformation).

3.4.3 Wirkungsquerschnitt aus der asymptotischen Lösung

Mit WW wird die stationäre Lösung (3.57) der SGl. abgeändert. Nach *Sommerfeld* beschreiben wir diese Abänderung durch die *Hinzufügung einer auslaufenden Kugelwelle* bei großem r, also im asymptotischen Grenzfall $r \to \infty$. Die neue Lösung soll also die Gestalt haben

$$\psi(\vec{r}) \Rightarrow A \left\{ e^{i\vec{k}\,\vec{r}} + f(\vartheta, \varphi) \frac{e^{ikr}}{r} \right\} = \psi^{(+)}(\vec{r}), \tag{3.61}$$

wobei wir aber sogleich die Vereinbarung treffen, daß die z-Achse des Koordinatensystems mit der Richtung von $\vec{k}$ übereinstimmen soll. Dann ist der Ausdruck für die ebene Welle exp(ikz).

Zur physikalischen Bedeutung des Ansatzes ist folgendes zu bemerken. Die eingeführte WW ist in keiner Weise spezialisiert worden, und sie kann Streuung wie Reaktionen in alle offenen Kanäle auslösen. Immer hat sie aber zur Folge, daß die Welle im Eingangskanal in der Form Gl. (3.61) abgeändert wird. Eine aus Gl. (3.61) folgende Berechnung des WQ ergibt damit die *Eingangsknanal-Darstellung* des (totalen) WQ. Selbst wenn der Targetkern jedes ihn treffende Teilchen sofort vollständig absorbiert, ist die asymptotische Form der Welle durch Gl. (3.61) zu beschreiben: Analog wie in der Optik ein total absorbierendes Hindernis eine Beugungsfigur hinterläßt, ist dies auch hier das Grundphänomen im Eingangskanal.

Wir definieren als den differentiellen Wirkungsquerschnitt die Größe

$$\frac{d\sigma}{d\omega} = \frac{\text{Strom in die Raumwinkeleinheit in der Richtung } \vartheta, \varphi}{\text{Stromdichte der einfallenden Teilchen}} \,. \tag{3.62}$$

Nur die Streuwelle

$$\psi_{\text{streu}} \Rightarrow A f(\vartheta, \varphi) \frac{e^{ikr}}{r} \tag{3.63}$$

ergibt Teilchen in die Richtung ϑ, φ. Die entsprechende Stromdichte ist radial gerichtet,

$$j_r^{\text{streu}} = \frac{\hbar}{2\mu} \left(\psi_{\text{streu}}^* \frac{1}{i} \frac{\partial \psi_{\text{streu}}^*}{\partial r} - \frac{1}{i} \frac{\partial \psi_{\text{streu}}^*}{\partial r} \psi_{\text{streu}} \right)$$

$$\Rightarrow \frac{\hbar}{2\mu} A^2 |f(\vartheta, \varphi)|^2 \frac{2k}{r^2} \,.$$

In den Raumwinkelbereich $d\omega = \sin\vartheta \, d\vartheta \, d\varphi$ geht der Strom $j_r \, r^2 \, d\omega$, also ist

$$\frac{d\sigma}{d\omega} = \frac{\hbar}{2\mu} A^2 |f(\vartheta, \varphi)|^2 \, 2k \frac{\mu}{A^2 \hbar k} = |f(\vartheta, \varphi)|^2 \,. \tag{3.64}$$

Der WQ läßt sich aus der asymptotischen Lösung der SGl. im Eingangskanal sehr leicht ablesen. Man nennt $f(\vartheta, \varphi)$ auch die *Streuamplitude*. Bei Verwendung unpolarisierter Teilchen wird f unabhängig von φ, weil im ganzen Problem keinerlei andere ausgezeichnete Achse existiert außer der z-Achse.

3.4.4 Partialwellenzerlegung

Wir beginnen wieder mit dem kräftefreien Fall und bemerken, daß der Hamilton-Operator trivialerweise drehinvariant ist, und daß dies bei einer gewissen Klasse von Potentialen, z.B. allen nur von $|\vec{r}|$ abhängenden, auch noch zutrifft. In all diesen Fällen hat die SGl. Lösungen, die EF zum Drehimpuls-Operator und seiner z-Komponente sind. Man gewinnt sie bekanntlich durch Separation der SGl., indem man zunächst x, y, z in r, ϑ, φ transformiert. Es entsteht

$$-\frac{\hbar^2}{2\mu} \left\{ \frac{1}{r^2} \frac{\partial}{\partial r} \left(r^2 \frac{\partial}{\partial r} \right) + \frac{1}{r^2} \left[\frac{1}{\sin\vartheta} \frac{\partial}{\partial \vartheta} \left(\sin\vartheta \frac{\partial}{\partial \vartheta} \right) + \frac{1}{\sin^2\vartheta} \frac{\partial^2}{\partial \varphi^2} \right] \right\} \psi(r, \vartheta, \varphi)$$

$$= e_{12} \, \psi(r, \vartheta, \varphi). \tag{3.65}$$

Der Ausdruck in der eckigen Klammer ist $-\dfrac{1}{\hbar^2} (\vec{L})^2$, wobei

$$(\vec{L})^2 Y_l^m(\vartheta, \varphi) = \hbar^2 \, l(l+1) \, Y_l^m(\vartheta, \varphi). \tag{3.66}$$

Man macht den Ansatz

$$\psi = \frac{u(r)}{r} Y_l^m(\vartheta, \varphi) \tag{3.67}$$

und findet für u die Differentialgleichung (u$'$ = du/dr)

$$-\frac{\hbar^2}{2\mu}\,u'' + \left(\frac{\hbar^2}{2\mu}\frac{l(l+1)}{r^2} - e_{12}\right) u = 0. \tag{3.68}$$

Die Lösungen von Gl. (3.65) sind insgesamt

$$\psi_{klm}(\vec{r}) = j_l(kr)\, Y_l^m(\vartheta, \varphi). \tag{3.69}$$

Über die sphärischen Bessel-Funktionen s. Ziff. 2.2. Im vorliegenden (kräftefreien) Fall kann nur j_l, nicht n_l, genommen werden, weil r = 0 nicht ausgezeichnet ist, insbesondere gibt es dort keine Singularität des Potentials. Für die Funktionen (3.69) gelten gewisse Orthogonalitätsbeziehungen, und man kann nach diesem Funktionensystem andere Funktionen entwickeln. Insbesondere kann die ebene Welle entwickelt werden:

$$\psi = A\,e^{ikz} = A \sum_{l=0}^{\infty} \sqrt{4\pi}\,\sqrt{2l+1}\,j_l(kr)\,i^l\,Y_l^0(\vartheta, \varphi)$$

$$= A \sum_{l=0}^{\infty} (2l+1)\,j_l(kr)\,i^l\,P_l(\cos\vartheta). \tag{3.70}$$

Diese Zerlegung ist die *Partialwellenzerlegung der ebenen Welle*. Man kann sie auch auffassen als Übergang von der Impulsdarstellung der ebenen Welle in die Drehimpulsdarstellung. Die Gewichte der Partialwellen sind $2l + 1$. Aus Gl. (3.70) sieht man einen für *Winkelverteilungen* sehr wichtigen Sachverhalt: In der Entwicklung kommen nur z-Komponenten des Drehimpulses m = 0 vor. Der Drehimpulsvektor jeder einzelnen Partialwelle steht senkrecht (im quantenmechanischen Sinn) auf der z-Achse (Einfallsrichtung), ebenso wie dies auch bei klassischer Betrachtung sich ergibt. Wenn es sich nun um eine Resonanzreaktion handelt, die mit scharfem l abläuft, dann ist die Winkelverteilung dadurch bestimmt, mit welcher Häufigkeit sich unter dem Winkel ϑ, φ die Drehimpulsverteilung im Ausgangszustand verwirklichen läßt (Bild 3.18).

Verschwindet die WW nicht, dann ist wieder eine Kugelwelle hinzuzufügen. Wir zerlegen daher $j_l(kr)$ sofort weiter in einlaufende und auslaufende Kugelwellen. Ein Blick auf die Formeln von Ziff. 2.2 gibt zum Beispiel

$$j_0 = \frac{1}{kr}\,\sin kr = \frac{1}{2\,ikr}\,(e^{ikr} - e^{-ikr}),$$

wovon der erste Summand eine auslaufende, der zweite eine einlaufende Kugelwelle darstellt. Allgemein schrieben wir

$$j_l(kr) = \frac{1}{2\,ikr}\,(A_l(kr) - E_l(kr)), \tag{3.71}$$

wobei A_l die auslaufende, E_l die einlaufende Welle darstellen soll. Da das asymptotische Verhalten von j_l wie folgt ist,

$$j_l \Rightarrow \frac{1}{2\,ikr}\left(e^{i\left(kr - l\frac{\pi}{2}\right)} - e^{-i\left(kr - l\frac{\pi}{2}\right)}\right) = \frac{1}{kr}\,\sin\left(kr - l\frac{\pi}{2}\right), \tag{3.72}$$

so gilt auch

$$A_l(kr) \Rightarrow \exp\left[i\left(kr - l\frac{\pi}{2}\right)\right], \qquad E_l(kr) \Rightarrow \exp\left[-i\left(kr - l\frac{\pi}{2}\right)\right]. \tag{3.73}$$

Die hier interessante Darstellung der ebenen Welle ist damit ($\hat{l} = \sqrt{2l+1}$)

$$\psi = A\,e^{ikz} = A\sqrt{\pi}\sum_{l=0}^{\infty} i^l\,\hat{l}\,\frac{1}{ikr}\,(A_l(kr) - E_l(kr))\,Y_l^0(\vartheta, \varphi). \tag{3.74}$$

Mit *Wechselwirkung* geht man wie folgt vor. Wir nehmen an, daß V_{12} nur von $|\vec{r}_{12}| = |\vec{r}|$ abhängt, also nach wie vor drehinvariant ist. Dann ist wieder der Drehimpuls eine gute Quantenzahl, jedoch lautet die radiale Gleichung an Stelle von Gl. (3.68) jetzt

$$-\frac{\hbar^2}{2\mu}u'' + \left[\frac{\hbar^2}{2\mu}\frac{l(l+1)}{r^2} + V(r) - e_{12}\right]u = 0. \tag{3.75}$$

Das Potential wird das abstoßende Coulomb-Potential enthalten, es wird in der Umgebung des Kernradius sehr stark anziehend werden, also stark abfallen. Ist $l \neq 0$, dann wird das Potential bei sehr kleinen r wiederum durch das Zentrifugalpotential $l(l+1)/r^2$ sehr stark angehoben (Bild 3.26). — Allgemein soll angenommen werden, daß für kleine r das Potential $V(r)$ auf keinen Fall stärker $\to \infty$ geht als das Zentrifugalpotential, d.h. es soll sein

$$r^2 V(r) \to 0 \quad \text{für} \quad r \to 0.$$

Dann überwiegt bei kleinen r der Zentrifugalterm, d.h. dort verhalten sich die Lösungen der SGl. wie die WW-freien Lösungen. *Hier* nehmen wir fürs erste an, daß $V(r)$ außerhalb von $r = a$ verschwindet: Das ist als grobe Näherung für Neutronen der Fall und enthebt uns vor allem der Schwierigkeiten mit dem langreichweitigen Coulomb-Potential, das eine besondere Behandlung erfordert.

Außerhalb von $r = a$ kann damit wieder nur eine Linearkombination von Bessel-Funktionen die richtige Lösung sein. Es muß aber wieder eine auslaufende Kugelwelle hinzugefügt werden. Das wird von der sphärischen Hankel-Funktionen geleistet (s. Tabelle 3.2). Daher ersetzen wir Gl. (3.70) durch

$$\psi = A\sum{}'\sqrt{4\pi}\sqrt{2l+1}\,i^l\left(j_l(kr) + \frac{1}{2}\alpha_l h_l^{(1)}(kr)\right)Y_l^0(\vartheta, \varphi). \tag{3.76}$$

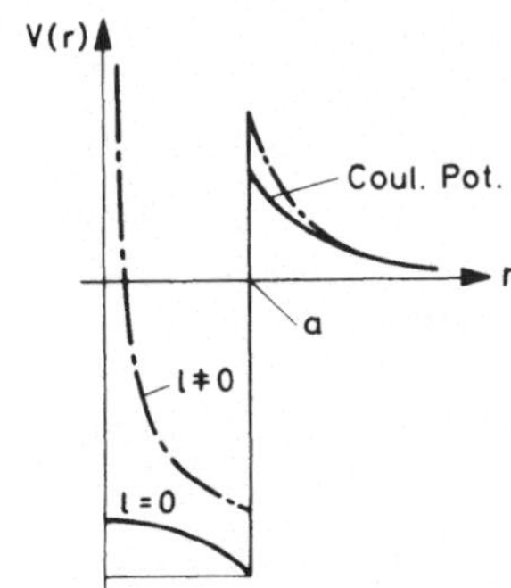

Bild 3.26
Das Gesamtpotential setzt sich aus Coulomb-, Kern- und Zentrifugal-potential zusammen

Tabelle 3.2 Sphärische Hankel-Funktionen für $l = 0, 1, 2, 3, 4$

$$h_0^{(1)}(i\kappa r) = -\frac{1}{\kappa r}\, e^{-\kappa r}$$

$$h_1^{(1)}(i\kappa r) = i\left(\frac{1}{\kappa r} + \frac{1}{(\kappa r)^2}\right) e^{-\kappa r}$$

$$h_2^{(1)}(i\kappa r) = \left(\frac{1}{\kappa r} + \frac{3}{(\kappa r)^2} + \frac{3}{(\kappa r)^3}\right) e^{-\kappa r}$$

$$h_3^{(1)}(i\kappa r) = -i\left(\frac{1}{\kappa r} + \frac{1}{(\kappa r)^2} + \frac{15}{(\kappa r)^3} + \frac{15}{(\kappa r)^4}\right) e^{-\kappa r}$$

$$h_4^{(1)}(i\kappa r) = -\left(\frac{1}{\kappa r} + \frac{10}{(\kappa r)^2} + \frac{45}{(\kappa r)^3} + \frac{105}{(\kappa r)^4} + \frac{105}{(\kappa r)^5}\right) e^{-\kappa r}$$

Darin ist dann asymptotisch

$$h_l^{(1)} \Rightarrow \frac{1}{kr}\, \exp\left[i\left(kr - \frac{1}{2}(l+1)\right)\pi\right]$$

und allgemein

$$h_l^{(1)}(kr) = j_l(kr) + i\, n_l(kr).$$

Um die Streuamplitude zu gewinnen, brauchen wir die asymptotische Entwicklung der Funktion ψ von Gl. (3.76). Es ist

$$\psi \Rightarrow A\sum \sqrt{4\pi}\,\hat{l}\, i^l \left[\frac{1}{kr}\sin\left(kr - l\frac{\pi}{2}\right) + \frac{1}{2}\alpha_l \frac{1}{kr}\exp\left(i\left(kr - \frac{1}{2}(l+1)\pi\right)\right)\right] Y_l^0$$

$$= A\sum \sqrt{4\pi}\,\hat{l}\, i^l \left\{\frac{1}{2ikr}\, e^{i\left(kr - l\frac{\pi}{2}\right)} - \frac{1}{2ikr}\, e^{-i\left(kr - l\frac{\pi}{2}\right)} + \alpha_l \frac{1}{2ikr}\, e^{i\left(kr - l\frac{\pi}{2}\right)}\right\} Y_l^0$$

$$= A\sqrt{\pi}\sum \hat{l}\, i^l \frac{1}{ikr}\left((1 + \alpha_l)\, e^{i\left(kr - l\frac{\pi}{2}\right)} - e^{-i\left(kr - l\frac{\pi}{2}\right)}\right) Y_l^0(\vartheta, \varphi). \tag{3.77}$$

Man sieht, daß die Abänderung in der Weise erfolgt, daß allgemein mit WW

$$\psi = A\sqrt{\pi}\sum \hat{l}\, i^l \frac{1}{ikr}\left((1 + \alpha_l)\, A_l(kr) - E_l(kr)\right) Y_l^0(\vartheta, \varphi)$$

$$= A\sqrt{\pi}\sum \hat{l}\, i^l \frac{1}{ikr}\left(x_l\, A_l(kr) + y_l\, E_l(kr)\right) Y_l^0(\vartheta, \varphi). \tag{3.78}$$

Man nennt in Gl. (3.77) bzw. Gl. (3.78) die *Streufunktion* oder *S-Funktion*

$$S_l = -\frac{x_l}{y_l} = 1 + \alpha_l. \tag{3.79}$$

Als nächstes berechnen wir die Streuamplitude und die Wirkungsquerschnitte für Streuung und Reaktion.

3.4.5 Wirkungsquerschnitt

Wir bestimmen zuerst die Streuamplitude $f(\vartheta, \varphi)$ mittels Vergleich von Gl. (3.76) mit Gl. (3.61). Dazu schreiben wir Gl. (3.76) wie folgt um

$$\psi = A\,e^{ikz} + A \sum_l \sqrt{4\pi}\,\hat{l}\,i^l \frac{1}{2}\,\alpha_l\,h_l^{(1)}\,(kr)\,Y_l^0\,(\vartheta, \varphi)$$

$$\Rightarrow A\,e^{ikz} + A \sum_l \sqrt{4\pi}\,\hat{l}\,i^l \frac{1}{2}\,\alpha_l \frac{1}{kr}\,e^{ikr}\,e^{-1/2\,(l+1)\,\pi}Y_l^0\,(\vartheta, \varphi)$$

$$= A\,e^{ikz} + \frac{e^{ikr}}{r}\,\frac{A\sqrt{\pi}}{ik} \sum_l \hat{l}\,\alpha_l\,Y_l^0\,(\vartheta, \varphi)$$

und gewinnen

$$f(\vartheta, \varphi) = \frac{\sqrt{\pi}}{ik} \sum_{l=0}^{\infty} \hat{l}\,\alpha_l\,Y_l^0(\vartheta,\varphi) = \frac{1}{2\,ik} \sum_{l=0}^{\infty} (2l+1)\,(S_l-1)\,P_l\,(\cos\vartheta). \tag{3.80}$$

Der differentielle Streu-WQ erhält den Ausdruck

$$\frac{d\sigma_{\text{streu}}}{d\omega} = |f|^2 = \frac{\pi}{k^2} \left| \sum_{l=0}^{\infty} \hat{l}\,\alpha_l\,Y_l^0(\vartheta,\varphi) \right|^2 = \frac{\pi}{k^2} \sum_l \sum_{l'} \hat{l}\,\hat{l}'\,\alpha_l\,\alpha_{l'}^*\,Y_l^0\,Y_{l'}^{0\,*}. \tag{3.81}$$

Im differentiellen Streu-WQ werden demnach die Partialwellen kohärent überlagert. Dagegen werden beim totalen Streu-WQ die partiellen WQ einfach addiert, denn es ist wegen der Orthogonalitäts- und Normierungsbeziehungen der Kugelflächenfunktionen

$$\sigma_{\text{streu}} = \int \frac{d\sigma_{\text{streu}}}{d\omega}\,d\omega = \frac{\pi}{k^2} \sum_l (2l+1)\,|\alpha_l|^2 = \frac{\pi}{k^2} \sum_l (2l+1)\,|1-S_l|^2. \tag{3.82}$$

Wir gehen jetzt zur Berechnung des *Reaktions-WQ* über und bemerken erneut, daß wir den *totalen* Reaktions-WQ berechnen, solange wir nur im Eingangskanal bleiben. Dabei ist die wesentliche Überlegung diese: Wäre α_l eine „reine Phase", also eine komplexe Zahl von Betrag 1, dann würde die Hinzufügung der auslaufenden Kugelwelle lediglich eine Umverteilung der Teilchen bedeuten, und das haben wir als reine Streuung zu bezeichnen. Erst dann, wenn $|\alpha_l| < 1$, erfolgt Reaktion: Es verschwinden Teilchen aus dem Eingangskanal. Sie werden eingefangen oder führen zu irgendeinem anderen Ausgangskanal. Es sei j_R die Stromdichte beim Abstand R. Dann ist bei vorkommender Reaktion

$$I = \int j_R\,R^2\,d\omega < 0, \tag{3.83}$$

und bei reiner Streuung verschwindet I.

Wir nehmen sogleich die asymptotische Darstellung (3.77) und berücksichtigen, daß Gl. (3.83) auch für jede Partialwelle einzeln gilt. Dann braucht man nur eine Partialwelle,

$$\psi_l = A \sqrt{\pi} \, \frac{\hat{l}}{ikr} \, \{(1 + \alpha_l)\, e^{ikr} - e^{-ikr}\}\, Y_l^0 ,$$

zu betrachten. Die daraus abgeleitete Stromdichte in radialer Richtung ist (vgl. die sich an Gl. (3.63) anschließende Rechnung)

$$j_{r,l} = \frac{\hbar}{2\mu} \, \frac{4\pi A^2 (2l+1)}{2k} \, \frac{1}{r^2} \, \{|1 + \alpha_l|^2 - 1\}\, |Y_l^0|^2 .$$

Integration über ϑ und φ gemäß Gl. (3.83) führt auf

$$I_l = \frac{\hbar}{2\mu} \, \frac{4\pi A^2 (2l+1)}{2k} \, \{|1 + \alpha_l|^2 - 1\} = \frac{\hbar}{2\mu} \, \frac{4\pi A^2 (2l+1)}{2k} \, (|S_l|^2 - 1). \qquad (3.84)$$

Diese Größe soll $\leqslant 0$ sein, es muß also grundsätzlich

$$|S_l|^2 - 1 \leqslant 0, \quad |S_l|^2 \leqslant 1 \qquad (3.85)$$

sein. Das Gleichheitszeichen gilt für reine Streuung.

Der *Reaktions-WQ* wird damit

$$\sigma_{\text{Reakt},\,l} = \frac{|I_l|}{j} = \frac{\pi}{k^2} \, (2l+1)\, (1 - |S_l|^2). \qquad (3.86)$$

Der totale Reaktions-WQ ergibt sich daraus als Summe über alle l.

Aus den Beziehungen (3.82), (3.86) und (3.85) ergibt sich die folgende Betrachtung über Limites der Wirkungsquerschnitte. Für den partiellen WQ ist

$$\sigma_{\text{streu},\,l} = \pi \lambda^2 (2l+1)\, |1 - S_l|^2 ,$$

$$\frac{\sigma_{\text{streu},\,l}}{\pi \lambda^2 (2l+1)} = |1 - S_l|^2, \qquad \frac{\sigma_{\text{Reakt},\,l}}{\pi \lambda^2 (2l+1)} = 1 - |S_l|^2 .$$

Ist $S_l = -1$, hat man maximalen Streu-WQ, bei $S_l = 0$ maximalen Reaktions-WQ. Beide WQ liegen demnach in dem schraffierten Bereich von Bild 3.27. Der Fall maximaler Reaktion ($S_l = 0$) heißt $1 + \alpha_l = 0$, also $\alpha_l = -1$: In der Partialwellenentwicklung gibt es gar keine auslaufende Kugelwelle mehr im Kanal l, alle einlaufenden Teilchen werden vollständig absorbiert.

Anhand des Reaktions-WQ diskutieren wir einen *Vergleich mit der klassischen Physik*. Der maximale Reaktions-WQ zu l ist

$$\sigma_{\text{Reakt},\,l,\,\text{max}} = \frac{\pi}{k^2} \, (2l+1) = \pi \lambda^2 (2l+1). \qquad (3.87)$$

Das ist eine Ringfläche zwischen Kreisen vom Radius $\lambda(l+1)$ und λl, nämlich $\sigma_{\text{Reakt},\,l,\,\text{max}} = \pi \lambda^2 ((l+1)^2 - l^2)$, und der Kreisring hat die Dicke λ (Bild 3.28). Das heißt: Liegt maximaler Reaktions-WQ zur Welle l vor, dann werden die Teilchen eines Ringgebietes vollständig absorbiert. Reaktion mit $l = 0$ nennt man s-Wellen-Absorption, entsprechend mit $l = 1$ p-Wellen-Absorption, usw.

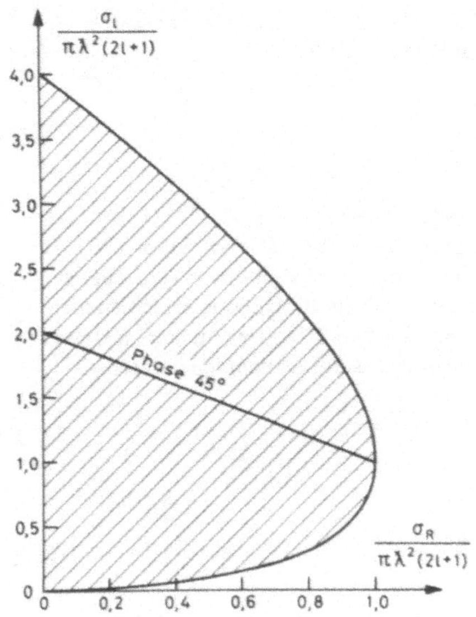

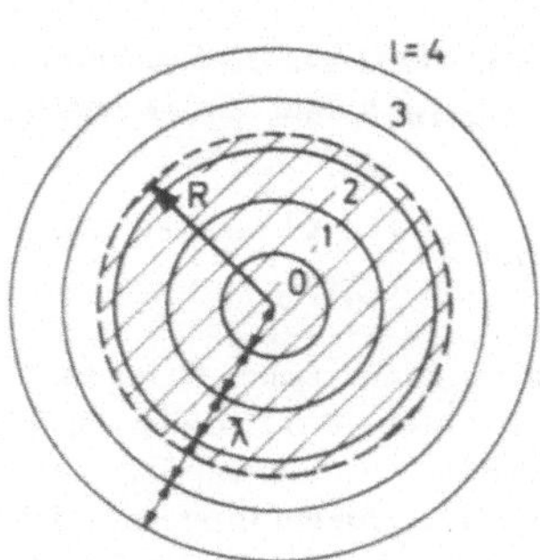

Bild 3.28 Absorptionszonen bei maximalem Reaktions-WQ, R Kernradius

Bild 3.27
Wertebereich des partiellen Streu- und Reaktions-WQ

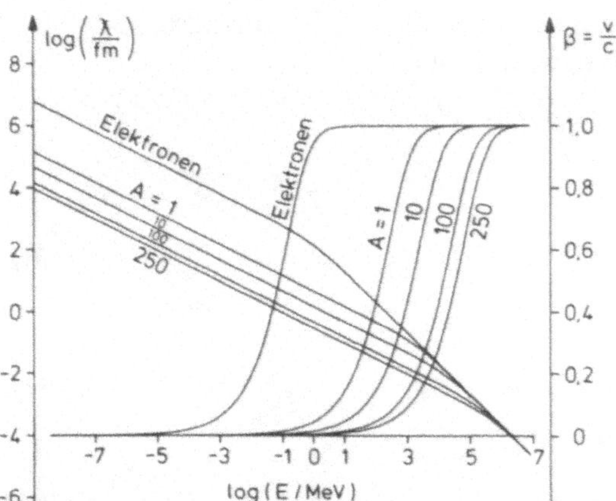

Bild 3.29 de Broglie-Wellenlängen $\lambda = \hbar/p$ für verschiedene Teilchen bei verschiedenen kinetischen Energien. Rechte Ordinate $\beta = v/c$.

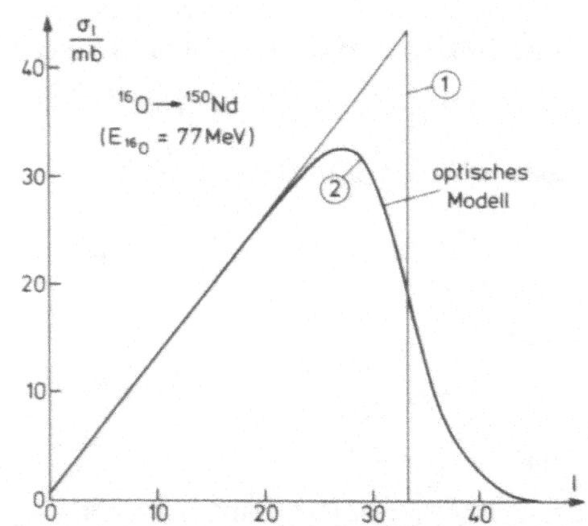

Bild 3.30 WQ für Kern-Fusion nach dem "sharp cut-off"-Modell (1), und tatsächlicher Verlauf als Folge der Runding des Potentials am Kernrand (2) (aus [41])

In Bild 3.29 ist eine Zusammenstellung der de Broglie-Wellenlängen $\lambda = \hbar/p$ für Teilchen verschiedener Nukleonenzahl und verschiedener kinetischer Energien E enthalten. Für Teilchenpaare a, A setze man die Nukleonenzahl der reduzierten Masse ein und die Relativenergie e_{aA}. Nimmt man für den Kernradius die Formel $R = 1{,}3$ fm $A^{1/3}$, so sieht man, daß bei schweren Ionen $\lambda \ll R$ wird: es nehmen viele Bahndrehimpulse $l\hbar$ an der Reaktion teil mit l bis zur Größenordnung 100. Bei thermischen Neutronen ist dagegen nur $l = 0$ von Bedeutung. – Ein einfaches Modell einer *Ver-*

schmelzungsreaktion (Fusions-Reaktion) wäre dieses, daß $S_l = 0$ für $0 \leqslant l \leqslant l_{max}$ $(= R/\lambda)$ und $S_l = 1$ für $l > l_{max}$; s. Bild 3.30, Kurve ①. Der totale Fusions-WQ ist dann

$$\sigma_{Fusion} = \pi\lambda^2 \sum_{l=0}^{l_{max}} (2l+1) = \pi\lambda^2 (l_{max}+1)^2 \approx \pi R^2, \tag{3.88}$$

also gleich dem geometrischen Querschnitt, und dieser ist durchaus beachtlich groß [^{238}U + ^{238}U, R = 1,3 $(238)^{1/3}$ fm = 8 fm, so daß der WQ (Radius der Wirkungssphäre ist $2R = 16$ fm) $\sigma = 800$ fm^2 = 8 barn]. Die Kerne werden bezüglich der Verschmelzung sicher keine scharfe Grenze l_{max} haben, demnach ist es von großem Interesse, den Fusions-WQ zu messen und die Beteiligung verschiedener Bahndrehimpulse zu ermitteln. Das Ergebnis entspricht Kurve ② in Bild 3.30. Der Fusions-WQ wird gemessen durch Registrierung der gesamten γ-Ausbeute des bei der Fusion entstandenen Kerns.

3.5 Streuphase

Da $|S_l| \leqslant 1$ ist, so ist S_l eine komplexe Zahl, die innerhalb des Einheitskreises liegt. Man schreibt mit Nutzen dafür

$$S_l = S_l^0 \, e^{2 i \delta_l} \tag{3.89}$$

und nennt δ_l *die Streuphase*. Üblich ist auch $S_l = e^{2 i \eta_l}$, wobei η_l komplex zugelassen ist. Bei reinen Streuprozessen ist $S_l^0 = 1$, bei Reaktionen $S_l^0 < 1$. Bei *Streuung* schreibt man häufig den WQ um, indem S_l eingetragen wird. Es ist

$$1 - S_l = 1 - e^{2 i \delta_l} = e^{i \delta_l}(e^{-i \delta_l} - e^{i \delta_l}) = -2i \sin\delta_l \, e^{i \delta_l},$$

also nach Gln. (3.81) und (3.82)

$$\frac{d\sigma_{streu}}{d\omega} = \frac{4\pi}{k^2} \left| \sum_l \sqrt{2l+1} \, \sin\delta_l \, e^{i\delta_l} Y_l^0 \right|^2 \tag{3.90}$$

und

$$\sigma_{streu} = \frac{4\pi}{k^2} \sum_l (2l+1) \sin^2\delta_l = \sum_l \sigma_l, \tag{3.91}$$

mit

$$\sigma_l = \frac{4\pi}{k^2}(2l+1)\sin^2\delta_l, \qquad \sigma_{l,max} = \frac{4\pi}{k^2}(2l+1). \tag{3.92}$$

Diese Formeln werden häufig verwendet. Sie zeigen, daß die höchsten WQ bei den Streuphasen $\delta_l = \dfrac{\pi}{2}, \dfrac{3\pi}{2}, \ldots$ zu erwarten sind.

Für den *totalen WQ* ergibt sich im allgemeinen Fall

$$\sigma_{Total} = \sigma_{Reakt.} + \sigma_{Streu} = \frac{\pi}{k^2} \sum_l (2l+1) \left[|1 - S_l|^2 + 1 - |S_l|^2 \right]$$

$$= \frac{2\pi}{k^2} \sum_l (2l+1)(1 - S_l^0 \cos^2\delta_l).$$

Andererseits ist

$$f(\vartheta) = \frac{1}{k} \sum_l \sqrt{4\pi}\,\hat{l}\,\frac{1}{2i}\,(S_l^0\,e^{2\,i\delta_l} - 1)\,Y_l^0$$

$$= \frac{1}{2\,ki} \sum_l (2l + 1)\,(S_l^0 \cos^2\delta_l - 1 + i\,S_l^0 \sin^2\delta_l)\,P_l(\cos\vartheta).$$

Daraus folgt das sogenannte *optische Theorem*,

$$\sigma_{\text{Total}} = \frac{4\pi}{k}\,\text{Im}\,f(0), \tag{3.93}$$

d.h. die Streu*amplitude* muß einen imaginären Anteil besitzen.

Der Ausdruck „*Streuphase*" erhält seine Berechtigung aus einem Bezug zur *radialen Wellenfunktion*. Wir setzen in Gl. (3.77) den Ausdruck $1 + \alpha_l = S_l = \exp(2i\delta_l)$ ein und erhalten

$$\psi \Rightarrow A\sqrt{\pi} \sum_l \hat{l}\,i^l\,\frac{1}{ikr}\left(e^{2\,i\delta_l}\,e^{i\left(kr - l\frac{\pi}{2}\right)} - e^{-i\left(kr - l\frac{\pi}{2}\right)}\right)Y_l^0$$

$$= A\sqrt{\pi} \sum_l \hat{l}\,i^l\,\frac{e^{i\delta_l}}{ikr}\left(e^{i\left(kr - l\frac{\pi}{2} + \delta_l\right)} - e^{-i\left(kr - l\frac{\pi}{2} + \delta_l\right)}\right)Y_l^0 \tag{3.94}$$

$$= A\sqrt{\pi} \sum_l \hat{l}\,i^l\,\frac{2\,e^{i\delta_l}}{kr}\,\sin\left(kr - l\frac{\pi}{2} + \delta_l\right)Y_l^0.$$

Verglichen mit dem WW-freien Fall (Gl. (3.70) unter Berücksichtigung von Gl. (3.72)) wird also die Welle zwar mit dem Faktor $\exp(i\delta_l)$ versehen, aber sie erscheint *bei großem* r auch im ganzen *um die Phase* δ_l/k *verschoben*.

Neben der Streuphase werden auch andere Größen eingeführt, die aus verschiedenen Gründen gelegentlich bevorzugt werden (sie haben andere analytische Eigenschaften). Zunächst definieren wir im kräftefreien Fall die F_l- und G_l-*Funktionen* durch die Beziehungen (vgl. Tabelle 3.3)

$$kr\,j_l(kr) = F_l(kr), \quad -kr\,n_l(kr) = G_l(kr), \tag{3.95}$$

also auch

$$kr\,h_l^{(1)}(kr) = \frac{1}{i}\,(G_l(kr) + i\,F_l(kr)).$$

Sodann sind die aus- und einlaufenden Kugelwellenfunktionen

$$A_l(kr) = G_l + i\,F_l, \quad E_l(kr) = G_l - i\,F_l. \tag{3.96}$$

Die Streufunktion hatten wir an Hand einer Umschreibung der asymptotischen Form der Wellenfunktion (mit Wechselwirkung) definiert (Gln. (3.76), (3.77) und (3.78)). Wir führen jetzt noch andere Umschreibungen aus, wobei wir immer nur die radialen Anteile betrachten. So ist

$$j_l(kr) + \frac{1}{2}\,\alpha_l h_l^{(1)}(kr) = \frac{1}{kr}\left(F_l + \frac{1}{2i}\,\alpha_l(G_l + i\,F_l)\right) = \frac{1}{kr}\,(F_l + T_l(G_l + i\,F_l)).$$

Die Größe T_l gibt die Abänderung der ebenen Welle $F_l\,(\mathrm{kr})$ durch den Kugelwellenanteil
$G_l + \mathrm{i}\,F_l = A_l$ wieder. Da

$$S_l = \mathrm{e}^{2\mathrm{i}\delta_l} = 1 + \alpha_l = 1 + 2\mathrm{i}\,T_l, \qquad\qquad (3.97a)$$

so folgt für die *T-Funktion*

$$T_l = \sin\delta_l\,\mathrm{e}^{\mathrm{i}\delta_l}, \qquad\qquad (3.97b)$$

und $T_l^2 = \sin^2\delta_l$ ist gerade der Faktor, der im WQ Gl. (3.92) auftritt und die Abweichung vom Maximalwert $4\pi\lambda^2\,(2\,l+1)$ angibt. – Eine weitere Umschreibung führt auf

$$\frac{1}{\mathrm{kr}}\,(F_l + \sin\delta_l\,\mathrm{e}^{\mathrm{i}\delta_l}\,(G_l + \mathrm{i}\,F_l)) = \frac{\mathrm{e}^{\mathrm{i}\delta_l}}{\mathrm{kr}}\,(F_l\cos\delta_l + G_l\sin\delta_l) = \frac{\mathrm{e}^{\mathrm{i}\delta_l}}{\mathrm{kr}}\cos\delta_l\,(F_l + K_l G_l) \qquad (3.97c)$$

mit der *K-Funktion*

$$K_l = \tan\delta_l. \qquad\qquad (3.97d)$$

Neben dem Zusammenhang Gl. (3.97a) gilt somit auch

$$S_l = \frac{1 + \mathrm{i}\,K_l}{1 - \mathrm{i}\,K_l} \quad\text{und}\quad K_l = \frac{T_l}{1 + \mathrm{i}\,T_l}\;. \qquad\qquad (3.97e)$$

Es ist eine wichtige Aufgabe, aus WW-Potentialen die Streuphase zu berechnen und
mit experimentellen Werten zu vergleichen. Die Berechnung von Potentialen aus den Streuphasen ist nicht eindeutig möglich, man geht immer den umgekehrten Weg. Die Bestimmung der Streuphasen δ_l und ihrer Energieäbhängigkeit ist eine der Fundamentalauf-
gaben der experimentellen Kernphysik. Es sei dabei betont, daß es sich um die Kernstreu-
phasen handelt, während die Coulomb-Streuphasen, die getrennt behandelt werden, abgetrennt werden, denn sie sind bekannt. In Bild 3.31 geben wir ein schematisches Bild
von Wellenfunktionen und einer Streuphase wieder. Man kann allgemein zeigen, daß

$$\delta_l > 0 \ \text{ bei } \ V < 0, \quad \delta_l < 0 \ \text{ bei } \ V > 0.$$

Von den *experimentellen Ergebnissen* geben wir hier diejenigen der niederenergetischen *α-α-Streuung* wieder, Bild 3.32. Bei den verwendeten niedrigen Energien hat man
reine Streuung, keinerlei Reaktion. Die Phase δ_0 sinkt bei kleinen Energien noch scharf
ab und geht bei ca. 95 keV durch $90°$ hindurch (mit positiver Steigung), ebenso δ_2 bei
2,9 MeV und δ_4 bei 13 MeV. Da das System symmetrisch ist (zwei α's), kommen nur
gerade l vor. Durchgänge durch $90°$ sind die Resonanzen, die zu Zuständen von ^{8}Be
gehören.

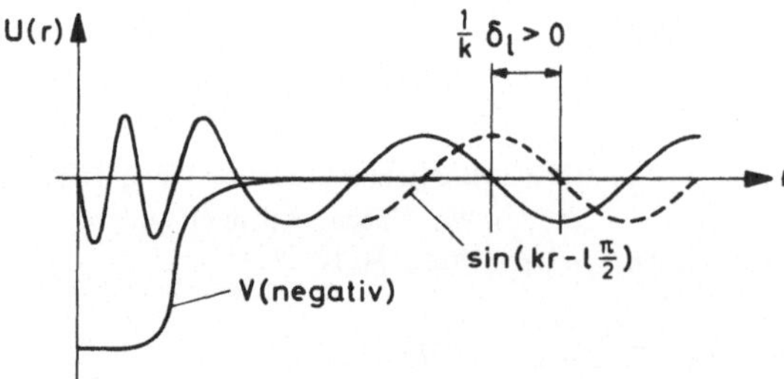

Bild 3.31

Schematischer Verlauf der radialen Wellenfunktion bei anziehendem Potential

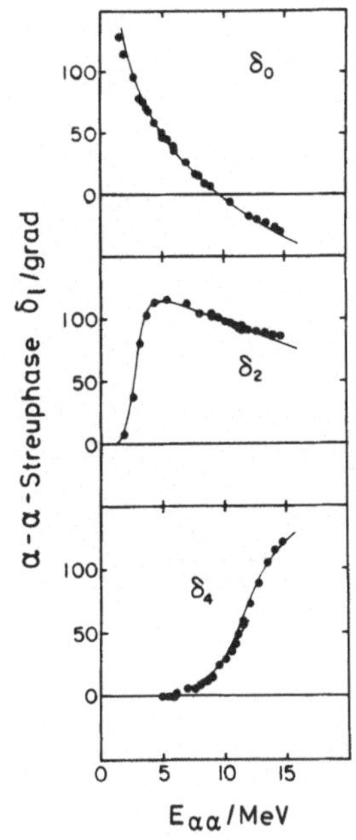

Bild 3.32

Streuphase der α-α-Streuung (*W. S. Chien, R. Brown*, Phys. Rev. **10** C (1974) 1767)

Besonders wichtig ist die präzise Bestimmung der *Streuphasen von* $n-n$, $n-p$ und $p-p$, weil sie Auskunft über das WW-Potential der Nukleonen als elementaren Kernbausteinen geben können, und zwar genauer über die *Abhängigkeit der Kernkraft von der Ladung.* Ist die WW $n-n$ gleich der von $p-p$ (nach Abzug der Coulomb-WW), dann nennt man die *Kernkraft ladungs-symmetrisch.* Ist sie auch noch gleich der von $n-p$, dann ist sie *ladungsunabhängig.* Studiert man die Nukleonen-WW, so muß man Streuprozesse ausführen (siehe auch die Diskussion in Ziff. 3.7). Bei ihnen muß berücksichtigt werden, daß der Spin $\frac{1}{2}$ ist, also Streuung mit Gesamt-Spin 1 und 0 vorkommen kann. Bezüglich des Spins bekommt man Streuphasen, die Triplett- und die Singulett-Systemen (S = 1,0) entsprechen, also z. B. eine $^1S_0$-Streuphase für Neutronen und eine $^1S_0$-Streuphase für Protonen.

Man kann sie systematisch wie folgt grupperen. Wir greifen auf die Isospin-Darstellung von Ziff. 2.8 zurück. – Die T = 1 Zustände gehören zu Proton-Proton-, Neutron-Neutron- und zu einer Neutron-Proton-Streuung (T_z = 0) jedoch wegen des Pauli-Prinzips zum Gesamt-Spin S = 0: das sind die $^1S_0$-Streuphasen. – Bei T = 0 kann man nur die n-p-Streuung studieren (T = 0). Diese Isospin-Funktion ist aber antisymmetrisch. Zu ihr muß eine symmetrische Spin-Bahn-Funktion hinzugenommen werden, also bei l = 0 eine Spin-Funktion zum Spin S = 1 (Triplett-Streuphase). Die Bilder 3.33a und 3.33b geben eine Zusammenstellung experimenteller Streuphasen. Bei niedrigen Energien (unterhalb von 10 MeV) bleiben praktisch nur S-Streuphasen übrig. Keine der Streuphasen geht durch 90° (was eine Resonanz bedeuten könnte). Bei hohen Energien scheinen alle Streuphasen ins Negative abzusinken. Das spricht für einen „hard core" der Nukleon-Nukleon-Wechselwirkung (s. Ziff. 3.6.1). Zur Aufklärung dieser Frage braucht man Nukleonen sehr hoher Energie, also entsprechende Teilchenbeschleuniger.

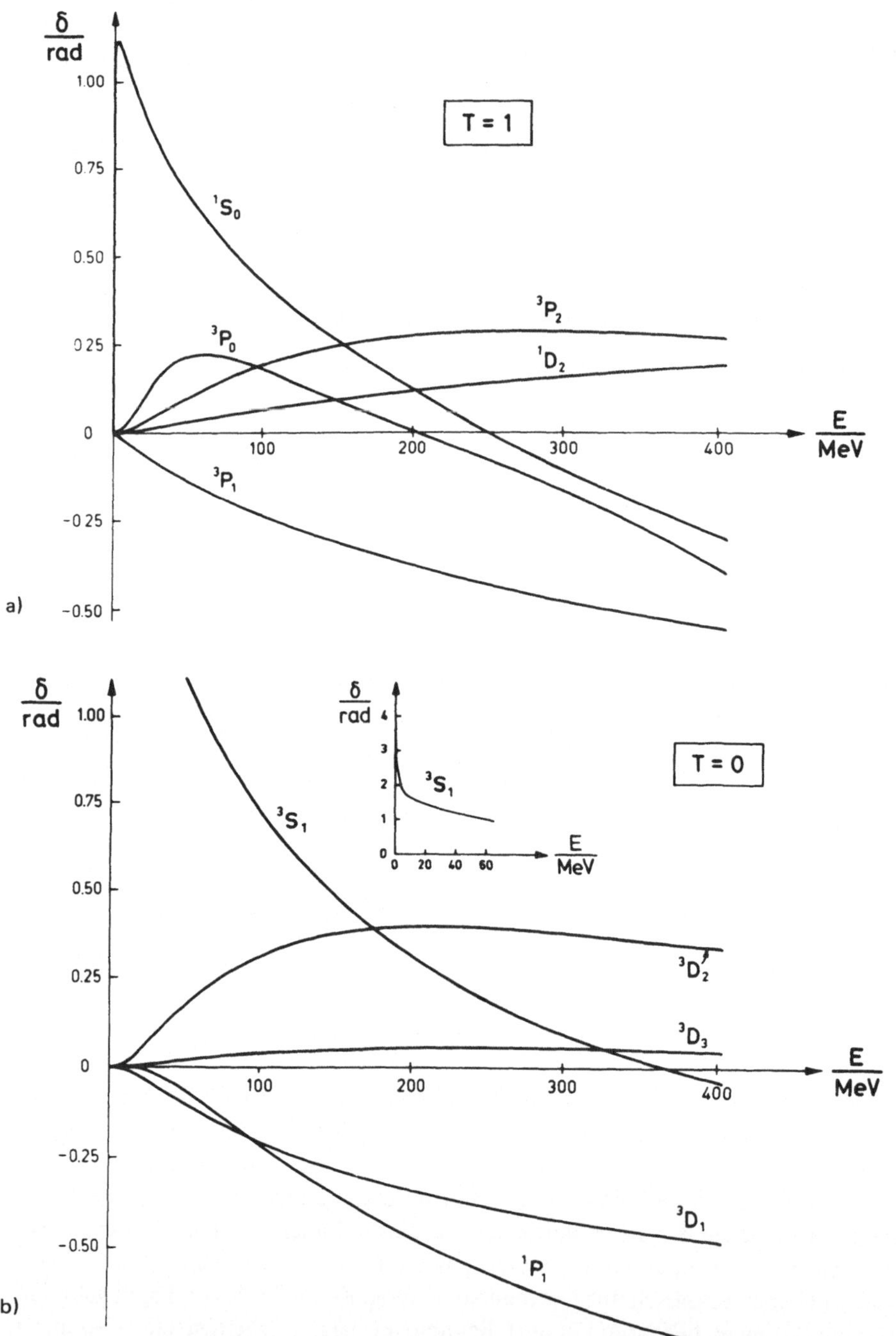

Bild 3.33 Nukleon-Nukleon-Streuphase. a) T = 1 Konfigurationen nn, pp, np, b) T = 0 Konfigurationen np [10]. Neuere Daten: *R. A. Arndt, R. H. Hackman, L. D. Roper*, Phys. Rev. **15** C (1977) 1002, Phys. Rev. **9** C (1974) 555

3.6 Modellrechnungen für Streuphasen

3.6.1 Neutronenstreuung am undurchdringlichen Kern

Innerhalb des Kernradius ($r < a$) sei das Potential $V(r)$ unendlich groß: das Teilchen kann nicht in den Targetkern eindringen, es handelt sich um einen „harten Kern" (Bild 3.34). Da $V(r)$ positiv ist, erwartet man $\delta < 0$. Die zu lösende SGl. für die „Streuzustände" ist Gl. (3.68) im Bereich $r \geqslant a$. Im Bereich $r < a$ muß die Wellenfunktion identisch verschwinden. Lösung der radialen SGl. sind die Funktionen $F_l(kr)$ und $G_l(kr)$ mit der Einschußenergie $e_{12} = k^2 \hbar^2 / 2\mu$. Die allgemeine Lösung ist für $r \geqslant a$

$$u_l(r) = A\,F_l(kr) + B\,G_l(kr). \tag{3.98}$$

Bei $r = a$ soll u_l verschwinden. Das bedeutet

$$0 = A\,F_l(ka) + B\,G_l(ka).$$

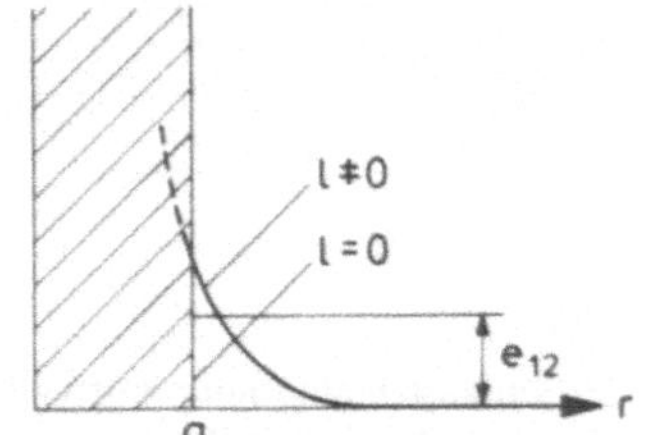

Bild 3.34

Streuung am undurchdringlichen Kern:
Verlauf des Potentials

Das hieraus zu gewinnende Verhältnis der Amplituden B/A ist nach Gl. (3.97c) der Tangens der Streuphase, also

$$\frac{B}{A} = \tan\delta_l = -\frac{F_l(ka)}{G_l(ka)}. \tag{3.99}$$

Der Kernradius ist ein einzusetzender Parameter, der Zusammenhang (3.99) stellt damit die *Streuphase als Funktion der Energie* dar. Speziell ist bei $l = 0$ (der Anteil mit $l = 0$ ist bei niedriger Einschußenergie allein bestimmend, z.B. bei thermischen Neutronen) nach Tabelle 3.3 $F_0 = \sin ka$, $G_0 = \cos ka$, also

$$\tan\delta_0 = -\frac{\sin ka}{\cos ka} = -\tan ka,$$

und damit

$$\delta_0 = -ka.$$

Tabelle 3.3 F_l und G_l für Neutronen, $l = 0, 1, 2, 3$.

$F_0 = \sin x$	$G_0 = \cos x$
$F_1 = \dfrac{1}{x}\sin x - \cos x$	$G_1 = \dfrac{1}{x}\cos x + \sin x$
$F_2 = \left(\dfrac{3}{x^2} - 1\right)\sin x - \dfrac{3}{x}\cos x$	$G_2 = \dfrac{3}{x}\sin x + \left(\dfrac{3}{x^2} - 1\right)\cos x$
$F_3 = \left(\dfrac{15}{x^3} - \dfrac{6}{x}\right)\sin x - \left(\dfrac{15}{x^2} - 1\right)\cos x$	$G_3 = \left(\dfrac{15}{x^3} - \dfrac{6}{x}\right)\cos x + \left(\dfrac{15}{x^2} - 1\right)\sin x$

Die Streuphase wird proportional zur Teilchengeschwindigkeit negativ. Bild 3.35 enthält eine Übersicht; alle Streuphasen sind negativ.

Für die Berechnung des *Streu-WQ* benötigen wir nach Gl. (3.91) die Größe $\sin^2\delta_l$. Dafür gilt

$$\sin^2\delta_l = \frac{\tan^2\delta_l}{1+\tan^2\delta_l} = \frac{F_l^2(ka)}{F_l^2(ka)+G_l^2(ka)} = P_l(ka)\,F_l^2(ka). \qquad (3.100)$$

Man nennt die Größe

$$P_l = \frac{1}{F_l^2+G_l^2} \qquad (3.101)$$

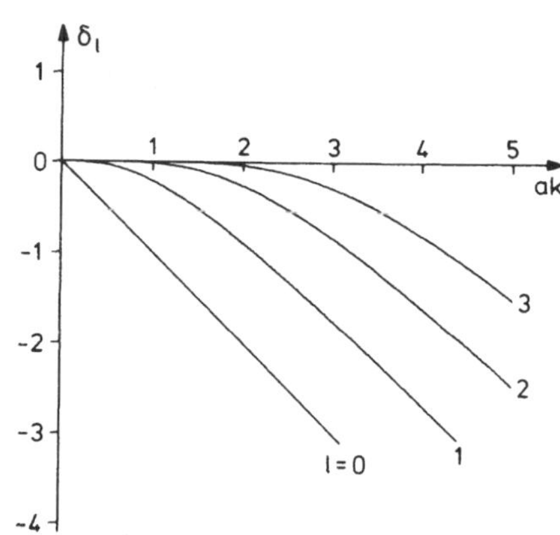

Bild 3.35

Streuphase beim undurchdringlichen Kern; bei gegebenem Kern vom Radius a ist der Verlauf als Funktion der Wellenzahl k dargestellt, die proportional zur Wurzel aus der Teilchenmenge ist.

Tabelle 3.4 Schwellendurchlässigkeit, Δ_l und s_l für Neutronen

l	P_l	Δ_l	s_l
0	1	0	x
1	$\dfrac{x^2}{1+x^2}$	$-\dfrac{1}{1+x^2}$	$\dfrac{x^3}{1+x^2}$
2	$\dfrac{x^4}{9+3x^2+x^4}$	$-3\,\dfrac{6+x^2}{9+3x^2+x^4}$	$\dfrac{x^5}{9+3x^2+x^4}$
3	$\dfrac{x^6}{225+45x^2+6x^4+x^6}$	$-3\,\dfrac{225-30x^2+2x^4}{225+45x^2+6x^4+x^6}$	$\dfrac{x^7}{225+45x^2+6x^4+x^6}$

die *Penetration* oder *Schwellendurchlässigkeit*. In Tabelle 3.4 sind einige Formelausdrücke enthalten, während Bild 3.36 einige Verläufe enthält: wird r = a fest gewählt, dann ist die kr-Skala eine Geschwindigkeits-Skala. Die Formel für den Streu-WQ lautet damit

$$\sigma_l = 4\pi a^2(2l+1)\frac{1}{k^2a^2}\,P_l(ka)\,F_l^2(ka). \qquad (3.102)$$

Mit wachsender Energie wächst entsprechend Bild 3.36 die Schwellendurchlässigkeit monoton an und wird bei hohen Energien gleich eins. Es bleibt eine wellige Struktur des Verlaufs übrig, weil das Quadrat der Wellenfunktion F_l^2 am Kernrand (r = a) energieabhängig ist. Speziell bei $l = 0$ ist $P_0 = 1$, der WQ ist also nur durch $F_0^2(ka) = \sin^2 ka$ bestimmt und hat den höchsten vorkommenden Wert bei k = 0, nämlich $\delta_0(k=0) = 4\pi a^2$, ist also

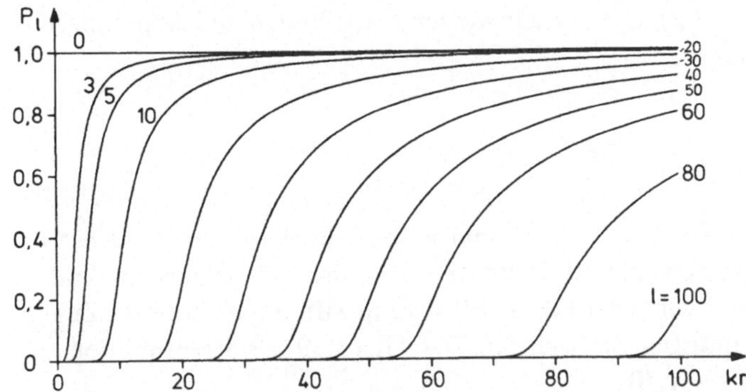

Bild 3.36 Schwellendurchlässigkeit P_l für Neutronen; bei gegebenem Kernradius r = a ist der Verlauf als Funktion der Wellenzahl dargestellt

4-mal so groß wie der geometrische Querschnitt πa^2. Der Faktor 4 stellt ein typisches Wellenphänomen dar. — Ist $l \neq 0$, dann ist, wie in Bild 3.34 skizziert, vor dem Kernpotential noch das positive Zentrifugalpotential vorhanden: P_l stellt die Durchlässigkeit dieser „Potentialschwelle" vor dem Kern dar.

3.6.2 Neutronenstreuung am Potentialtopf, $l = 0$ (S-Streuung)

Das Modellpotential ist in Bild 3.37 gezeichnet. Wieder beginnen wir mit der S-Streuung, und haben

$$V(r) = -V_0 \quad \text{für} \quad r < a,$$
$$V(r) = 0 \qquad \text{für} \quad r \geq a.$$

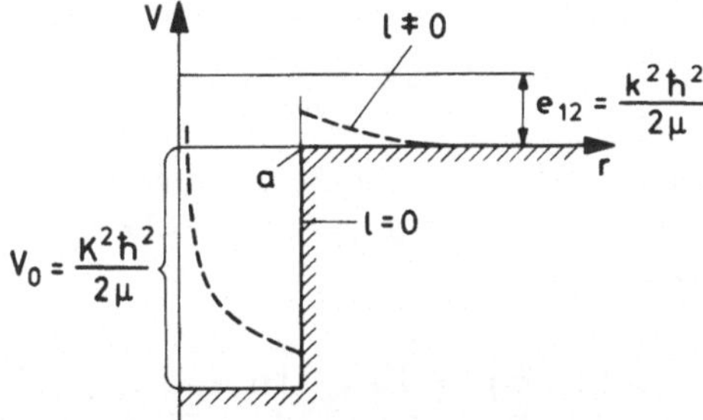

Bild 3.37

Potential und Bezeichnungen für die Neutronen-Streuung am Rechteck-Potentialkopf

Im Kastenpotential gibt es mehr oder weniger viele gebundene Zustände ($e_{12} < 0$), die wir schon in Ziff. 2.3 abgehandelt haben. Hier interessieren nur die *Streu-Zustände* ($e_{12} > 0$). Es gilt für die radialen Wellenfunktionen

$$u_0'' + k^2 u_0 = 0 \quad \text{für} \quad r \geq a,$$
$$u_0'' + (K_0^2 + k^2) u_0 = 0 \quad \text{für} \quad r < a.$$

Die Lösung der zweiten Gleichung soll bei r = 0 verschwinden, also bleibt als Lösung nur

$$u_0^{(1)} = A_1\, e^{ikr} + B_1\, e^{-ikr} \quad \text{für} \quad r \geq a,$$
$$u_0^{(2)} = A_2 \sin \sqrt{K_0^2 + k^2}\, r \quad \text{für} \quad r < a.$$

Bei $r = a$ müssen die Anschlußbedingungen erfüllt werden, Amplituden und Ableitungen müssen gleich sein. Das führt auf

$$A_2 \sin Ka = A_1 e^{ika} + B_1 e^{-ika},$$

$$KA_2 \cos Ka = ik\, A_1 e^{ika} - ik B_1 e^{-ika}$$

mit $K = \sqrt{K_0^2 + k^2}$. Ist A_2 gegeben, dann sind A_1 und B_1 berechenbar, wenn die Koeffizientendeterminante von null verschieden ist. Diese ist $-2ik$, also $\neq 0$, solange mit endlicher Einschußenergie gearbeitet wird (der Fall $k \to 0$ wird in Ziff. 3.7 diskutiert). Zur Bestimmung der Streuphase benötigen wir nach Ziff. 3.4, Gl. (3.79) als Streufunktion das Amplitudenverhältnis $-A = -A_1/B_1$

$$\frac{\tan Ka}{Ka} = \frac{A\, e^{2\,ika} + 1}{ika\,(A\, e^{2\,ika} - 1)} \, ,$$

$$-A = e^{-2\,ika} \exp\left(2i \arctan\left(\frac{ka}{aK} \tan Ka\right)\right) .$$

Da $-A = e^{2\,i\delta_0}$, so folgt die S-Streuphase

$$\delta_0 = -ak + \arctan\left(\frac{ak}{a\sqrt{K_0^2 + k^2}} \tan \sqrt{K_0^2 + k^2}\, a\right);$$

δ_0 muß überall positiv sein, denn V ist überall anziehend. Man kann das überprüfen, muß aber einige Kleinigkeiten beachten. Für extrem kleine Einschußenergie (ka sehr klein gegen 1) erhält man bei $K_0 a \neq \pi/2$

$$\delta_0 = -ak + ak\, \frac{\tan K_0 a}{K_0 a} \, . \tag{3.104}$$

Da der WQ nur von $\sin \delta_0$ abhängt, ändert er sich nicht, wenn man $n\pi$ addiert. Das nutzt man aus: Bei $ak = 0$ fügen wir als Phase $n\pi$ hinzu und bestimmen n aus der Potentialtiefe. Wenn

$$\left(n - \frac{1}{2}\right)\pi < K_0 a < \left(n + \frac{1}{2}\right)\pi, \tag{3.105}$$

dann schreiben wir

$$\delta_0 = -ak + \arctan\left(\frac{ak}{aK} \tan Ka\right) + n\pi. \tag{3.106}$$

Man erhält z.B. die in Bild 3.38 dargestellten Verläufe der Streuphasen, wenn man verschiedene Potentialtiefen annimmt, gemessen durch die dimensionslose Größe

$$X_0 = \sqrt{\frac{2mV_0 a^2}{\hbar^2}} \, , \quad m \text{ Masse des gestreuten Teilchens.} \tag{3.107}$$

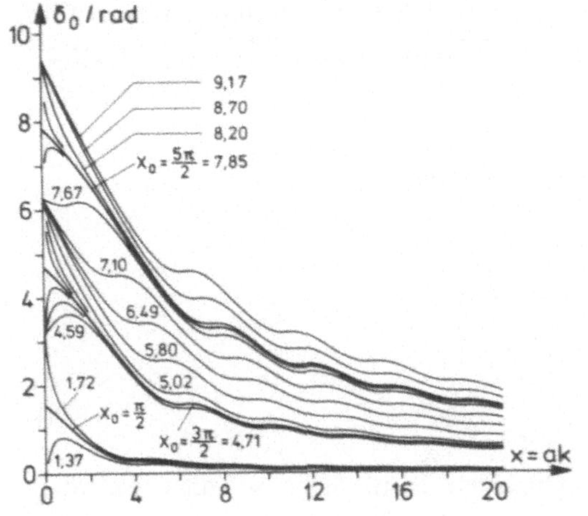

Bild 3.38
Neutronen-Streuung am Rechteck-Potential-topf, S-Wellenstreuung. Bei gegebenem Kern-radius ist die Streuphase als Funktion der Wellenzahl k dargestellt. Potentialtiefe-Parameter X_0 nach Gl. (3.107).

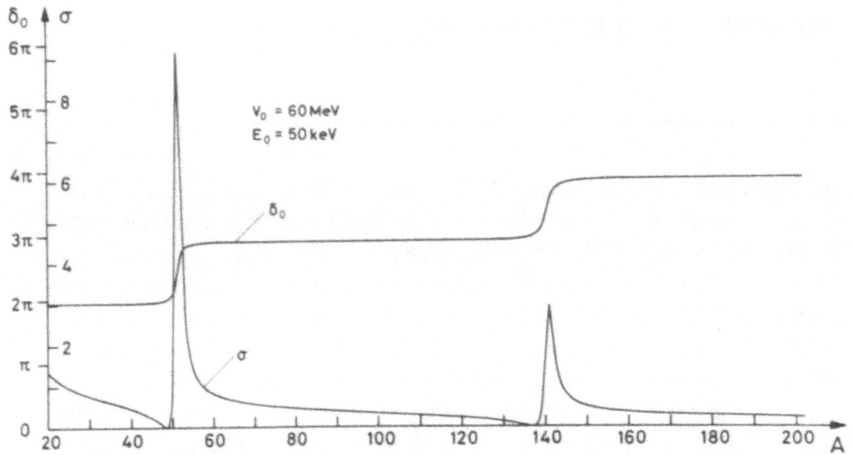

Bild 3.39 Streuphase und Streu-WQ für S-Wellenstreuung von Neutronen am Rechteck-Potentialtopf als Funktion der Nukleonenzahl A des Streukerns, die den Radius des Potentials $\sim A^{1/3}$ bestimmt

Der Streu-WQ zeigt dabei durchaus keine dramatischen Verläufe, obwohl die Streuphase evtl. mehrfach durch $(n + 1)\,\pi/2$ hindurchgeht. Ein viel hübscheres Bild ergibt sich, wenn man etwa $a = 1{,}25\ A^{1/3}$ fm wählt, mit fester Teilchenenergie (etwa 50 keV) arbeitet und V_0 fest läßt. Dann ergibt sich mit wachsendem A die Kurve in Bild 3.39, die gerne als Hinweis auf Resonanzen gebracht wird. Das ist eine verführerische Darstellung, jedoch haben S-Wellen von Neutronen in diesem Modell überhaupt keine Resonanzen.

Mit dem *Begriff der Resonanz* hat man den maximalen WQ verknüpft. Dies aber nicht allein. Man stellt sich vor, daß es eine besonders große Aufenthaltswahrscheinlich-keit für das Nukleon *im* Kern in der Resonanz gibt. Um sie zu berechnen, nimmt man die

Wellenpaket-Theorie und findet, daß das Teilchen durch das Streuzentrum verzögert (oder beschleunigt) wird. Die Differenz von Zeit des Wiedererscheinens und Durchquerungszeit ist

$$\Delta t = 2\hbar \frac{d\delta}{dE} .$$

Darin setzen wir $E = k^2 \hbar^2 / 2\mu$ ein und finden

$$\Delta t = \frac{2\mu}{kh} \frac{d\delta}{dk} = \frac{2}{v} \frac{d\delta}{dk} .$$

Es folgt

$$\frac{1}{a} \frac{d\delta}{dk} = v \frac{\Delta t}{2a} = \frac{\Delta t}{t_f} , \qquad\qquad (3.108)$$

worin t_f die freie Durchquerungszeit des Durchmessers $2a$ ist. Sicher soll die effektive Durchquerungszeit in einer Resonanz nicht kleiner als t_f sein, im Gegenteil, man erwartet $\Delta t / t_f$ als groß. Demnach fordern wir für *Resonanzen* $d\delta/dk > 0$. Wie ein Blick auf Bild 3.38 lehrt, ist aber bei sämtlichen Durchgängen von δ_0 durch $(n+1)\pi/2$ die Ableitung negativ. Es handelt sich hier also nicht um physikalische Resonanzen.

3.6.3 Neutronenstreuung am Potentialtopf, $l \neq 0$, Potentialresonanzen

Es muß vor allem der folgende Sachverhalt erörtert werden: Wir haben die Phase für $k = 0$ immer um π erhöht, wenn $K_0 a$ durch $\pi/2$ hindurchging, d.h. wenn ein entsprechender Potentialtopf vorlag (Tiefe durch K_0 gegeben). Wenn man die Berechnungen von Ziff. 2.3 sich vornimmt, so zeigt sich, daß der Fall $K_0 a = n\pi/2$ (n ungerade) genau der Bedingung entspricht, daß ein angeregter S-Zustand im Topf in die Oberkante rutscht (man findet dafür $\cot K_0 a = 0$). Demnach ist die Anfangs-Streuphase bestimmt durch die Anzahl der gebundenen Zustände im Potentialtopf. Diese Aussage wird auch *Levinson-Theorem* genannt: der Unterschied $N\pi$ der Streuphasen zwischen $k = 0$ und $k = \infty$ entspricht der Anzahl N der gebundenen Zustände in einem (beliebigen) Potentialtopf. Diese Überlegung müssen wir auch auf die Fälle mit $l \neq 0$ übertragen.

Wir befassen uns damit zunächst mit den Bedingungen, daß ein angeregter Zustand des Rechteckpotentials genau in der Oberkante liegt. Für $l = 1$ (P-Streuung) ergibt sich als Bedingung $(K_0 a)^2 \tan K_0 a = 0$, also $K_0 a = 0, \pi, 2\pi$, usw. Die Streuphase beginnt bei $k = 0$ demnach mit $0, \pi, 2\pi, \dots$ je nach dem Wert von $K_0 a$, also je nach der Potentialtiefe.

Im Fall $l = 2$ *(D-Streuung)* erhält man die Bedingung $K_0 a = \tan K_0 a$, also $K_0 a = 0$, 4,4934, 7,7253, 10,9041, ... Bei den diesen Werten entsprechenden Potentialtiefen beginnt die Streuphase bei $k = 0$ mit einem entsprechenden ganzzahligen Vielfachen von π. – Schließlich ergibt eine ähnliche Rechnung bei $l = 3$ *(F-Streuung)* die Beziehung

$$\tan K_0 a = \frac{3 K_0 a}{3 - (K_0 a)^2} .$$

Man erhält $K_0 a = 0$, 5,7634, 9,095, ...

Nach Klärung dieser Vorfrage berechnen wir die Streuphase nach dem in der Quantenmechanik üblichen Verfahren des Anschlusses der Innen- und Außenlösung wie in Ziff. 3.6.2.

Mit $K = \sqrt{K_0^2 + k^2}$ lautet die Innenlösung $(r < a)\, u_l = C\, F_l(rK)$, während die Außenlösung $u_l = A\, F_l(rk) + B\, G_l(rk)$ ist. Der Anschluß mit stetiger Tangente hat bei $r = a$ zu erfolgen. Die asymptotische Außenlösung ist u_l (asymptotisch) $= a_l \sin(kr - l\frac{\pi}{2} + \delta_l)$ mit

$$A = a_l \cos\delta_l, \qquad B = a_l \sin\delta_l$$

oder

$$\tan\delta_l = \frac{B}{A}, \qquad a_l = \sqrt{A^2 + B^2}. \tag{3.109}$$

In den Bildern 3.40 bis 3.42 sind die so errechneten Streuphasen für die Bahndrehimpulse $l = 1, 2$ und 3 aufgezeichnet. Kurvenparameter ist die Potentialtiefe V_0 eines Rechteckpotentials vom Radius $a = 6{,}64$ fm.

Vergleicht man die Verläufe der Streuphasen miteinander und mit dem Fall der S-Streuung $(l = 0)$, so stellt man fest, daß nur bei $l \neq 0$, und nur einmal bei gegebenem Potential, ein Phasendurchgang durch ein ungeradzahliges Vielfaches von $\pi/2$ mit positiver Tangente erfolgt. Dann hat man eine echte, physikalische Resonanz des Streu-WQ. Die Unmöglichkeit, mehr als eine solche Resonanz für jeden Drehimpuls zu finden, bedeutet, daß grundsätzlich alle Theorien der Kernstreuung (bzw. Kernreaktionen) komplizierter sein müssen, als daß sie mit einem einfachen Modellpotential zu beschreiben wären. Die Resonanzen, die wir hier gefunden haben, wären als *Potentialresonanzen* zu bezeichnen.

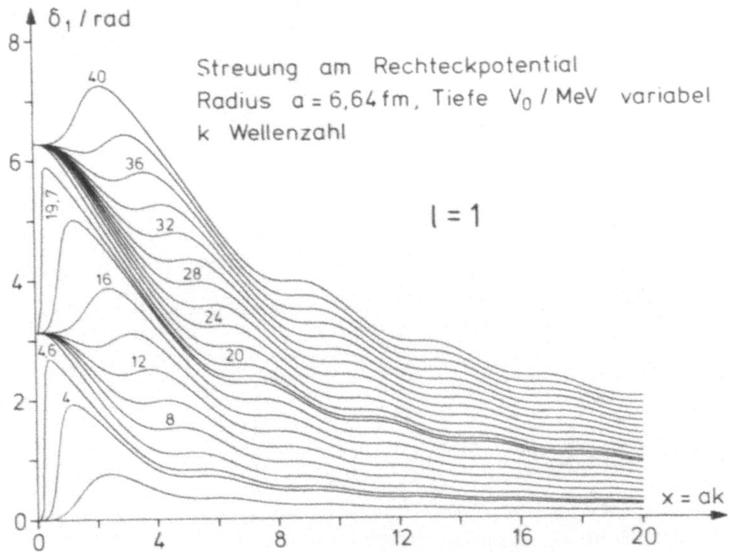

Bild 3.40 Neutronen-Streuung am Rechteck-Potentialtopf, P-Wellen

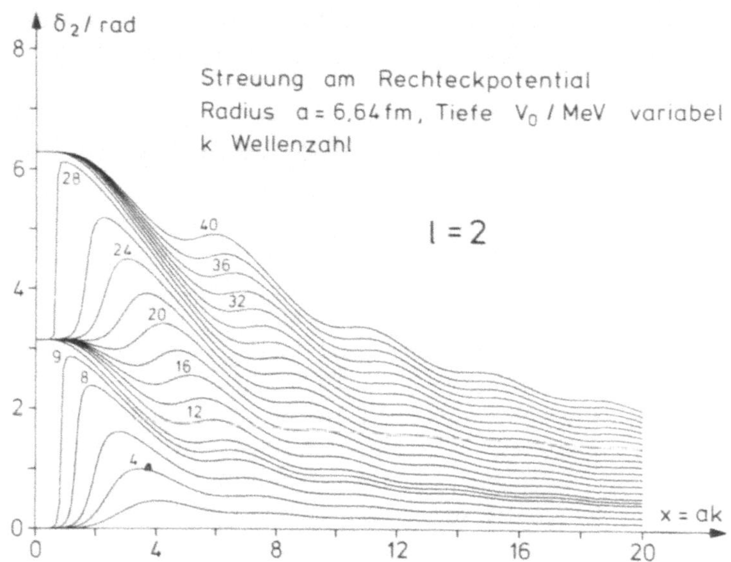

Bild 3.41 Neutronen-Streuung am Rechteck-Potentialtopf, D-Wellen

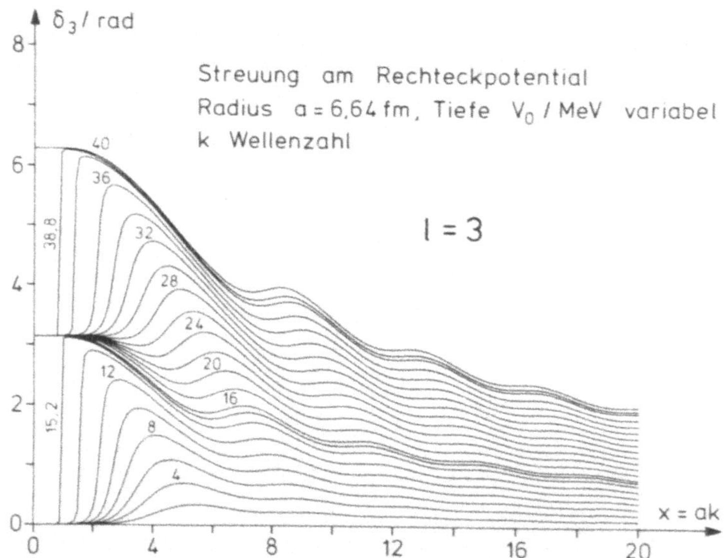

Bild 3.42 Neutronen-Streuung am Rechteck-Potentialtopf, F-Wellen

In Bild 3.53 ist der Verlauf des Streu-WQ in einem Beispiel aufgezeichnet, dort zusammen mit empirisch hinzugefügten Resonanzen, auf die wir in Ziff. 3.8.4 zu sprechen kommen. Auch auf die Größe a_l von Gl. (3.109) kommen wir dann zurück. – Der

physikalische Grund für das Auftreten der Potentialresonanzen bei $l \neq 0$ ist, daß dann
die Zentrifugalschwelle ein schnelles Entweichen des Teilchens, wenn es einmal die
Schwelle durchdrungen hat, verhindert. Modell-Resonanzen muß man also auch mittels
anderer Potentialschwellen erreichen können. Dafür enthält Ziff. 3.6.4 ein bekanntes
Beispiel.

3.6.4 Potentialschwelle und Resonanz

Bild 3.43 enthält ein Potentialmodell, wie es in der Quantenmechanik behandelt
wird (aus *S. Flügge*, Practical Quantum Mechanics I, Heidelberg 1971; dort weitere hierher gehörende Beispiele). Mit den Bezeichnungen von Bild 3.42

$$\kappa^2 = k_1^2 - k^2, \qquad K^2 = K_0^2 + k^2$$

findet man

$$\delta_0 = - ka_2 + \arctan \{...\}$$

mit

$$\{...\} = \frac{ka_2}{ka_1} \; \frac{\tanh \kappa (a_2 - a_1) + \kappa a_1 \dfrac{\tan Ka_1}{Ka_1}}{1 + \kappa a_1 \dfrac{\tan Ka_1}{Ka_1} \tanh \kappa (a_2 - a_1)}$$

Bild 3.44 enthält ein Berechnungsbeispiel für $K_0 a_1 = 1{,}5$, $k_1(a_2 - a_1) = 2$ und $k_1 a_2 = 4$.
Zum Vergleich ist die Phase für das harte-Kugel-Modell eingezeichnet. Man sieht, daß bei
sehr kleinen Energien nur die Abstoßung wirksam ist, und daß bei etwa $ka_2 = 3$ eine
echte Resonanz mit positivem $d\delta/dk$ auftritt. Sie führt noch nicht zu einer sehr scharfen
Resonanz.

Ein anderes Beispiel mit einer zusätzlichen Potential*senke* am Kernrand ist von
H.-D. Meyer und *K. T. Tang* angegeben worden (Z. Phys. **279** (1976) 349).

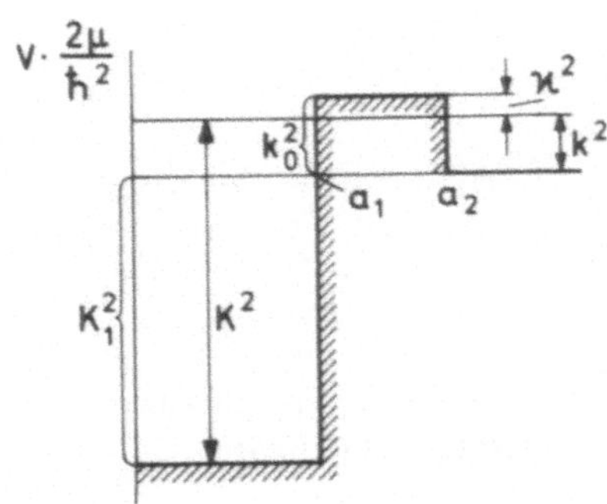

Bild 3.43 Potentialtopf-Modell mit
Rechteck-Schwelle

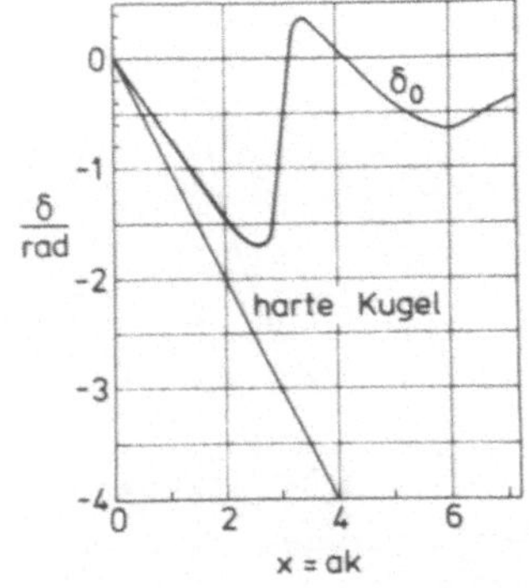

Bild 3.44 Streuphase für S-Wellenstreuung am Potential von Bild 3.43

3.7 Grenzfall kleiner Einschußenergie; Streulänge und effektive Reichweite

Das Interesse an der Untersuchung des Grenzfalles kleiner Energie ist dadurch verursacht, daß die Teilchenwellenlänge λ gegen unendlich geht. Es wird erwartet, daß Details der Potentialform keine Rolle mehr spielen und man die experimentellen Ergebnisse mit einem einfachen Potentialtopf beschreiben kann. Wie aus den Verläufen der Streuphasen beim Rechteck-Potentialtopf hervorgeht, hat man aber bei $k \to 0$ relativ schnelle Änderungen der Streuphase zu erwarten, je nach der Tiefe des Potentialtopfes, so daß die Untersuchung des Grenzfalls kleiner Energie mit Sorgfalt zu erfolgen hat.

Der Grenzfall kleiner Einschußenergie wird an Hand des Verhaltens des Ausdrucks $k \cot \delta(k)$ untersucht. Für diesen kann man einen einfachen Verlauf als Funktion von k bei kleinem k erwarten, wie die folgenden Beispiele zeigen. Beim *undurchdringlichen Kern* war die Streuphase $\delta_0 = -ak$. Bei hinreichend kleiner Energie ist $ak \ll 1$, und damit kann man die Cotangens-Reihe verwenden,

$$x \cot x = 1 - \frac{x^2}{3} - \frac{x^4}{45} - \cdots , \qquad (3.110)$$

so daß bei kleinen Energien

$$k \cot \delta_0(k) \approx -\frac{1}{a} + \frac{a}{3} k^2 . \qquad (3.111)$$

Man hat einen parabelförmigen Verlauf, und für den WQ gilt $\delta_0 = 4\pi a^2$.

Beim *Rechteckpotential* wurde aus den Daten von Bild 3.38 der Ziff. 3.6.2 ($l = 0$-Streuung) die Größe $ak \cot \delta_0(ak)$ berechnet und aufgezeichnet, Bild 3.45 enthält einige Verläufe für den Fall, daß der Potentialparameter X_0 bei $3\pi/2$ liegt (Niveau in der Potential-Oberkante). Man sieht, daß auch hier ein einfacher parabelförmiger Verlauf besteht. Von der Potentialtiefe und vom Radius a hängen der Ordinatenabschnitt und die Öffnung der Parabel ab.

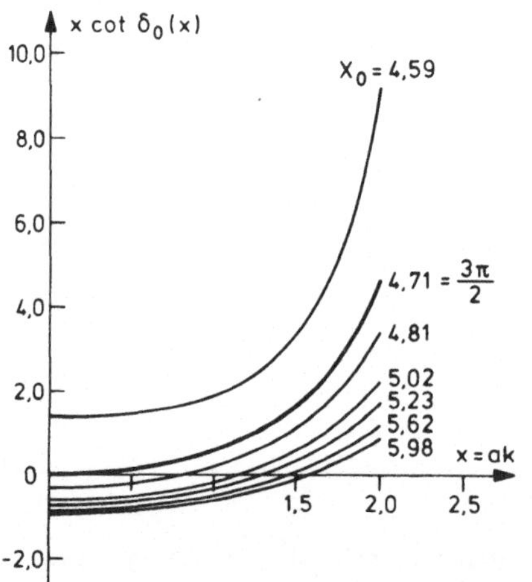

Bild 3.45

Verlauf der Größe $x \cot \delta_0(x)$ für Streuung am Rechteck-Potentialtopf (S-Wellen)

Für ein *allgemeines Wechselwirkungspotential* berechnet man den Verlauf von $k \cot \delta(k)$ direkt aus den physikalischen Gegebenheiten. Für die radiale Wellenfunktion lautet die SGl.

$$u_0''(k,r) - \frac{\hbar^2}{2\mu} V(r) u_0(k,r) + k^2 u_0(k,r) = 0. \qquad (3.112)$$

Im WW-freien Fall *und* bei $k = 0$ folgt $u_0''(0,r) = 0$, also für u_0 die Gleichung einer Geraden, zum Beispiel

$$u_0(0,r) = 1 - \frac{r}{b} , \qquad (3.113)$$

und b ist noch unbestimmt. Mit WW im Bereich $r < a$ können wir wenigstens für $r > a$ ebenfalls eine Wellenfunktion als Lösung angeben, nämlich

$$v_0(k,r) = \frac{\sin(kr + \delta_0)}{\sin \delta_0} = \cos kr + \cot \delta_0 \sin kr. \qquad (3.114)$$

In dieser Lösung können wir $k \to 0$ gehen lassen. Da Gl. (3.113) im ganzen Raum definiert ist (auch für $r > a$), verlangen wir Identität mit Gl. (3.114) für $r > a$ und $k \to 0$, d.h.

$$1 - \frac{r}{b} = \lim_{k \to 0} (\cos kr + \cot \delta_0 \sin kr)$$

$$= \lim_{k \to 0} \left(\cos kr + kr \cot \delta_0 \, \frac{\sin kr}{kr} \right)$$

$$= 1 + \lim_{k \to 0} (kr \cot \delta_0).$$

Es folgt

$$\lim_{k \to 0} (k \cot \delta_0) = -\frac{1}{b} , \qquad (3.115)$$

und das ist gleichzeitig die Ableitung der Wellenfunktion (3.114) an der Stelle $r = a$ für $k = 0$. Die Verlängerung der Tangente schneidet im Limes $k \to 0$ die r-Achse bei $r = b$, s. Bild 3.46. Die Größe b nennt man die *Streulänge*, sie kann positiv oder negativ sein. Mit Kenntnis der Streulänge ist auch der WQ bekannt. Die allgemeine Formel lautete

$$\sigma_0 = \frac{4\pi}{k^2} \sin^2 \delta_0 = \frac{4\pi}{k^2 + k^2 \cot^2 \delta_0} , \qquad (3.116)$$

also ist

$$\lim_{k \to 0} \sigma_0 = 4\pi b^2 . \qquad (3.117)$$

Man kann also das Quadrat der Streulänge aus dem WQ bei niedrigen Energien bestimmen und kennt damit ein spezielles Datum über die Wellenfunktion bei $k \to 0$. Das Vorzeichen von b ist damit noch nicht bekannt.

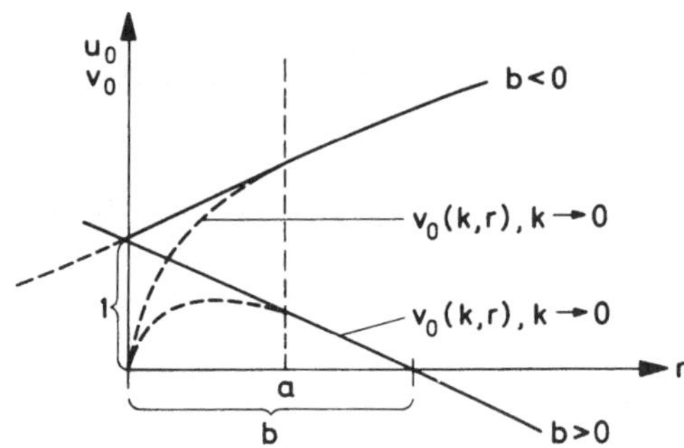

Bild 3.46

Die Vergleichsfunktionen v_0 und u_0; für $r > 0$ wird v_0 bei $k \to 0$ identisch mit u_0

Wir berechnen jetzt noch den 2. Term in der Entwicklung von $k \cot \delta$. Dazu schreiben wir die SGl. (3.112) für zwei verschiedene Wellenzahlen k_1 und k_2 auf, und wollen u_0 in der Normierung wählen, daß bei $r > a$ Übereinstimmung mit v_0 in der dafür gewählten Normierung besteht. Diese Funktionen seien mit $\bar{u}_0$ bezeichnet. Es gilt also

$$\bar{u}_0''(k_1) - \frac{2\mu}{\hbar^2} V(r)\,\bar{u}_0(k_1) + k_1^2\,\bar{u}_0(k_1) = 0,$$

$$\bar{u}_0''(k_2) - \frac{2\mu}{\hbar^2} V(r)\,\bar{u}_0(k_2) + k_2^2\,\bar{u}_0(k_2) = 0.$$

Multiplikation der oberen Gl. mit $\bar{u}_0(k_2)$ und der unteren mit $\bar{u}_0(k_1)$, sowie Subtraktion ergibt

$$(k_1^2 - k_2^2)\bar{u}_0(k_1)\bar{u}_0(k_2) = \bar{u}_0(k_2)\left(-\frac{d^2}{dr^2} + \frac{2\mu}{\hbar^2} V(r)\right)\bar{u}_0(k_1)$$

$$- \bar{u}_0(k_1)\left(-\frac{d^2}{dr^2} + \frac{2\mu}{\hbar^2} V(r)\right)\bar{u}_0(k_2).$$

Diese Beziehung enthält letztlich $V(r)$ nicht mehr. Man integriert über r bis zu einem bestimmten R und erhält

$$(k_1^2 - k_2^2)\int_0^R \bar{u}_0(k_1)\bar{u}_0(k_2)\,dr = \bar{u}_0(k_1)\frac{d\bar{u}_0(k_2)}{dr}\bigg|^R - \bar{u}_0(k_2)\frac{d\bar{u}_0(k_1)}{dr}\bigg|^R.$$

Bei $r = 0$ verschwinden die Funktionen (reguläres Verhalten von $u(r)/r$ ist gefordert). Wenn man nun die gleiche Rechnung auch für v_0 ausführt, also einfach v_0 auch als definiert von $0 \ldots a$ annimmt und darüber integriert, so bleibt

$$(k_1^2 - k_2^2)\int_0^a (\bar{u}_0(k_1)\bar{u}_0(k_2) - v_0(k_1)v_0(k_2))\,dr = \frac{d}{dr} v_0(k_2) - \frac{d}{dr} v_0(k_1)\bigg|_0,$$

weil zwischen a und R die Funktionen v_0 und $\bar{u}_0$ identisch sind, und weil $v_0(k_1)$ und $v_0(k_2)$ bei $r = 0$ von null verschieden sind. Jetzt führt man den Grenzübergang $k_2 \to k_1$ aus,

$$- 2k \int_0^a (\bar{u}_0^2(k) - v_0^2(kr))\,dr = \frac{d}{dk}\left[\frac{dv_0(k)}{dr}\bigg|_{r=0}\right] = \frac{d}{dk}[k \cot \delta_0(k)]$$

(die Ableitung bei r = 0 folgt aus Gl. (3.114)). Es ist nur noch zu überlegen, ob bei $k \to 0$ die linke Seite endlich bleibt und welche physikalische Bedeutung sie hat. Die vollständige radiale Wellenfunktion ist nicht u, sondern $g(r) = u(r)/r$, also ist die linke Seite auch

$$-2k \int_0^a r^2 \, (\bar{g}_0^2(k) - g_0^2(k)) \, dr = -k \cdot 2 \int_0^a r \, (\bar{g}_0^2 - g_0^2) \, r \, dr = -k \langle r \rangle, \qquad (3.118)$$

mit $\langle r \rangle$: *effektive Reichweite des Potentials*. Der Begriff folgt daraus, daß der Unterschied von $\bar{g}_0$ und g_0 den Bereich der Wirkung des Potentials mißt: Man kann auch $a = \infty$ setzen, weil außerhalb $r = a$ die Funktionen übereinstimmen.

Somit bleibt insgesamt

$$k \cot \delta_0(k) \approx -\frac{1}{b} + \frac{1}{2} \langle r \rangle k^2. \qquad (3.119)$$

Das ist die gesuchte Beziehung. Die Größe $k \cot \delta + 1/b$ ist proportional zur Energie, unabhängig von der genauen Form des Potentials. Setzt man $\cot \delta$ in Gl. (3.116) ein, dann folgt der *Verlauf des Streu-WQ bei kleinen Einschußenergien* in der Form

$$\sigma_0 = \frac{4 \pi}{\dfrac{1}{b^2} + \left(1 - \dfrac{\langle r \rangle}{b}\right) k^2 + \dfrac{1}{4} \langle r \rangle^2 k^4}. \qquad (3.120)$$

Eine genaue Messung des Streu-WQ bei niedrigen Energien sollte demnach die Messung der Streulänge und der effektiven Reichweite des Potentials ermöglichen. Diese Daten wird man dann mit einem Modell vergleichen.

Streulänge und effektive Reichweite werden besonders zur Untersuchung des *Nukleon-Nukleon-WW* herangezogen, also für die p,p-, n,n- und n,p-WW. Da dieses Forschungsgebiet unverändert aktuell ist [51], sei hier darauf eingegangen. Streulänge und effektive Reichweite hängen letztlich von der WW ab. Sie werden gemessen um herauszufinden, ob die *Kern*kraft ladungsunabhängig ist. Bei der p,p-WW hat man demnach die Coulomb-WW abzuziehen. Physikalisch besonders interessant ist das n,p-System. Es besitzt einen gebundenen Zustand mit Spin 1, Isospin T = 0: das Deuteron mit der Bindungsenergie von 2,225 MeV. Dieser gebundene Zustand liegt deutlich unterhalb der Oberkante eines hierher passenden Rechteck-Potentials von ca. 50 MeV Tiefe. Der Singulett-Zustand mit S = 0, Isospin T = 1, hat vielleicht einen gebundenen Zustand ganz nahe an der Potentialoberkante, also ist $Ka \approx \pi/2$. In Bild 3.47a, b und c ist nochmals das Verhalten der Wellenfunktion aufgezeichnet, wenn der gebundene Zustand durch die Oberkante hindurchrutscht (also die Potentialtiefe entsprechend variiert wird). Ein gebundener Zustand nahe der Oberkante entspricht dem Verlauf nach Bild 3.47c. Obwohl sich dann die Streuphase rasch ändern kann, wenn k verändert wird (Bild 3.48), so bleibt es bei dem parabelförmigen Verlauf von $k \cot \delta_0$ gemäß Gl. (3.119), wie in Bild 3.45 zu erkennen ist (dort für ein Rechteckpotential).

Zur Auswertung von Daten des Streu-WQ greift man auf Gl. (3.103) zurück und verwendet dafür eine Näherung für kleine k. Eintragen in Gl. (3.119) ergibt dann Ausdrücke für b und $\langle r \rangle$, die die Abhängigkeit von einem Kernradius und einem Kernpotential er-

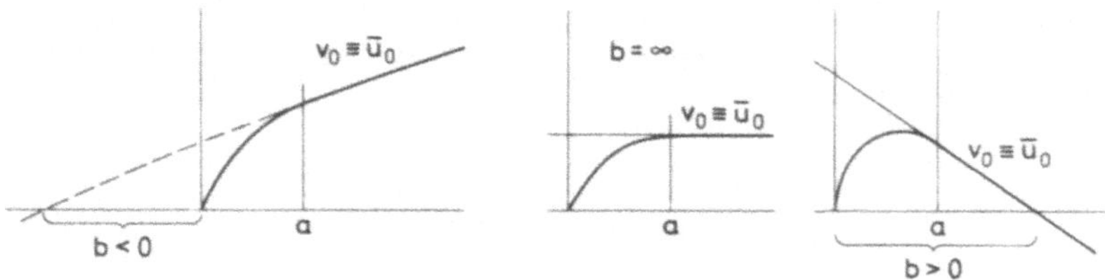

Bild 3.47 a, b und c Verlauf der Wellenfunktion bei niedrigen Energien, wenn ein Kernzustand durch die Potentialkante hindurchläuft

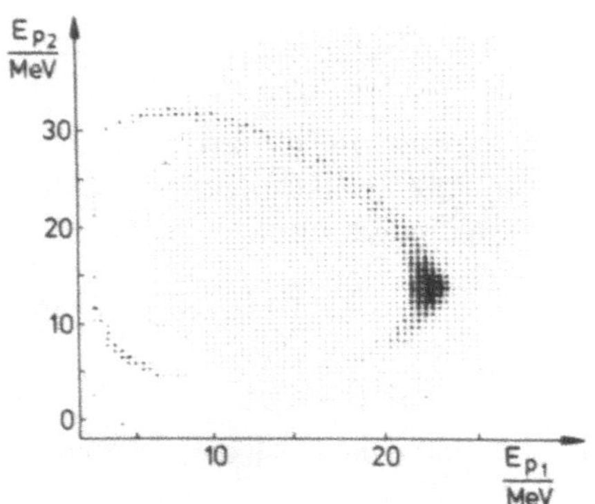

Bild 3.48

Proton-Proton-Koinzidenzspektrum (Dalitz-Plot) der Reaktion (3.121a). Einschußenergie 52 MeV, Aufstellung der Detektoren bei $\theta_1 = 42°$, $\phi_1 = 0°$ und $\theta_2 = 25,3°$, $\phi_2 = 180°$. Die hohe Zählrate bei $E_1 = 23$ MeV entspricht dem zu erwartenden Maximum wegen der n, p-Wechselwirkung [14].

kennen lassen, die beide damit berechenbar sind. Man geht aber den umgekehrten Weg und legt ein Potential zugrunde, welches vernünftig erscheint, und berechnet damit die Streulänge und die effektive Reichweite (Potentialtiefe und Kernradius entfallen dann als Hilfsgrößen), die dann mit den experimentellen Ergebnissen verglichen werden.

Die Experimente sind deshalb nicht einfach, weil man grundsätzlich bei kleinen Energien messen muß. Als besonders vorteilhaft hat sich die Methode erwiesen, die Nukleon-Nukleon-WW im Rahmen eines Experimentes zu messen, bei welchem *drei* Nukleonen als Endprodukte entstehen, und die hier als Deuteron-Aufbruchreaktion zu bezeichnen sind,

$$p + d \rightarrow p_1 + p_2 + n_3, \qquad\qquad (3.121a)$$

$$n + d \rightarrow n_1 + n_2 + p_3. \qquad\qquad (3.121b)$$

Für solche Reaktionen haben wir die Kinematik schon in Ziff. 3.2 besprochen. Man registriert grundsätzlich zwei Teilchen (kinematisch vollständiges Experiment) und bevorzugt dabei, ein Proton und ein Neutron zu nehmen (Registrierung der geladenen Teilchen ist besonders einfach). Es werden die Koinzidenzraten in den beiden Detektoren registriert und in einem 2-Parameter-Energiediagramm aufgetragen, s. Bild 3.48 (vgl. Bild 3.11). Man mißt demnach im Laborsystem Teilchen relativ hoher Energie, was experimentell einfacher ist. Das Diagramm enthält aber drei kinematisch ausgezeichnete Punkte: e_3 = max, in Reaktion (3.121a) haben die beiden Protonen die Relativenergie null,

$k^2 = 0$; $e_1 = $ max, das System Proton-Neutron (p_2, n_3) in der Reaktion (3.121a) hat die Relativenergie 0, $k^2 = 0$; und entsprechendes gilt für das dritte Nukleonenpaar bei $e_2 = $ max. Die gleichen Beziehungen gelten für die Paare in der Reaktion (3.121b). Diese Reaktion ist besonders deshalb wichtig, weil sich aus ihr die n,n-Streulänge bestimmen läßt (*B. Zeitnitz* und Mitarb., Nucl. Phys. A **231** (1974) 13).

Die Experimente haben die folgenden Daten ergeben. Die Triplett-Streulänge des n,p-Systems ist $+ 5{,}414 \pm 0{,}005$ fm. Das positive Vorzeichen ist damit in Einklang, daß ein gebundener Zustand vorhanden ist (vgl. Bild 3.47c). – Für die Singulett-Streulänge des n,p-Systems ist die Streulänge $-23{,}712 \pm 0{,}013$ fm (effektive Reichweite $2{,}76 \pm 0{,}05$ fm). Für das p,p-System ist die Streulänge $-7{,}826 \pm 0{,}01$ fm (effektive Reichweite $2{,}802 \pm 0{,}015$ fm). Wenn man nun mit gewissen theoretischen Ansätzen den Coulomb-Anteil bei der p,p-Streulänge herauskorrigiert, so ergeben sich dafür $-17{,}1 \pm 0{,}2$ fm (effektive Reichweite $2{,}84 \pm 0{,}05$ fm). Wir sehen zunächst, daß alle Streulängen des Singulett-Systems negative Vorzeichen haben (vgl. Bild 3.47a): es gibt keinen gebundenen Zustand. Die Streulängen sind aber sehr groß gegenüber den Nukleonen-Dimensionen, d.h. es gibt „fast" einen gebundenen Zustand. Weiterhin sind die Streulängen für n,n und p,p fast gleich. Es sind für diesen Vergleich aber komplizierte Rechnungen nötig gewesen, so daß man nur mit einer gewissen Unsicherheit sagen kann, daß die n,n-Kernkraft etwas schwächer als die p,p-Kernkraft ist. – Der Unterschied in der n,p-WW zur n,n- oder p,p-WW wird mit mesonischen, ladungsabhängigen Effekten zu erklären versucht.

3.8 Die Verbindung zum Kernrand, Schwellendurchlässigkeit (Penetration) und Transmission

3.8.1 Wellenfunktion am Kernrand und Streufunktion

Die bisher gewonnenen Relationen bezogen sich auf die Sreuphase, also letztlich – mit Ausnahme der Streulänge und der effektiven Reichweite – auf das Verhalten der Wellenfunktion in großer Entfernung vom Kern. Es entspricht jedoch eher der Dynamik der Reaktion, wenn man den WQ in einen Zusammenhang mit den Werten der Wellenfunktion am Kernrand bringt. Dabei spielt die Coulomb-WW wegen ihrer langen Reichweite eine Sonderrolle, und es wird angenommen, daß die Kern-WW außerhalb von $r = a$ verschwindet. Die Wellenfunktion soll am Kernrand vom „Äußeren" in das „Innere" stetig und mit stetiger Tangente übergehen. Als charakteristischer Parameter hat sich die logarithmische Ableitung der Wellenfunktion,

$$L_l = \frac{d \ln u_l}{d \ln r}\bigg|_{r=a} = a \frac{d \ln u_l}{dr}\bigg|_{r=a} = a \frac{u_l'}{u_l}\bigg|_a \qquad (3.122)$$

herausgestellt, die unabhängig von einem allgemeinen Amplitudenfaktor ist.

Im *Außenraum* war die Wellenfunktion in der Form

$$\psi(k, \vec{r}) = \sum_{l,m} c_{lm} \frac{1}{r} u_l(r) Y_l^m(\vartheta, \varphi)$$

$$= \sum_{l,m} c_{lm} \frac{1}{r} (x_l A_l(k,r) + y_l E_l(k,r)) Y_l^m(\vartheta, \varphi) \qquad (3.123)$$

geschrieben worden. Die Streufunktion war definiert durch

$$S_l = -\frac{x_l}{y_l}. \qquad (3.124)$$

Die Anschlußbedingungen beziehen sich demnach auf

$$u_{\text{außen}}(r) = x_l A_l(k,r) + y_l E_l(k,r). \qquad (3.125)$$

Wir wollen später benutzen, daß auch dann, wenn die Coulomb-WW zu berücksichtigen ist, die Darstellung Gl. (3.123) möglich ist. Ihre Abweichung vom völlig WW-freien Problem erlaubt die Berechnung des Rutherfordschen Streu-WQ. — Die Wellenfunktion im *Innern* des Reaktionsgebietes (Compoundkern) hängt von den Koordinaten aller beteiligten Nukleonen ab. In dieser Wellenfunktion denken wir uns eine Koordinaten-Transformation wie in Ziff. 3.4.1 ausgeführt, so daß zwar eine ganze Reihe von Relativ-Koordinaten entsteht, aber auf jeden Fall auch die Relativkoordinate r vorkommt, die den Schwerpunktsabstand der Nukleonengruppen a und A angibt. In der Nähe des Zustandes der Separation des Kerns in a + A erwarten wir die Abspaltbarkeit einer Funktion, die von r abhängt, so daß die Erfüllung der Randbedingung eine sinnvolle Forderung ist. Sie lautet dann ($' = d/dr$)

$$u_{\text{innen}}(a) = x_l A_l(k,a) + y_l E_l(k,a),$$
$$u_{\text{innen}}(a) = x_l A_l'(k,a) + y_l E_l'(k,a). \qquad (3.126)$$

Eindeutige Auflösbarkeit nach x_l und y_l hat zur Voraussetzung, daß die Koeffizientendeterminante nicht verschwindet. Sie ist die Wronskische Determinante

$$W(A_l, E_l, a, k) = A_l(k,a) E_l'(k,a) - A_l'(k,a) E_l(k,a).$$

Indem wir voraussetzen, daß $A_l(k,r)$ und $E_l(k,r)$ ein Fundamentalsystem der SGl. für $r \geqslant a$ darstellen, sind wir sicher, daß $W \neq 0$ im ganzen Intervall $a \leqslant r < \infty$ ist. Dann folgt

$$x_l = \frac{u(a) E_l'(a) - u'(a) E_l(a)}{W(A_l, E_l, a, k)} = \frac{W(u, E_l, a, k)}{W(A_l, E_l, a, k)}, \qquad (3.127)$$

$$y_l = \frac{W(A_l, u, a, k)}{W(A_l, E_l, a, k)}. \qquad (3.128)$$

Der Nenner hängt von der gewählten Integralbasis ab. S_l ist unabhängig von diesem Nenner

$$S_l = -\frac{x_l}{y_l} = \frac{-W(u, E_l, a, k)}{W(A_l, u, a, k)} = \frac{E_l(a)\dfrac{u'(a)}{u(a)} - E_l'(a)}{A_l(a)\dfrac{u'(a)}{u(a)} - A_l'(a)} \ . \tag{3.129}$$

Wir übernehmen die Definition von Gl. (3.122) und setzen

$$L_l^+ = a\,\frac{A_l'(a)}{A_l(a)}\ , \qquad L_l^- = a\,\frac{E_l'(a)}{E_l(a)} \ . \tag{3.130}$$

Eintragen in Gl. (3.129) ergibt

$$S_l = \frac{E_l(a)}{A_l(a)}\,\frac{L(a) - L_l^-(a)}{L(a) - L_l^+(a)} \ . \tag{3.131}$$

Das ist der gesuchte allgemeine Zusammenhang, den man noch mit Leben zu erfüllen hat.

Über die Funktionen E_l und A_l haben wir nichts besonderes ausgesagt: es sollen aber Funktionen sein, die wir kennen. In dem Bereich $r \geqslant a$, wo wir ihre Kenntnis benötigen, können sie z.B. den kräftefreien Fall beschreiben. Dann gestattet S_l die Berechnung des Streu-WQ (z.B. von Neutronen). Etwas anders liegen die Verhältnisse, wenn die Coulomb-WW nicht vernachlässigt werden darf. Dann beschreibt Gl. (3.131) die Abweichung von der Coulomb-Streuung. Sie kann aber nicht getrennt gemessen werden, und daher sind alle Berechnungen des WQ bei geladenen Teilchen schwieriger.

3.8.2 Coulombfunktionen

Durch Gl. (3.95) waren die häufig verwendeten Funktionen $F_l(r)$ und $G_l(r)$ für ungeladene Teilchen (Neutronen) eingeführt worden. Ganz ähnliche Definitionen und Bezeichnungen führt man für *geladene Teilchen* ein. Eine Zusammenstellung von Formeln findet man in dem Artikel von *M. Hull jr.* und *G. Breit*: Coulomb Wave Functions, Handbuch der Physik **41**, 1, S. 408–465. Die *Coulomb-Wellenfunktionen* erfüllen die radiale Schrödinger-Gleichung

$$-\frac{\hbar^2}{2\mu} u'' + \left(V(r) + \frac{\hbar^2}{2\mu}\frac{l(l+1)}{r^2} - e \right) u = 0 \tag{3.132}$$

mit dem Coulomb-Potential

$$V(r) = \frac{Z_a Z_A e^2}{4\pi\epsilon_0 r} = 1{,}44 \text{ MeV fm } \frac{Z_a Z_A}{r}$$

und dem Zentrifugalpotential

$$V_z = \frac{\hbar^2}{2\mu}\frac{l(l+1)}{r^2} = 20{,}9 \text{ MeV fm}^2 \frac{l(l+1)}{A_{12} r^2} \ .$$

Mit

$$\frac{\hbar^2 k^2}{2\mu} = e, \qquad 2\mu V(r)/\hbar^2 = v(r),$$

$$\kappa = \frac{\mu}{k\hbar} Z_a Z_A \frac{e^2}{4\pi\epsilon_0 \hbar} = \frac{Z_a Z_A}{137} \frac{1}{v/c} = \frac{\mu c^2}{\hbar c} \frac{1}{k} \frac{Z_a Z_A}{137}$$

(Ladungsparameter, Sommerfeld-Parameter, Gl. (1.30) in Ziff. 1.4.3), also $v(r) = 2\kappa k/r$, entsteht

$$u'' + \left(k^2 - \frac{l(l+1)}{r^2} - 2\frac{\kappa k}{r}\right) u = 0,$$

und mit $kr = \rho, u(r) = F(\rho)$

$$\frac{d^2 F}{d\rho^2} + \left(1 - \frac{l(l+1)}{\rho^2} - 2\frac{\kappa}{\rho}\right) F(\rho) = 0. \tag{3.133}$$

Im Fall $\kappa = 0$ waren die Bessel-Funktionen Lösungen, hier nennt man bei $\kappa \neq 0$ die Lösungen die Coulomb-Wellenfunktionen F_l und G_l. Ihr asymptotisches Verhalten für große r ist

$$F_l \Rightarrow \sin\left(kr - l\frac{\pi}{2} - \kappa \ln 2kr + \sigma_l\right), \tag{3.134}$$

$$G_l \Rightarrow \cos\left(kr - l\frac{\pi}{2} - \kappa \ln 2kr + \sigma_l\right) \tag{3.135}$$

mit der Coulomb-Phase

$$\sigma_l = \arg \Gamma(l + 1 + i\kappa), \qquad e^{2i\sigma_l} = \frac{\Gamma(l + 1 + i\kappa)}{\Gamma(l + 1 - i\kappa)}. \tag{3.136}$$

Für $\kappa = 0$ (und damit $\sigma_l = 0$) gehen die Coulomb-Wellenfunktionen in die früher in Gl. (3.95) definierten Funktionen F_l und G_l über. Für beide Arten hat man daher die gleiche Bezeichnung gewählt. In den Bildern 3.49 und 3.50 sind einige Verläufe wiedergegeben, die man mit den Bildern 3.58 und 3.59 vergleiche ($\kappa = 0$). Da man eine Darstellung der Coulomb-Phase σ_l selten findet, sind zwei Verläufe in den Bildern 3.51 und 3.52 enthält ein spezielles Beispiel, aus Bild 3.51 kann man σ_l als Argument der Größe $u + iv$ ablesen.

Die *ein-* und *auslaufenden Coulomb-Wellenfunktionen* werden durch

$$E_l = (G_l - iF_l) e^{+i\sigma_l}, \tag{3.137}$$

$$A_l = (G_l + iF_l) e^{-i\sigma_l} \tag{3.138}$$

definiert. Die Streufunktion erhält damit den Faktor

$$\frac{E_l(a)}{A_l(a)} = \frac{G_l - iF_l}{G_l + iF_l} e^{2i\sigma_l} = e^{-2i\arctan\frac{F_l(a)}{G_l(a)}} e^{2i\sigma_l}, \tag{3.139}$$

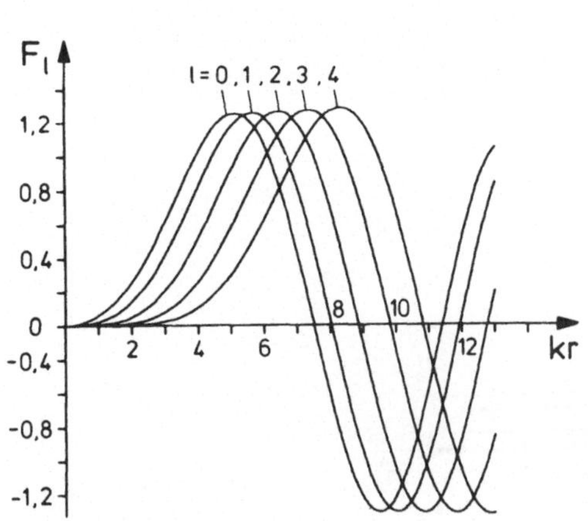

Bild 3.49 Verlauf der Coulomb-Wellenfunktion F_l (kr); geladene Teilchen, $\kappa \neq 0$

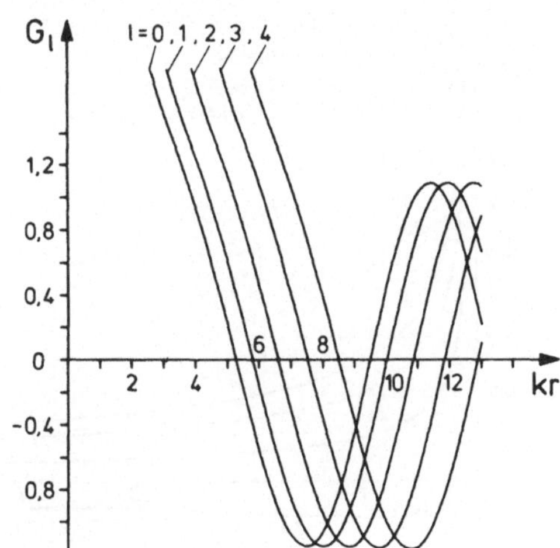

Bild 3.50 Verlauf der Coulomb-Wellenfunktion G_l (kr); geladene Teilchen, $\kappa \neq 0$

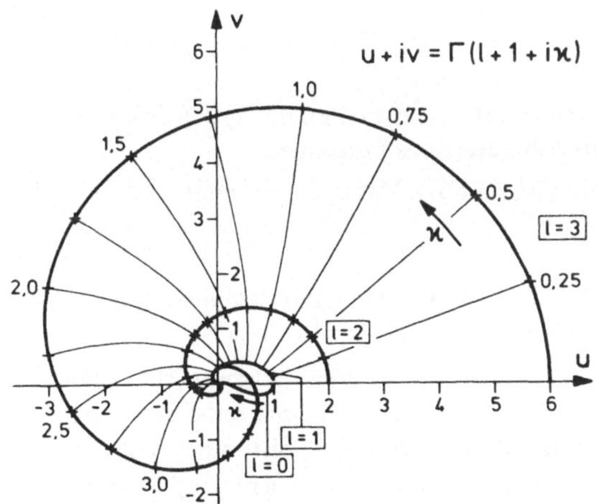

Bild 3.51

Die Größe $\Gamma\,(l + 1 + i\kappa)$ als Funktion von κ. Das Argument der komplexen Zahl u + iv ist die Coulomb-Phase σ_l.

oder

$$\frac{E_l(a)}{A_l(a)} = e^{2\,i\xi_l}, \tag{3.140}$$

also

$$S_l = e^{2i\xi_l}\,\frac{L(a) - L_l^-(a)}{L(a) - L_l^+(a)}. \tag{3.141}$$

ξ_l ist die sog. *Coulomb-Streuphase*, wenn im Außenraum das Coulomb-Potential wirksam ist.

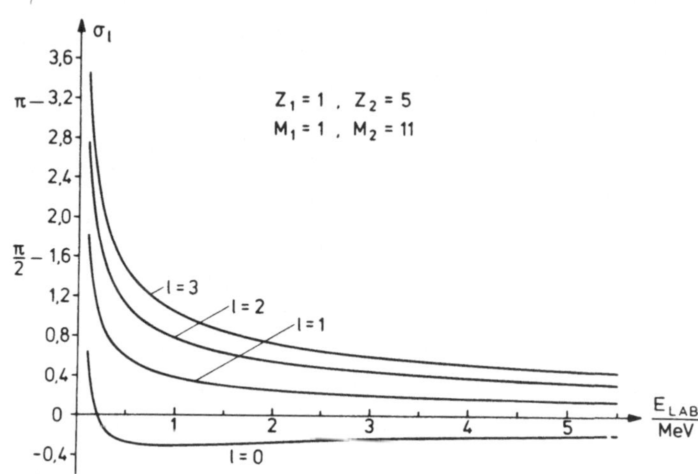

Bild 3.52 Coulomb-Phase als Funktion der Labor-Einschußenergie für das spezielle Beispiel Proton → ^{11}Bor

3.8.3 Diskussion der Streufunktion

Die Streufunktion ist mit Gl. (3.141) ganz auf das Verhalten der Wellenfunktion am Kernrand bezogen. Eine einfache Diskussion liefert das Folgende:

(a) Bei *maximaler Reaktion* muß $S_l = 0$ sein (Gl. (3.86)). Das bedeutet jetzt

$$L(a) = L_l^- (a)$$

oder: Im ganzen Raum gibt es nur eine einlaufende Welle. Das ergab sich auch im asymptotischen Verhalten der Wellenfunktion Gl. (3.78).

(b) $L(a) \to \infty$, d.h. in $au'(a)/u(a)$ ist (bei einer bestimmten Energie!) etwa $u(a) = 0$ bei endlichem $u'(a)$. Dann ist $S_l = \exp(2i\xi_l)$, also $|S_l| = 1$, und wir haben reine Streuung. Das galt im *ganzen* Energrebereich beim undurchdringlichen Kern, Ziff. 3.6.1. Die Streuphase ξ_l ist dann aber immer noch im allgemeinen durch σ_l und $F_l(a)/G_l(a)$ bestimmt, denn nach Gl. (3.139) ist

$$\xi_l = \sigma_l - \arctan \frac{F_l(a)}{G_l(a)} \, . \tag{3.142}$$

(c) Es sei $L = L_l^+$, d.h. es soll nur eine auslaufende Welle existieren. Das ist ein pathologischer Fall, denn wir haben eine Reaktion immer mit einer einlaufenden Welle eingeleitet. Es handelt sich hier um einen zerfallenden Zustand, etwa wie beim α- oder β-Zerfall. Wir werden diesen nicht weiter diskutieren, weisen jedoch darauf hin, daß die Nullstellen des Nenners von Gl. (3.141), also *Pole der Streufunktion*, mit den Resonanzen des WQ in Zusammenhang stehen. Man beachte, daß L_l im diskutierten Fall komplex sein muß, was übrigens auch im Fall (a) gelten muß.

(d) L_l^+ und L_l^- sind, wie man leicht zeigt, zueinander konjugiert komplex. Zum Beispiel ist

$$L_l^+ = a\,\frac{G_l' + i F_l'}{G_l + i F_l} = a\,\frac{G_l' G_l + F_l F_l'}{G_l^2 + F_l^2} + i a\,\frac{G_l F_l' - G_l' F_l}{G_l^2 + F_l^2} = \Delta_l + i s_l \qquad (3.143a)$$

und

$$L_l^- = \Delta_l - i s_l. \qquad (3.143b)$$

Man beachte übrigens, daß weder Δ_l noch s_l irgendwo verschwinden (bei s_l steht die Wronskische Determinante, und diese ist gleich k; bei Δ_l die Ableitung von $G_l^2 + F_l^2$). Wenn L_l reell ist, dann folgt aus

$$S_l = e^{2i\xi_l}\,\frac{L(a) - \Delta_l + i s_l}{L(a) - \Delta_l - i s_l}, \qquad (3.144)$$

daß $|S_l| = 1$, weil Zähler und Nenner zueinander konjugiert komplex sind. Es folgt daraus, daß der Reaktions-WQ verschwindet. Mit *rein reeller Wellenfunktion* $u(r)$ kommt also *keine Reaktion* zustande. Das gilt natürlich auch dann, wenn $L(a) = 0$ ist, also in $au'(a)/u(a)$ die Größe $u'(a) = 0$, d.h. die Wellenfunktion eine horizontale Tangente hat.

3.8.4 Wirkungsquerschnitt

Trägt man Gl. (3.144) in die WQ-Formeln ein, Gln. (3.82) und (3.86), so entsteht

$$\sigma_{\text{Streu},l} = \pi \lambdabar^2 (2l + 1)\left|1 - e^{-2i\xi_l} + \frac{2 i s_l}{(\text{Re}\,L - \Delta_l) + i(\text{Im}\,L - s_l)}\right|^2, \qquad (3.145)$$

$$\sigma_{\text{Reakt},l} = \pi \lambdabar^2 (2l + 1)\,\frac{-4 s_l\,\text{Im}\,L}{(\text{Re}\,L - \Delta_l)^2 + (\text{Im}\,L - s_l)^2}. \qquad (3.146)$$

Man sieht an den auftretenden Nennern, daß prinzipiell wohl scharfe Resonanzen des WQ auftreten können. Insbesondere beim Reaktions-WQ wird das erreichbar sein. Man beachte dabei, daß es sich um Resonanzen in der Bildung des Compoundkerns handelt. Bei den Resonanzen im Streu-WQ ist die Form der Resonanzen variabel, wie wir sehen werden.

Da der Reaktions-WQ natürlich eine positive Zahl sein muß, so muß $-4 s_l\,\text{Im}\,L$ positiv sein. Aus Gl. (3.143a) folgt, daß s_l positiv ist (Wert der Wronski-Determinante). So ergibt sich, daß auf jeden Fall für alle physikalisch sinnvollen Fragestellungen der Imaginärteil der logarithmischen Ableitung $L(a)$ negativ sein muß.

Um weitere Erkenntnisse über Resonanzen des WQ vorzubereiten, diskutieren wir Gl. (3.145) in einigem Detail im Zusammenhang mit den Streuphasen, und zwar bei der reinen *Streuung von Neutronen*. Wir setzen also $\text{Im}\,L = 0$ voraus. Damit muß sich die Streufunktion S_l durch eine rein reelle Streuphase ausdrücken lassen. Man findet durch eine kleine Rechnung

$$S_l = \exp\left(2i\left(\xi_l + \arctan\frac{s_l}{L - \Delta_l}\right)\right). \qquad (3.147)$$

Die Streuphase ist die Summe zweier Phasen

$$\delta_l = - \arctan \frac{F_l(a)}{G_l(a)} + \arctan \frac{s_l}{L - \Delta_l} \ . \tag{3.148}$$

Der erste Summand enthält keinerlei Details der WW und ist identisch mit der Streuphase am undurchdringlichen Kern. Man sagt: die Streuphase ist die Summe aus harte-Kugel-Phase und Kern-Streuphase. Ganz entsprechend teilt man auch den Streu-WQ auf,

$$\sigma_{\text{Streu},l} = \pi \lambdabar^2 (2l + 1) \, |A_P + A_R|^2 , \tag{3.149}$$

mit $A_P = 1 - \exp(2i\xi_l)$ als *Potentialstreuamplitude*, A_R als *Resonanzstreuamplitude*.

In Ziff. 3.5 war ein wesentliches Ergebnis, daß dann ein Maximum der Streuung entsteht, wenn die Streuphase durch ein ungeradzahliges Vielfaches von $\pi/2$ hindurchgeht. Daran halten wir jetzt fest: Resonanzen der Kernstreuphase werden dadurch definiert, daß der 2. Term in Gl. (3.148) durch ein ungeradzahliges Vielfaches von $\pi/2$ läuft. Das ist dann gewährleistet, wenn der Nenner des zweiten Summanden in Gl. (3.148) eine Nullstelle durchläuft, d.h. wenn $L = \Delta_l$ ist. Im Prinzip kann dies eine komplizierte Beziehung für die Einschußenergie sein. Wir vereinfachen das Problem wesentlich, indem wir zwei Parameter einer Resonanz einführen, die *Resonanzweite* Γ_r und die *Resonanzenergie* E_r, und setzen

$$\frac{s_l}{L - \Delta_l} = \frac{1}{2} \frac{\Gamma_r}{E_r - E} \ . \tag{3.150}$$

Damit ist außerdem eingeführt, daß die Kernstreuphase von 0 nach π anwächst, wenn E von kleinen Werten her die Resonanz durchläuft.

Wollen wir unsere bisherigen Überlegungen zu Resonanzen erweitern, so verweisen wir zunächst nochmals darauf, daß das reine Rechteckpotential nur für $l \neq 0$ jeweils eine Resonanz ergab. Diese, wie alle Streuphasen am Rechteckpotential als Modellpotential, war durch die gleiche Anschlußbedingung (3.126) wie hier bestimmt. Es ist daher richtig, wenn wir zur Gewinnung einer Übersicht über den Einfluß anderer Resonanzen der Kernstreuphase diese einfach empirisch den Phasen additiv hinzufügen, die wir in Ziff. 3.6.3 berechnet hatten. Den Streuphasen der Bilder 3.40 bis 3.42 wurde daher der Ausdruck

$$\delta_{\text{res}} = \sum_{r=1}^{4} \arctan \frac{1}{2} \frac{\Gamma_r}{E_r - E} \tag{3.151}$$

additiv hinzugefügt, mit $E_r = 1; 2; 3; 4$ MeV und den Resonanzweiten $\Gamma_r = 0{,}03; 0{,}03; 0{,}1; 0{,}1$ MeV. Sodann wurden die Streu-WQ berechnet, und so ergab sich Bild 3.53. Man sieht, daß tatsächlich in jedem Fall der maximal mögliche Streu-WQ erreicht wird, der proportional zu $2l + 1$ ist. Die Stelle, an der er erreicht wird, stimmt allerdings nicht genau mit der Resonanzenergie überein. Die Additivität der Phasen führt dazu, daß der Streu-WQ in der Nähe der Resonanz auch verschwinden kann und daß die Verläufe stark vom Bahndrehimpuls l abhängen können. — In Bild 3.54 wurden verschiedene Potentialdaten zugrunde gelegt. Sie waren so ausgesucht worden, daß auch die in Ziff. 3.6.3 ange-

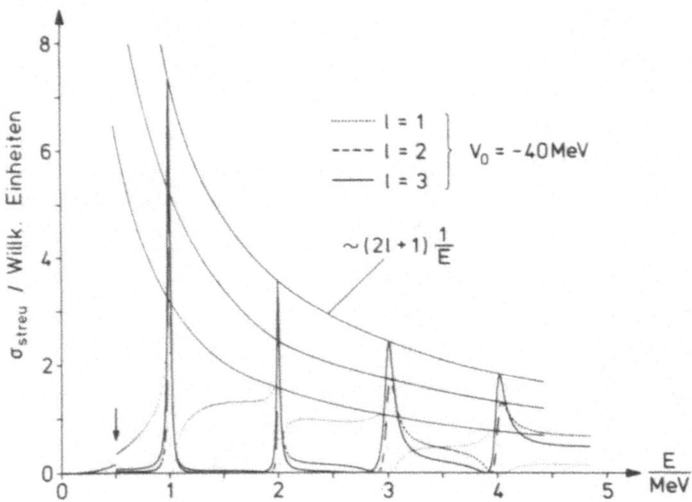

Bild 3.53 Streu-WQ für Neutronen-Streuung am Rechteck-Potentialtopf der Tiefe $V_0 = -40$ MeV. Die Resonanzen wurden additiv in der Streuphase hinzugefügt, s. Text.

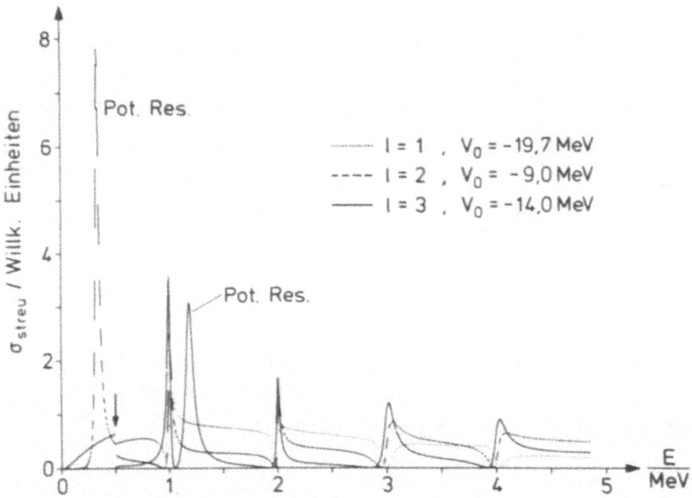

Bild 3.54 Streu-WQ für Neutronen-Streuung am Rechteck-Potentialtopf variabler Tiefe, so daß auch eine Potential-Resonanz auftritt. Bei ↓ Maßstabänderung.

sprochenen Potentialresonanzen im interessierenden Intervall auftraten. Ohne weiteres kann man aus einer Messung des Streu-WQ natürlich nicht auf verschiedene Arten der Resonanz schließen.

Abschließend geben wir in Bild 3.55 ein experimentelles Ergebnis des totalen WQ für Neutronen am Kern ^{15}N wieder, wie es durch Messung der Neutronenabsorption in

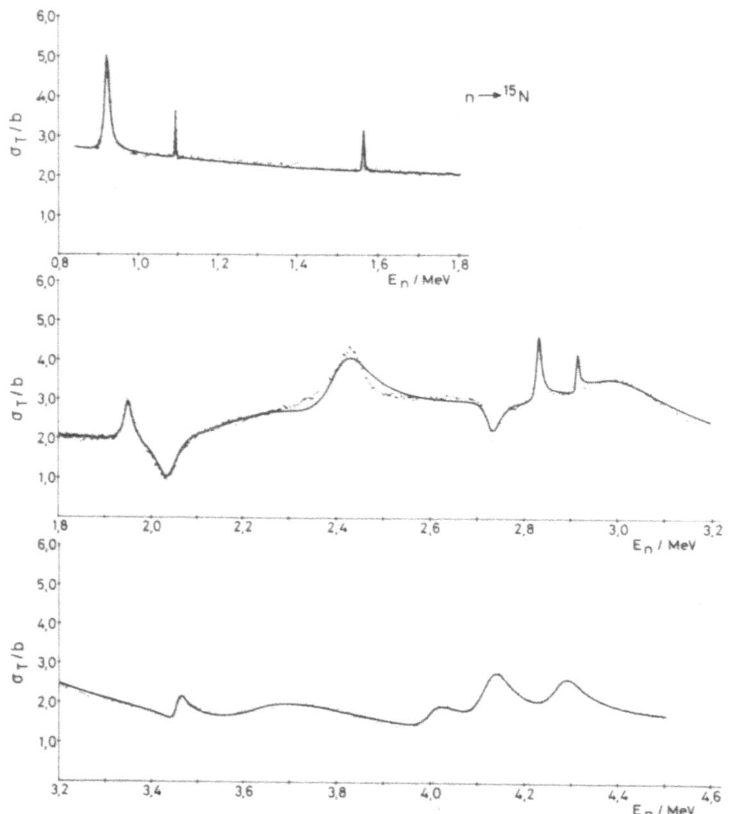

Bild 3.55 Totaler Neutronen-WQ für n → ^{15}N. Kurve: Anpassung mit einer Mehr-Niveau Breit-Wigner-Formel (aus [81]).

Vorwärtsrichtung erhalten wurde. In diesem Beispiel ist die Absorption vor allem eine Streu-Absorption, man mißt also den Streu-WQ. Die durch die Meßpunkte gelegte Kurve wurde aus einer Beschreibung mit Hilfe der Breit-Wigner-Theorie ermittelt (Ziff. 3.9).

3.8.5 Rutherfordsche Streuformel, Streuung geladener Teilchen

Solange keine Kern-WW vorliegt, läßt sich der Wirkungsquerschnitt aus einer geschlossenen Lösung der SGl. mit Coulomb-WW bestimmen. Lösung der SGl. (3.132) mit dem Coulomb-Potential V(r) ist

$$\psi = (1 + i\kappa)\, e^{-\pi\kappa/2}\, e^{ikr}\, F(1 + i\kappa, 1;\, -2ikr \sin^2 \frac{\vartheta}{2}), \qquad (3.152)$$

wobei F eine konfluente hypergeometrische Funktion ist. Die Lösung ist regulär bei
r = 0, asymptotisch verhält sie sich wie

$$\psi \Rightarrow e^{i(kz + \kappa \ln 2kr \sin^2 \vartheta/2)} - \kappa \, e^{2i\sigma_0} \frac{e^{i(kr - \kappa \ln 2kr \sin^2 \vartheta/2)}}{2kr \sin^2 \vartheta/2} \, . \tag{3.153}$$

Abgesehen von der logarithmischen Phase ergibt der Vergleich mit der die Streuamplitude
definierenden Beziehung (3.63)

$$f(\vartheta) = - \kappa \, e^{2i\sigma_0} \frac{e^{-i\kappa \ln 2kr \sin^2 \vartheta/2}}{2k \sin^2 \vartheta/2} \, . \tag{3.154}$$

Damit ist der Streu-WQ (Rutherfordsche Streuformel)

$$\frac{d\sigma_{\text{Streu}}}{d\omega} \bigg|_R = |f(\vartheta)|^2 = \frac{\kappa^2}{4k^2 \sin^4 \vartheta/2} \, , \tag{3.155}$$

(vgl. Gl. (1.28)).

Die Auflösung der Streuung in Partialwellen ist bei geladenen Teilchen unzweck-
mäßig, da experimentell, obwohl vielleicht nur eine einzige Partialwelle an der Kernstreuung beteiligt ist, immer die Streuung in allen Partialwellen mit gemessen wird. Man
muß daher anders vorgehen, wenn man *Kernstreuung* isolieren will. Es sei $\psi_{\text{total}}(S_l)$ die
Partialwellenentwicklung des vollständigen Problems, einschließlich Coulomb- und Kernstreuung. Wir subtrahieren davon die Wellenfunktion in der Partialwellendarstellung, die
nur die Coulomb-Streuung darstellt, wo also $S_l = \exp(2i\sigma_l)$ ist. Die Differenz entspricht
der Kernstreuung in der Partialwelle l. Wir addieren wieder die geschlossene Lösung der
Coulomb-Streuung und haben damit die gesuchte Streuwelle, mit der asymptotischen
Darstellung

$$\psi_{\text{Streu}} \Rightarrow - \kappa \, e^{2i\sigma_0} \frac{e^{i(kr - \kappa \ln 2kr \sin^2 \vartheta/2)}}{2kr \sin^2 \vartheta/2}$$

$$+ \sum_{l=0}^{\infty} \hat{l} \, i^l \frac{\sqrt{\pi}}{ikr} \{S_l A_l - e^{2i\sigma_l} A_l\} Y_l^0(\vartheta, \varphi). \tag{3.156}$$

Hierin sind die A_l die auslaufenden Coulomb-Wellenfunktionen, definiert durch die
Beziehung (3.138). Es folgt

$$\psi_{\text{Streu}} \Rightarrow e^{i(kr - \kappa \ln 2kr)} \, e^{2i\sigma_0} \left\{ - \kappa \frac{e^{-i\kappa \ln \sin^2 \vartheta/2}}{2kr \sin^2 \vartheta/2} \right.$$

$$\left. + i \sum_{l=0}^{\infty} \hat{l} \frac{\sqrt{\pi}}{kr} \, e^{-2i\sigma_0} (e^{2i\sigma_l} - S_l) Y_l^0(\vartheta, \varphi) \right\}. \tag{3.157}$$

Beide Anteile enthalten den Ausdruck 1/r, sind also Kugelwellen. In der geschweiften
Klammer schreibt man für die beiden Summanden $f_{\text{Coul}} + f_{\text{Kern}}$ und hat damit für den
Streu-WQ geladener Teilchen

$$\frac{d\sigma}{d\omega} = |f_{\text{Coul}} + f_{\text{Kern}}|^2 \, . \tag{3.158}$$

In die Kern-Streuamplitude f_{Kern} setzt man den Ausdruck (3.141) oder (3.144) ein und erhält

$$f_{Kern}(l) = i\,\hat{l}\,\frac{\sqrt{\pi}}{k}\,e^{2i(\sigma_l - \sigma_0)}\left[1 - e^{-2i\arctan F_l/G_l}\left(1 + \frac{L^+ - L^-}{L - L^+}\right)\right]. \tag{3.159}$$

Darin ist $L^+ - L^- = 2is_l$, wie bisher. Wir setzen ganz entsprechend wie im Fall der Neutronenstreuung, um Resonanzen einfügen zu können,

$$\frac{s_l}{\mathrm{Re}\,L - \Delta_l} = \frac{1}{2}\,\frac{\Gamma_{streu}}{E_r - E}, \tag{3.159a}$$

wobei Γ_{streu} die *Streu-Resonanzweite* ist. Ferner setzen wir, um auch Reaktionen beschreiben zu können — die von $\mathrm{Im}\,L$ bestimmt werden —

$$\frac{\mathrm{Im}\,L}{\mathrm{Re}\,L - \Delta_l} = -\frac{1}{2}\,\frac{\Gamma_{react}}{E_r - E}. \tag{3.159b}$$

Das negative Vorzeichen berücksichtigt, daß $\mathrm{Im}\,L$ negatives Vorzeichen haben muß. Γ_{react} ist die *Reaktionsweite* der Resonanz. Setzt man noch die Gesamtweite $\Gamma = \Gamma_{streu} + \Gamma_{react}$, dann ergibt sich

$$1 + \frac{L^+ - L^-}{L - L^+} = 1 + i\,\frac{\Gamma_{streu}}{\sqrt{(E_r - E)^2 + \frac{1}{4}\Gamma^2}}\,e^{\,i\arctan\frac{1}{2}\frac{\Gamma}{E_r - E}}. \tag{3.160}$$

Man trägt diesen Ausdruck in die Gl. (3.159) ein und bildet das Verhältnis von differentiellem WQ *mit* Kern-WW zum differentiellen WQ der reinen Coulombstreuung (Rutherfordsche Streuformel). Es ergibt sich

$$V = \frac{d\sigma/d\omega}{d\sigma/d\omega|_R} = \Bigg|\,i e^{-i\kappa\ln\sin^2\vartheta/2}$$

$$+ \frac{\sin^2\vartheta/2}{\kappa}\sum_{l=0}^{\infty}(2l+1)\,e^{2i(\sigma_l - \sigma_0)}\cdot\Big[(1 - e^{-2i\phi_l})$$

$$-\,i e^{-2i\phi_l}\,\frac{\Gamma_{streu}}{\sqrt{(E_r - E)^2 + \frac{1}{4}\Gamma^2}}\,e^{i\beta}\Big]P_l(\cos\vartheta)\Bigg|^2, \tag{3.161}$$

mit

$$\beta = \arctan\frac{\Gamma}{2(E_r - E)}, \qquad \phi_l = \arctan\frac{F_l(a)}{G_l(a)}.$$

Mit der Formel (3.161) wurde ein Fall der Protonenstreuung ($Z_a = 1, M_a = 1$) an ^{11}B ($Z_A = 5, M_A = 11$) durchgerechnet und dabei ein Radius der Kernzone von $a = 4{,}5$ fm zugrunde gelegt. Es wurden dabei vier Resonanzen angenommen bei $E_r = 0{,}25$, $0{,}5$, $0{,}75$ und 1 MeV. Zur Vereinfachung wurde ferner reine Streuung angenommen, also $\Gamma = \Gamma_{streu}$. In der Fülle der möglichen übrigen Parameter wurde $l = 0, 1$ und 2 ausgewählt, ferner

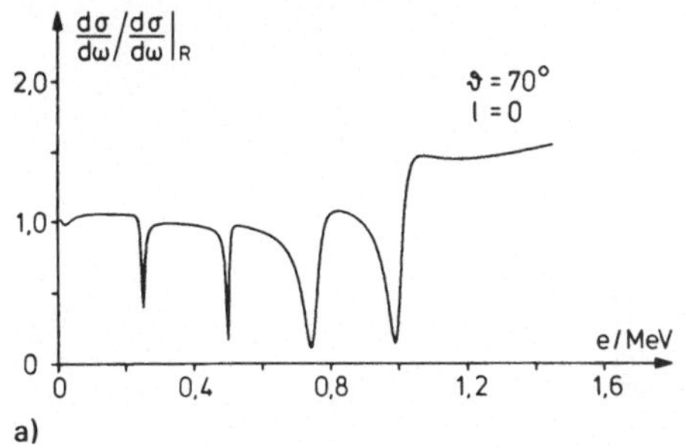

a)

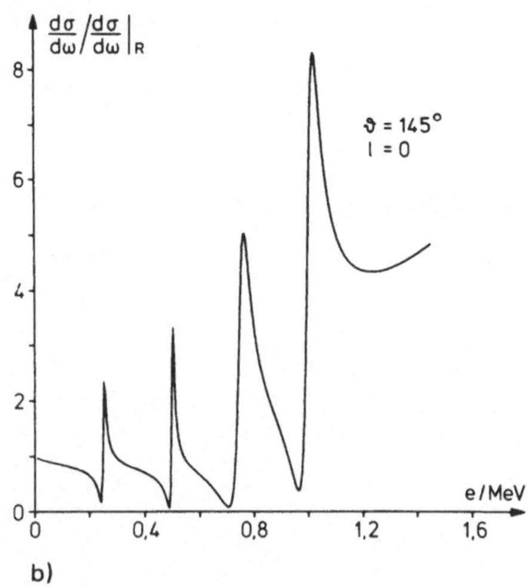

b)

Bild 3.56

Verhältnis des Streu-WQ zum Rutherford-Streu-WQ für Streuung am Rechteck-Potentialtopf mit additiv eingeführten Resonanz-Streuphasen, s. Text

zwei verschiedene Winkel $\vartheta = 70°$ und 145°. Die Resonanzweiten waren 0,01, 0,01, 0,05 und 0,05 MeV. Es ergaben sich Verläufe des Verhältnisses V, wie in Bild 3.56a, b wiedergegeben. Man sieht, daß die Form der Resonanzen sehr verschieden sein kann: es kommt auf die relative Lage der Phasen der Coulomb-, der harte-Kugel und auch der Kernresonanz an. Wie man ferner bemerkt, scheinen gewisse Regelmäßigkeiten und Unterschiede zu bestehen, z.B. für verschiedene Drehimpulswerte l und für verschiedene Winkel bei gleichen Drehimpulsen. Das versucht man auszunützen, wenn es sich darum handelt, einen gemessenen Verlauf der Streu-WQ aufzuklären und insbesondere Zahlenwerte für Resonanzparameter zu ermitteln.

Es gibt sehr viele Messungen des Streu-WQ bei geladenen Teilchen. Bei niedrigen Energien kann man sich manchmal Bereiche aussuchen, in denen noch keine Reaktionen stattfinden (keine Reaktionskanäle „offen" sind), was die Analyse erleichtert. Mit verbessertem Auflösungsvermögen hat man immer mehr Möglichkeiten in die Hand bekommen, in systematischer Weise Resonanzen, d.h. Zustände des Compoundkerns im Kontinuum zu finden und dann über diese Aussagen machen zu können. Bild 3.57 enthält ein neueres Meßergebnis für die Protonenstreuung am Kern ^{42}Ca. Mit wachsender Einschußenergie liegen die Resonanzen immer dichter. Die genaue Ermittlung der Daten der Resonanzen (Lage, Intensität, Weite) wird mit Rechner-Unterstützung mittels der Wignerschen Resonanz-Theorie ausgeführt (Ziff. 3.9).

3.8.6 Penetration (Schwellendurchlässigkeit) und Transmission

In dem Bild der auf einen Kern einlaufenden Teilchenwelle wird der WQ wesentlich dadurch bestimmt, welches die Teilchenaufenthaltswahrscheinlichkeit am Kernrand verglichen mit $r \to \infty$ ist. Mit der Methode der Wellenmechanik kann dieses Verhältnis berechnet werden, unabhängig von der innerhalb des Kernradius vorhandenen Kern-WW. Die Berechnung kann für auslaufende oder einlaufende Welle ausgeführt werden und lie-

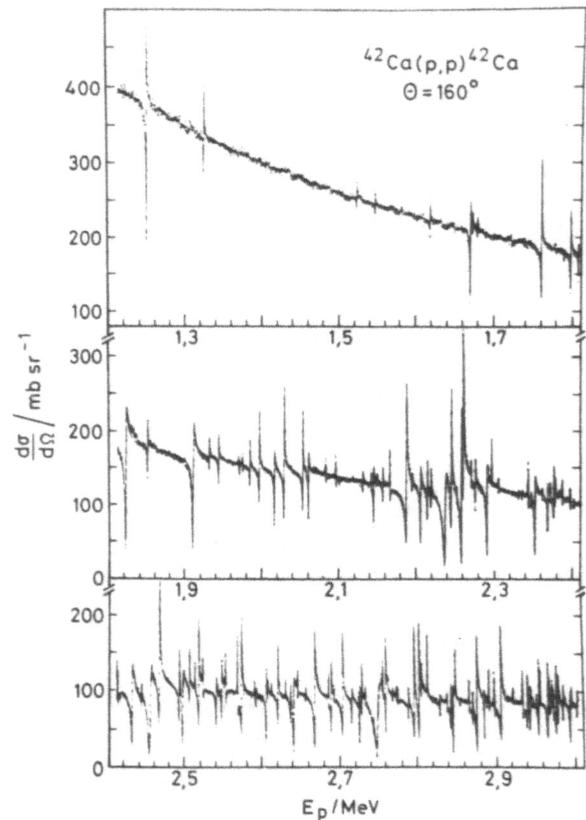

Bild 3.57
Elastischer Streu-WQ für die Protonenstreuung an ^{42}Ca (aus [79])

fert das gleiche Ergebnis. Infolgedessen nehmen wir den einfacheren Fall der auslaufenden Welle. Die Startamplitude ist $u(a) = A(G_l(ak) + iF_l(ak))$. Für $r \to \infty$ hat man für
G_l und F_l die asymptotischen Werte einzusetzen (cos-, bzw. sin-Funktion). Damit ist
die Schwellendurchlässigkeit

$$P_l = \frac{|u_l(\infty)|^2}{|u_l(a)|^2} = \frac{AA^*}{AA^*(F_l^2(a) + G_l^2(a))} = \frac{1}{F_l^2(a) + G_l^2(a)} . \tag{3.162}$$

Diese Größen haben wir bereits in Bild 3.36 für Neutronen aufgezeichnet. Die zugehörigen Funktionen F_l und G_l sind in Tabelle 3.3 wiedergegeben, ihren Verlauf enthalten die
Bilder 3.58 und 3.59. Schließlich enthält Tabelle 3.4 die aus F und G berechneten Größen
P_l, Δ_l und s_l, die in den Formeln für den WQ auftreten, und von denen die letzten beiden
ebenfalls die Schwellendurchlässigkeit enthalten (Gl. (3.143)).

Die Coulomb-Wellenfunktionen für geladene Teilchen sind in den Bildern 3.49 und
3.50 aufgezeichnet, in Bild 3.60 ist der aus diesen Funktionen ermittelte Verlauf der
Schwellendurchlässigkeit aufgezeichnet. Vergleicht man mit Bild 3.36, so sieht man sofort, daß die Schwellendurchlässigkeit für geladene Teilchen wesentlich kleiner ist als für
ungeladene, und dies entspricht dem Sachverhalt, daß Reaktionen mit geladenen Teilchen

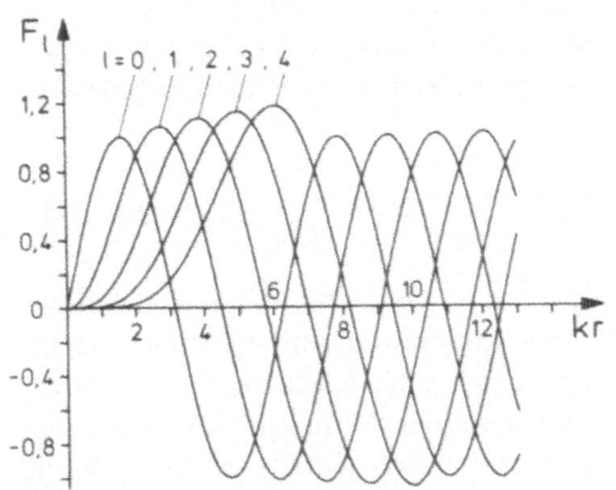

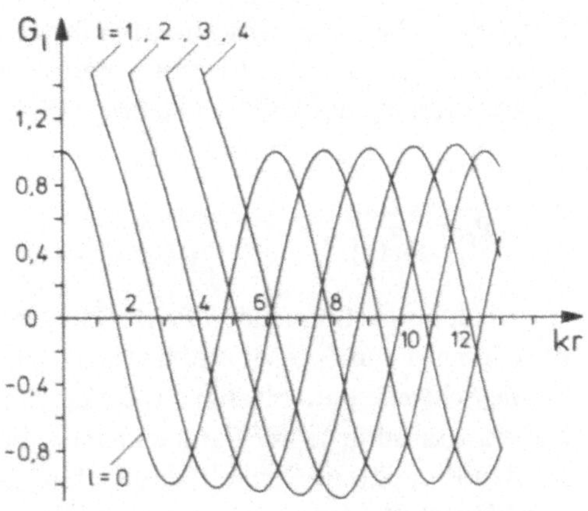

Bild 3.58 Wellenfunktion F_l (kr) für Neutronen, $\kappa = 0$

Bild 3.59 Wellenfunktion G_l (kr) für Neutronen, $\kappa = 0$

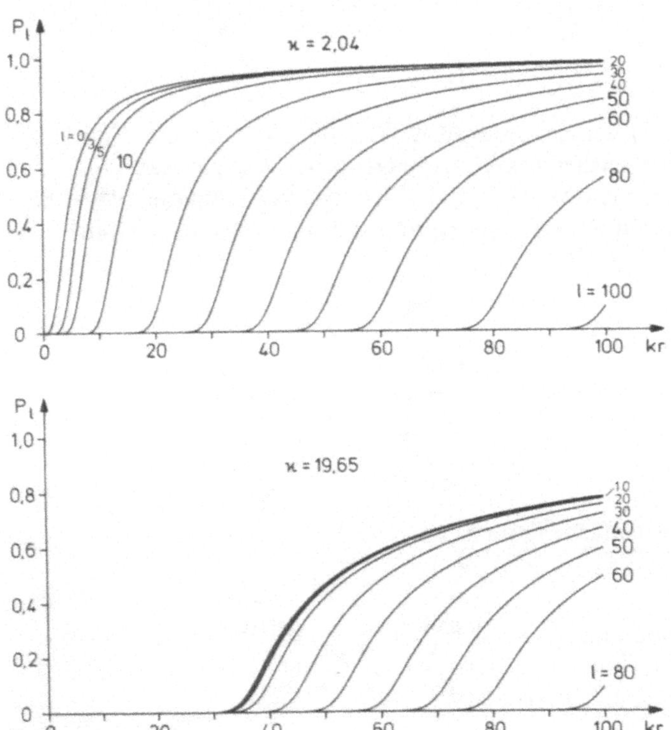

Bild 3.60 Schwellendurchlässigkeit P_l. Ist die Teilchenenergie gegeben, also auch k und κ, dann ist P_l als Funktion des Kernradius dargestellt. Ist der Kernradius fest gewählt, dann müssen mit variabler Energie, also variablem k auch verschiedene Parameter κ eingesetzt werden.

(wegen der Coulomb-Abstoßung) in der Regel einen kleineren WQ haben als mit Neutronen, ja, bei niedrigen Einschußenergien bestimmt P_l bei geladenen Teilchen schon die Größenordnung des WQ. Bei niedrigen Energien überwiegt (weil gegen unendlich gehend) die Funktion G_l die Funktion F_l weit. Ein Näherungsausdruck ist dort

$$P_l \approx \frac{1}{G_l^2(a)} \, , \tag{3.163}$$

er enthält als bestimmenden Faktor die Größe $\exp(-2\pi\kappa)$, Gl. (3.183). Über die Wellenfunktionen F_l und G_l gibt es heute ausführliche Tabellen und Rechenprogramme, ebenso für die Schwellendurchlässigkeit. Dennoch ist es insbesondere für Abschätzungen wichtig, Näherungsausdrücke zur Hand zu haben. Einen solchen werden wir in Ziff. 3.8.6 besprechen. Bei den Kernpotentialen mit gerundetem Rand (z.B. optisches Potential) wird die Schwellendurchlässigkeit häufig nicht verwendet, weil die Angabe des Radius a nicht sinnvoll ist. Die Schwellendurchlässigkeit tritt dann nur implizit auf, z.B. in der Transmission (s. nachfolgenden Absatz).

Während die Schwellendurchlässigkeit nur von äußeren Daten des Potentials abhängt, ist dies bei der *Transmission* nicht der Fall. Zunächst schreiben wir den WQ für Reaktion um und beachten, daß unser Reaktions-WQ tatsächlich der WQ für die Bildung eines Compoundkerns ist, also nach Gl. (3.86)

$$\sigma_{\mathrm{comp},l} = \sigma_{\mathrm{Reakt},l} = \pi\lambda^2(2l+1)(1-|S_l|^2) = \pi\lambda^2(2l+1)\,T_l. \tag{3.164}$$

Dadurch ist die *Transmission* T_l definiert. Maximaler Reaktions-WQ bedeutet $T_l = 1$. Ist $T_l < 1$, so führen nicht alle Teilchen des Ringgebietes $\pi\lambda^2(2l+1)$ zur Reaktion, und dies bedeutet manchmal schon eine Auswahl der l-Werte, etwa daß nur die l-Werte unterhalb einem Maximalwert zur Reaktion beitragen (s. Bild 3.30). Aus Gl. (3.146) folgt

$$T_l = \frac{-4\,s_l\,\mathrm{Im}\,L}{(\mathrm{Re}\,L - \Delta_l)^2 + (\mathrm{Im}\,L - s_l)^2} \, . \tag{3.165}$$

Wir legen das einfache Modell von Bild 3.37 zugrunde. Das Potential ist

$$\text{außen: } V(r) + \frac{\hbar^2}{2\mu}\,\frac{l(l+1)}{r^2} \, , \qquad \text{innen: } -\frac{\hbar^2}{2\mu}\,K_0^2 \, ,$$

und im Innern soll die SGl. die einfache Form haben

$$u_l'' + (k^2 + K_0^2)\,u_l = 0.$$

In der *Kontinuumstheorie* nimmt man an, daß beliebig viele Ausgangskanäle, passend zu jedem l, offen sind. Im Gegensatz zum reinen Streuproblem fordern wir daher, daß *im Innern keine auslaufende Welle* mehr besteht. Dort soll also

$$u_l = C\,e^{-iKr} \; (r < a), \tag{3.166}$$

sein, dagegen außen

$$u_l = x_l\,A_l(k,r) + y_l\,E_l(k,r).$$

Aus Gl. (3.166) folgt übrigens für alle l

$$L = a\,\frac{u'(a)}{u(a)} = -\,iaK,\tag{3.167}$$

d.h. *rein imaginäres L*. Es wird dann aus Gl. (3.165)

$$T_l = \frac{4\,s_l\,aK}{\Delta_l^2 + (aK + s_l)^2}\,.\tag{3.168}$$

Wir suchen für diesen Ausdruck eine anschauliche Deutung und führen zu diesem Zweck die Anpassung am Kernrand konkret aus,

$$x_l\,A_l + y_l\,E_l = C\,e^{-iKa},$$
$$x_l\,A_l' + y_l\,E_l' = -\,iK\,C\,e^{-iKa}.$$

Gegeben sei dabei y_l, und wir suchen x_l und C zu berechnen. D.h. wir müssen von dem Gleichungssystem ausgehen

$$x_l\,A_l - C\,e^{-iKa} = -\,y_l\,E_l,$$
$$x_l\,A_l' + C\,iK\,e^{-iKa} = -\,y_l\,E_l'.$$

Die Koeffizientendeterminante ist $\frac{1}{a}\,A_l\,e^{-iKa}\,(iKa + L^+)$, und es wird

$$\frac{x_l}{y_l} = e^{2i\xi_l}\,\frac{\Delta_l - is_l + iKa}{\Delta_l + is_l + iKa}\,,\quad \frac{C}{y_l} = e^{i(Ka + 2\xi_l)}\,A_l\,\frac{2\,is_l}{\Delta_l + is_l + iKa}\,.$$

Der erste Ausdruck konnte auch direkt aus Gl. (3.139) erhalten werden, wenn man dort $L = -\,iaK$ einsetzte. — Als *Transmission* definieren wir das *Verhältnis von* zwei *Stromdichten*, nämlich von durchgehender zu einfallender Stromdichte. Die Amplituden sind proportional zur Wurzel aus Stromdichte/Geschwindigkeit, Gl. (3.59). Also sind die Stromdichten $v_{\text{einlaufend}} \cdot y_l^2$, $v_{\text{auslaufend}} \cdot x_l^2$, $v_c \cdot C^2$, wobei bei y_l^2 und x_l^2 die gleichen Geschwindigkeiten stehen, während v_c davon verschieden ist. Es bleibt

$$T_l = \frac{v_c\,C^2}{v_e\,y_l^2} = \frac{K}{k}\,\frac{C^2}{y_l^2} = 1 - \frac{x_l^2}{y_l^2} = \frac{4\,s_l\,Ka}{\Delta_l^2 + (Ka + s_l)^2}\,.$$

Der gefundene Ausdruck ist genau derjenige von Gl. (3.168): Die Transmission T_l, die im Reaktions-WQ (Compound-WQ) auftritt, ist also das Verhältnis von am Kernrand durchgelassener Stromdichte zur einfallenden Stromdichte. Die Modellabhängigkeit der Transmission zeigt sich hier nur im Auftreten von K. Für Δ_l und s_l setzt man die Ausdrücke aus Gl. (3.143a) ein. Die Tabelle 3.4 enthält einige Werte von P_l, s_l und Δ_l für Neutronen. Man sieht, daß bei kleinem $x = ak$, also niedrigen Energien, P_l für $l \neq 0$ stark abfällt, und daß dies um so schneller vor sich geht, je größer l ist. Ist ak klein, dann ist $s_l \ll aK$, und auch Δ_l ist in der Regel klein gegen aK. Dann gilt für T_l die Näherungsformel

$$T_l \approx 4\,\frac{k}{K}\,P_l\,,\tag{3.169}$$

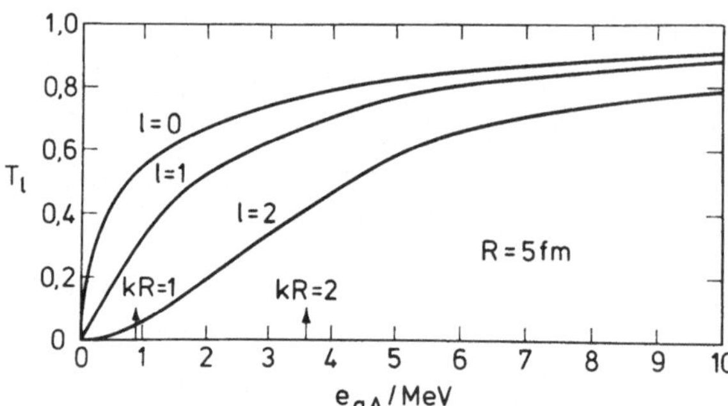

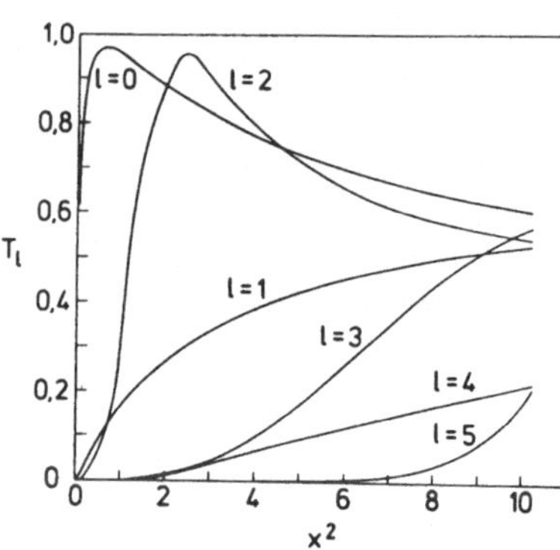

Bild 3.61 Transmission T_l von Neutronen am Rechteck-Potentialtopf (aus [8]). Kernradius R = 5 fm. An der Abszisse sind diejenigen kR-Werte markiert, die gleich der Höhe der (Zentrifugal-)Schwelle am Kernrand sind.

Bild 3.62 Transmission eines optischen Potentials mit den Daten gemäß Gln. (3.169a, b), a = 0,52 fm, ζ = 0,06, X_0 = 7,2 (aus [35])

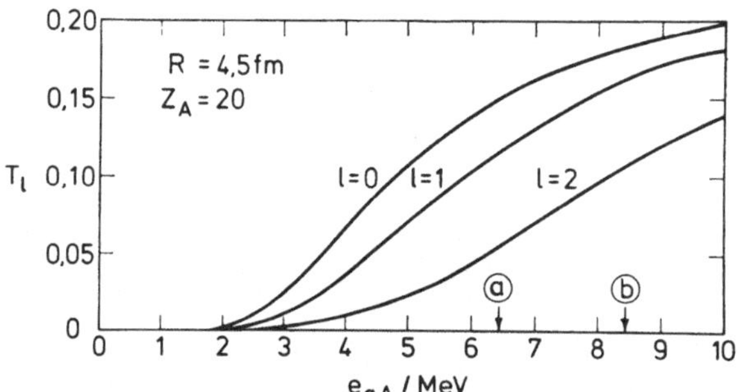

Bild 3.63

Transmission von Protonen für einen Kern mit Z = 20. Pfeile: e_{aA} ist gleich der Höhe der Potentialschwelle (aus [8]), ⓐ für l = 0, ⓑ für l = 1

woran man sieht, daß in dem modellabhängigen T_l die Schwellendurchlässigkeit P_l berücksichtigt ist.

In Bild 3.61 sind Transmissionsverläufe für Neutroneneinfang im Kontinuumsmodell gezeichnet für einen Kernradius a = 5 fm. Man beachte, daß der WQ noch den Faktor $\lambda^2 = k^{-2}$ enthält, der bei wachsendem k abfällt, selbst wenn $T_l \to 1$ geht. Im allgemeinen nimmt man das Konitnuumsmodell nur für grobe Abschätzungen. Realistischer sind optische Potentiale, z.B. ein Saxon-Woods-Potential. Bild 3.62 enthält Transmissionen für das Potential

$$V = - V_0(1 + i\,\zeta)\,[1 + \exp((r - R)/a)]^{-1} \qquad (3.169a)$$

mit V_0 = 52 MeV und für die Nukleonenzahl A = 197, aus der sich der Kernradius mittels

$$a = (1{,}15\,A^{1/3} + 0{,}4)\ \text{fm} \qquad (3.169b)$$

berechnet (X_0 Potentialtiefeparameter, Ziff. 3.6.2), x = ak.

Zum Abschluß ist in Bild 3.63 die Transmission für das Kontinuumsmodell mit Rechteckpotential und Wirkung der Coulomb-Kraft wiedergegeben. Die Coulomb-Abstoßung reduziert die Transmission (und damit den WQ) besonders stark bei niedrigen Energien.

3.8.7 JWKB-Verfahren, WQ bei kleiner Energie (S-Faktor)

Das JWKB-Verfahren benutzt man zur Ableitung einer geschlossenen Näherungs-formel für die Schwellendurchlässigkeit. Für die einfallenden Teilchen gibt es einen klas-sichen Umkehrradius r_u (Bild 3.64), und von außen bis dorthin ist die Wellenfunktion periodisch, bei $r < r_u$ klingt die Amplitude exponentiell ab. Wir interessieren uns für die Amplitude bei $r = a$. In den Gebieten $r < r_u$ und $r > r_u$ lauten die SGln.

$$\frac{d^2u}{dr^2} - \kappa^2(r)\,u = 0, \quad \kappa^2(r) = \frac{2\mu}{\hbar^2}\left(V(r) + \frac{\hbar^2}{2\mu}\frac{l(l+1)}{r^2} - e\right), \quad r < r_u,$$

$$\frac{d^2u}{dr^2} + k^2(r)\,u = 0, \quad k^2(r) = \frac{2\mu}{\hbar^2}\left(e - V(r) - \frac{\hbar^2}{2\mu}\frac{l(l+1)}{r^2}\right), \quad r > r_u. \tag{3.170}$$

Die Schreibweise $\kappa(r)$ und $k(r)$ ist unmittelbar verständlich. Sowohl $k(r)$ wie $\kappa(r)$ haben die Dimension der Wellenzahl und stellen eine ortsabhängige Wellenzahl dar. Wenn die Wellenlänge sich nur lang-sam ändert, kann das JWKB-Verfahren benutzt werden ($d\lambda/dr \ll 1$). Man macht den Ansatz

$$u(r) = A\,\exp\left(\frac{i}{\hbar}S(r)\right) \tag{3.171}$$

und erhält für S die Differentialgleichung

$$\frac{i}{\hbar}S''(r) - \frac{1}{\hbar^2}S'^2(r)\,k^2(r) = 0. \tag{3.172}$$

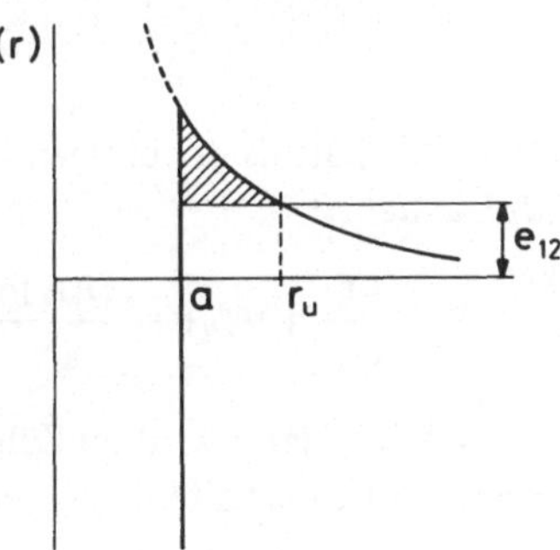

Bild 3.64
Bezeichnungen zum JWKB-Verfahren zur Bestimmung
der Schwellendurchlässigkeit

Es wird eine Reihenentwicklung nach Potenzen von $\hbar$ ausgeführt ($\hbar \to 0$ gibt die klassische Lösung),

$$S = S_0 + \hbar S_1 + \hbar^2 S_2 + \dots .$$

Man erhält ein rekursives Gleichungssystem, das wie folgt beginnt:

$$\hbar^2 k^2 - S_0'^2 = 0, \quad iS_0'' - 2S_0'S_1' = 0,$$

usw. Die erste Beziehung liefert

$$S_0 = \pm \int \hbar k(r)\,dr,$$

die zweite ergibt $S_1 = i\ln\sqrt{k(r)}$. Es wird also in erster Näherung

$$u(r) = A\,\frac{1}{\sqrt{k(r)}}\,\exp\left(\pm i\int k(r)\,dr\right), \quad r > r_u, \tag{3.173}$$

$$u(r) = B\,\frac{1}{\sqrt{\kappa(r)}}\,\exp\left(\pm \int \kappa(r)\,dr\right), \quad r < r_u . \tag{3.174}$$

Die natürliche Wahl der Integrationsgrenzen ist in der ersten Funktion $r_u < r < \infty$, in der zweiten $a < r < r_u$. Die beiden Lösungen müssen bei r_u zusammengefügt werden, und dabei kommt der Mangel des Verfahrens zum Tragen, denn beide Funktionen sind bei $r = r_u$ singulär. Diese Singularität ist jedoch in der Differentialgleichung (3.170) nicht enthalten. In der Literatur sind daher besondere Anpassungsverfahren entwickelt worden, so daß das Problem als gelöst angesehen werden kann.

Physikalisch wichtig ist, daß im Vorfeld des Kerns bei $r > r_u$ die Wellenfunktion noch periodisch ist. Sie gestattet die Berechnung des Rutherfordschen Streu-WQ. Dagegen gibt die zweite Funktion (3.174) die Möglichkeit der Berechnung der Schwellendurchlässigkeit P_l. Zunächst ist das Verhältnis der Quadrate der Exponentialfaktoren bei $r = a$ und $r = r_u$

$$e^{-\gamma_l} = \exp\left(-2\int_a^{r_u} \kappa(r)\,dr\right)$$

$$= \exp\left(-2\int_a^{r_u} \sqrt{\frac{2\mu}{\hbar^2}\left[V(r) - e + \frac{l(l+1)}{r^2}\frac{\hbar^2}{2\mu}\right]}\,dr\right).$$

Für das Verhältnis der übrigen Faktoren ergibt sich $\sqrt{(V(a) - e)/e}$, so daß die *Schwellendurchlässigkeit*

$$P_l = \frac{1}{\sqrt{e}}\left(V(a) + \frac{l(l+1)}{a^2}\frac{\hbar^2}{2\mu} - e\right)^{1/2} e^{-\gamma_l}. \tag{3.175}$$

Ist $e < V(a)$, dann wird im Zähler häufig e vernachlässigt, um bessere Anpassung mit dem Experiment zu erhalten, auch ersetzt man meist

$$l(l+1)\frac{\hbar^2}{2\mu a^2} \quad \text{durch} \quad \left(l+\frac{1}{2}\right)^2\frac{\hbar^2}{2\mu a^2}\ .$$

Man nennt

$$e_l = \left(l+\frac{1}{2}\right)^2\frac{\hbar^2}{2\mu a^2} \qquad \text{die Höhe der Zentrifugalschwelle,} \tag{3.176}$$

$$e_C = \frac{e^2}{4\pi\epsilon_0}\frac{Z_a Z_A}{a} \qquad \text{die Höhe der Coulomb-Schwelle.} \tag{3.177}$$

Dann ist $e_B = e_l + e_C$ die gesamte Schwellenhöhe, und es ist auch

$$P_l = \left(\frac{e_B}{e}\right)^{1/2} e^{-\gamma_l} \quad \text{mit} \quad \gamma_l = 2\sqrt{\frac{2\mu}{\hbar^2}}\int_a^{r_u}\left(\frac{e_C\,a}{r} + \frac{e_l\,a^2}{r^2} - e\right)^{1/2}dr. \tag{3.178}$$

Im Fall sehr niedriger Einschußenergien kann vollends $l = 0$ und $e_C > e$ genommen werden. Man kann die Integration ausführen und erhält

$$\gamma_0 = 4\kappa \left[\frac{\pi}{2} - \arcsin \sqrt{\frac{e}{e_C}} - \sqrt{\frac{e}{e_C}} \sqrt{1 - \frac{e}{e_C}} \right]. \tag{3.179}$$

Die Größe κ ist der Sommerfeld-Parameter. Die Formel wird besonders häufig bei kleinen Einschußenergien verwendet, wenn also $e/e_C \ll 1$. Dann kann man eine Reihenentwicklung für $\arcsin$ und $(1 - e/e_C)^{1/2}$ benutzen und erhält, wenn man insgesamt nur die beiden ersten Glieder berücksichtigt,

$$\gamma_0 \approx 2\pi\kappa - 8\kappa \sqrt{\frac{e}{e_C}} = 2\pi \frac{Z_a Z_A e^2}{4\pi\epsilon_0 hv} - 4 \left(\frac{Z_a Z_A e^2}{4\pi\epsilon_0 a} \frac{2\mu a^2}{\hbar^2} \right)^{1/2}. \tag{3.179a}$$

Der erste Term hätte sich schon mit $a = 0$ ergeben, der 2. Term ist ein Korrekturterm für $a \neq 0$, erst der 3. Term enthält wieder die Energie.

Einige Zahlenwerte:

$$p - {}^{12}C, \quad a = 5{,}42 \text{ fm}, \quad e_C = 1{,}6 \text{ MeV}, \quad e_l = 0{,}76 \; l(l+1) \text{ MeV},$$
$$\alpha - {}^{181}Ta, \quad a = 9{,}86 \text{ fm}, \quad e_C = 21{,}3 \text{ MeV}, \quad e_l = 0{,}053 \; l(l+1) \text{ MeV}.$$

Es überwiegt demnach bei leichten Kernen die Zentrifugalschwelle schon bei niedrigen Drehimpulsen die Coulomb-Schwelle. Bei schweren Kernen ist selbst für eine ganze Reihe von Drehimpulsen praktisch ausschließlich die Coulomb-Schwelle bestimmend. Berechnet man mit den angegebenen Werten den 1. und 2. Term in γ_0, dann findet man bei $e = 0{,}1$ MeV $(\ll e_C)$ für das System $p - {}^{12}C$ $\gamma_0(1.) = 9{,}75$, $\gamma_0(2.) = -3{,}06$ und für $\alpha - {}^{181}Ta$ $\gamma_0(1.) = 610$, $\gamma_0(2.) = -40{,}8$. Bei den leichten Kernen darf also keinesfalls der 2. Term vernachlässigt werden.

Bei einem bestimmten Problem ist in P_l die Größe e_B eine Konstante, wenn e nicht allzu stark variiert. Die Transmission, die wieder für den WQ bestimmend ist, zusammen mit dem Faktor $\pi\lambda^2 = \pi/k^2 \sim \pi/E$ ergibt damit für den WQ

$$\sigma_{comp} \sim \frac{1}{E} \exp\left(const. \frac{1}{\sqrt{E}} \right), \tag{3.180}$$

oder

$$\ln(\sigma_{comp} \cdot E) = C_1 - \frac{C_2}{\sqrt{E}}. \tag{3.181}$$

Bei niederenergetischen Kernreaktionen gestattet demnach die logarithmische Auftragung des Produktes aus WQ und Einschußenergie die Überprüfung des Mechanismus der Reaktion als Compound-Mechanismus. In Bild 3.65 ist das Ergebnis einer solchen Messung aufgetragen.

Die Wirkung der Schwellendurchlässigkeit (Tunnel-Effekt) auf Kernumwandlungen hat erstmals *Gamov* für den radioaktiven α-Zerfall gezeigt (Ziff. 4.2). Daher rührt auch der Ausdruck Gamow-Faktor für einen wellenmechanischen Durchlässigkeitsfaktor. — Bei den radioaktiven Kernen hat man zerfallende, angeregte Zustände des Mutterkerns. Im Sinne der Partialwellenmethode der Kernreaktionen besteht das System nur aus einer auslaufenden Kugelwelle, deren Zeitabhängigkeit durch die komplexe Energie $E_\lambda + i\Gamma_\lambda$ beschrieben wird mit $\Gamma_\lambda \ll E_\lambda$. Die räumliche Wellenfunktion des auslaufenden Teils hängt mit der Schwellendurchlässigkeit zusammen durch

$$P_l = \frac{|u_l(\infty)|^2}{|u_l(a)|^2},$$

vgl. Ziff. 3.8.6. Da man die Funktionen F_l und G_l sehr gut kennt, kann man den Gültigkeitsbereich der JWKB-Formel prüfen, indem man sie mit exakten Rechnungen vergleicht. Ein einfaches Beispiel sei dafür betrachtet. Wir berechnen die Schwellendurchlässigkeit für *Neutronen*, für die wir in Tabelle 3.4 exakte Ergebnisse haben. Hier ist $e_C = 0$, und r_u ist definiert durch

$$e = \frac{e_l a^2}{r_u^2} = \frac{(l+\frac{1}{2})^2 \hbar^2}{2\mu a^2}\,\frac{a^2}{r_u^2}\,, \qquad r_u^2 = \frac{(l+\frac{1}{2})^2 \hbar^2}{2\mu e}\,.$$

Dann ist

$$\gamma_l = \int_a^{r_u} \left[(2l+1)^2\,\frac{1}{r^2} - \frac{4e2\mu}{\hbar^2} \right]^{1/2} dr$$

$$\approx \int_a^{r_u} \frac{2l+1}{r} \left[1 - \frac{4e\mu}{\hbar^2}\,\frac{r^2}{(2l+1)^2} \right] dr$$

$$= (2l+1)\ln\frac{r_u}{a} - e\,\frac{2\mu}{\hbar^2}\,\frac{r_u^2 - a^2}{2l+1}\,.$$

Wir vernachlässigen a gegen r_u (langsame Neutronen) und erhalten

$$\gamma_l = \frac{2l+1}{2}\ln\left(\frac{r_u}{a}\right)^2 - \frac{2l+1}{4} = \frac{2l+1}{2}\ln\frac{e_l}{e} - \frac{2l+1}{4}\,.$$

Damit wird

$$P_l = \sqrt{\frac{e_l}{e}}\,\exp(-\gamma_l) = \left(\frac{e}{e_l}\right)^l e^{\frac{2l+1}{4}}$$

$$\approx \frac{e^{\frac{2l+1}{4}}}{(l+\frac{1}{2})^{2l}}\,x^{2l} \quad \text{mit } x = ak.$$

Bei niedrigen Energien ($x \ll 1$) liefert die exakte Rechnung

$$P_l = \frac{x^{2l}}{[1\cdot 3\cdot 5\dots(2l-1)]^2}\,.$$

Demnach z. B. bei $\left\{\begin{array}{l} l=3:\ P_3 = \dfrac{e^{7/4}}{(7/2)^6}\,x^6 = \dfrac{x^6}{319{,}44}\ \text{(appr.)} \\[2em] l=3:\ P_3 = \dfrac{x^6}{225}\ \text{(exakt, Tab. 3.4).} \end{array}\right.$

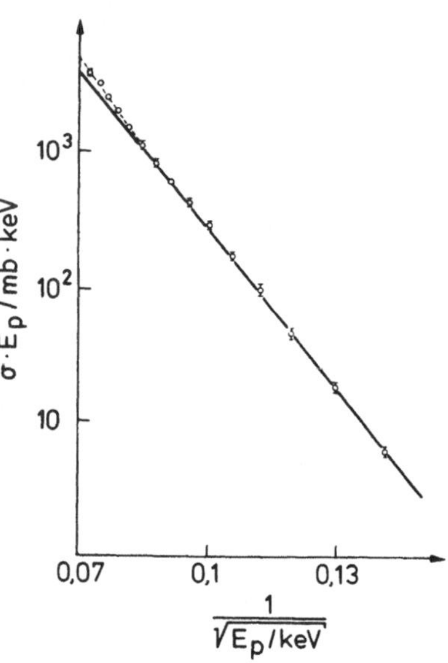

Bild 3.65 Der WQ der Reaktion ^{6}Li (p, ^{3}He)^{4}He bei niedrigen Energien zwischen 50 und 190 keV (aus [39])

Kernreaktionen bei sehr niedrigen Teilchenenergien finden in den Sternatmosphären statt, z.B. in der Sonne, wo die Verschmelzung von Deuteronen zu Helium (Q = + 23,85 MeV) der energieliefernde Prozeß für die Sonnenstrahlung ist. Bei einer Temperatur von 100 000 K wäre die kinetische Energie, die die Teilchen haben, erst durch 10 eV zu kennzeichnen. Energieerzeugung und Bildung neuer Elemente findet in verschiedenen zyklisch ablaufenden Reaktionen statt. Die Erzeugungs- oder Reaktionsrate bei Zweierstößen ist (Ziff. 3.3)

$$\dot{n} = n\,N\,\langle \sigma\,v_{rel} \rangle, \qquad (3.182)$$

wobei n und N Teilchenzahldichten sind und v_{rel} die Relativgeschwindigkeit der Stoßpartner ist. Die spitzen Klammern bedeuten eine Mitteilung über die Geschwindigkeitsverteilungsfunktion: es handelt sich um die Maxwellsche Geschwindigkeitsverteilung zum Betrag der Geschwindigkeit, und der WQ σ ist mit seiner Geschwindigkeits- bzw. Energieabhängigkeit einzutragen. Bild 3.66 enthält eine Skizze für die vorliegenden Verhältnisse. Aus ihr geht hervor, daß wesentliche Reaktionsraten im hochenergetischen Teil der Verteilungsfunktion erfolgen. Will man Berechnungen astrophysikalischer Daten ausführen, müssen die terrestrisch gemessenen WQ zur Verfügung stehen, und diese müssen bis zu möglichst niedrigen Energien gemessen werden (was eine eigene Aufgabe ist). Selbst dann kommt man meist nicht darum herum, zu extrem niedrigen Energien eine Extrapolation der Daten zu benutzen. Diese muß genügend sicher sein. Man schreibt den WQ in der Form $\sigma_l = \pi \lambdabar^2 (2l + 1)\,T_l$ (meist kann man völlig mit $l = 0$ auskommen). Dann ist entsprechend den in Ziff. 3.8.6 entwickelten Ausdrücken

$$\sigma_0 = \pi \lambdabar^2 \frac{k}{K}\,P_0 = 4\pi\lambdabar^2 \frac{k}{K}\cdot\sqrt{\frac{e_B}{e_{aA}}}\,e^{-\gamma_0}$$

$$= 4\pi\,\sqrt{\frac{e_B}{V_0}}\,\frac{\hbar^2 c^2}{2\mu c^2}\,\frac{1}{e_{aA}}\,\exp\left(-2\pi\,Z_a Z_A\,\frac{1}{137}\,\frac{1}{\beta}\right)$$

$$= S(e_{aA})\,\frac{1}{e_{aA}}\,\exp(-2\pi\kappa). \qquad (3.183)$$

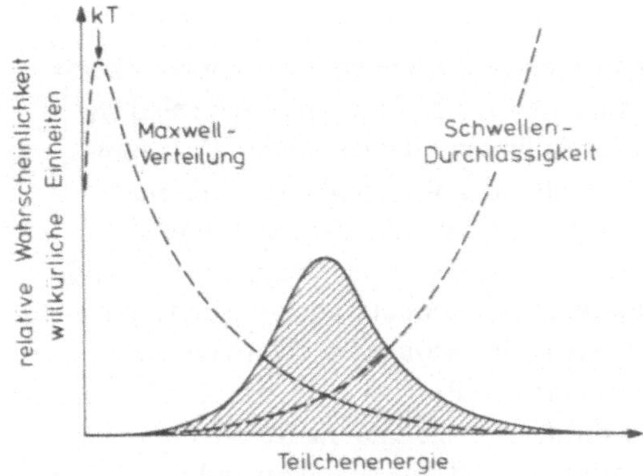

Bild 3.66

Relative Lage von Maxwellscher Geschwindigkeitsverteilung und Schwellendurchlässigkeit. Näherungsweise kann das schraffierte Gebiet, in welchem die größte Reaktionsrate liegt, durch eine Gaußsche Glockenkurve dargestellt werden.

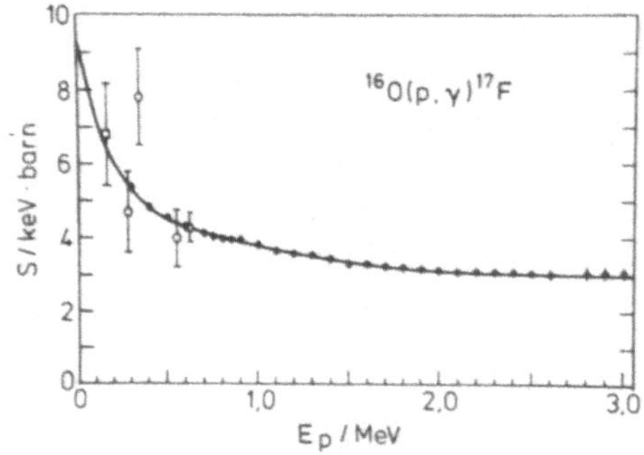

Bild 3.67
S-Faktor für den Protonen-Einfang durch den
Kern ^{16}O

Unabhängig von allen Details der Kern-WW wird hiermit der *S-Faktor* eingeführt, von dem man erwartet, daß er bei kleinen Energien keine allzu großen Schwankungen aufweist. Bild 3.67 enthält den S-Faktor für den Protonen-Einfang in ^{16}O (*C. Rolfs*, Nucl. Phys. **A217** (1973) 29). Es ist von großer Bedeutung, den S-Faktor einmal bis zu möglichst kleinen Energien zu messen, und zweitens zu prüfen, ob er einen glatten Verlauf hat. Resonanzen des WQ machen sich durch entsprechende Maxima auch im S-Faktor bemerkbar. Subtrahiert man vom WQ solche Maxima, dann bleibt eine glatte Kurve übrig, die dem „direkten Anteil" der Kernreaktion entspricht, z.B. dem Protoneneinfang „im Flug" bei ^{16}O(p, γ) ^{17}F. Es erweist sich, daß tatsächlich der direkte Anteil am WQ bei der Reaktionsausbeute überwiegt, weil über die Energie in einem größeren Intervall integriert werden muß. Zu extrem niedrigen Energien hin nimmt der S-Faktor in der Regel zu. Man kann das wie folgt plausibel machen. Wie wir bei der Diskussion der Streuphasen und des WQ bei niedrigen Energien sahen, insbesondere in Ziff. 3.7, ist die Größe des WQ im Grenzfall der Energie null davon abhängig, ob in der Nähe der Oberkante des Potentialmodells Energieniveaus liegen (die Streulänge wird dann besonders groß). So machen sich eben solche Niveaus im Anstieg des S-Faktors bemerkbar, anders ausgedrückt: die Wellenfunktion eines gebundenen Zustands reicht noch weit hinaus und gibt zu einem merkbaren Einfang-WQ Anlaß.

3.9 Resonanzen des Wirkungsquerschnitts, Breit-Wignersche Formel

Maxima des Reaktions-WQ haben wir angeregten Zuständen des Compoundkerns zugeordnet. Es handelt sich dabei um Zustände, die sowohl Teilchen-instabil sind wie auch durch γ-Emission in tiefer liegende Zustände führen können und letztlich zum Grundzustand führen. Mit Hilfe von Massenformeln oder Massentabellen kann man Separationsenergien für die Abtrennung von n, p, d, t, ^{3}He, α, ... usw. berechnen (Ziff. 1.3). Aus dem Energiediagramm des Nuklids ^{16}O (Bild 2.29) wurde das Diagramm von Bild 3.68 gewonnen. Unterhalb der tiefsten Separationsstufe sind nur noch γ- (und äquivalente) Übergänge (Ziff. 4.3) möglich, ähnlich wie in der Atomhülle. Oberhalb jeder Separationsstufe liegt das Kontinuum der Zustände von Partikel + Restkern. Mit wachsender Anregungsenergie überlappen sich diese Kontinua. In sie sind die Resonanzen eingebettet, welche durch zwei Zahlen zu charakterisieren sind: die energetische Lage und die

Lebensdauer τ. Aus der Lebensdauer, die deutlich größer als die Kerndurchquerungszeit einer Partikel erwartet wird, erfolgt mittels der Heisenbergschen Unschärferelation die Zustandsweite $\Gamma(= \Delta E)$,

$$\Delta E \cdot \tau \approx \hbar, \quad \Gamma\tau \approx \hbar. \tag{3.184}$$

Beispiele: $^{29}_{15}$P; angeregter Zustand, der mit 5,2 MeV Protonenenergie bei ^{28}Si (p, p_1) erreicht wird, $\Gamma = 2$ keV, $\tau = \hbar c/\Gamma c = 3 \cdot 10^{-19}$s. $- \; ^{12}$C; erster angeregter Zustand bei 4,43 MeV, der nur durch γ-Emission zerfällt, $\Gamma = 11,7$ meV, $\tau = 5 \cdot 10^{-14}$ s. $-$ Die Lebensdauer ist bei γ-Emission allgemein wesentlich länger als diejenige für Teilchen-Emission.

Die *Lebensdauer* eines Zustandes ist der Kehrwert der *Zerfallswahrscheinlichkeit* in der Zeiteinheit, $\tau = w^{-1}$. Sind aus einem Zustand mehrere Zerfälle möglich, die statistisch unabhängig sind, dann ist

$$w = w_1 + w_2 + \dots \, ,$$

also gilt für die Zustandsweite

$$\Gamma = \Gamma_1 + \Gamma_2 + \dots \, , \tag{3.185}$$

Γ_i ist die partielle, Γ die gesamte Zustandsweite.

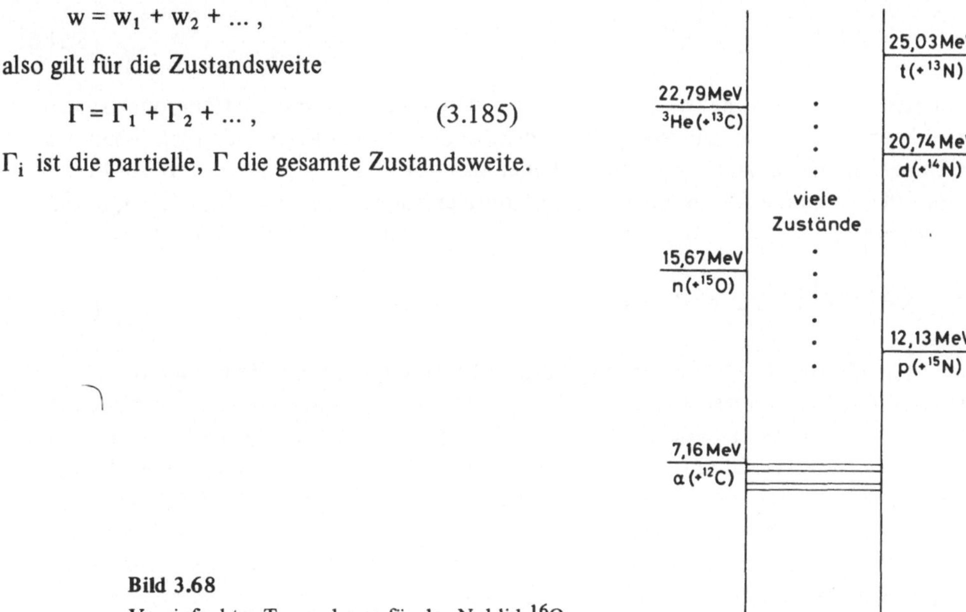

Bild 3.68
Vereinfachtes Termschema für das Nuklid ^{16}O

Beispiel: Der Zustand von ^{12}C bei der Anregungsenergie 16,106 MeV hat fünf Zerfallskanäle: α-Emission zum Restkern ^{8}Be im Grundzustand (α_0, $\Gamma_{\alpha_0} = 0,29$ keV), ebenso zum ersten angeregten Zustand (α_1, $\Gamma_{\alpha_1} = 6,3$ keV), γ_0-Emission zum Grundzustand von ^{12}C ($\Gamma_{\gamma_0} = 0,22$ eV), γ_1-Emission zum ersten angeregten Zustand (bei 4,43 MeV) von ^{12}C ($\Gamma_{\gamma_1} = 6,8$ eV), und schließlich durch die Rückemission (Resonanzstreuung!) in den Eingangskanal ($\Gamma_p = 0,069$ keV). Die Gesamtweite ist praktisch ausschließlich durch Γ_{α_1} bestimmt (experimentell $\Gamma = 6,4$ keV).

Der Resonanztheorie liegt die Vorstellung zugrunde, daß bei bestimmten Energien der Compoundkern mit besonders großer Wahrscheinlichkeit gebildet wird. Er lebt genügend lange, um seine Vorgeschichte zu vergessen, jedoch bleiben Erhaltung der Energie, des Impulses und inbesondere des Drehimpulses bestimmend für Daten des Compound-

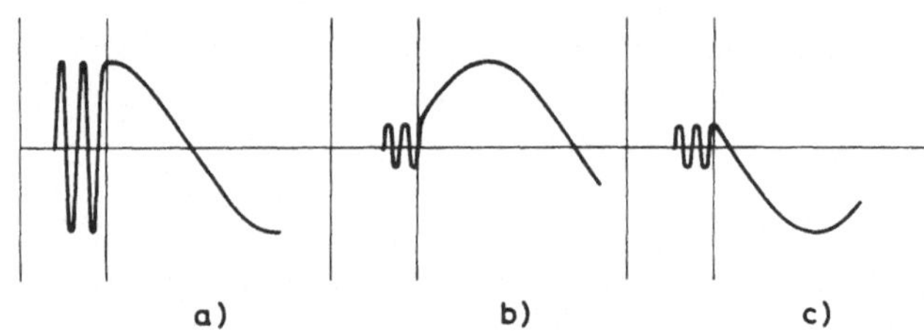

Bild 3.69 Bildliche Vorstellung für die Ausbildung einer Resonanz durch „richtige" Phasenlage der Wellenfunktion am Kernrand (horizontale Tangente)

kerns. Er zerfällt in die verschiedenen Ausgangskanäle mit den partiellen Zerfallswahrscheinlichkeiten. Der WQ hat also für einen bestimmten Ausgangskanal b, B die Form

$$\sigma(aA, bB) = \sigma_{comp}\,\frac{\Gamma_{bB}}{\Gamma}\,. \tag{3.186}$$

Von zentraler Bedeutung ist demnach die resonanzartige Bildung des Compoundzustandes. Sie wird durch die Anpassung der Wellenfunktionen am Kernrand beschrieben. Da im Innern die Wellenlänge wesentlich kleiner als im Äußeren ist, hat man größte Innenamplitude, wenn die Ankopplung mit horizontaler Tangente erfolgt (Bild 3.69a, b, c). In diesem Fall ist $L(a) = a u'(a)/u(a) = 0$, also die Streufunktion, Gl. (3.144),

$$S = e^{2i\xi_l}\,\frac{L_l^-(a)}{L_l^+(a)} = e^{2i\xi_l}\,\frac{\Delta_l - is_l}{\Delta_l + is_l}\,. \tag{3.187}$$

Sie hat den Betrag 1. Nach unseren bisherigen Darlegungen ist der Reaktions-WQ null, man hat reine Resonanzstreuung. Diese elementare Betrachtung muß demnach noch abgeändert werden, weil auch der Reaktions-WQ Resonanzen hat, jedoch gibt sie uns einen Hinweis, wie man verfahren kann. Die erste Aufgabe ist, Resonanzniveaus bzw. Anregungsniveaus zu *definieren*. Wir erinnern uns an die Modellrechnungen der Atomkerne: Im Potentialtopf war ein angeregter Zustand dadurch gekennzeichnet, daß die Wellenfunktion außerhalb des Kernradius exponentiell abfiel. Bei den Resonanzniveaus brauchen wir eine andere Vorschrift, um eine Verbindung von innen nach außen zu bekommen. Wir wählen sie hier im Rahmen der einfachen *Wignerschen R-Matrix-Theorie*: Resonanzniveaus sind solche, bei denen die Wellenfunktion am Kernrand eine horizontale Tangente hat. Damit hat man ein Eigenwert-Problem definiert und kann die Eigenwerte z.B. im Kastenpotential berechnen. Sie seien mit λ durchnumeriert (Bild 3.70). Unterhalb der Potentialoberkante haben diese Niveaus keine Bedeutung, und sie stimmen wegen der falschen Randbedingung nicht mit den gebundenen Zuständen überein. – Allgemein könnte man es offen lassen, durch welche Randbedingung man Resonanzen definiert, etwa durch Vorgabe von B in

$$a\,\frac{du}{dr}\bigg|_a = B\,u(a) \tag{3.188}$$

und $u(0) = 0$. Die Wahl $B = 0$ wird gelegentlich als die natürliche Wahl bezeichnet [78, 58].

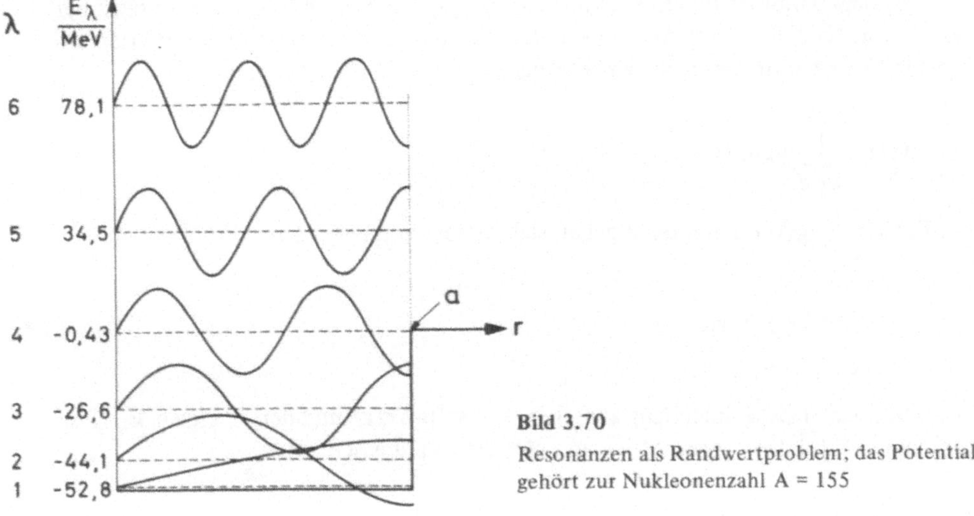

Bild 3.70

Resonanzen als Randwertproblem; das Potential gehört zur Nukleonenzahl A = 155

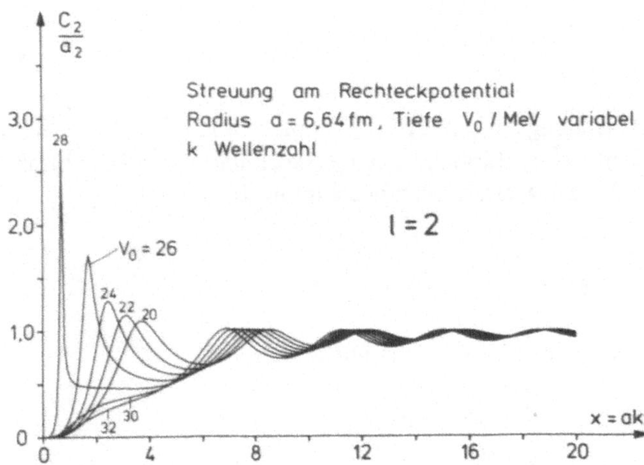

Bild 3.71 Verhältnis von Innen- zu Außenamplitude für Neutronenstreuung (vgl. mit den Daten von Bild 3.41)

Im Licht dieser Betrachtungen ist es wichtig, für die früher beim Rechteck-Potential gewonnenen „Potentialresonanzen" das Amplitudenverhältnis als Funktion der Einschußenergie aufzuzeichnen. Ist C die Amplitude der Wellenfunktion innerhalb des Potentialtopfes vom Radius a (= 6,64 fm), der eine variable Tiefe V_0 hat, und ist a_l die mit Hilfe der Randanpassung gewonnene Amplitude außen (wir legen Neutronenstreuung zugrunde), dann folgt aus den Anpassungsbeziehungen ein bestimmter Ausdruck für C/a_l. In Bild 3.71 ist dieses Verhältnis im Falle $l = 2$ aufgezeichnet mit ak = x (also Einschußenergie) als Laufvariable. Es wurden verschiedene Potentialtiefen gerade so ausgewählt, daß man Resonanzen durchlief, also die Streuphase durch ein ungeradzahliges Vielfaches von $\pi/2$ ging (vgl. Bild 3.41). Man sieht, daß z.B. bei $V_0 = 28$ MeV eine wesentliche Vergrößerung der Wellenamplitude *im* Kern vorliegt, verglichen mit dem Außenraum, und dies entsprach gerade maximalem Streu-WQ.

Es liegt damit im Innern ein vollständiges, normiertes, orthogonales Funktionensystem vor. Nach ihm kann man jede andere, im Innern definierte Wellenfunktion entwickeln (λ ist Laufindex, nicht Wellenlänge!),

$$v(r) = \sum_{\lambda=0}^{\infty} c_\lambda u_\lambda(r) \qquad (r \leqslant a). \tag{3.189}$$

Die Entwicklungskoeffizienten ergeben sich in bekannter Weise zu

$$c_\lambda = \int_0^a u_\lambda^*(r)\, v(r)\, dr. \tag{3.190}$$

Man sucht einen Zusammenhang zwischen $L = av'(a)/v(a)$ und den Energien E_λ. Dazu geht man wie folgt vor. Sowohl u_λ wie $v(r)$ erfüllen die SGl., also

$$-\frac{\hbar^2}{2\mu} u_\lambda'' + V(r)\, u_\lambda = E_\lambda u_\lambda, \tag{3.191a}$$

$$-\frac{\hbar^2}{2\mu} v'' + V(r)\, v = E\, v. \tag{3.191b}$$

Man nimmt in der ersten Gleichung das konjugiert Komplexe und multipliziert mit $v(r)$; die zweite Gleichung wird mit u_λ^* multipliziert, beide Gleichungen werden subtrahiert und dann wird über r von $0 \ldots a$ integriert. Man beachtet noch $u_\lambda(0) = v(0) = 0$ und gewinnt

$$-\frac{\hbar^2}{2\mu} [u_\lambda^{*\prime}(a) - v'(a)\, u_\lambda^*(a)] = c_\lambda (E_\lambda - E). \tag{3.192}$$

Die Einführung der Randbedingung (3.188) führt mit reellem B auf

$$-\frac{\hbar^2}{2\mu a} [Bv(a) - av'(a)]\, u_\lambda^*(a) = c_\lambda (E_\lambda - E),$$

also

$$c_\lambda = \frac{1}{E_\lambda - E}\, \frac{\hbar^2}{2\mu a}\, (av'(a) - Bv(a))\, u_\lambda^*(a). \tag{3.193}$$

Damit wird schließlich die Amplitude der allgemeinen Wellenfunktion am Kernrand

$$v(a) = \sum_\lambda c_\lambda u_\lambda(a) = \sum_\lambda (av'(a) - Bv(a)) \frac{\dfrac{\hbar^2}{2\mu a}\, |u_\lambda(a)|^2}{E_\lambda - E}. \tag{3.194}$$

Mit dieser Beziehung ist $v(a)$ nur implizit bestimmt, jedoch sieht man, daß

$$\gamma_\lambda^2 = \frac{\hbar^2}{2\mu a}\, |u_\lambda(a)|^2 = \frac{\hbar^2 c^2}{2\mu c^2 a}\, |u_\lambda(a)|^2 \tag{3.195}$$

eine wichtige Rolle als Gewichtsfaktor spielt, der die Beteiligung des Zustandes λ bestimmt. Man nennt γ_λ^2 *die reduzierte Weite (Breite) des Niveaus* λ, und definiert die $\mathcal{R}$-Funktion durch

$$\mathcal{R} = \sum_{\lambda = 0}^{\infty} \frac{\gamma_\lambda^2}{E_\lambda - E} \, . \tag{3.196}$$

Damit wird aus Gl. (3.194)

$$v(a) = [av'(a) - Bv(a)]\,\mathcal{R}, \tag{3.197}$$

wobei B als unabhängig von λ vorausgesetzt wurde. Man erhält

$$v(a) = a\,\mathcal{R}v'(a) - B\,\mathcal{R}v(a),$$

also die gesuchte logarithmische Ableitung in der Form

$$L = a\,\frac{v'(a)}{v(a)} = \frac{1 + B\,\mathcal{R}}{\mathcal{R}} \, . \tag{3.198}$$

Sie ist nur noch abhängig von der Einschußenergie, den Energieeigenwerten E_λ und dem Randbedingungsparameter B. Eintragen in die Streufunktion führt für $l = 0$ auf

$$S_0 = e^{2i\delta_0} = \frac{1 + B\,\mathcal{R} + iak\,\mathcal{R}}{1 + B\,\mathcal{R} - iak\,\mathcal{R}}\, e^{-2\,iak} \, . \tag{3.199}$$

Der Reaktions-WQ verschwindet, der Streu-WQ wird bei Berücksichtigung nur *einer* Resonanz, wenn also E in der Nähe einer solchen gewählt wird,

$$\sigma_{\text{Streu},\,0} = \pi\lambda^2 \left| 2\sin ka\, e^{ika} - \frac{2\,ak\,\gamma_\lambda^2}{(E_\lambda - E + \Delta_\lambda) - \frac{1}{2}\,i\,2ka\,\gamma_\lambda^2} \right|^2 \, . \tag{3.200}$$

Es wurde darin $\mathcal{R} = \gamma_\lambda^2/(E_\lambda - E)$ gesetzt. Man führt die Größen ein ($l = 0$)

$$\Gamma_\lambda = 2ka\,\gamma_\lambda^2 \quad : \text{ Niveau-Weite (Breite),} \tag{3.201}$$

$$\Delta_\lambda = B\,\gamma_\lambda^2 \quad : \text{ Niveau-Verschiebung.} \tag{3.202}$$

Die Niveau-Verschiebung verschwindet bei $B = 0$, was wiederum diese Wahl bevorzugen läßt. Mit Gln. (3.201) und (3.202) entsteht aus Gl. (3.200) die *Breit-Wignersche Resonanzformel* (für *ein* Niveau)

$$\sigma_{\text{Streu},\,0} = \pi\lambda^2 \left| 2\sin ka\, e^{ika} - \frac{\Gamma_\lambda}{E_\lambda - E + \Delta_\lambda - \frac{1}{2}\,i\Gamma_\lambda} \right|^2 \, . \tag{3.203}$$

Für S-Wellen-Streuung kann man im Prinzip gegenüber den früheren Erkenntnissen nichts Neues gewonnen haben. Die Formel läßt aber Details der Herleitung gar nicht mehr sichtbar werden. Sie enthält eine formal plausible resonanzartige Abhängigkeit der Kernstreuamplitude von der Energie.

Bevor wir eine Verallgemeinerung von Gl. (3.203) vornehmen, diskutieren wir *Daten für* γ_λ^2 *und* Γ_λ. Zunächst eine *Abschätzung der reduzierten Niveauweite.* $|u_\lambda(a)|^2$ mißt die Dichte der interessierenden Teilchen am Kernrand. Wenn die Wahrscheinlichkeit, das Teilchen irgendwo im Kernvolumen zu finden überall gleich groß ist, das Teilchen also gleichmäßig über das Kernvolumen „verschmiert" ist, dann kann man $|u_\lambda(a)|^2$ angeben. Wir nehmen eine Randzone der Dicke Δa, dann ist die Wahrscheinlichkeit für den Aufenthalt des Teilchens in dieser Zone das Verhältnis

$$\frac{\text{Volumen der Kugelschale der Dicke } \Delta a \text{ bei } a}{\text{Volumen der ganzen Kugel}} = \frac{4\pi a^2 \Delta a}{\frac{4\pi}{3}a^3} = 3\frac{\Delta a}{a} \; .$$

Demnach ist

$$\Delta a \int |\psi|^2 a^2 \sin\vartheta \, d\vartheta \, d\varphi = \Delta a \, |u_\lambda(a)|^2 = 3\frac{\Delta a}{a} \, ,$$

d.h.

$$|u_\lambda(a)|^2 = \frac{3}{a} \; . \tag{3.204a}$$

Die *obere Grenze von* γ_λ^2 (sog. *Wigner-limit*) ist daher

$$\gamma_{\lambda,\mathrm{W}}^2 = \frac{\hbar^2}{2\mu a}\frac{3}{a} = \frac{3}{2}\frac{\hbar^2 c^2}{\mu c^2 a^2} \; . \tag{3.204b}$$

Im allgemeinen ist $\gamma_\lambda^2 = \theta\,\gamma_{\lambda,\mathrm{W}}^2$ mit $\theta \leqslant 1$. Als Beispiel nehme man das Rechteckpotential: Im Innern ist die Funktion $u(r)$ durch $F_0(rK)$ gegeben mit $K = \sqrt{K_0^2 + k^2}$, und die Amplitude folgt aus der Normierungsbedingung, die für u gefordert wird (Integration über r von 0 bis a). Der richtige Energiewert (bzw. Wert von K) folgt aus der Randbedingung Gl. (3.188). Man findet damit $|u(a)|^2 = 2/a$, also

$$\gamma_{\mathrm{R.P.}}^2 = \frac{\hbar^2}{\mu a^2} \, ,$$

d.h.

$$\gamma_{\mathrm{R.P.}}^2 = \theta_{\mathrm{R.P.}}\frac{3}{2}\frac{\hbar^2}{\mu a^2} \to \theta_{\mathrm{R.P.}} = \frac{2}{3} \cdot$$

Empirisch findet man $0{,}01 \lesssim \theta \lesssim 0{,}05$. –

Bisher war $l = 0$ angenommen worden. Den Fall $l \neq 0$ kann man bezüglich Γ_λ wie folgt behandeln. Es hing Γ mit der Lebensdauer über $\Gamma \cdot \tau = \hbar$ zusammen. $1/\tau$ ist die Wahrscheinlichkeit pro Sekunde, daß aus (a, A) die Gruppe (b, B) entsteht, also eine Kernreaktion stattfindet. Bei n vorhandenen Teilchen ist die Erzeugungsrate

$$\frac{dn}{dt} = \dot{n} = -\frac{1}{\tau}\,n.$$

$\dot{n}$ wird als Teilchenstrom in großer Entfernung vom Reaktionszentrum (Abstand R), und zwar als Strom, gemessen. Die Stromdichte ist Geschwindigkeit $\times$ Dichte, und letztere ist durch $|\psi|^2$ gegeben. Unter Berücksichtigung eines allgemeinen Amplitudenfaktors folgt

$$\frac{1}{\tau} = \lim_{R\to\infty} v \iint |\psi|^2 R^2 \sin\vartheta \, d\vartheta \, d\varphi = v(\infty)|u_l(\infty)|^2 = v(\infty) P_l |u_l(a)|^2.$$

Es folgt

$$\Gamma_l = \hbar v_\infty P_l |u_l(a)|^2.$$

Da aber $\gamma_\lambda^2 = \dfrac{\hbar^2}{2\mu a}\, |u_\lambda(a)|^2$ ist (Gl. (3.195)), so bleibt

$$\Gamma_{\lambda,l} = 2\, ka\, P_l\, \gamma_\lambda^2 \,. \tag{3.205}$$

Der Ausdruck (3.201) gilt also in der Tat für Neutronen-S-Wellen Streuung am Kastenpotential ($P_0 = 1$). − Die Niveauweite wird mit wachsendem Drehimpuls vermindert (d.h. die Niveaus werden schärfer), weil dann die Zentrifugalschwelle wächst. − Es sei hier erneut bemerkt, daß die explizite Benutzung des Kernradius a mit dem Kastenpotential als Modellmodell zusammenhängt.

Wir geben jetzt noch eine *allgemeine Formel für den WQ* und erweitern dabei insbesondere den *Begriff des Kanals*. In der *Drehimpulsdarstellung* mußten im Grundsatz viele Bahndrehimpulse l mitgenommen werden. Ein *Kanal* soll jetzt sowohl die Teilchen-Gruppierungs-Bezeichnung als auch die Bezeichnung des Drehimpulses (Bahn-, Spin-, Gesamtdrehimpuls $\vec{j} = \vec{l} + \vec{j}_a + \vec{j}_A$) enthalten und soll mit dem Index c (oder α) bezeichnet werden. In Ziff. 3.4.4 war die Streufunktion S_l im Zusammenhang mit der radialen Wellenfunktion (damals $c = l$)

$$u_c = x_c A_c(k,a) + y_c E_c(k,a) \tag{3.206}$$

definiert worden, und es war

$$S_l = -\frac{x_l}{y_l}, \qquad x_l = -S_l y_l,$$

d.h. aus der einlaufenden Welle entsteht mittels der Streufunktion die auslaufende. Die Verallgemeinerung bedeutet, daß Ausgangskanäle c' entstehen, und zu einem solchen tragen alle Eingangskanäle c bei, die mit den Erhaltungssätzen verträglich sind. D.h. evtl. können auch Spin-Umklapp-Prozesse erfolgen, wenn nur der Gesamtdrehimpuls erhalten bleibt. Es wird damit die *Streu-Matrix* $S_{c'c}$ oder *S-Matrix* definiert, die aus den Amplituden c die Ausgangsamplitude bildet

$$x_{c'} = -\sum_c S_{c'c} y_c \,. \tag{3.207}$$

Das Studium der allgemeinen Eigenschaften der Streumatrix eröffnet die Gewinnung von speziellen Daten über Wirkungsquerschnitte, z.B. über das Verhältnis der WQ für Hin- und Rück-Reaktion. Insbesondere werden die einfachen *Pole als Resonanzen* interpretiert.

Wenn man davon ausgehen kann, daß in einem experimentell untersuchten Energiebereich nur *eine* Resonanz zum WQ beiträgt, dann haben die Streu-Matrix-Elemente die Form (man vergleiche mit den Gln. (3.144) und (3.159a, 3.159b))

$$S_{c'c} = \sqrt{\frac{a_{c'}}{a_c}}\; e^{i(\xi_c + \xi_{c'})} \left\{ \delta_{cc'} + i\, \frac{\Gamma_{\lambda c}^{1/2}\, \Gamma_{\lambda c'}^{1/2}}{E_\lambda - E + \Delta_\lambda - \dfrac{i}{2}\sum_{c''} \Gamma_{\lambda c''}} \right\} \,. \tag{3.208}$$

Hier und in der ganzen Ziffer ist Δ_l die Niveau-Verschiebung, a_c und $a_{c'}$ sind die Radien der Kern-WW, die in den beiden Kanälen verschieden sein können. *Elastische* Streuung bedeutet $c = c'$. In Bild 3.72 ist eine Messung der *inelastischen* Streuung ($c \ne c'$) ^{28}Si (p, p$_1$)

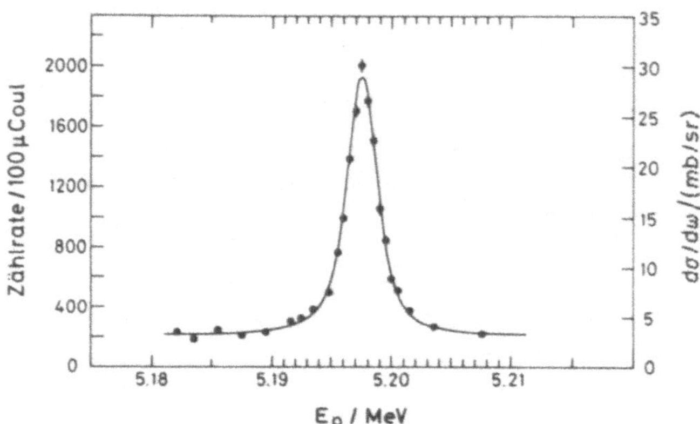

Bild 3.72 Inelastische Streuung von Protonen, ^{28}Si (p, p_1) ^{28}Si [7]

^{28}Si* wiedergegeben, aus der die wesentliche Beteiligung nur eines Resonanz-Niveaus im Compoundkern $^{29}_{15}$P hervorgeht.

Wie aus Gl. (3.208) hervorgeht, ist die Gesamtweite Γ gleich der Summe aller Partialweiten, es trägt in jedem Fall dazu auch die „Streuweite" $\Gamma_{\lambda c}$ der Rückemission in den Eingangskanal bei. Hat man nur die Entstehung *eines* Ausgangskanals zu untersuchen (und nur über *ein* Resonanz-Niveau), dann folgt aus Gl. (3.208) die Formel für den Reaktions-WQ

$$\sigma(\alpha s \rightarrow \alpha' s') = \frac{\pi \lambda_\alpha^2}{2s+1} \sum_{J=0}^{\infty} \sum_{l=|J-s|}^{J+s} \sum_{l'=|J-s'|}^{J+s'} (2J+1) \cdot \frac{\Gamma_{\lambda\alpha}\,\Gamma_{\lambda\alpha'}}{(E_\lambda - E + \Delta_\lambda)^2 + \frac{1}{4}(\Gamma_{\lambda\alpha} + \Gamma_{\lambda\alpha'})^2}.$$

(3.209)

Dabei wurde die übliche Bezeichnung α für den Eingangskanal, α' für den Ausgangskanal verwendet, J ist der Gesamtdrehimpuls. Da die Schwellendurchlässigkeit, die in Γ gemäß Gl. (3.205) eingeht, stark drehimpulsabhängig ist, kann man sich in der Nieder-Energie-Kernphysik meist auf nur wenige l-Werte beschränken. Damit ist auch J beschränkt, und zwar auf den Durchschnitt der Bereiche

$$|l-s| \leqslant J \leqslant l+s, \qquad |l'-s'| \leqslant J \leqslant l'+s',$$

wobei die Quantenzahl s bzw. s', der sogenannte *Kanalspin* $\vec{s} = \vec{j}_a + \vec{j}_A$, $\vec{s'} = \vec{j}_b + \vec{j}_B$, aus den verschiedenen möglichen Zusammenkopplungen der Teilchenspins folgt. Ist aber z.B. $j_a = j_A = 0$, dann folgt $s = 0$, also $J = l$. Handelt es sich um ein wohldefiniertes Niveau λ, so hat dieses eine bestimmte Drehimpulsquantenzahl $J = J_0 = l$, und dann vereinfacht sich die Beziehung (3.209) weiter zu

$$\sigma(\alpha s \rightarrow \alpha' s') = \pi \lambda_\alpha^2 (2l+1) \frac{\Gamma_{\lambda l}\,\Gamma_{\lambda l'}}{(E_\lambda + \Delta_\lambda - E)^2 + \frac{1}{4}(\Gamma_{\lambda l} + \Gamma_{\lambda l'})^2}.$$

(3.210)

Verschiedene Reaktions-WQ stehen in einer nur durch Γ bestimmten Relation, wenn sie über den gleichen Compoundkern ablaufen. Bilden wir aus (3.210) die Summe über alle Ausgangskanäle, außer der Streuung, dann ist der gesamte Reaktions-WQ

$$\sigma_{\mathrm{Reakt}}(\alpha s) = \sum_{\alpha'} \sigma(\alpha s \to \alpha's') = \pi \lambda_\alpha^2 (2l+1) \frac{\Gamma_{\lambda l}(\Gamma_\lambda - \Gamma_{\lambda l})}{(E_\lambda - \Delta_\lambda - E)^2 + \frac{1}{4}\Gamma_\lambda^2}$$

$$= \pi \lambda_\alpha^2 (2l+1) \frac{1}{(E_\lambda + \Delta_\lambda - E)^2 + \frac{1}{4}\Gamma_\lambda^2}(\Gamma_{\lambda l}\Gamma_\lambda - \Gamma_{\lambda l}^2). \qquad (3.211)$$

Der erste Term ist der WQ für Compoundkernbildung, der zweite derjenige für elastische Streuung über den Compound-Zustand. Damit ist für einen bestimmten Ausgangskanal

$$\sigma(\alpha l \to \alpha'l') = \sigma_{\mathrm{Comp}} \frac{\Gamma_{\lambda l'}}{\Gamma_\lambda}. \qquad (3.212)$$

Das ist die Beziehung (3.186), auf die oben hingewiesen wurde. Eine Resonanz-Reaktion ist demnach ein Zwei-Stufen-Prozeß: Bildung des Compoundkerns und nachfolgender Zerfall in einen Ausgangskanal.

3.10 Überblick über spezielle Kernreaktionen

Soweit der Verlauf des WQ in der Umgebung einer Resonanz interessiert, ist er gekennzeichnet durch eine Energieabhängigkeit, die der Linienform der sog. Lorentz-Kurve der Atomphysik entspricht (natürliche Linienbreite). *Weit außerhalb von Resonanzen* liefert die Wignersche Formel mittels der Energieabhängigkeit der Niveauweite ebenfalls die wesentliche Energieabhängigkeit des WQ korrekt. Diese Energieabhängigkeit wird außerhalb einer Resonanz durch die Energieabhängigkeit der $\Gamma's$ bestimmt, weil dort nach Gl. (3.210)

$$\sigma \sim \lambda_\alpha^2 \Gamma_{\lambda l}\Gamma_{\lambda l'} \sim \frac{1}{e_{aA}} \sqrt{e_{aA}} \sqrt{e_{bB}} \, P_l P_{l'} \, \gamma_{\lambda l}^2 \gamma_{\lambda l'}^2. \qquad (3.213)$$

Man unterscheidet die folgenden Fälle.

3.10.1 Stark exotherme Reaktion mit (langsamen) Neutronen

In Gl. (3.123) ist e_{bB} nur wenig von e_{aA} abhängig, P_l ist für S-Neutronen gleich P_0 und damit gleich eins. $P_{l'}$ ist ebenso wie e_{bB} nur wenig von e_{aA} abhängig und die $\gamma's$ sind unabhängig von e_{aA}. Damit bleibt

$$\sigma \sim \frac{1}{\sqrt{e_{aA}}} \sim \frac{1}{v_{aA}}; \qquad (3.214)$$

das sogenannte 1/v-Gesetz. Der WQ von $^{10}B(n,\alpha)\,^7Li$, $Q = 2,79$ MeV entspricht diesem Gesetz (Bild 3.22).

3.10.2 Stark exotherme Reaktion mit (langsamen) geladenen Teilchen

Ein Beispiel ist $^6\mathrm{Li}(\mathrm{p},\alpha)\,^3\mathrm{He}$, Q = 4,02 MeV. Wesentlich wird der WQ jetzt durch P_l beeinflußt (hier wieder P_0), d.h. durch die Coulomb-Schwellendurchlässigkeit,

$$\sigma \sim \frac{1}{\sqrt{e_{aA}}}\ P_0(e_{aA}).\tag{3.215}$$

Bild 3.65 enthält ein Beispiel.

3.10.3 Endotherme Reaktion mit Neutronen

Der WQ ist erst oberhalb der Einsatz-Energie von null verschieden. Dann ist die Einschußenergie schon so hoch, daß in einem kleinen Intervall oberhalb der Einsatz-energie die Abhängigkeit von e_{aA} unbedeutend ist. Der WQ hängt dann empfindlich von e_{bB} und $P_{l'}$ ab, jedoch ist $P_{l'} = P_0 = 1$, weil die auslaufenden Neutronen langsam sind. Es bleibt (Bild 3.73)

$$\sigma \sim \frac{1}{\sqrt{e_{bB}}} = \frac{1}{\sqrt{e_{aA} - |Q|}} \sim \frac{1}{v_n}.\tag{3.216}$$

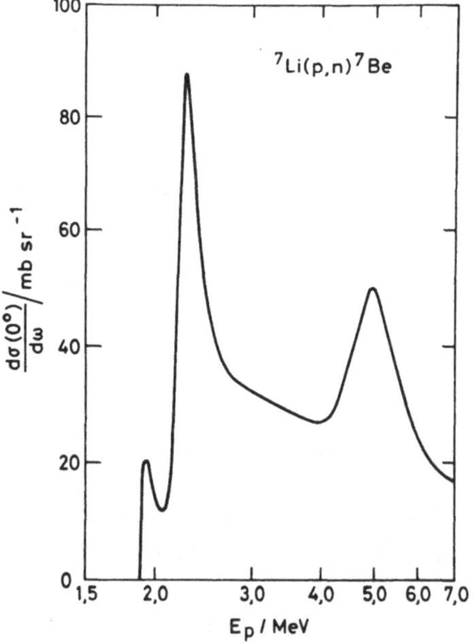

Bild 3.73

Differentieller WQ für die Neutronen-Erzeugung aus der endothermen Reaktion $^7\mathrm{Li}(\mathrm{p, n})\,^7\mathrm{Be}$ beim Emissionswinkel 0° (S-System); Q-Wert = − 1,644 MeV. Bei E_p = 2,373 MeV liegt eine Resonanz vor. (Atomic Data **15** (1975) 57)

3.10.4 Endotherme Reaktion mit auslaufenden geladenen Teilchen

Mit der gleichen Argumentation wie in Ziff. 3.10.3 bleibt der WQ

$$\sigma \sim \frac{1}{\sqrt{e_{bB}}}\, P_{l'} = \frac{1}{\sqrt{e_{aA} - |Q|}}\, P_0, \qquad\qquad (3.217)$$

wobei P_0 die Schwellendurchlässigkeit für $l' = 0$ darstellt.

3.10.5 Viele Niveaus

Wie das experimentelle Ergebnis der Protonenstreuung an ^{42}Ca zeigt (Bild 3.57) wird mit wachsender Anregungsenergie der Abstand D der Niveaus immer kleiner, die Zustandsdichte wächst an. Während bei hohem Auflösungsvermögen noch eine Mehr-Niveau-Formel nach der Wignerschen Resonanztheorie mit Erfolg zur Analyse verwendet werden konnte und damit 170 Niveaus mit Daten versehen werden konnten, überlagern sich die Niveaus in anderen Fällen so stark, daß statistische Methoden zur Aufklärung und Beschreibung von Anregungsfunktionen benutzt werden müssen. Die Niveaus werden durch ihre energetische Lage E_λ und ihre Weite Γ_λ gekennzeichnet. Man wird verschiedene experimentelle Ergebnisse erhalten je nach der Größe des Niveausabstandes D, der Zustandsweite Γ und der experimentellen energetischen Auflösung δE. Ist $\Gamma \ll D$ und $\delta E \ll \Gamma$, dann erhält man Ergebnisse wie in Bild 3.57. Mit wachsender Anregungsenergie werden aber in der Regel so viele Ausgangskanäle geöffnet, daß schließlich $\Gamma \gg D$ wird. Dann kann man mit großem δE langsame Änderungen und damit grobe Strukturen des WQ messen. Sie lösen sich in „statistische Schwankungen" auf, wenn δE kleiner gewählt wird. Statistisch heißt hier, daß viele Niveaus zu jedem Meßresultat beitragen, die Meßergebnisse sind also sehr wohl genau reproduzierbar. Bild 3.74 enthält ein Meßergebnis an der Kernreaktion ^{37}Cl $(p, \alpha_0)\,^{34}$S zum Grundzustand von ^{34}S ([11]).

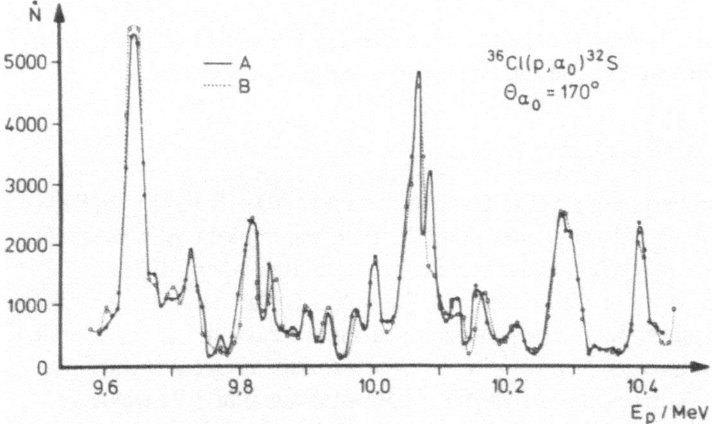

Bild 3.74 Reaktions-WQ der Reaktion ^{36}Cl $(p, \alpha_0)\,^{32}$S, gemessen mit besonders scharf einstellbarer Einschußenergie. Die Kurven A und B lassen die Reproduzierbarkeit sichtbar werden.

Zur statistischen Auswertung der Messungen von Anregungskurven und zur Erklärung ihres Zustandekommens geht man auf den in Gl. (3.208) enthaltenen Ausdruck für die S-Matrix zurück. Für eine vom Kanal c nach c' führende Reaktion nehmen wir der Einfachheit halber gleiche Kanalradien an, $a_c = a_{c'}$. Die S-Matrix wird dann in der Form geschrieben (Mehr-Niveau-Formel)

$$S_{cc'} = S_{cc'}^0 + i\,e^{i(\xi_c + \xi_{c'})} \sum_\lambda \frac{B_\lambda(c,c')}{E_\lambda - E - \frac{i}{2}\Gamma_\lambda} \ . \tag{3.218}$$

Damit wird ausgedrückt, daß an der Reaktion viele Resonanzniveaus beteiligt sind. $S_{cc'}^0$ ist ein mit der Energie nur langsam veränderlicher „Untergrund-Term". Die einschneidendste Veränderung betrifft den Zähler des in Gl. (3.208) auftretenden Bruches. Er enthält das Produkt zweier positiver Weiten $\Gamma_{\lambda c}$ und $\Gamma_{\lambda c'}$. Im Fall der Beteiligung vieler Niveaus muß man dieses Produkt durch eine *komplexe Größe* $B_\lambda(c, c')$ ersetzen [35]. Bei gegebenen energetischen Verhältnissen der Reaktion verschwindet der Mittelwert der Amplituden (gemittelt über die beteiligten Niveaus λ), und die Amplituden zu verschiedenen Ausgangskanälen sind statistisch unabhängig voneinander,

$$\langle B_\lambda(c,c')\rangle_\lambda = s_c(E)\,\delta_{cc'}, \quad \langle B_\lambda(c,c')B_\lambda^*(c,c'')\rangle_\lambda = 0 \ \text{ für } \ c' \neq c''. \tag{3.219}$$

Es ist dabei $s_c(E)$ eine monotone Funktion von E (also keine statistische Funktion mit entsprechenden Schwankungen). Will man nunmehr den WQ berechnen, so benötigt man Aussagen über die Verteilungsfunktion der Niveauabstände, $D_\lambda = E_\lambda - E_{\lambda-1}$, sowie über die Größe $B_\lambda(c,c')$. Diese sollen hier nicht mehr diskutiert werden. Empirisch experimentell geht man so vor, daß man die Streumatrix in der Form schreibt S = a + ib, wobei a und b statistische Zahlen sind. Daher ist auch der WQ eine statistische Größe, und in den Messungen kann man prüfen, ob es eine Korrelation der Daten gibt. Man wählt einen Energieabstand ϵ aus und bildet die Größe

$$C = \frac{\langle \sigma(E)\,\sigma(E+\epsilon)\rangle - \langle \sigma(E)\rangle\,\langle \sigma(E+\epsilon)\rangle}{\langle \sigma(E)\rangle\,\langle \sigma(E+\epsilon)\rangle} = \frac{\langle \sigma(E)\,\sigma(E+\epsilon)\rangle}{\langle \sigma(E)\rangle\,\langle \sigma(E+\epsilon)\rangle} - 1. \tag{3.220}$$

Die Mittelung bedeutet, daß die angegebenen Größen über ein Energie-Auswertungsintervall von E hinweg gemittelt werden. Die Theorie ergibt das einfache Ergebnis

$$C = C(\Gamma, \epsilon) = \text{const.}\ \frac{\Gamma^2}{\Gamma^2 + \epsilon} \ . \tag{3.221}$$

Sind die Meßdaten unkorreliert, dann müßte C = 0 sein, weil $\langle \sigma(E)\,\sigma(E+\epsilon)\rangle = \langle \sigma(E)\rangle \langle \sigma(E+\epsilon)\rangle$. Das ist nach Gl. (3.221) aber auch dann der Fall, wenn ϵ sehr groß wird. Wie schnell die Daten unkorreliert werden, hängt von der experimentell zu ermittelnden Größe Γ ab. Man nennt sie die Korrelationsenergie. Sie stellt ein Maß dafür dar, in welchem Umfang Niveaus wegen ihrer großen Weite gleichzeitig an einer Reaktion bei der Energie E teilnehmen. Sie ist also die mittlere Niveauweite bei hohen Anregungsenergien. In Bild 3.75 ist ein Ergebnis einer Korrelationsanalyse für die Messung aus Bild 3.74 wiedergegeben. Die Korrelationsenergie ergab sich zu 13 keV. Um statistische Schwankungen aufgrund solcher Weiten zu messen, muß auch die Meßauflösung δE von dieser Größenordnung sein.

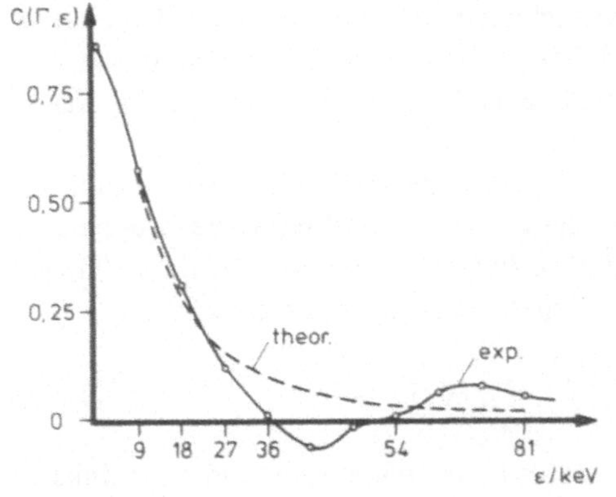

Bild 3.75
Verlauf der Energiekorrelationsfunktion C nach
Gl. (3.220) für die Messung aus Bild 3.74

3.10.6 Direkte Kernreaktionen

Die Schwierigkeit bei der theoretischen Beschreibung von Kernreaktionen liegt
darin, daß die WW aller Nukleonen, — die man nicht genau kennt — untereinander berücksichtigt werden müßte (mikroskopische Theorie). Die direkten Kernreaktionen, die
bestimmte experimentelle Merkmale haben, gestatten eine einfachere Beschreibung (und
werden heute durch diese *definiert*). Erfolgt die Reaktion a + A → B + b, so daß eine
Nukleonengruppe t im ganzen vom einen zum anderen Kern transferiert wird (Transfer-
Reaktion), d.h. verläuft sie nach dem Schema

$$(c_1 + t) + c_2 \rightarrow c_1 + (t + c_2), \tag{3.222}$$

so werden durch die WW die beiden „cores" c_1 und c_2 nicht angetastet, nur die WW
zwischen t und c_1 bzw. c_2 ist bestimmend für den WQ, jedenfalls in erster Näherung.
Für solche Reaktionen findet man charakteristische Winkelverteilungen (Bild 3.25): sie
haben ein ausgeprägtes Maximum (häufig in Vorwärtsrichtung), sind unsymmetrisch und
werden im Idealfall durch nur einen Parameter gesteuert, den Bahndrehimpuls der Gruppe
t im Kern. So stellten sich jedenfalls die ersten direkten Kernreaktionen dar, (d, p) und
(d, n)-Reaktionen. Da im Deuteron der p-n-Abstand groß und die Bindungsenergie niedrig
ist, so ist es plausibel, daß das eingefangene Neutron einfach vom Deuteron abgestreift
wird (stripping- oder Abstreif-Prozeß). Der bestimmende Parameter ist dann der Drehimpuls l des eingefangenen Nukleons. Heute hat man eine große Zahl von Transfer-Reaktionen als direkte Reaktionen beschreiben können. Beispiele sind die Reaktionen

$^{16}O(d,p)\,^{17}O,\ ^{27}Al(d,p)\,^{28}Al$: die ersten als „direkt" beschriebenen Reaktionen

$^{25}Mg(^{17}O,\,^{16}O)\,^{26}Mg$:   Transfer eines locker gebundenen Neutrons

$^{208}Pb\,(^{16}O,\,^{17}O)\,^{207}Pb$:   Pick-up eines Neutrons

$^{208}Pb\,(^{16}O,\,^{14}O)\,^{210}Pb$:   2-Nukleonen-Transfer

$^{19}F\,(p,\alpha)\,^{16}O$:   3-Nukleonen-Transfer

$^{6}Li\,(^{6}Li,d)\,^{10}B$:   α-Teilchen-Transfer.

Der WQ wird durch das Quadrat eines Matrixelementes bestimmt, in welchem über die Koordinaten aller Nukleonen integriert wird. Die gruppenweise Zusammenfassung der Nukleonen in c_1, t und c_2 erfolgt nach dem Schema der Gln. (3.55) bis (3.57): man führt innere Koordinaten der Gruppen ein und Koordinaten, die die Abstände der Schwerpunkte der Gruppen sind. Der WQ ist dann durch drei Anteile bestimmt. Erstens durch die Wahrscheinlichkeit, mit der in der Funktion, die $a = c_1 + t$ beschreibt, die Gruppe t enthalten ist, gemessen durch den *spektroskopischen Faktor* S_1, der aus der Darstellung von ψ_a abgelesen werden kann, wenn man die Zerspaltung in c_1 und t aufschreibt,

$$\psi_a = \psi_a(\xi_{c_1}, \vec{r}_1, \xi_t) = \sum S_1^{1/2}(c_1, t) f_1(\vec{r}_1) \psi_{c_1}(\xi_{c_1}) \psi_t(\xi_t). \tag{3.223}$$

Summiert wird über alle Quantenzahlen, die rechts als Hilfsgrößen nötig sind, aber links nicht auftreten. Zweitens benötigt man die entsprechende Wahrscheinlichkeit für t in der Endkonfiguration $c_2 + t$, ablesbar aus

$$\psi_B = \psi_B(\xi_{c_2}, \vec{r}_2, \xi_t) = \sum S_2^{1/2}(c_2, t) f_2(\vec{r}_2) \psi_{c_2}(\xi_{c_2}) \psi_t(\xi_t). \tag{3.224}$$

Der dritte Anteil ist die Wellenfunktion, die die Relativbewegung von a und A bzw. von b und B beschreibt (Anfangs- und Endzustand der Relativbewegung). In dieser Wellenfunktion wird die Coulomb-WW berücksichtigt und — je nach dem möglichen Rechenaufwand — die Kern-WW, insbesondere in Form eines optischen Potentials (Saxon-Woods-Potential mit additivem imaginärem Anteil und Spin-Bahn-WW).

In diesem Fall spricht man von der Verwendung von „distorted waves", DW. Häufig wird auch eine einfachere Näherunng verwendet, in der man ebene Wellen nimmt, „plane waves", PW. Die entsprechenden quantenmechanischen Näherungen heißen Distored Wave Born-Approximation (DWBA) oder Plane Wave Born-Approximation (PWBA).

In der Formulierung des WQ,

$$\frac{d\sigma}{d\omega} = \frac{\mu_\alpha \mu_\beta}{(2\pi\hbar^2)^2} \frac{k_\beta}{k_\alpha} \frac{1}{(2s_a + 1)(2J_A + 1)} \sum |t_{\alpha\beta}|^2, \tag{3.225}$$

beziehen sich die Indizes α, β auf Eingangs- und Ausgangskanal, a und A auf die Eingangskanalteilchen, summiert wird über die im Matrixelement vorkommenden Quantenzahlen, die durch bestimmte physikalische Fakten oder mittels Annahmen eingeschränkt werden. Es ist ferner die kinetische Energie $e_\alpha = k_\alpha^2 \hbar^2 / 2\mu_\alpha$, und die kinetischen Energien sind durch den Q-Wert miteinander verbunden: $e_\beta = e_\alpha + Q$.

Die spektroskopischen Faktoren S_1 und S_2 will man aus dem WQ ermitteln, um Aussagen über Kernmodelle machen zu können. Führt man die übrig gebliebenen Integrationen im Matrixelement aus (meistens umfangreiche Rechnungen mit Rechenanlagen), so kann man die gesamte Winkelverteilungsfunktion mit dem Experiment vergleichen und weitere Schlüsse ziehen. Als ein experimentelles Ergebnis sind in Tabelle 3.5 einige Daten aus (d, p)-Reaktionen wiedergegeben, die einen Vergleich von spektroskopischen Faktoren zuließen. Abweichungen von der Theorie sind dabei von besonderem Interesse. — (Daten bezüglich 2-Nukleonen-Transfer bei *N. K. Glendenning*, Atomic Data and Nuclear Data Tables **16** (1975) 2).

Tabelle 3.5 Spektroskopische Faktoren aus (d, p)-Reaktionen mit leichten Kernen der 1p-Schale (*J. P. Schiffer, G. C. Morrison, R. H. Siemssen, B. Zeidman*, Phys. Rev. **164** (1967) 164)

Endkern	$\dfrac{\text{Anregungs-Energie}}{\text{MeV}}$	J, π	S_{theor}	S_{exp}	$S_{\text{exp}}/S_{\text{theor}}$
^{7}Li	0	3/2 −	0,721	0,90	1,24
	0,48	1/2 −	0,893	1,15	1,29
^{8}Li	0	2 +	1,033	0,87	0,84
	0,98	1 +	0,446	0,48	1,09
^{10}Be	0	0 +	2,357	1,67	0,71
	3,37	2 +	0,274	0,24	0,87
^{11}B	0	3/2 −	1,094	1,21	1,11
	4,46	5/2 −	0,135	0,27	1,98
	6,76	7/2 −	0,877	1,11	1,26
^{12}B	0	1 +	0,826	0,78	0,95
	0,98	2 +	0,561	0,54	0,97
^{13}C	0	1/2 −	0,613	1,16	1,89
	3,68	3/2 −	0,188	0,22	1,19
^{14}C	0	0 +	1,734	2,05	1,18
^{15}N	0	1/2 −	1,459	1,22	0,84

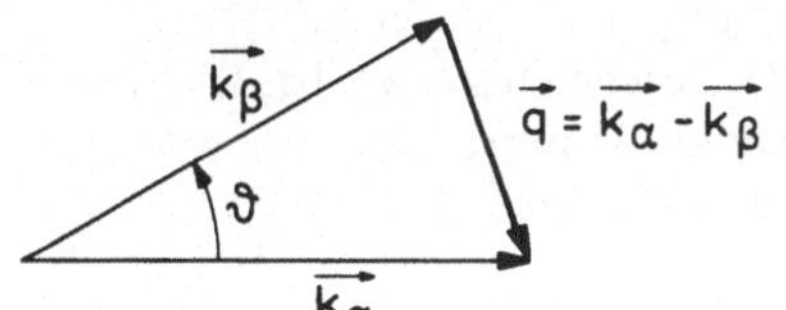

Bild 3.76
Lage der Wellenzahlvektoren im Eingangs- und Ausgangskanal einer direkten Kernreaktion für die Approximation mit ebenen Wellen. Die Größe q bestimmt den Emissionswinkel im Ausgangskanal.

In der PWBA werden ein- und auslaufende Wellen durch ebene Wellen dargestellt, ein Diagramm der Wellenzahlvektoren der Relativbewegung enthält Bild 3.76. Der Wellenvektor $\hbar\vec{q}$ stellt den übertragenen Impuls dar (vgl. die Diskussion in Ziff. 1.5.1). Kombiniert man die ebenen Wellen von Ein- und Ausgang im Matrixelement $t_{\alpha\beta}$, dann tritt eine ebene Welle $\exp(i\vec{q}\,\vec{r}_2)$ auf, die man in eine Kugelfunktionsreihe entwickelt und die damit die Besselfunktionen $j_l(qr_2)$ enthält. Darin ist l der Bahndrehimpuls des eingefangenen Nukleons. Die Besselfunktionen geben für kleine r schnell gegen null (Gl. (2.19)), und daher ist häufig eine Approximation dadurch eingeführt worden, daß man einen Abschneideradius r_A eingeführt hat: für $r < r_A$ hat man j_l (und damit den Integranden des Matrixelementes) = 0 gesetzt (das Kerninnere sollte keinen Beitrag zur Reaktion liefern). Es bleibt dann im Matrixelement im Prinzip $j_l(qr_A)$ stehen, und damit ist die Winkelverteilung durch die Besselfunktion und ihre durch q gegebene Winkelabhängigkeit gegeben: bei $l = 0$ erhält man eine Winkelverteilung mit Maximum in Vorwärtsrichtung, bei $l \neq 0$ schiebt sich das Maximum zu größeren Winkeln hin. Für überschlägige Betrachtungen läßt sich die PWBA auch heute verwenden.

Sollen bei *Reaktionen mit schweren Ionen Transferreaktionen* möglich sein, bei denen Teilchengruppen unangetastet bleiben und als solche transferiert werden, so darf die WW nicht zu intensiv sein, aber man muß doch in den Bereich der Kern-WW kommen. Beide Bedingungen sind erfüllt, wenn die Stöße schwerer Ionen streifend sind (grazing collisions). Da bei schweren Ionen die Vorstellung von Teilchenbahnen recht gut die Wirklichkeit wiedergibt (Teilchenwellenlänge klein, s. Bild 3.29), so können wir aufgrund der Bahnvorstellung zusammengehörige Werte von Energie und Streuwinkel angeben, unter denen die einzuhaltende Bedingung erfüllt wird. In einem ausgeführten Experiment $^{16}_{8}O \rightarrow {}^{103}_{45}Rh$ war im S-System $e_{12} = 135$ MeV. Beim zentralen Stoß hätte eine Annäherung auf $r_0 = 3{,}84$ fm erfolgen können, jedoch ist der Abstand der Berührung $R = 1{,}3$ fm $(A_1^{1/3} + A_2^{1/3}) = 9{,}37$ fm. Aus den Beziehungen von Ziff. 1.4.2 leitet man ab, daß Berührung dann erfolgt, wenn im S-System der Umlenkwinkel $\vartheta = 30°$ ist. Aus den Beziehungen von Ziff. 3.2, Gln. (3.17), (3.15), folgt für den Ablenkwinkel im L-System $\theta = 26°$. In der Nähe dieses Winkels kann man mit Erfolg nach Transferreaktionen suchen. Ob solche stattfinden, das wird auch noch durch andere Parameter gesteuert. Im Punkt der Berührung ist die (abstoßende) Coulomb-Energie $E_C = 1{,}44$ MeV $\cdot$ fm $Z_a Z_A / 9{,}37$ fm $= 55$ MeV. Wird nun im Punkt der Berührung ein Proton transferiert, dann entstehen die Kerne $^{17}_{9}F$ und $^{102}_{44}Ru$. Da die Ladungen der Partner geändert sind, so ist die Coulombenergie geändert in 61 MeV. Die Reaktion wird am leichtesten stattfinden, wenn die Bahn ungeändert bleibt. Folglich muß die Differenz von 5 MeV durch die Reaktionsenergie beigetragen werden: es gibt für Transferreaktionen optimale Reaktionsenergien (Q-Werte), die zu maximalem WQ führen. Das ist an einer ganzen Reihe von Reaktionen bestätigt worden. Weiterhin wird die theoretische Behandlung von Transferreaktionen bei schweren Ionen aber ganz ähnlich mit Hilfe der DWBA durchgeführt, wie bei leichten Ionen [48, 62]. Das Gebiet ist wie die gesamte Kernphysik mit schweren Ionen in schneller Entwicklung begriffen. Wir können hier nicht weiter darauf eingehen.

4 Radioaktivität

4.1 Übersicht und einfache Gesetzmäßigkeiten

Historisch steht am Anfang der Kernphysik die Physik der radioaktiven Umwandlungen (Zerfälle) der Atomkerne. Die von gewissen in der Natur vorkommenden Stoffen (den radioaktiven Elementen wie Radium, Polonium, Uran u.a.) ausgehende Strahlung regte andere Stoffe zur Fluoreszenz an, schwärzte photografische Platten und hatte eine gewisse Durchdringungsfähigkeit der Materie. Man unterschied drei Gruppen: *α-Strahlung*, Reichweite in Luft einige cm, durch Magnetfelder schwach ablenkbar; *β-Strahlung*, Reichweite bedeutend größer, durch Magnetfelder leicht ablenkbar, jedoch in umgekehrter Richtung wie die α-Strahlung; *γ-Strahlung*, noch größeres Durchdringungsvermögen, durch Magnetfelder nicht ablenkbar. Heute wissen wir, daß

α-Strahlung aus ^{4}He-Kernen (α-Teilchen),

β-Strahlung aus Elektronen (β-Teilchen) besteht und

γ-Strahlung elektromagnetische Strahlung ist (γ-Quanten).

Aus der Kenntnis der Natur der radioaktiven Strahlung folgen die *Verschiebungssätze*:

1. Beim α-Zerfall wird die Kernladungszahl um 2, die Nukleonenzahl um 4 vermindert. Man erhält ein Nuklid, das im Periodensystem um 2 Stellen nach links verschoben ist.
2. Beim β-Zerfall wird die Kernladungszahl um 1 vermehrt, die Nukleonenzahl bleibt unverändert. Das Folgenuklid ist im Periodensystem um 1 Stelle nach rechts verschoben.
3. Beim γ-Zerfall bleiben Kernladungszahl und Nukleonenzahl unverändert. Es handelt sich um einen Übergang des Kerns aus einem angeregten Zustand in einen solchen niedrigerer Anregungsenergie (evtl. den Grundzustand), ganz entsprechend wie die Lichtemission angeregter Atomhüllen.

Man hat später weitere Zerfallsarten gefunden, auf die wir beim β- und γ-Zerfall eingehen. Die in der Natur vorkommenden *radioaktiven Nuklide* ordnen sich in *drei Reihen* (Bild 4.1) mit der Nukleonenzahl 4n (Anfangselement $^{232}_{90}$Th), 4n + 2 (UI ≡ $^{238}_{92}$U) und 4n + 3 (AcU ≡ $^{235}_{92}$U). Die Reihe 4n + 1 (Bild 4.2) wurde erst gefunden, nachdem das erste Trans-Uran-Nuklid Neptunium hergestellt war ($^{237}_{93}$Np). Innerhalb jeder Reihe gibt es einzelne Verzweigungen: Beim gleichen Nuklid kommt sowohl ein α- wie ein β-Zerfall vor (z.B. ThC ≡ $^{212}_{83}$Bi; $^{213}_{83}$Bi; RaC ≡ $^{214}_{83}$Bi; AcC ≡ $^{211}_{83}$Bi; $^{227}_{89}$Ac; AcK ≡ $^{223}_{87}$Fr, $^{219}_{85}$At). Neben den radioaktiven Reihen gibt es noch einzelne Nuklide im Periodensystem, die natürlich-radioaktiv sind, zum Beispiel ^{40}K(β), ^{87}Rb(β), ^{176}Lu(β), Sm-Isotope(α), ^{152}Gd(α), ^{156}Dy(α), ^{174}Hf(α), ^{187}Re(β).

Alle radioaktiven Zerfallsprozesse werden zunächst durch die Messung von zwei Zahlenwerten beschrieben: Erstens die *Zerfallsrate* als Funktion der Zeit nach Herstellung eines Präparates, zweitens die beim Zerfall *freiwerdende Energie*.

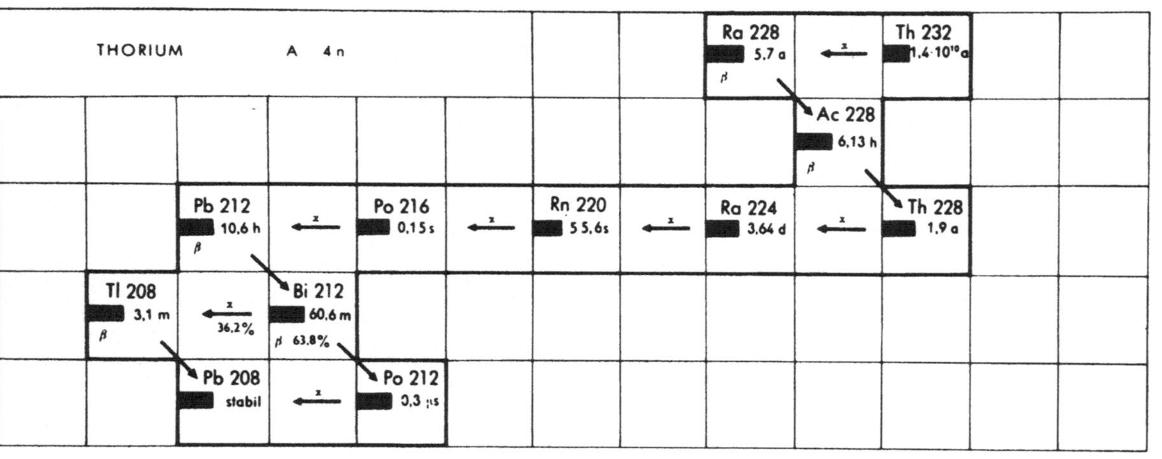
THORIUM   A 4n
Ra 228 5,7 a
Th 232 1,4·10¹⁰a
Ac 228 6,13 h
Th 228 1,9 a
Pb 212 10,6 h
Po 216 0,15 s
Rn 220 55,6 s
Ra 224 3,64 d
Tl 208 3,1 m
Bi 212 60,6 m
36,2%
63,8%
Pb 208 stabil
Po 212 0,3 µs

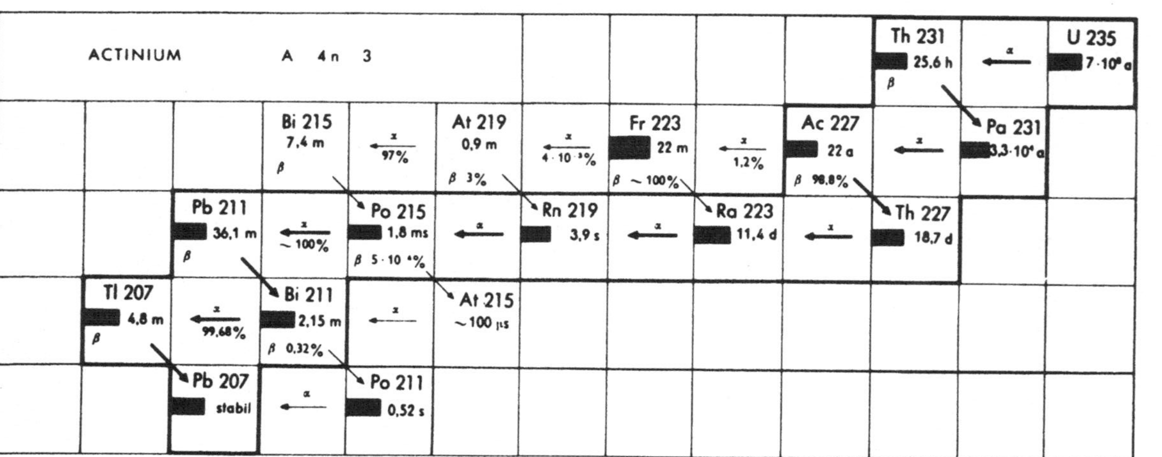
ACTINIUM   A 4n 3
Th 231 25,6 h
U 235 7·10⁸a
Bi 215 7,4 m
97%
At 219 0,9 m
4·10⁻³%
Fr 223 22 m
1,2%
Ac 227 22 a
Pa 231 3,3·10⁴a
β 3%
β ~100%
β 98,8%
Pb 211 36,1 m
~100%
Po 215 1,8 ms
β 5·10⁻⁴%
Rn 219 3,9 s
Ra 223 11,4 d
Th 227 18,7 d
Tl 207 4,8 m
99,68%
Bi 211 2,15 m
β 0,32%
At 215 ~100 µs
Pb 207 stabil
Po 211 0,52 s

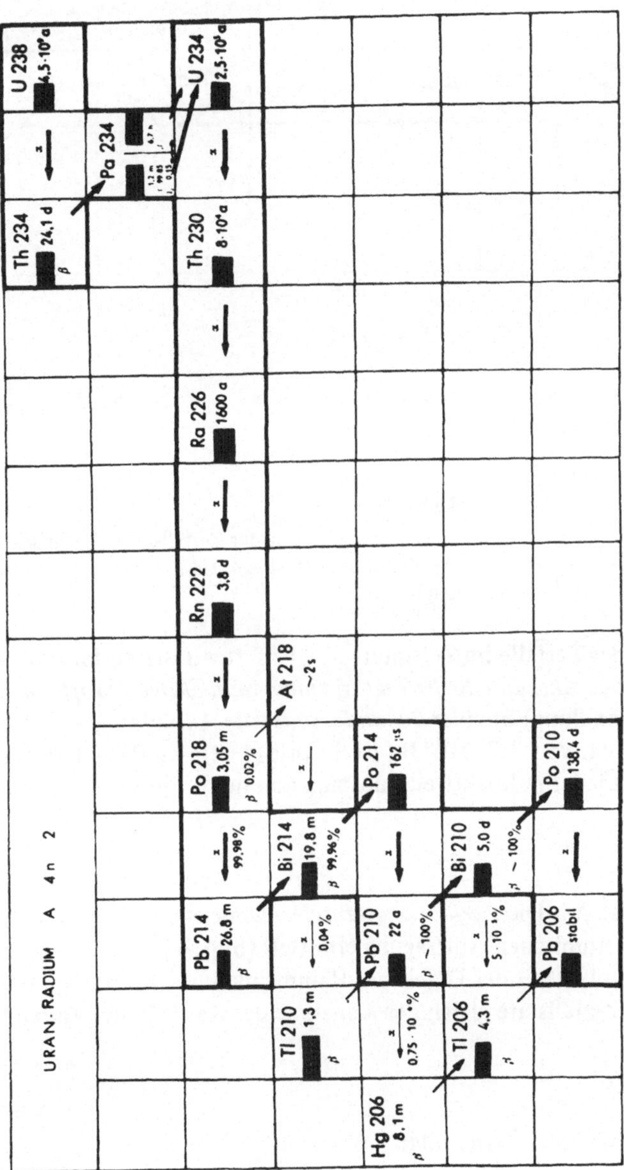

Bild 4.1 Die drei natürlichen radioaktiven Reihen

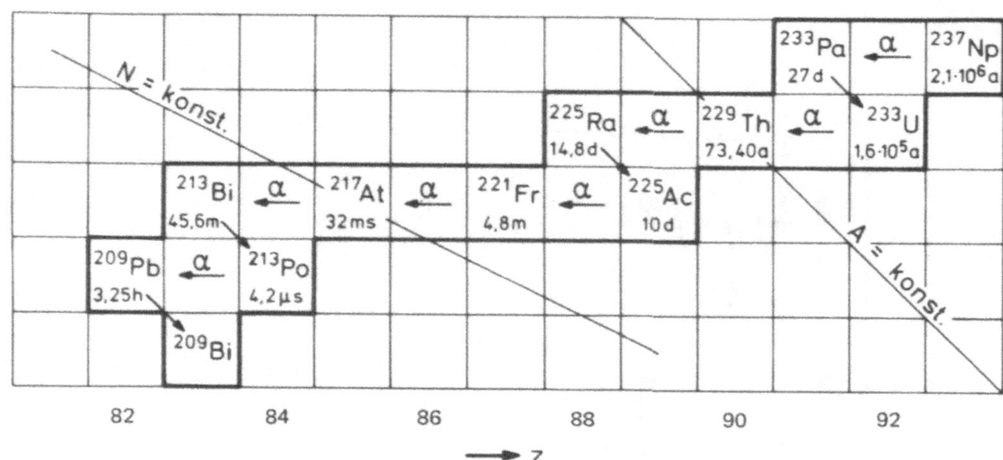

Bild 4.2 Die radioaktive Reihe mit der Nukleonenzahl A = 4n + 1

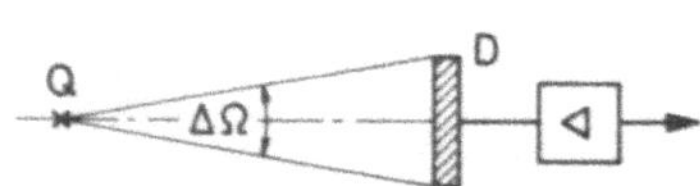

Bild 4.3

Schema zur Messung der Zerfallsrate. D Detektor, Q Quelle. Die Zählrate in D ist $A\Delta\Omega/4\pi$, wenn A die Aktivität der Quelle ist.

Die Anzahl ΔZ der Zerfälle im Zeitintervall Δt führt auf die Zerfallsrate $\Delta Z/\Delta t$ (Dimension: Zeit^{-1}) oder *Aktivität* A: *Erfolgt in einem radioaktiven Stoff ein Zerfall* (eine radioaktive Umwandlung) *in einer Sekunde, so ist die Aktivität* A = 1 *Becquerel* = 1 Bq = 1 s^{-1}. Die Aktivität von $3,7 \cdot 10^{10}$ Bq ist 1 Curie (1 Ci); 1 g Ra hat etwa diese Aktivität. Die Aktivität jeder radioaktiven Substanz nimmt als Funktion der Zeit exponentiell ab

$$A = A_0\, e^{-\lambda t}, \tag{4.1}$$

die Anfangs-Aktivität ist A_0. Die *Zerfallskonstante* λ (Dimension: Zeit^{-1}) wird am einfachsten aus einer logarithmischen Auftragung ermittelt ($\ln A/A_0 = -\lambda t$). Abgesehen von Ansprechwahrscheinlichkeit des Detektors, Raumwinkel u.a. (Messung prinzipiell wie in Bild 4.3) ist die Zerfallsrate gleich der Abnahme der Kerne in der Zeiteinheit

$$\frac{dN}{dt} \sim -\exp(-\lambda t).$$

Für die Menge der radioaktiven Kerne folgt

$$N = N_0\, e^{-\lambda t} \tag{4.2}$$

(*Gesetz des radioaktiven Zerfalls, integrale Form*). Daraus folgt

$$\frac{dN}{dt} = -\lambda N, \tag{4.3}$$

d.h. die Zerfallsrate ist proportional der Zahl der noch nicht zerfallenen Kerne (*Gesetz des radioaktiven Zerfalls, differentielle Form*). Diese Gesetzmäßigkeit ist gültig für alle Prozesse der Atom- und Kernphysik, die spontan, also ohne äußere Ursache ablaufen. Die Anzahl der Zerfälle in der Zeit Δt ist $\Delta N = \lambda N \Delta t$. In diesem Zeitintervall kann jeder Kern mit der gleichen Wahrscheinlichkeit zerfallen (statistische Unabhängigkeit der Zerfälle), also ist $\Delta N/N$ als Wahrscheinlichkeit für einen Zerfall im Zeitintervall Δt deutbar, und λ die *Zerfalls- (oder Übergangs-) Wahrscheinlichkeit je Zeiteinheit*. Sie ist eine Größe, die einem bestimmten Prozeß und jedem einzelnen Kern zukommt. Der radioaktive Zerfall ist ein statistischer Prozeß, für den entsprechende Gesetzmäßigkeiten gelten, die einer experimentellen Prüfung zugänglich sind (statistische Streuung der Zählrate, Intervallstreuung aufeinander folgender Zerfälle).

Aus den Beziehungen (4.2) und (4.3) folgt für die *mittlere Lebensdauer* eines Kerns

$$\tau = \frac{1}{\lambda} \, . \tag{4.4}$$

Die *Halbwertszeit* eines radioaktiven Stoffes ist die Zeit T, nach welcher noch die Hälfte der Ursprungsmenge vorhanden ist. Aus Gl. (4.2) folgt

$$T = \frac{1}{\lambda} \ln 2 = \tau \, 0{,}693 \, . \tag{4.5}$$

Weder die Beziehung (4.2) noch (4.3) läßt den statistischen Charakter des radioaktiven Zerfalls erkennen. Bei $t = 0$ seien genau N_0 Kerne vorhanden. Nach Ablauf der Zeit t sind mit der Wahrscheinlichkeit $P(N,t)$ noch N Kerne vorhanden ($P(N,t)$ definiert eine Verteilungsfunktion für N). Die Veränderung der Anzahl der Kerne wird durch die Änderung der Verteilungsfunktion beschrieben. Es sei $\Delta t \ll \tau$. Dann ist die Wahrscheinlichkeit, bei $t + \Delta t$ genau N Kerne zu haben, gleich der Wahrscheinlichkeit, schon vorher N Kerne gehabt zu haben und in Δt keinen Zerfall zu haben, plus der Wahrscheinlichkeit, vorher $N + 1$ Kerne gehabt zu haben und in Δt noch genau einen Zerfall zu haben,

$$P(N, t + \Delta t) = P(N, t) \, (1 - N\lambda \, \Delta t) + P(N + 1, t) \, (N + 1) \, \lambda \Delta t \tag{4.6}$$

mit $P(N_0, 0) = 1$. Es folgt

$$P(N, t + \Delta t) - P(N, t) = - P(n, t) \, N\lambda \, \Delta t + P(N + 1, t) \, (N + 1) \, \lambda \Delta t, \tag{4.7}$$

oder nach Division durch Δt und im limes $\Delta t \to 0$,

$$\frac{dP(N, t)}{dt} = - N\lambda P(N, t) + (N + 1) \, \lambda P(N + 1, t). \tag{4.8}$$

Multipliziert man mit N und summiert über alle N (bis N_0), dann entsteht links gerade $d\overline{N}/dt$ und auf der rechten Seite $- \lambda \overline{N}$, d.h. der Mittelwert von N folgt dem radioaktiven Zerfallsgesetz, wobei Grundlage eine einfache statistische Gesetzmäßigkeit ist, daß es nämlich eine bestimmte Zerfallswahrscheinlichkeit je Zeiteinheit λ gibt. Eine iterative Auswertung von Gl. (4.8) (beginnend mit $N = N_0$) führt auf das exponentielle Abklingen von $P(N, t)$ und gleichzeitig zur Binomialverteilung für $P(N, t)$ zum Zeitpunkt t,

$$P(N, t) = \binom{N_0}{N} p^N (1 - p)^{N_0 - N}, \tag{4.9}$$

mit $p = e^{-\lambda t}$ [69].

Die zweite wesentliche Größe ist die beim Zerfallsprozeß *freiwerdende Energie*. Sie wird beim α-Zerfall als kinetische Energie des α-Teilchens gemessen plus diejenige des Rückstoßkernes, beim β-Zerfall als Maximalenergie des Elektrons (Ziff. 4.4), beim γ-Übergang als Quantenenergie (jeweils plus Rückstoßenergie). Die gemessenen Energien dienen der Festlegung von Energiedifferenzen zwischen Ausgangs- und Endkonfiguration und damit der Prüfung von Energieschemata und Massenwerten, bzw. ihrer Neugewinnung.

Für die in den folgenden Ziffern dargelegte Theorie wurde eine bestimmte Reihenfolge gewählt, die mit dem Schwierigkeitsgrad zusammenhängt. Beim *α-Zerfall* handelt es sich im wesentlichen darum zu berechnen, mit welcher Wahrscheinlichkeit ein im Kern gebildetes α-Teilchen eine Potentialschwelle durchdringen kann (*Gamow* 1928, *Condon* und *Guerney* 1928). Feinheiten und moderne Entwicklungen betreffen die Bildungswahrscheinlichkeiten für ein α-Teilchen und die evtl. Behinderung der α-Emission durch Auswahlregeln. Beim *γ-Zerfall* ist die Theorie prinzipiell schon im Rahmen der Atomhüllenphysik vollständig entwickelt worden und ist daher wohlbekannt. Neuere Entwicklungen betreffen die Rückschlüsse auf die Kernstruktur. Die größten Schwierigkeiten entstanden bei der Theorie des *β-Zerfalls*. Ihre Überwindung hat daher auch zu einer ganzen Reihe neuer Einsichten geführt.

4.2 α-Radioaktivität

Der erste systematisch erforschte Zusammenhang war der Zusammenhang zwischen der Reichweite (in Luft von 1 bar Druck) und der Halbwertszeit T (Bild 4.4). Die von *Geiger* und *Nuttall* (1911/12) gefundene Beziehung lautet

$$\log T = A \log R + B. \tag{4.10}$$

Größere Reichweite entspricht größerer Energie der α-Teilchen. Heute sieht man den Zusammenhang als gegeben an zwischen Zerfallskonstante λ und insgesamt freiwerdender Energie Q. Die Tabelle 4.1 gibt einige Zahlenwerte wieder, und Bild 4.5 enthält die Geiger-Nuttall-Beziehung in halb-logarithmischer Darstellung. Man sieht, daß die Beziehung in einem riesigen Bereich (24 Zehnerpotenzen) gilt. Sie ist damit in der Physik das Gesetz mit dem größten Gültigkeitsbereich.

Von *Gamow, Condon* und *Guerney* stammt die Erkenntnis, daß der Zusammenhang von T (oder λ) mit der Energie wellenmechanischen Ursprungs ist. Zuvor untersuchen wir, unter welchen Bedingungen α-Zerfall auftreten kann. Wir wenden den Ener-

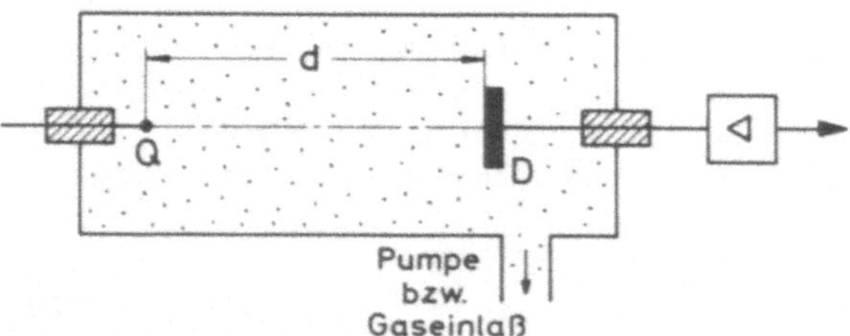

Bild 4.4 Messung der Reichweite von α-Strahlung in Gasen. Auf dem Metallstift bei Q befindet sich die radioaktive Substanz. Die Zählrate bleibt bei Druckerhöhung so lange konstant, bis die Reichweite gerade d ist. Man kann auch bei festem Druck den Abstand d variieren.

Tabelle 4.1 Reichweite, Halbwertszeit, Zerfallskonstante
und α-Energie einiger α-Strahler (s. auch *F. Asaro, I. Perlman*,
Rev. mod. Phys. **29** (1957) 831) (Reichweite in Norm-Luft)

Nuklid	$\dfrac{R}{cm}$	T	$\dfrac{\lambda}{s^{-1}}$	$\dfrac{E_\alpha}{MeV}$
^{232}Th	2,49	$1{,}39 \cdot 10^{10}$ a	$1{,}58 \cdot 10^{-18}$	4,05
^{226}Ra	3,30	$1{,}62 \cdot 10^{3}$ a	$1{,}36 \cdot 10^{-11}$	4,88
^{228}Th	3,98	1,9 a	$1{,}16 \cdot 10^{-8}$	5,52
^{222}Rn	4,05	3,83 d	$2{,}10 \cdot 10^{-6}$	5,59
^{218}Po	4,66	3,05 min	$3{,}78 \cdot 10^{-3}$	6,12
^{214}Po	6,91	$1{,}5 \cdot 10^{-4}$ s	$4{,}23 \cdot 10^{3}$	7,83
^{212}Po	8,95	$3 \cdot 10^{-7}$ s	$2{,}31 \cdot 10^{6}$	8,95

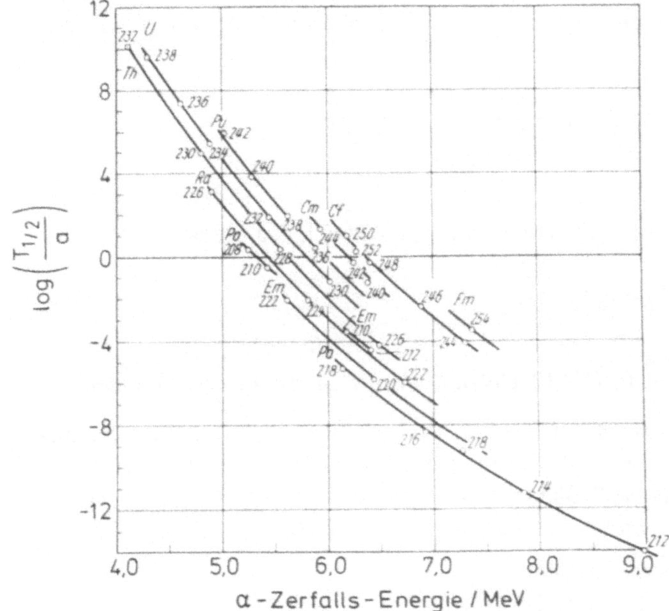

Bild 4.5

Halbwertszeit als Funktion
der Zerfallsenergie für die
schweren α-Strahler

giesatz an, Gl. (3.12). Es handelt sich um die „Reaktion" A → b + B, d.h. a tritt nicht
auf, und es ist $E_A = 0$. Also ist die *Zerfallsenergie*

$$Q = (m_A - (m_b + m_B)) c^2 = (m_A - (m_\alpha + m_B)) c^2 = E_\alpha + E_B. \tag{4.11}$$

Der Zerfall kann nur auftreten, wenn $E_\alpha + E_B > 0$ ist. Nun kann man anhand der Massenformel (Gl. (2.6)) die von N und Z abhängigen Werte der Massen in die Beziehung für Q
eintragen und damit zeigen, in welchem Bereich der N-Z-Werte α-Zerfall möglich ist. Das
ergibt die in Bild 1.2 eingezeichneten Grenzlinien ($E_\alpha = 0$; als Beispiel auch $E_\alpha = 4$ MeV).
Aus den Massenwerten findet man auch, daß noch im Bereich der Seltenen Erden α-Zerfall möglich ist.

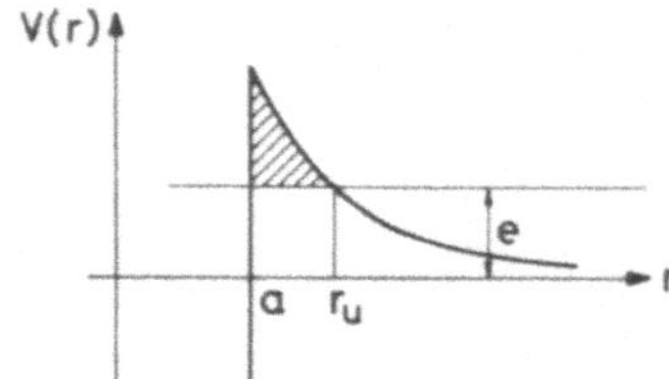

Bild 4.6

Potential zwischen α-Teilchen und Tochterkern, e kinetische Energie im S-System

Zur *Berechnung der Zerfallskonstanten* λ zeichnen wir zunächst den Verlauf des WW-Potentials zwischen α-Teilchen und Restkern auf (Bild 4.6). Bei r_u ist der klassische Umkehrradius, E_α ist die kinetische Energie, gemessen bei $r \to \infty$, die Höhe des Potentialberges ist bei den schweren α-Strahlern viel größer als E_α. Die Zerfallswahrscheinlichkeit wird im wesentlichen durch die wellenmechanische Schwellendurchlässigkeit P_l bestimmt. Wir haben P_l schon in Ziff. 3.8.7, Gl. (3.175) berechnet. Der Zusammenhang mit der Zerfallskonstanten λ ergibt sich wie folgt. Die Heisenbergsche Unschärferelation besagt, daß ein Zustand der Lebensdauer $\tau = 1/\lambda$ die Breite $\Delta E = \Gamma$ hat, wobei $\Delta E \cdot \tau \approx \hbar$, also $\lambda = \Gamma/\hbar$. Damit folgt aus Gl. (3.195)

$$\lambda = \frac{1}{\hbar}\, 2ka\, P_l\, \frac{\hbar^2}{2ma}\, |u(a)|^2 = \frac{1}{\hbar}\, 2a\, \frac{mv(\infty)}{\hbar}\, \frac{\hbar^2}{2ma}\, |u(a)|^2 P_l$$

$$= v(\infty)|u(a)|^2 P_l \,. \tag{4.12}$$

Nach Gl. (3.204) gibt es für $|u(a)|^2$ eine obere Grenze, nämlich $3/a$, so daß

$$\lambda \lesseqgtr v(\infty)\, \frac{3}{a}\, P_l = 3\,\frac{v(a)}{a}\, T_l = f_0 T_l \tag{4.13}$$

mit der Transmission $T_l = \dfrac{v(\infty)}{v(a)}\, P_l$ (Gl. (3.169)). Die Zerfallskonstante ist in diesem Modell demnach durch die Transmission T_l durch die Potentialschwelle und durch einen Frequenzfaktor f_0 bestimmt. $v(a)/a$ ist die Frequenz, mit der das α-Teilchen den Kern durchquert, also am Rand „anstößt". Sicher ist $v(a)$ größer als $v(\infty)$, jedoch ist der Faktor nicht sehr groß, also kann man für Abschätzungszwecke auch etwa $10^9\,\mathrm{cm\,s^{-1}}$ einsetzen. Das gibt

$$f_0 \approx 3\,\frac{10^9\,\mathrm{cm\,s^{-1}}}{10 \cdot 10^{-12}\,\mathrm{cm}} = 0{,}3 \cdot 10^{21}\,\mathrm{s^{-1}} \,. \tag{4.14}$$

Ein Blick auf Tabelle 4.1 lehrt, daß λ um viele Größenordnungen von f_0 abweicht. Der bestimmende Faktor beim α-Zerfall ist also die Durchlässigkeit der Potentialschwelle und seine starke Energieabhängigkeit. Außerdem haben wir für $|u(a)|^2$ die obere Grenze genommen. Im ganzen hängt die Übergangswahrscheinlichkeit demnach von folgenden Größen ab: Bildungswahrscheinlichkeit für ein α-Teilchen, Häufigkeit der Stöße auf die Potentialbarriere, schließlich Transmission der Schwelle.

Von *Blatt* und *Weißkopf* [8] ist noch auf einen anderen Zusammenhang hingewiesen worden. Man kann die Frequenz f_0 nämlich mit dem mittleren Termabstand in Zusammenhang bringen. Da diese Zahl aus Experimenten zu gewinnen ist, so kann f_0 prinzipiell experimentell bestimmt werden.

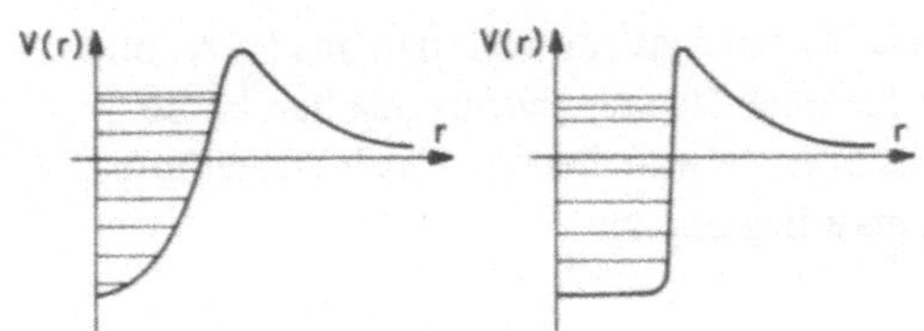

Bild 4.7
Zum Zusammenhang zwischen f_0 und Niveauabstand D

Nehmen wir zunächst das Oszillator-Modell (Bild 4.7) für die α-zerfallenden Zustände (Ziff. 2.4).
Die Energien sind

$$E_n = \left(n + \frac{3}{2}\right) \hbar \omega = \left(n + \frac{3}{2}\right) \hbar \, 2\pi f_0$$

und

$$E_{n+1} = \left(n + 1 + \frac{3}{2}\right) \hbar \, 2\pi f_0.$$

Der Niveauabstand ist damit

$$E_{n+1} - E_n = D_{Osz} = 2\pi \hbar f_0, \tag{4.15}$$

und f_0 kann durch $D/2\pi\hbar$ ersetzt werden. — Wir untersuchen noch den rechteckigen Potentialkasten
(Bild 4.7). Die angeregten Zustände sind dadurch bestimmt, daß eine oder mehrere de Broglie-Wellenlängen λ hineinpassen. Niveaus liegen bei (Bild 2.10) $n\lambda/2 = a/2\pi$ und aufeinanderfolgende Zustände
bei

$$\frac{(n+1)(\lambda - \Delta\lambda)}{2} = \frac{a}{2\pi} \quad .$$

Daraus folgt

$$\Delta\lambda = \frac{2a}{2\pi}\left(\frac{1}{n} - \frac{1}{n+1}\right) = \frac{2a}{2\pi n(n+1)} \approx \frac{2a}{n^2}\frac{1}{2\pi} \quad .$$

Zu jedem n gehört eine bestimmte Energie (kinetische Energie)

$$T = \frac{m}{2}v^2 = \frac{p^2}{2m} = \frac{\hbar^2}{2m\lambda^2} \quad ,$$

also ist

$$\Delta T = D_R = \frac{\hbar^2}{m\lambda^3}|\Delta\lambda| = \frac{\hbar^2 K}{m}\frac{|\Delta\lambda|}{\lambda^2}$$

mit K = innere Wellenzahl. Wir ersetzen $\Delta\lambda$ und λ durch n und erhalten

$$D_R = \frac{2\pi \hbar^2 K}{m}\frac{2a}{n^2}\frac{n^2}{4a^2} = \pi K a \frac{\hbar^2}{ma^2} \approx \pi K a \gamma^2,$$

(s. Gl. (3.204)). Mit Gl. (3.205) folgt

$$\Gamma = 2ka P_l \gamma^2 = 2ka P_l \frac{1}{\pi Ka} D_R = \frac{2}{\pi}\frac{k}{K} P_l D_R = \frac{2}{\pi}\frac{v}{v_{int}} P_l D_R$$

oder

$$\frac{\Gamma}{\hbar} = \frac{2}{\pi\hbar} D_R T_l, \qquad f_0 = \frac{2}{\pi\hbar} D_R, \tag{4.16}$$

ähnlich wie Gl. (4.15).

Dieser Zusammenhang gibt aber die Möglichkeit, f_0 anzugeben, weil man aus (n, α) und (p, α)-Reaktionen Aussagen über Termdichten für α-zerfallene Niveaus machen kann. Eine solche vergleichende Untersuchung ist von *Bonetti* und *Milazzo-Colli* ausgeführt worden (Phys. Lett. **49B** (1974) 17). Es wurde die Beziehung

$$\frac{\Gamma}{\hbar} = \lambda = \frac{\langle D \rangle}{2\pi\hbar} T_l \tag{4.17}$$

benutzt, worin $\langle D \rangle$ der mittlere Niveauabstand für α-zerfallende Zustände bei der interessierenden Anregungsenergie ist. Man kann darin $\langle D \rangle$ durch die im statistischen Modell des Kerns auftretende Niveaudichte g gemäß $1/g_\alpha = 4/g$ ersetzen, und dann führt man den hier interessierenden Faktor ψ ein, der durch den Vergleich experimenteller Daten für λ mit der Formel

$$\lambda = \psi \, \frac{4}{2\pi\hbar g} T_0 \tag{4.18}$$

berechnet werden kann (nur für die Grundzustände durchgeführt, $l = 0$ Zerfälle). ψ wird der *preformation-Faktor* genannt und gibt die α-Bildungswahrscheinlichkeit an. Bild 4.8 enthält die Ergebnisse. Klar erkennbar ist das Minimum für $^{210}\text{Po}_{126}$. Nun ist in dieser Gegend des Periodensystems der doppelt-magische Kern, $^{208}_{82}\text{Pb}_{126}$, vorhanden, der stabil ist und mit dem alle drei natürlichen radioaktiven Reihen enden. Bei allen drei Kernen des Minimums von ψ müßte bei einem radioaktiven Zerfall die magische Konfiguration $N = 126$ aufgebrochen werden,

$$^{210}_{84}\text{Po}_{126} \rightarrow {}^{206}_{82}\text{Pb}_{124}, \quad {}^{212}_{86}\text{Rn}_{126} \rightarrow {}^{208}_{84}\text{Po}_{124}, \quad {}^{214}_{88}\text{Ra}_{126} \rightarrow {}^{210}_{86}\text{Rn}_{124}.$$

Das ist offenbar ganz besonders schwierig, was heißen soll, daß diese Kerne nur mit extrem geringer Wahrscheinlichkeit eine α-Konfiguration enthalten, die zum α-Zerfall führt. Wir bemerken noch, daß bei $N = 126$ auch ein großer Sprung der α-Zerfallsenergie erfolgt (Bild 4.9). Wenn $^{212}_{84}\text{Po}_{128}$ zerfällt ($\rightarrow {}^{208}_{82}\text{Pb}_{126}$), wird besonders viel Energie frei.

Struktur- und *Modellfragen* greift man auf, indem man eine Berechnung von ψ ausführt, bzw. indem man γ^2 ($\sim |u_l(a)|^2$) berechnet. Diese Größe gibt die Wahrscheinlichkeit, ein α-Teilchen am Kernrand vorzufinden. Die Berechnung läuft darauf hinaus, aus einer Modellfunktion den spektroskopischen Faktor für α-Teilchen zu ermitteln (*T. Fliessbach*, Z. Phys. **A278** (1976) 353). Entsprechend Ziff. 3.10.6 beschreibt man die Teilchengruppierung durch die folgenden Funktionen: ϕ_J^M ist die Zustandsfunktion des Ausgangskerns und hängt von $A + 4$ Koordinaten ab; $\psi_j^{m_j}(\eta)$ ist die Zustandsfunktion des Tochterkerns und hängt von A Koordinaten ab; $\chi_\alpha(\xi)$ ist die Wellenfunktion des α-Teilchens; schließlich ist $Y_l^m(\vartheta, \varphi)$ der Winkelanteil der Relativbewegung von α-Teilchen und Tochterkern. Dann ist $u_{lj}^J(a)$ wesentlich gegeben durch

$$u_{jl}^J(a) \sim \int \sum_{mm_j} (lm\,jm_j \,|\, JM)\, Y_l^m(\vartheta, \varphi)\, \psi_j^{m_j}(\eta)\, \chi_\alpha(\xi)\, \phi_J^{M\,*}\, d\xi \, d\eta \, d\omega$$

$(d\omega = \sin\vartheta \, d\vartheta \, d\varphi)$; also berechenbar, wenn man eine Modell-Annahme über die beteiligten Funktionen machen kann. In Bild 4.10 ist das Ergebnis einer solchen Rechnung wie-

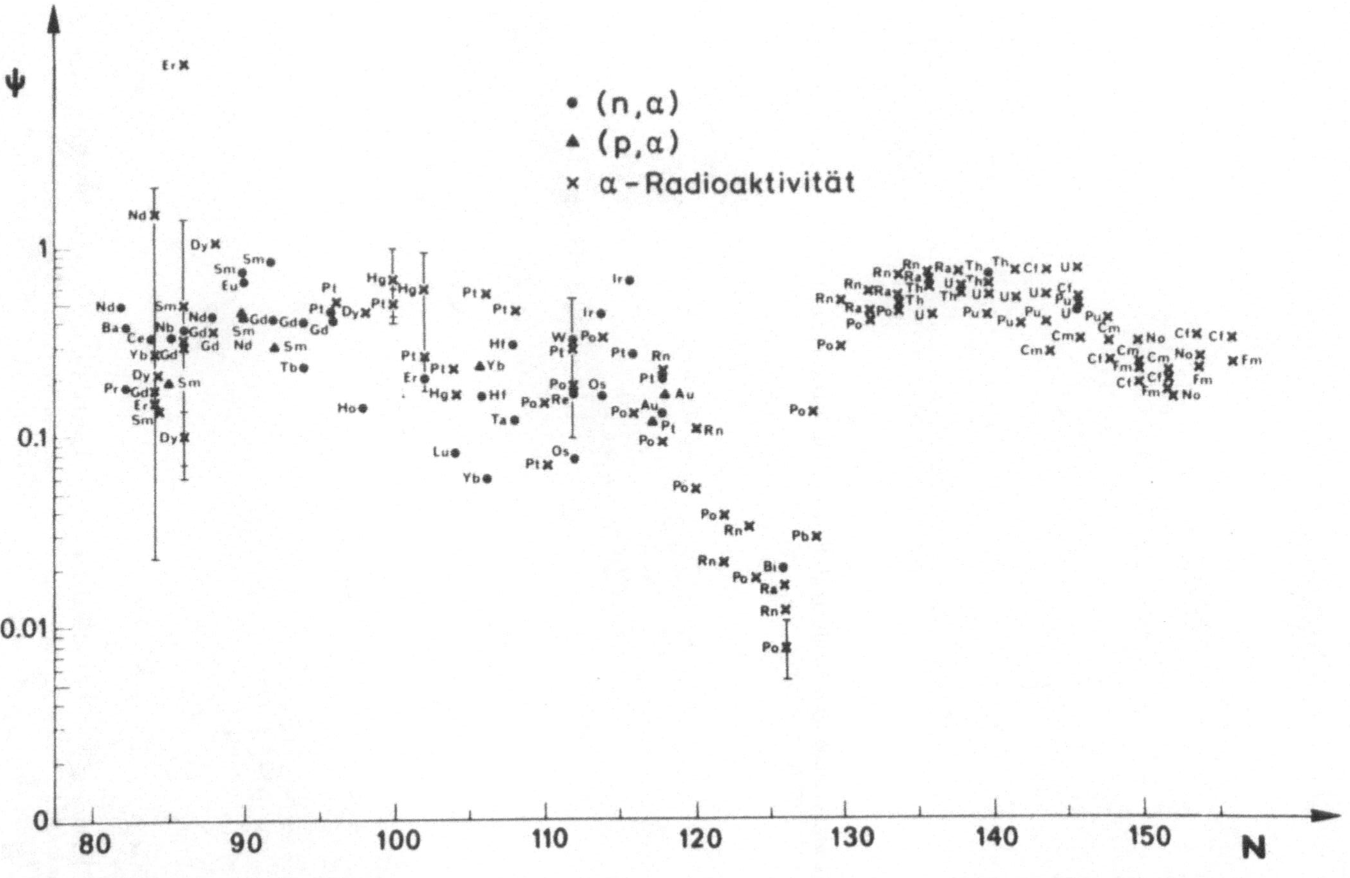

Bild 4.8 Bildungswahrscheinlichkeit für α-Teilchen in verschiedenen Kernen aus (n, α), (p, α)-Reaktionen und aus α-Radioaktivität als Funktion der Anzahl N der Neutronen

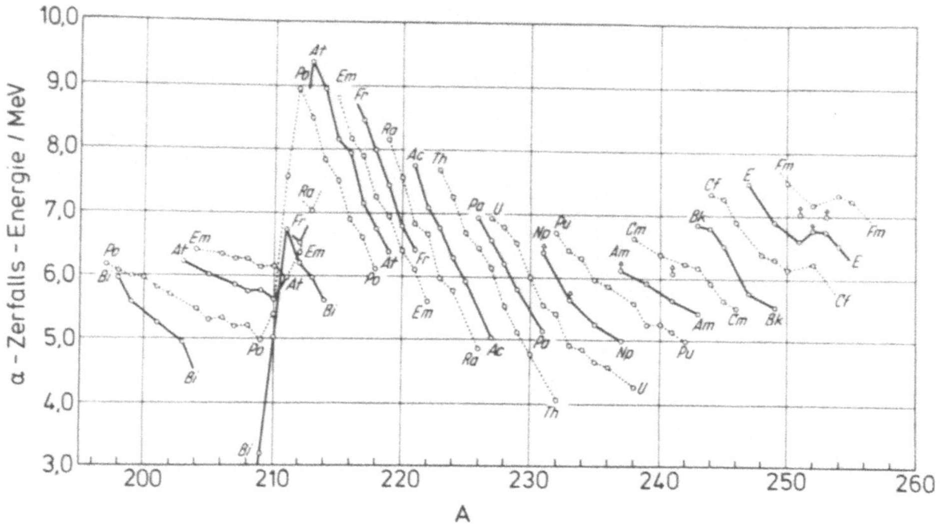

Bild 4.9 Zerfallsenergie für α-Strahlung als Funktion der Nukleonenzahl. Die doppelt-magische Nukleonenzahl (82, 126) ist A = 208.

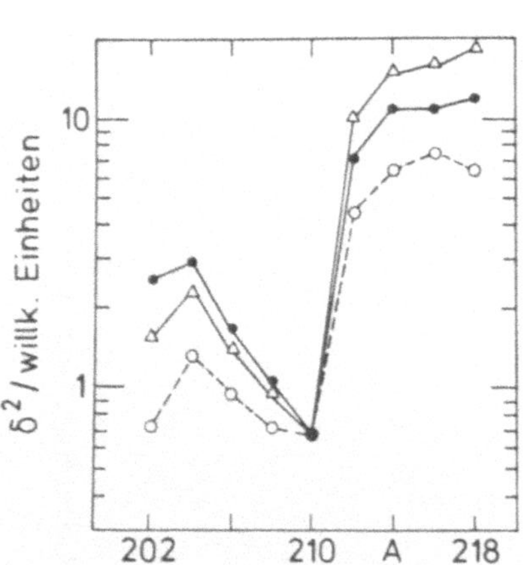

Bild 4.10 Reduzierte Weite δ^2 (willkürl. Einheiten) für einige Po-Isotope (Erläuterungen s. Bild 4.11)

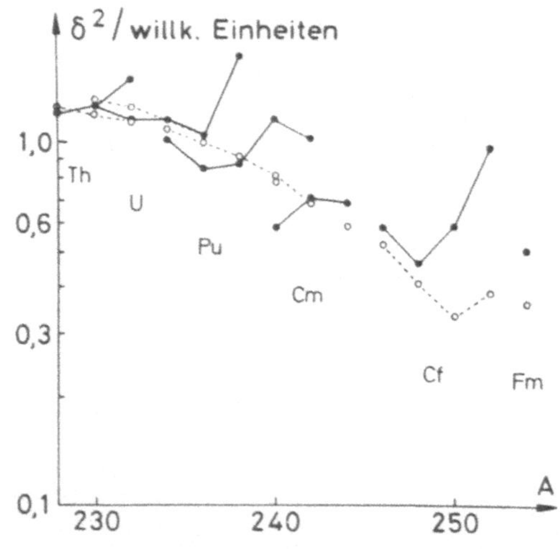

Bild 4.11 Die Größe δ^2 als Funktion der Nukleonenzahl. In der Theorie ohne Abschneideradius (Kernradius) ist die Formulierung $\lambda = \Gamma/\hbar = 2kaP_l\gamma^2/\hbar$ nicht mehr sinnvoll. Man faßt neu zusammen: $\lambda = \delta^2 P_l/\hbar$, also $\delta^2 \equiv 2ka\gamma^2$.

dergegeben (*H. J. Mang*, Ann. Rev. Nucl. Sci. **14** (1964) 1). Die Vollkreise sind aus den experimentellen Daten berechnet, wenn man ein optisches Potential für die WW von α-Teilchen und Tochterkern nimmt, die Dreiecke sind ebenso berechnet, jedoch mit einem bei 9,3 fm abgeschnittenen Coulomb-Potential, und die Kreise folgen aus dem Schalenmodell. Man sieht, daß der wesentliche Verlauf richtig wiedergegeben wird. Auch bei größeren Massen (Bild 4.11) ist der allgemeine Trend richtig wiedergegeben. Bei den Absolutwerten hat man eine Genauigkeit von 1 bis 2 Größenordnungen erreicht. Die relativen γ^2-Werte sind genauer.

Die bisherigen Betrachtungen bezogen sicht sämtlich auf Grundzustandübergänge von geraden Kernen (gg-Kerne) mit sämtlich Spin I = 0. Damit war auch immer $l = 0$ für die Relativbewegung von α-Teilchen und Tochterkern, und es war immer P_0 bzw. T_0 zu berechnen. Man hat zwei Erweiterungen zu diskutieren: Erstens die Übergänge zu und von angeregten Niveaus, zweitens α-Zerfälle aus ungeraden Kernen.

Die Reihe der natürlich radioaktiven Kerne, die mit $^{232}_{90}$Th beginnt, gibt schon am Anfang ein typisches Beispiel (Bild 4.12). Auch das α-Spektrum von ThB und Folgeprodukten besteht in der Regel aus einer Hauptlinie und mehreren Nebenlinien, die z.T. niedrigere, z.T. höhere Energie als die Hauptlinie haben. Sie passen zum Termschema des Kerns. Alle diese Linien sind scharf. Das kann man aus der Zerfallskonstanten entnehmen. Die größte in Tabelle 4.1 ist $\lambda = 2,31 \cdot 10^6\,\mathrm{s}^{-1}$. Die zugehörige Breite ist

$$\Gamma = \hbar\lambda = 65,77 \cdot 10^{-23}\,\frac{\mathrm{MeV}}{\mathrm{s}^{-1}}\,\lambda = 65,77 \cdot 2,3 \cdot 10^{-17}\,\mathrm{MeV} = 1,51 \cdot 10^{-9}\,\mathrm{eV}.$$

Man findet also ein scharfes Linienspektrum (Bild 4.13b).

Die Intensitätsverhältnisse im α-Spektrum werden durch zwei Faktoren bestimmt, wie wir sahen. Einmal durch die Schwellendurchlässigkeit, die stark mit der α-Energie und der Drehimpulsquantenzahl (Änderung des Drehimpulses zwischen Anfangs- und Endzustand) variiert. Der zweite bestimmende Faktor ist die reduzierte Breite für das α-Teilchen. In den letzten Jahren sind in diesem Gebiet mit Erfolg vollständige Berechnungen von relativen Übergangswahrscheinlichkeiten ausgeführt worden (s. z.B. *H. J. Mang*,

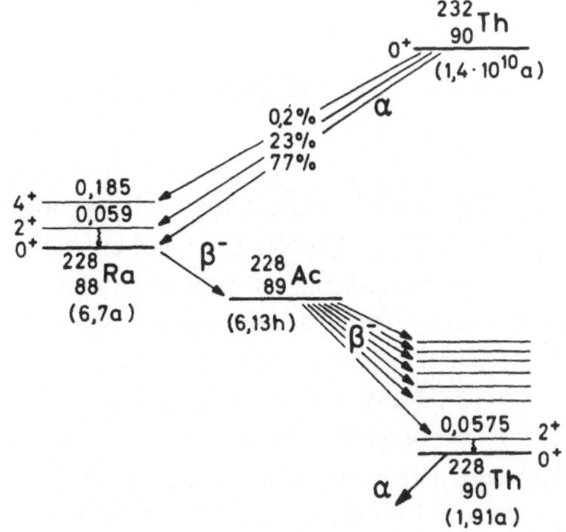

Bild 4.12

Zerfallsschema der ersten Nuklide der Reihe A = 4n

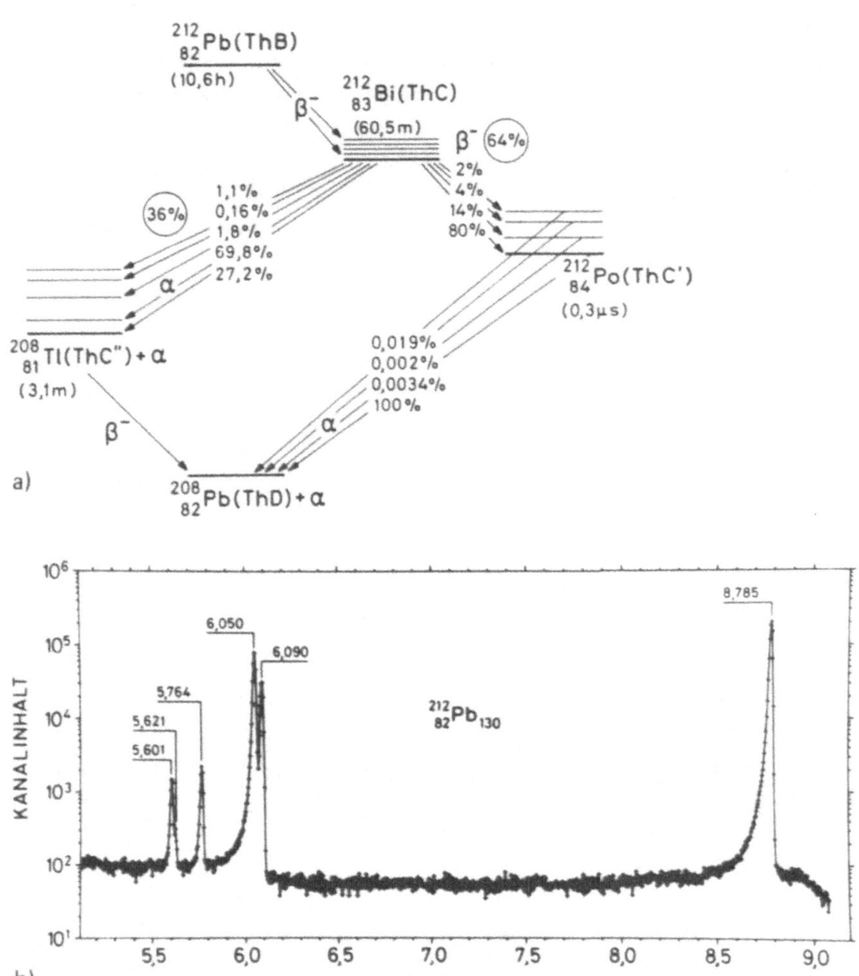

Bild 4.13 a) Zerfallsschema von ThB = $^{212}_{82}$Pb.

      b) α-Spektrum von ^{212}Pb und Folgeprodukten. Die Linie 8,785 MeV gehört zu Po, der Rest zu Bi.

2nd Int. Conf. Clust. Phen., College Park 1975). In Bild 4.14 ist ein Beispiel wiedergegeben: $^{243}_{93}$Cm $\rightarrow$ $^{239}_{91}$Pu $+ \alpha$. Tabelle 4.2 enthält eine Gegenüberstellung theoretischer und experimenteller Werte. Die Daten beziehen sich auf eine Nukleonenkonfiguration mit gerader Neutronenzahl und ungerader Protonenzahl eines schweren Kerns, der deformiert ist und auf den man das Nilsson-Modell anwenden kann. Dem entspricht die Angabe der asymptotischen Quantenzahlen in eckigen Klammern [N, n_3, Λ, K]. Dabei ist K die z′-Komponente des Gesamt-Drehimpulses, Λ die z′-Komponente des Bahn-Drehimpulses des Einzel-Nukleons. Man sieht, daß mit ganz überwiegender Häufigkeit die Übergänge zum Band [6,2, 2,5/2] auftreten. Das sind aber gerade die Übergänge mit ΔK = 0 und

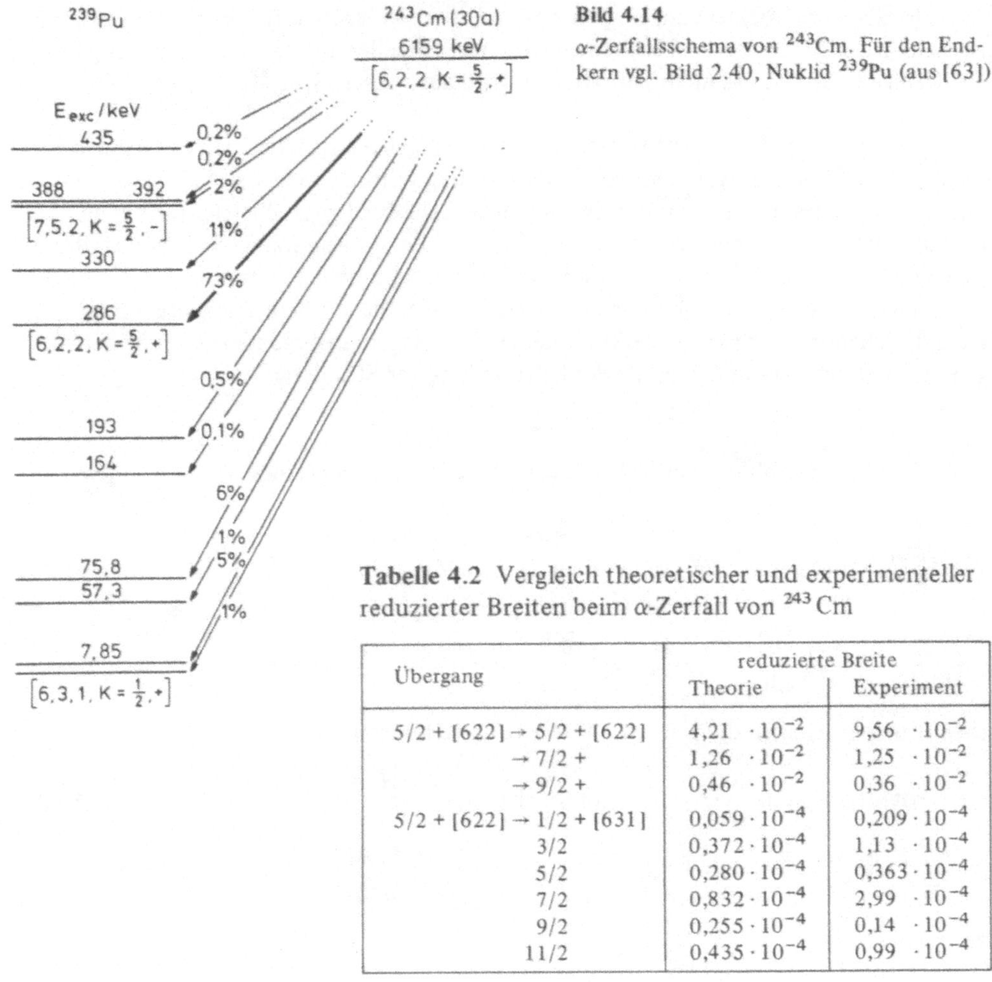

Bild 4.14
α-Zerfallsschema von ^{243}Cm. Für den Endkern vgl. Bild 2.40, Nuklid ^{239}Pu (aus [63])

Tabelle 4.2 Vergleich theoretischer und experimenteller reduzierter Breiten beim α-Zerfall von ^{243}Cm

Übergang	reduzierte Breite	
	Theorie	Experiment
5/2 + [622] → 5/2 + [622]	$4{,}21 \cdot 10^{-2}$	$9{,}56 \cdot 10^{-2}$
→ 7/2 +	$1{,}26 \cdot 10^{-2}$	$1{,}25 \cdot 10^{-2}$
→ 9/2 +	$0{,}46 \cdot 10^{-2}$	$0{,}36 \cdot 10^{-2}$
5/2 + [622] → 1/2 + [631]	$0{,}059 \cdot 10^{-4}$	$0{,}209 \cdot 10^{-4}$
3/2	$0{,}372 \cdot 10^{-4}$	$1{,}13 \cdot 10^{-4}$
5/2	$0{,}280 \cdot 10^{-4}$	$0{,}363 \cdot 10^{-4}$
7/2	$0{,}832 \cdot 10^{-4}$	$2{,}99 \cdot 10^{-4}$
9/2	$0{,}255 \cdot 10^{-4}$	$0{,}14 \cdot 10^{-4}$
11/2	$0{,}435 \cdot 10^{-4}$	$0{,}99 \cdot 10^{-4}$

$\Delta\Lambda = 0$. Innerhalb dieser Gruppe sind die Übergänge mit wachsendem ΔI stärker behindert. Man kann daraus den Schluß ziehen, daß das α-Teilchen dem Rumpf entnommen wird. Das kann hier nicht weiter verfolgt werden.

4.3 Emission von Kern-Gamma-Strahlung

Im Prinzip handelt es sich dabei um das gleiche Phänomen wie bei der Physik der Atomhülle: Die Umordnung der Struktur, und der damit verbundene Übergang des Kerns aus einem angeregten Zustand in einen energetisch tieferliegenden Zustand führt zur Emission elektromagnetischer Strahlung, wobei die Quantenenergie einige keV bis zu einigen MeV betragen kann.

Ist der Kern in einem angeregten Zustand, aus dem auch Teilchenemission möglich ist, dann ist in der Regel die Teilchenemission viel schneller als die γ-Emission. Es gibt nur wenige Fälle, wo das nicht zutrifft, z.B. wird aus ^{12}C* (16,11 MeV) neben α- auch γ-Emission beobachtet.

Die quantenmechanische Berechnung der Übergangswahrscheinlichkeit kann auf verschiedene Weise erfolgen. Die exakte Berechnung geht davon aus, daß dem gequantelten Kernsystem das gequantelte elektromagnetische Feld gegenübersteht. Es kann leer oder mit Quanten der Energie $\hbar\omega$ besetzt sein. Bei der spontanen Emission ist das Feld am Anfang leer, nach der Emission mit einem Lichtquant besetzt.

Neben einer Aussage über die emittierte Energie, die aus dem Energiesatz folgt, kann die Theorie noch ganz wesentlich viel mehr aussagen, insbesondere über Änderungen des Drehimpulses und über die Winkelverteilung der Strahlung.

4.3.1 Multipol-Strahlungsfelder als stehende Felder des Hohlraumes

Innerhalb eines leeren Hohlraumes mit ideal spiegelnden Wänden fließen keine Ströme und sind keine Ladungen vorhanden. Die Maxwellschen Gleichungen lauten (mit $\epsilon = \mu = 1$)

$$\text{rot}\,\vec{E} = -\mu_0\,\frac{\partial\vec{H}}{\partial t}\,, \quad \text{rot}\,\vec{H} = \epsilon_0\,\frac{\partial\vec{E}}{\partial t}\,, \quad \text{div}\,\vec{E} = 0, \quad \text{div}\,\vec{H} = 0. \tag{4.19}$$

D.h. $\vec{E}$ und $\vec{H}$ erfüllen die gleichen Differentialgleichungen

$$\text{rot}\,\text{rot}\,\vec{E} + \epsilon_0\mu_0\,\frac{\partial^2\vec{E}}{\partial t^2} = 0, \quad \text{rot}\,\text{rot}\,\vec{H} + \epsilon_0\mu_0\,\frac{\partial^2\vec{H}}{\partial t^2} = 0. \tag{4.20}$$

Wie in der Elektrodynamik gezeigt wird, kann man $\vec{E}$ und $\vec{H}$ in unserem Fall aus einem einzigen Potential, dem Vektorpotential $\vec{A}$ ableiten durch

$$\vec{E} = -\frac{\partial\vec{A}}{\partial t}\,, \quad \vec{H} = \frac{1}{\mu_0}\,\text{rot}\,\vec{A} \tag{4.21}$$

Wellengleichungen für $\vec{E}$ und $\vec{H}$ führen auf eine Gleichung für $\vec{A}$, nämlich

$$\text{rot}\,\text{rot}\,\vec{A} + \frac{1}{c^2}\,\frac{\partial^2\vec{A}}{\partial t^2} = 0. \tag{4.22}$$

Oder mit $\text{div}\,\vec{E} = 0$,

$$\Delta\vec{A} + \frac{1}{c^2}\,\frac{\partial^2\vec{A}}{\partial t^2} = 0, \tag{4.23}$$

was die Zusammenfassung von drei Gleichungen für die drei Komponenten von $\vec{A}$ ist.

Man sucht periodische, reelle Lösungen und macht den Ansatz

$$\vec{A} = q\,e^{i\omega t}\,\vec{A}_a(\vec{r}) + q^*\,e^{-i\omega t}\,\vec{A}_a^*(\vec{r}). \tag{4.24}$$

Dann bleibt

$$\operatorname{rot}\operatorname{rot}\vec{A}_a(\vec{r}) - k^2\vec{A}_a(\vec{r}) = 0, \quad \text{mit } k^2 = \frac{\omega^2}{c^2}.$$

(Vektorielle *Helmholtz*-Gleichung als Eigenwert-Gleichung).

Wir fassen nun $\vec{A}_a$ direkt als (*vektorielle*) *Wellenfunktion* auf und versuchen, solche Wellenfelder anzugeben, die einen bestimmten Drehimpulsinhalt haben [37].

Um die *Struktur der Lösungen* der vektoriellen Helmholtz-Gln. zu finden, untersucht man, mit welchen Operatoren der Operator rot vertauschbar ist. Insbesondere interessieren dabei natürlich die Drehimpulsoperatoren

$$(l_x, l_y, l_z) = \vec{l} = -i\,\vec{r}\times\nabla = -i\,\vec{r}\times\operatorname{grad}.$$

Man studiert die Wirkung der Operatoren, indem man der Reihe nach ausprobiert, was das Ergebnis ihrer Anwendung ist. Zum Beispiel ist

$$l_z = -i\left(x\frac{\partial}{\partial y} - y\frac{\partial}{\partial x}\right),$$

$$\operatorname{rot}\vec{A} = \left(\frac{\partial A_z}{\partial y} - \frac{\partial A_y}{\partial z},\ \frac{\partial A_x}{\partial z} - \frac{\partial A_z}{\partial x},\ \frac{\partial A_y}{\partial x} - \frac{\partial A_x}{\partial y}\right).$$

Damit wird (abgesehen vom Faktor $-i$)

$$\operatorname{rot}(l_z\vec{A}) = \operatorname{rot}\left(x\frac{\partial A_x}{\partial y} - y\frac{\partial A_x}{\partial x},\ x\frac{\partial A_y}{\partial y} - y\frac{\partial A_y}{\partial x},\ x\frac{\partial A_z}{\partial y} - y\frac{\partial A_z}{\partial x}\right)$$

$$= \left(x\frac{\partial^2 A_z}{\partial y^2} - y\frac{\partial^2 A_z}{\partial y\,\partial x} - \frac{\partial A_z}{\partial x} - x\frac{\partial^2 A_y}{\partial z\,\partial y} + y\frac{\partial^2 A_y}{\partial z\,\partial x},\right.$$

$$x\frac{\partial^2 A_x}{\partial z\,\partial y} - y\frac{\partial^2 A_x}{\partial z\,\partial x} - x\frac{\partial^2 A_z}{\partial x\,\partial y} + y\frac{\partial^2 A_z}{\partial x^2} - \frac{\partial A_z}{\partial y},$$

$$\left. x\frac{\partial^2 A_y}{\partial x\,\partial y} - y\frac{\partial^2 A_y}{\partial x^2} - x\frac{\partial^2 A_x}{\partial y^2} + y\frac{\partial^2 A_x}{\partial y\,\partial x} + \frac{\partial A_y}{\partial y} + \frac{\partial A_x}{\partial x}\right).$$

Neben zweiten Ableitungen treten auch 1. Ableitungen auf. Zum Vergleich bildet man dann (wieder bis auf den Faktor $-i$)

$$l_z(\operatorname{rot}\vec{A}) = \left(x\frac{\partial}{\partial y} - y\frac{\partial}{\partial x}\right)\operatorname{rot}\vec{A}$$

$$= \left(x\frac{\partial^2 A_z}{\partial y^2} - y\frac{\partial^2 A_z}{\partial x\,\partial y} - x\frac{\partial^2 A_y}{\partial y\,\partial z} + y\frac{\partial^2 A_y}{\partial x\,\partial z},\right.$$

$$x\frac{\partial^2 A_x}{\partial y\,\partial z} - y\frac{\partial^2 A_x}{\partial x\,\partial z} - x\frac{\partial^2 A_z}{\partial y\,\partial x} + y\frac{\partial^2 A_z}{\partial x^2},$$

$$\left. x\frac{\partial^2 A_y}{\partial y\,\partial x} - y\frac{\partial^2 A_y}{\partial x^2} - x\frac{\partial^2 A_x}{\partial y^2} + y\frac{\partial^2 A_x}{\partial x\,\partial y}\right).$$

Hier fehlen die 1. Ableitungen, also ist l_z nicht mit rot vertauschbar. Es war eine wesentlich neue Erkenntnis, daß dies in Ordnung gebracht werden kann, indem zu l_z ein Operator hinzugefügt wird, der die Wirkung hat

$$s_z \vec{A} = s_z(A_x, A_y, A_z) = -i(A_y, -A_x, 0). \tag{4.26}$$

Ein Operator, der die z-Komponente vernichtet, ist das Vektorprodukt mit dem Einheitsvektor in z-Richtung, also kann auch geschrieben werden

$$s_z = i\,\vec{e}_z \times. \tag{4.27}$$

Wenn man nun $l_z + s_z$ auf seine Vertauschbarkeit mit rot untersucht, so muß noch (bis auf den Faktor $-i$) hinzugefügt werden

$$\text{rot}(s_z \vec{A}) = \left(\frac{\partial A_x}{\partial z}, \frac{\partial A_y}{\partial z}, -\frac{\partial A_x}{\partial x} - \frac{\partial A_y}{\partial y} \right)$$

bzw.

$$s_z(\text{rot}\,\vec{A}) = \left(-\frac{\partial A_z}{\partial x} + \frac{\partial A_x}{\partial z}, -\frac{\partial A_z}{\partial y} + \frac{\partial A_y}{\partial z}, 0 \right).$$

Die Hinzufügung dieser Größen ergänzt genau die 1. Ableitungen, so daß nun Vertauschbarkeit hergestellt wird, also

$$(l_z + s_z)\,\text{rot}\,\vec{A} = \text{rot}((l_z + s_z)\vec{A}).$$

Genauso findet man auch Vertauschbarkeit mit

$$l_x + s_x, \quad \text{wenn} \quad s_x = i\,\vec{e}_x \times$$
$$l_y + s_y, \quad \text{wenn} \quad s_y = i\,\vec{e}_y \times,$$

d.h. es ist

$$(\vec{l} + \vec{s})\,\text{rot}\,\vec{A} = \text{rot}((\vec{l} + \vec{s})\vec{A}). \tag{4.28}$$

Die Bedeutung des Operators $\vec{s}$ findet man wie folgt: Es ist

$$s_z \vec{A} = (-i A_y, i A_x, 0)$$
$$s_z^2 \vec{A} = (A_x, A_y, 0),$$

also

$$s_z^2 \vec{A} - \vec{A} = (0, 0, -A_z),$$
$$s_z(s_z^2 - 1)\vec{A} = 0. \tag{4.29}$$

$\vec{A}$ ist demnach Eigenfunktion zu s_z mit den Eigenwerten $s_z = 0, +1, -1$. Außerdem ist

$$s^2 = s_x^2 + s_y^2 + s_z^2 = 2. \tag{4.30}$$

Demnach verhält sich s genau so wie ein Spin-Operator zum Spin 1. *Dem Vektorfeld korrespondiert daher ein Feld von Spin 1-Teilchen* (nämlich Lichtquanten). – Im übrigen gelten die üblichen Vertauschungsrelationen zwischen den Komponenten von $\vec{s}$ wie zwischen denen von $\vec{l}$. − Schließlich ist noch

$$(\vec{l} + \vec{s})^2 = \vec{l}^2 + \vec{s}^2 + 2i\,\vec{l}\times,$$

und rot ist auch mit $(\vec{l} + \vec{s})^2$ vertauschbar, denn es ist

$$(\vec{l} + \vec{s})^2\,\mathrm{rot} = (\vec{l} + \vec{s})\,\mathrm{rot}\,(\vec{l} + \vec{s}) = \mathrm{rot}\,(\vec{l} + \vec{s})^2. \tag{4.31}$$

Das *Ergebnis dieser Untersuchung* kann man so zusammenfassen: *Das Vektorpotential* $\vec{A}_a$ *erfüllt eine Eigenwertgleichung in Form der vektoriellen Helmholtz-Gleichung*

$$\mathrm{rot}\,\mathrm{rot}\,\vec{A}_a(\vec{r}) = k^2\,\vec{A}_a(\vec{r}).$$

Gleichzeitig erfüllt aber $\vec{A}_a(\vec{r})$ *auch noch Gleichungen mit Drehimpulsoperatoren,* nämlich (mit $\vec{J} = \vec{l} + \vec{s}$)

$$J_z\,\vec{A}_a = M\vec{A}_a, \tag{4.32}$$

$$J^2\,\vec{A}_a = J(J + 1)\,\vec{A}_a, \tag{4.33}$$

denn diese Operatoren sind mit rot und damit auch mit rot rot vertauschbar.

Schließlich gewinnt man $\vec{A}_a$ wie folgt. Zunächst ist

$$(l_z + s_z)\,\vec{l} = J_z\,\vec{l} = (l_z\,l_x, l_z\,l_y, l_z\,l_z) + (-\,il_y, il_x, 0)$$
$$= (l_x\,l_z, l_y\,l_z, l_z\,l_z) = \vec{l}\,l_z,$$

und $J_z^2\,\vec{l} = \vec{l}\,l_z^2$. Da alle Komponenten gleichbereichtigt sind, so ist

$$(J_x^2 + J_y^2 + J_z^2)\,\vec{l} = J^2\,\vec{l} = \vec{l}\,(l_x^2 + l_y^2 + l_z^2) = \vec{l}\,l^2.$$

Schiebt man J_z oder J^2 über $\vec{l}$ hinweg, dann entstehen daraus Operatoren, die nicht mehr auf den Spin wirken. Nimmt man demnach als Basisfunktionen die Lösungen der *skalaren Helmholtzgleichung*

$$\Delta u_{lm} + k^2 u_{lm} = 0, \tag{4.34}$$

die wir als WW-freie Schrödinger-Gleichung kennen, nämlich

$$u_{lm} = j_l(kr)\,Y_l^m(\vartheta, \varphi) \quad \text{oder} \quad n_l(kr)\,Y_l^m(\vartheta, \varphi), \tag{4.35}$$

dann sind

$$\vec{A}_{lm}^E = \frac{1}{k}\,C_l\,\mathrm{rot}\,(\vec{l}\,u_{lm})\text{: elektrischer Feldtyp} \tag{4.36}$$

$$\vec{A}_{lm}^M = i\,C_l\,(\vec{l}\,u_{lm})\text{:}\qquad \text{magnetischer Feldtyp} \tag{4.37}$$

die gesuchten Lösungen der vektoriellen Helmholtz-Gleichung und der EW-Gleichungen für J^2 und J_z. Dabei ist $\vec{l}$ in der Form anzuwenden

$$l_z = -\,i\,\frac{\partial}{\partial\varphi}, \quad l_x \pm il_y = e^{\pm\,i\varphi}\left[\pm\frac{\partial}{\partial\vartheta} + i\cot\vartheta\,\frac{\partial}{\partial\varphi}\right]. \tag{4.38}$$

Zunächst muß bemerkt werden, daß im Hohlraum nur j_l genommen werden kann, weil der *Energieinhalt* endlich sein soll. Ist der Energieinhalt genau ein Lichtquant, dann ist

$$C_l = \left(\frac{8 \pi h \nu}{l(l+1) R} \right)^{1/2} , \qquad (4.39)$$

wobei R der Radius der zugrundegelegten Hohlkugel ist.

Weiterhin konnte man an der vektoriellen Helmholtz-Gleichung ablesen, daß die Lösungen auch hinsichtlich der *Parität* sortiert werden können: $\mathrm{rot}\,\mathrm{rot} - k^2$ ist invariant gegen P. Nun sieht man, daß

$$P \vec{A}_{lm}^{M} = \vec{A}_{lm}^{M} (-1)^l , \qquad (4.40)$$

$$P \vec{A}_{lm}^{E} = - \vec{A}_{lm}^{E} (-1)^l = (-1)^{l+1} \vec{A}_{lm}^{E} , \qquad (4.41)$$

d.h. die angegebenen Vektorpotentiale sind genau nach der Parität sortiert, sie haben bei gleichem l verschiedene Parität.

Da wir schon einmal die Idee eingeführt haben, daß die Lichtquanten *Teilchen mit Spin 1* seien, so kann man auch mit den Vektor-Additions-Koeffizienten Funktionen zum totalen Drehimpuls J durch die Vorschrift erzeugen

$$\mathfrak{Y}_{J l, s=1}^{M} = \sum_{m, \sigma} (lm\,1\,\sigma\,|\,JM)\, Y_l^m\, x_1^\sigma = (lM-1,11\,|\,JM)\, Y_l^{M-1}\, x_1^1$$

$$+ (lM,10\,|\,JM)\, Y_l^M\, x_1^0 + (lM+1,1-1\,|\,JM)\, Y_l^{M+1}\, x_1^{-1} .$$

Von dieser Art von Funktionen (genannt *Vektorkugelfunktionen*) gibt es drei, weil $l = J, J-1, J+1$ sein kann. Nun sind die Vektorpotentiale so beschaffen, daß $J^2 \vec{A} = l(l+1) \vec{A}$ sein soll. D.h., daß nur

$$\mathfrak{Y}_{l,\,l,\,1}^{M}, \ \mathfrak{Y}_{l,\,l-1,1}^{M}, \ \mathfrak{Y}_{l,\,l+1,1}^{M}$$

verwendet werden können. Das ist ein vollständiger Satz von Funktionen, also müssen sich die Vektorpotentiale überhaupt mit diesen Vektor-Kugelfunktionen darstellen lassen. Wie die Funktionen miteinander zusammenhängen, das kann man mittels der Paritätseigenschaft finden. Dazu muß man noch EF zu $s_z = i \vec{e}_z \times$ angeben. Es sind dies

$$x_1^{+1} = - \frac{1}{\sqrt{2}} (\vec{e}_x + i \vec{e}_y), \quad x_1^0 = \vec{e}_z, \quad x_1^{-1} = \frac{1}{\sqrt{2}} (\vec{e}_x - i \vec{e}_y).$$

Damit bestehen die folgenden Paritäten

$$\mathfrak{Y}_{l,\,l,\,1}^{M} : \pi = (-1)^l ,$$

$$\mathfrak{Y}_{l,\,l-1,1}^{M}, \ \mathfrak{Y}_{l,\,l+1,1}^{M} : \pi = (-1)^{l \mp 1} .$$

Demnach gehören zusammen (siehe [8])

$$A_{lm}^{M} \ \text{und} \ \mathfrak{Y}_{l,\,l,\,1}^{m} ,$$

$$A_{lm}^{E} \ \text{und} \ \mathfrak{Y}_{l,\,l-1,1}^{m}, \ \mathfrak{Y}_{l,\,l+1,1}^{m} .$$

Man kann damit die Feldstrukturen vollständig angeben, weil

$$\vec{E} = -\frac{\partial \vec{A}}{\partial t}, \quad \vec{H} = \frac{1}{\mu_0}\,\text{rot}\,\vec{A}.$$

Elektrischer Feldtyp, elektrisches Multipolfeld:

$$\vec{E}^E_{lm} = -iq\,e^{i\omega t}\,C_l\,\text{rot}\,(\vec{l}\,u_{lm}) + \text{k.k.} \tag{4.42}$$

$$\vec{H}^E_{lm} = \frac{1}{\mu_0}\,q\,e^{i\omega t}\,C_l\,k\,(\vec{l}\,u_{lm}) + \text{k.k.} \tag{4.43}$$

Parität $(-1)^{l+1}$.

Magnetischer Feldtyp, magnetisches Multipolfeld:

$$\vec{E}^M_{lm} = \mu_0\,\vec{H}^E_{lm}, \tag{4.44}$$

$$\vec{H}^M_{lm} = -\frac{1}{\mu_0}\,\vec{E}^E_{lm} \tag{4.45}$$

Parität $(-1)^l$.

Also gilt ferner

$$(\vec{r}\cdot\vec{E}^M_{lm}) = (\vec{r}\cdot\vec{H}^E_{lm}) = 0, \tag{4.46}$$

d.h. $\vec{E}^M$ und $\vec{H}^E$ sind Vektoren, die als Tangentenvektoren auf den Kugeln $\vec{r}$ = konst. liegen. – Man beachte aber, daß

$$(\vec{r}\cdot\vec{E}^E_{lm}) \neq 0, \qquad (\vec{r}\cdot\vec{H}^M_{lm}) \neq 0, \tag{4.47}$$

d.h. diese Felder haben Longitudinalkomponenten. Schließlich ist ohne weiteres ersichtlich, daß ein Feld mit $l = 0$ nicht vorkommt (u_{00} ist eine Konstante, $\vec{l}$ ein Differentialoperator). Man nennt die Felder mit

$l = 1, \ m = \pm 1,0:$ *Dipolfeld*
$l = 2, \ m = \pm 2, \pm 1, 0:$ *Quadrupolfeld*
$l = 3, \ m = \pm 3, \pm 2, \pm 1, 0:$ *Oktopolfeld*

Bilder 4.15, 4.16 und 4.17 zeigen einige Momentanbilder für magnetische Feldlinien [47].

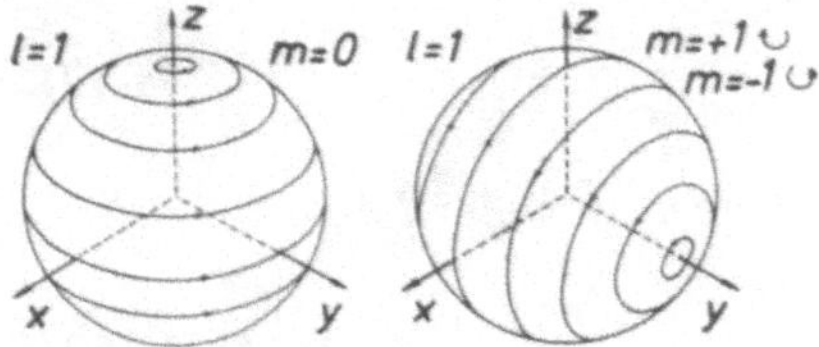

Bild 4.15

Verlauf der magnetischen Feldlinien in einem elektrischen Dipolfeld. Momentanbilder: m = ± 1 für $\omega t = 0$, m = 0 für $\omega t = \pi/2$

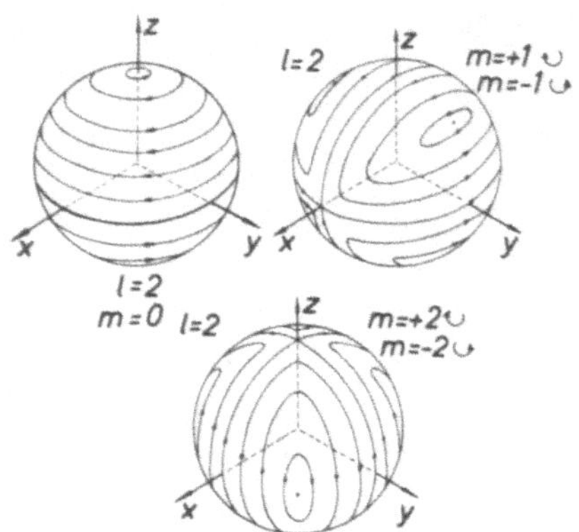

Bild 4.16

Verlauf der magnetischen Feldlinien in einem elektrischen Quadrupolfeld. Momentanbilder: m = ± 2, ± 1 für $\omega t = 0$, m = 0 für $\omega t = \pi/2$.

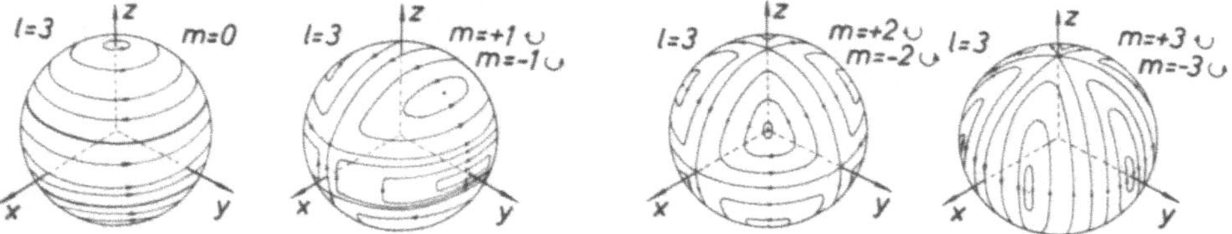

Bild 4.17 Verlauf der magnetischen Feldlinien in einem elektrischen Oktopolfeld. Momentanbilder: m = ± 3, ± 2, ± 1 für $\omega t = 0$, m = 0 für $\omega t = \pi/2$.

4.3.2 Drehimpuls des Strahlungsfeldes; Felder mit Ausstrahlung

Man kann zeigen, daß die oben definierten Multipolfelder im Hohlraum mit ideal spiegelnden Wänden tatsächlich Feldstrukturen sind, die sich um die z-Achse drehen, wenn m ≠ 0 ist [47]. Die Drehung bewirkt einen elektromagnetischen Drehfluß, indem der Poynting-Vektor im zeitlichen Mittel eine nicht verschwindende φ-Komponente hat, wenn m ≠ 0 ist. Dabei ist der Poynting-Vektor

$$\vec{S} = \vec{E} \times \vec{H}. \tag{4.48}$$

Im Feld besteht damit eine Impulsdiche

$$\vec{p} = \frac{1}{c^2}\,\vec{S}, \tag{4.49}$$

und damit kann auch ein Drehimpulsinhalt des Feldes berechnet werden:

$$\vec{G} = \int \vec{r} \times \frac{\vec{S}}{c^2}\,dV = \epsilon_0\,\mu_0 \int \vec{r} \times \vec{S}\,dV. \tag{4.50}$$

Es ist nicht schwierig zu zeigen, daß der Mittelwert von J_z mit G_z zusammenhängt [37]:

$$G_z = \frac{1}{\omega} \int (\epsilon_0 \vec{E}^*(J_z \vec{E}) + \mu_0 \vec{H}^*(J_z \vec{H})) \, dV. \tag{4.51}$$

Mit

$$J_z \vec{E} = m\vec{E}, \qquad J_z \vec{H} = m\vec{H}$$

entsteht dann

$$G_z = \frac{m}{\omega} \int (\epsilon_0 \vec{E}^* \vec{E} + \mu_0 \vec{H}^* \vec{H}) \, dV = m\hbar, \tag{4.52}$$

wenn der Energieinhalt des Feldes gerade ein Lichtquant der Energie $\hbar\omega$ ist. – Schwieriger ist der Nachweis, daß $\vec{G}^2 = l(l+1)\hbar^2$ ist.

Die *Multipolfelder mit Ausstrahlung* müssen solche sein, bei denen die radiale Funktion abgeändert ist (vgl. die Diskussion in Ziff. 3.4.3). Außerhalb der eigentlichen Strahlungsquelle haben wir nach wie vor den materiefreien Raum. In ihm müssen die Lösungen der Maxwell-Gleichungen jetzt unter Hinzunahme von n_l angegeben werden. Reine Multipolstrahlungsfelder erhalten wir mit $j_l + in_l = h_l^{(1)}$. Mit ihnen berechnet man, daß der Poynting-Vektor eine von Null verschiedene Radialkomponente hat. Zum Beispiel wird beim

Dipolfeld, $l = 1$, $m = \pm 1,0$

$$S_{1,-1,r} = S_{1,1,r} \sim \frac{1}{r^2}(1 + \cos^2 \vartheta)$$

$$\tag{4.53}$$

$$= S_{1,0,r} \sim \frac{1}{r^2}\sin^2 \vartheta.$$

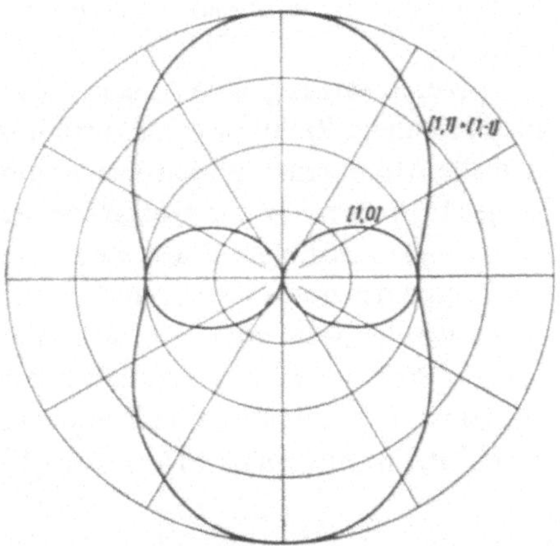

Bild 4.18
Ausstrahlungsdiagramm für Dipolstrahlung. Der Radiusvektor entspricht dem Betrag des Poynting-Vektors. Das Diagramm ist rotationssymmetrisch um die Längsachse.

Jedes der Multipolstrahlungsfelder hat ein anderes Strahlungsdiagramm. Magnetische und elektrische Feldtypen unterscheiden sich aber nicht im Strahlungsdiagramm, wohl aber bezüglich der *Polarisation* von $\vec{E}$- bzw. $\vec{H}$-Vektor. Alle Diagramme sind rotationssymmetrisch bezüglich der z-Achse. Bilder 4.18, 4.19 und 4.20 enthalten die Ausstrahlungsdiagramme eines Dipol-, Quadrupol- und Oktopol-Strahlers.

Es ist eine der experimentellen Standardtechniken, γ-Strahlungsfelder hinsichtlich der *Winkelverteilung* (und hinsichtlich der Polarisation) auszumessen. Mißt man eine *anisotrope Winkelverteilung*, dann kann man die Hoffnung haben, den Multipolcharakter der Strahlung zu bestimmen und damit den Drehimpulsinhalt des Strahlungsfeldes. Emit-

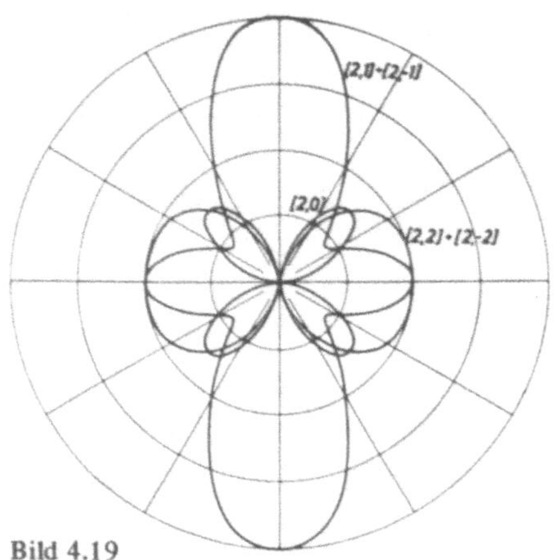

Bild 4.19

Ausstrahlungsdiagramm für Quadrupolstrahlung

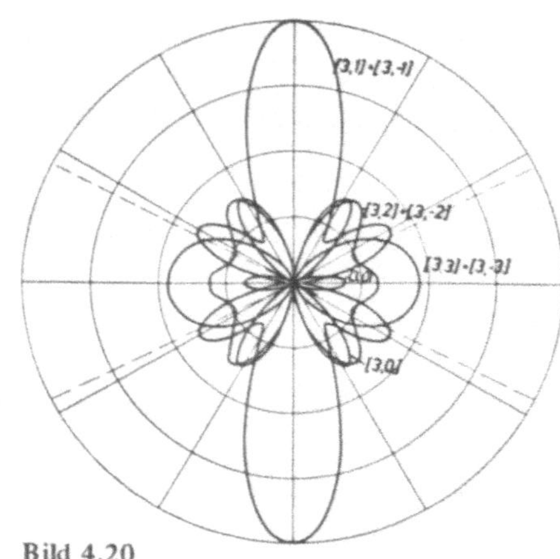

Bild 4.20

Ausstrahlungsdiagramm für Oktopolstrahlung

tiert ein Atomkern eine Strahlung mit Drehimpuls, dann muß der Kern eine entsprechende Änderung des Drehimpulses ausführen. Damit können u. U. Drehimpulse angeregter Zustände bestimmt werden. Kennt man auch noch den emittierten Feldtyp (magnetisch oder elektrisch), dann kann auch noch die Paritätsänderung des Atomkerns bestimmt werden.

Voraussetzung, eine Anisotropie zu messen, ist allerdings, daß eine für die Kerne ausgezeichnete Richtung (Quantisierungsachse) besteht. Ohne irgendwelche Eingriffe sind alle Atomkerne unorientiert, es gibt keine ausgezeichnete Richtung, man mißt immer Isotropie. Erst die *Winkelkorrelationstechnik* erlaubt die Entstehung und Messung von Anisotropien. Dabei nützt man Kaskadenzerfälle aus (Bild 4.21). Man führt eine Koinzidenzmessung aus und registriert nur solche Quanten $h\nu_1$, bei denen unmittelbar zuvor ein Quant $h\nu_2$ emittiert worden ist. Das definiert eine Vorzugsrichtung, weil in den Detektor ② nur Quanten gelangen können, denen die Strahlung m = ± 1 zugeordnet ist. D.h. die Kerne im Zwischenzustand haben eine Vorzugsorientierung. Dann hängt die Emission in den Detektor ① vom Winkel ϑ ab.

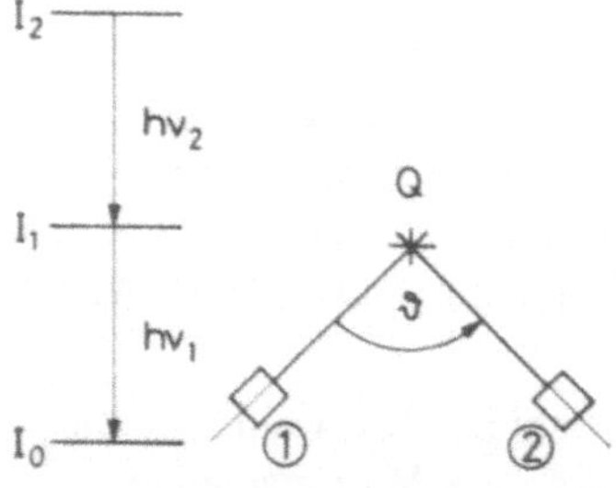

Bild 4.21 Messung einer Winkel-Korrelation für γ-Strahlung

Tabelle 4.3 Daten verschiedener Kern-γ-Strahlungen

$\dfrac{h\nu}{\text{MeV}}$	$\dfrac{\lambda}{\text{fm}}$	$\dfrac{k}{\text{fm}^{-1}}$	kR
0,01	123962	0,0000507	0,00025
0,1	12396,27	0,000507	0,0025
1	1239,63	0,00507	0,025
10	123,9	0,0507	0,253

4.3.3 Übergangswahrscheinlichkeit, Lebensdauer, Auswahlregeln

Um sogleich angeben zu können, welche Näherungen anwendbar sind, sind in Tabelle 4.3 einige Daten für γ-Strahlung zusammengestellt. Dabei ist

$$\lambda = \frac{c}{\nu} = \frac{2\pi\,\hbar c}{h\nu} \quad , \qquad k = \frac{1}{\lambda} = \frac{h\nu}{\hbar c} \, , \tag{4.54}$$

und R ist der Kernradius (für die letzte Spalte ist R = 5 fm als Durchschnittswert angenommen). Meistens liegt die γ-Energie deutlich unter 10 MeV. Die Quelle hat damit im allgemeinen eine kleine Ausdehnung verglichen mit der Wellenlänge, kR ist $\ll 1$. Da in die Übergangswahrscheinlichkeit die Werte der Multipolfelder als Hohlraumfelder im Kernbereich eingehen (s. unten), so kann für den Radialanteil die Näherung für kleine kR eingesetzt werden. Man sieht dann den Unterschied von *elektrischer* und *magnetischer Strahlung* besonders deutlich. Für kleine kr gilt (vgl. Gl. (2.19))

$$j_l \to \frac{1}{(2l+1)!!}\,(kr)^l.$$

Der Operator $\vec{l}$, mit dem die Feldvektoren (und das Vektorpotential) berechnet werden, wirkt nur auf die Winkelfunktion, wogegen rot eine einmalige Ableitung nach r mit sich bringt. Also ist für kleine r bei

1. elektrischer Strahlung:

$$E_{lm}^{E} \to k l \frac{(kr)^{l-1}}{(2l+1)!!} \, , \qquad\qquad H_{lm}^{E} \to k \frac{(kr)^{l}}{(2l+1)!!} \, , \tag{4.55}$$

d.h. bei elektrischer Strahlung ist in der Nähe der Quelle $H \ll E$;

2. magnetischer Strahlung:

Es gilt die umgekehrte Abschätzung, d.h. $H \gg E$ in der Nähe der Quelle.

Diese Beziehungen entsprechen den Vorstellungen, die man sich klassisch vom Zustandekommen dieser Strahlungsarten macht. Danach würde etwa eine lineare elektrische Dipolantenne ein hohes elektrisches Feld in Quellnähe haben. Dagegen hätte eine Rahmenantenne, die von Wechselstrom durchflossen ist, eine hohe magnetische Feldstärke in Quellnähe.

Die bisher durchgeführten Überlegungen betrafen nur die Struktur der von Kernen ausgesandten elektromagnetischen Strahlungsfelder, jedoch nicht die Frage, mit welcher Wahrscheinlichkeit die Felder emittiert werden, also nicht die relativen Intensitäten, die natürlich durch die Quelle bestimmt sind. Wir müssen demnach noch die *Übergangswahrscheinlichkeiten* angeben (Zerfallskonstante λ bzw. Lebensdauer τ eines Kerns). Der Kern wird durch die Zustandsfunktionen ψ_i (Anfangszustand) und ψ_f (Endzustand) beschrieben. Die Wechselwirkung H_{int} zwischen Kern und elektromagnetischem Feld erzeugt den Übergang $i \to f$. Die quantenmechanische Formulierung für die Zerfallskonstante λ lautet

$$\lambda = \frac{1}{\tau} = \frac{\Gamma}{\hbar} = \frac{2\pi}{\hbar}\,|\langle \psi_f |\, H_{int}\, | \psi_i \rangle|^2 \, \frac{dZ}{dE} \, , \tag{4.56}$$

wobei dZ/dE die Zustandsdichte im Endstand ist. Die einzutragende Wechselwirkung ist die gesamte elektromagnetische Wechselwirkung: das Skalarprodukt des elektrischen Stromes der Nukleonen mit dem Vektorpotential, dargestellt durch die Multipol-Strahlungsfelder von Ziff. 4.3.1, plus dem Skalarprodukt der magnetischen Momente mit dem Magnetfeld [59]. Für das Vektorpotential und das Magnetfeld benützt man die Näherung $kr \ll 1$, also $j_l \sim (kr)^l$. Aus der Beziehung (4.56) ergeben sich die *Auswahlregeln* in der Form, daß die Übergangswahrscheinlichkeit unter bestimmten Bedingungen streng verschwindet. Ohne Rechnung folgt, weil die γ-Übergänge keine Kernumwandlungen sind, daß stets $\Delta T_z = 0$ sein muß (Nukleonen- und Protonenzahl bleiben ungeändert). Wenn man Gl. (4.56) so umschreibt, daß an Stelle von Proton und Neutron das Nukleon eingeführt wird und beide Teilchenarten durch die z-Komponente ihres Isospins unterschieden werden, dann ergibt sich, daß die γ-Übergänge in zwei Gruppen zusammengefaßt werden können: solche, bei denen $\Delta T = 0$ („iso-skalare Übergänge") und solche, bei denen $\Delta T = \pm 1$ („iso-vektorielle Übergänge"). Dies sind die Auswahlregeln bezüglich des Isospins.

Da die Wellenfunktionen von Anfangs- und Endzustand des Kerns nur über das Kernvolumen von Null verschieden sind, so wird λ nur durch das Geschehen im Kerninnern bestimmt. Es ergeben sich verschiedene Werte für die Emission von elektrischer und magnetischer Strahlung:

$$\lambda_E (\text{lm}) = \frac{2(l+1)}{\hbar \epsilon_0 l (2l+1)!!^2} \left(\frac{\omega}{c}\right)^{2l+1} |Q_{\text{lm}}|^2, \tag{4.57}$$

$$\lambda_M (\text{lm}) = \frac{2(l+1)\mu_0}{\hbar l (2l+1)!!^2} \left(\frac{\omega}{c}\right)^{2l+1} |M_{\text{lm}}|^2, \tag{4.58}$$

mit den Matrixelementen des Multipoloperators

$$Q_{\text{lm}} = \langle \psi_f | Q_{\text{lm}}^{\text{op}} | \psi_i \rangle = e \sum_{k=1}^{Z} \int \psi_f^* r_k^l Y_l^{m*}(\vartheta_k, \varphi_k) \psi_i \, d\tau, \tag{4.59}$$

$$M_{\text{lm}} = \langle \psi_f | M_{\text{lm}}^{\text{op}} | \psi_i \rangle = -\frac{1}{l+1} \frac{e\hbar}{m_p} \sum_{k=1}^{Z} \int r_k^l Y_l^m(\vartheta_k, \varphi_k) \, \text{div} \, (\psi_f^* \vec{l} \psi_i) \, d\tau \tag{4.60}$$

(M nur für die Bahnbewegung der Protonen. Allgemeiner siehe [8] und [59].)

Wir benutzen die Formeln nur für die Weisskopf-Abschätzung, diskutieren zuvor noch die Auswahlregeln für Drehimpuls und Parität. Sie folgen aus Q und M. Nur, wenn diese Größen von null verschieden sind, kann Multipolstrahlung emittiert werden. Dabei gehen wir davon aus, daß ψ_f und ψ_i Zustände des Kerns sind mit den Daten des Drehimpulses: J_f und J_i und der Parität: π_f und π_i. Die Integrale sind nur dann von null verschieden, wenn der ganze Integrand positive Parität hat. Der Operator Q hat die Parität $(-1)^l$, also gilt für elektrische Multipolstrahlung

$$\pi_f (-1)^l \pi_i = +1, \quad \text{d.h.} \quad \pi_f \pi_i = (-1)^l,$$

und für magnetische Multipolstrahlung

$$\pi_f (-1)^{l-1} \pi_i = +1, \quad \text{d.h.} \quad \pi_f \pi_i = (-1)^{l+1}.$$

Es gelten demnach die folgenden *Auswahlregeln*:

elektrische Dipolstrahlung,   E1, $\Delta J = l = 1$ Paritätswechsel: ja
magnetische Dipolstrahlung,   M1, $\Delta J = l = 1$ Paritätswechsel: nein
elektrische Quadrupolstrahlung,   E2, $\Delta J = l = 2$ Paritätswechsel: nein
magnetische Quadrupolstrahlung, M2, $\Delta J = l = 2$ Paritätswechsel: ja
elektrische Oktopolstrahlung,   E3, $\Delta J = l = 3$ Paritätswechsel: ja
magnetische Oktopolstrahlung,   M3, $\Delta J = l = 3$ Paritätswechsel: nein.

Schließlich geben wir noch die *Weisskopf-Abschätzung* an: Der Gamma-Übergang soll nur durch ein *einziges Proton* verursacht werden, und die Multipol-Ordnung sei eindeutig festgelegt durch $J_i = l$, $J_f = 0$. Im Matrix-Element (4.59) benötigen wir die Wellenfunktionen, insbesondere die Radialanteile und benutzen dafür eine schon früher für die Berechnung der Niveaubreite angewandte Abschätzung (Gl. (3.204a)):

$$\left.\begin{aligned}
\psi_i &= \frac{1}{r}\, u(r)\, Y_l^m(\vartheta, \varphi)\, \chi_{1/2}^\mu \\[2ex]
\psi_f &= \frac{1}{r}\, v(r)\, Y_0^0(\vartheta, \varphi)\, \chi_{1/2}^\mu
\end{aligned}\right\} \quad \text{mit } u = v = \sqrt{\frac{3}{R}} \text{ für } r \leqslant R.$$

Für $r \geqslant R$ sei $u = v = 0$. Dann ergibt sich nach Summation über m und μ

$$\lambda_E(l) = \frac{2(l+1)}{l[(2l+1)!!]^2}\, \frac{9}{(l+3)^2}\, \frac{e^2}{4\pi\epsilon_0 \hbar c}\, \omega(kR)^{2l} \tag{4.61}$$

oder sogleich für praktische Rechnung (siehe [8])

$$\lambda_E(l) = \frac{4,4(l+1)}{l[(2l+1)!!]^2}\, \frac{9}{(l+3)^2}\, \left(\frac{E_\gamma}{197,33\,\text{MeV}}\right)^{2l+1} \left(\frac{R}{\text{fm}}\right)^{2l} \cdot 10^{21}\,\text{s}^{-1}, \tag{4.62}$$

$$\lambda_M(l) = \frac{1,9(l+1)}{l[(2l+1)!!]^2}\, \frac{9}{(l+3)^2}\, \left(\frac{E_\gamma}{197,33\,\text{MeV}}\right)^{2l+1} \left(\frac{R}{\text{fm}}\right)^{2l-2} 10^{21}\,\text{s}^{-1}. \tag{4.63}$$

Wie Bild 4.22 zeigt, gibt es auch sehr langlebige γ-Strahler. Man nennt sie „*isomere Zustände*", oder auch *isomere Kerne* (s. Bild 4.26d, ^{87}Sr*, Lebensdauer 2,83 h). Die entsprechenden Übergänge findet man im Energieschema mit IT (isomeric transition) bezeichnet.

4.3.4 Innere Umwandlung (Internal Conversion, I.C.)

In der Atomhülle kennt man den Auger-Effekt (1926): Anstelle eines Lichtquantes aus dem (Röntgen-)Übergang in tief liegenden Schalen wird ein Elektron einer höheren Schale emittiert. Es hat eine kinetische Energie, die gleich der Quantenenergie des Übergangs ist, vermindert um die Ablöseenergie des freigesetzten Elektrons. Es handelt

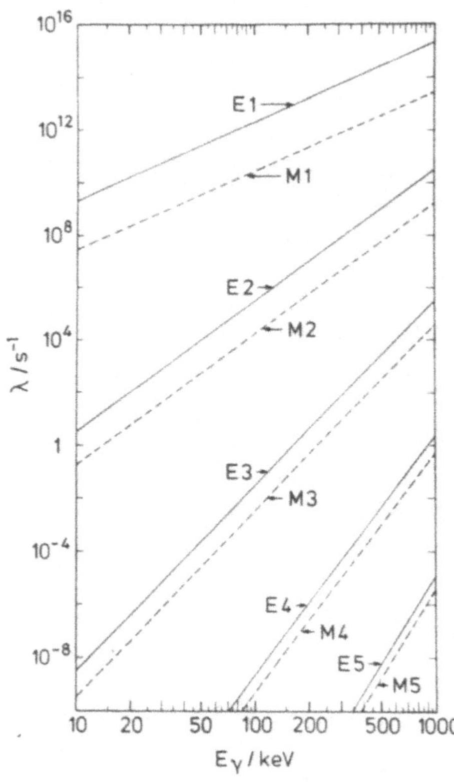

Bild 4.22

Zerfallskonstanten für Gamma-Strahlung in Weisskopf-Näherung (R = 1,2 fm $A^{1/3}$, A = 100) unter Berücksichtigung des magnetischen Momentes, aus [59]

sich dabei nicht um einen Photoeffekt in der Atomhülle, also nicht um eine zuerst erfolgende Lichtemission mit nachfolgender Absorption des Quants, d.h. mit nachfolgendem Photoeffekt, sondern es handelt sich um einen einstufigen Prozeß.

Im Kern ist der gleiche Prozeß möglich und wird „*innere Umwandlung*" genannt: Anstelle eines γ-Quants wird ein Elektron scharfer Energie emittiert (vgl. Bild 4.25), das aus der Elektronenhülle des Nuklids stammt. Nackte Kerne können demnach keine innere Umwandlung ausführen. Auf der anderen Seite ist die endliche γ-Emissionswahrscheinlichkeit unabhängig vom Vorhandensein der Elektronenhülle des Kerns. Beide Übergangswahrscheinlichkeiten sind unabhängig voneinander. Noch ein weiterer Prozeß ist unabhängig von den beiden erwähnten: Die „*innere Paarbildung*" (in Termschemata mit π bezeichnet). Bei ihr entsteht anstelle des γ-Quants ein Elektron (Ladung $-e$, Masse m_e) – Positron (Ladung $+e$, Masse m_e) – Paar. Während bei der I.C. die γ-Energie mindestens gleich der Ablöseenergie eines Elektrons aus der Hülle sein muß,

$$E_{kin} = h\nu - E_{Ablöse}\,(K, L, M, \dots \text{Schale}), \tag{4.64}$$

ist die Mindestenergie bei der inneren Paarbildung durch die Summe der Ruhenergien gegeben

$$E_{kin}^+ + E_{kin}^- = h\nu - 2m_e c^2. \tag{4.65}$$

Die Mindestenergie für innere Paarbildung ist demnach 1,022 MeV.

In einem systematischen Zusammenhang mit der γ-Emission gesehen, ist die Übergangswahrscheinlichkeit für alle drei Prozesse durch ähnliche Matrixelemente gegeben. Sie unterscheiden sich durch die Anfangs- und Endzustände:

	Anfangszustand	Endzustand
γ-Emission	Kernzustand	Kernzustand niedrigerer Energie + γ-Quant
innere Umwandlung	Kernzustand + Hüllenzustand	Kernzustand niedrigerer Energie + ionisierte Hülle + Elektron
innere Paarbildung	Kernzustand + total gefüllte Elektronenzustände negativer Energie	Kernzustand niedrigerer Energie + Loch in den Zuständen negativer Energie (Positron) + freies Elektron

Die WW ist bei der I.C. diejenige zwischen Hülle und Kern, wiederum entwickelbar in Multipolmomente. Ähnlich ist die WW zwischen den Elektronen des Bereiches negativer Energie (Positronen!) und dem Kern in Multipolmomenten darstellbar. Das heißt, γ-Emission, I.C. und innere Paarbildung bestimmen im Prinzip alle die gleichen pauschalen Eigenschaften eines Kerns, nämlich die Multipolmomente. Die innere Paarbildung behandeln wir hier nicht weiter. Sie wird nur in wenigen Fällen beobachtet, z.B. in ^{16}O beim Übergang aus dem ersten angeregten Zustand (6,05 MeV; s. Bild 2.29). Es handelt sich dabei um einen drehimpuls-losen Übergang $(0+ \rightarrow 0+)$, für den in der Tat γ-Emission absolut verboten ist und I.C. oder innere Paarbildung die einzigen Übergangsmöglichkeiten sind.

Für eine ausführliche Darstellung der I.C. sei auf *M. E. Rose,* Internal Conversion Coefficients verwiesen (North Holland Publishing Company, Amsterdam 1958). – Es sei λ_γ die Zerfallswahrscheinlichkeit für γ-Emission, λ_e diejenige für Emission eines Elektrons. Dann ist der *Konversions-Koeffizient* α definiert durch

$$\alpha = \frac{\lambda_e}{\lambda_\gamma} = \frac{N_e}{N_\gamma}, \tag{4.66}$$

mit N gleich den beobachteten Teilchenzahlen. Die totale Zerfallswahrscheinlichkeit λ ist damit

$$\lambda = \lambda_\gamma + \lambda_e = \lambda_\gamma (1 + \alpha). \tag{4.67}$$

Da die Matrixelemente für γ- und e-Emission ähnlich sind, so ist α viel schwächer von l abhängig als die Matrixelemente es sind. Die Bilder 4.23, 4.24 enthalten Konversionskoeffizienten für Konversion an der K-Schale (zwei Elektronen!). Der gesamte Konversions-Koeffizient ist $\alpha = \alpha_K + \alpha_L + \alpha_M + \ldots$, denn alle Einzelprozesse sind unabhängig voneinander. Der K-Konversions-Koeffizient für elektrische Multipole folgt etwa der Formel

$$(\alpha_K)_{el} \approx \frac{1}{l+1} Z^3 \left(\frac{1}{137}\right)^4 \left(\frac{2m_e c^2}{h\nu}\right)^{l+5/2} \tag{4.68}$$

und für magnetische Multipole

$$(\alpha_K)_{magn} \approx Z^3 \left(\frac{1}{137}\right)^4 \left(\frac{2m_e c^2}{h\nu}\right)^{l+3/2}, \tag{4.69}$$

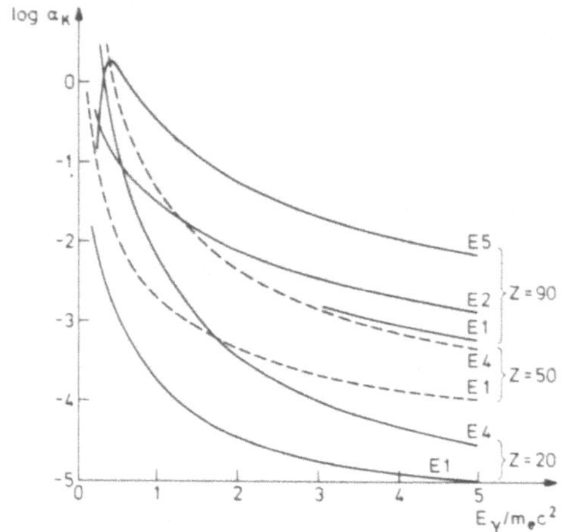

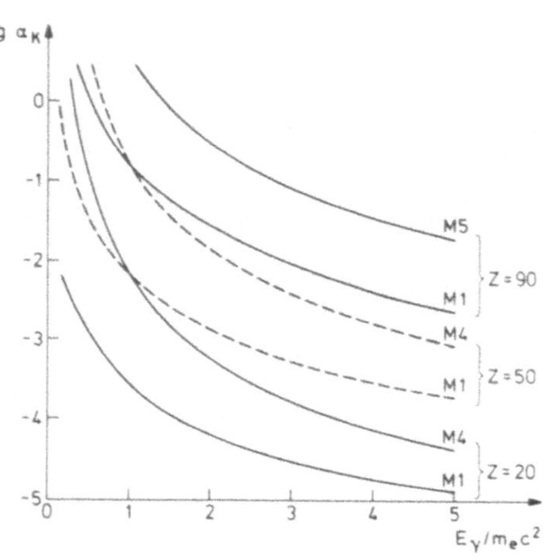

Bild 4.23 Verlauf des Koeffizienten der inneren Umwandlung an der K-Schale für verschiedene Nuklide und *magnetische* Multipolstrahlung (aus [63])

Bild 4.24 Verlauf des Koeffizienten der inneren Umwandlung an der K-Schale für verschiedene Nuklide und *elektrische* Multipolstrahlung (aus [63])

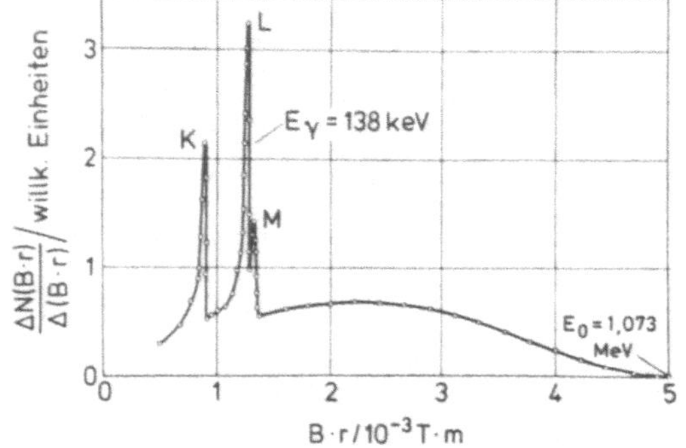

Bild 4.25

β^--Spektrum des Nuklids $^{186}_{75}$Re mit den K-, L- und M-Konversionslinien des γ-Zerfalls aus dem ersten angeregten Zustand des Endkerns $^{186}_{76}$Os

wobei gelten muß, daß $h\nu \ll m_e c^2$ und $h\nu \gg$ Bindungsenergie (*Dancoff* und *Morrison*, Phys. Rev. **55** (1939) 122). Die Abhängigkeit von Z^3 ist verständlich aus dem Verhältnis der Elektronen-Wellenfunktionen. Sie enthalten den Faktor $Z^{3/2}$, d.h. die Aufenthaltswahrscheinlichkeiten am Kernort sind proportional Z^3. Es kommt jedoch nicht allein auf den Kernort an, sondern im allgemeinen werden Multipolfelder des Kerns auch weiter außen von den Elektronen „gefühlt". Nur im Fall des Übergangs 0+ → 0+ bleibt die Kern-Coulomb-Feldstruktur völlig kugelsymmetrisch. Dann kommt es tatsächlich auf die WW des Elektrons im Kernbereich an, und dann ist α_K auch viel kleiner als im Normalfall. Bild 4.25 enthält das β^--Spektrum des Nuklids $^{186}_{75}$Re, das zum $^{186}_{76}$Os übergeht, wobei ein Teil der Zerfälle im 1. angeregten Zustand (0,138 MeV Anregungsenergie) endet. Die γ-Strahlung ist zum Teil konvertiert, die zugehörigen Elektronen erscheinen als scharfe Linien im Elektronenspektrum.

4.4 β-Zerfall, β-Radioaktivität

Um die Jahrhundertwende war gezeigt worden, daß die radioaktive Strahlung Teilchen enthält, die leicht in Magnetfeldern ablenkbar und identisch mit den bekannten Kathodenstrahlen, also Elektronen sind. 1914 war von *Chadwick* gezeigt worden, daß das Elektronen-Energiespektrum nicht scharfe Linien ähnlich wie das α-Spektrum enthält, sondern daß es kontinuierlich mit einer oberen Grenzenergie ist. Seit 1927 wurde von *W. Pauli* die Idee diskutiert, daß das kontinuierliche Spektrum dadurch verursacht sei, daß ein damals noch unbekanntes zweites Teilchen beim β-Zerfall gleichzeitig emittiert würde. Diese Idee wurde 1931 veröffentlicht und stieß auf allgemeine Skepsis. Erst nachdem Neutron und Proton als Bestandteile des Kerns bekannt waren, wurde die Vorstellung gesichert, daß der β-Zerfall durch eine Umwandlung dieser Bausteine ineinander zustande kommt. Die erste Theorie wurde von *E. Fermi* 1934 veröffentlicht, machte erfolgreich von der Neutrino-Hypothese Pauli's Gebrauch und gilt heute noch als die Basis aller Theorien des β-Zerfalls.

Die *Möglichkeiten der β-Radioaktivität* sind dreifacher Art:

1. *β⁻-Zerfall*: Emission eines Elektrons. Die Kernladung wird um 1 erhöht ($Z_A \rightarrow Z_A + 1$); im Kern vollzieht sich eine Umwandlung $n \rightarrow p$.
2. *β⁺-Zerfall* (entdeckt 1934 von *F. Joliot* und *I. Curie*): Emission eines Positrons (Ladung + e, Masse m_e, Spin $\frac{1}{2}\hbar$). Die Kernladung wird um 1 vermindert ($Z_A \rightarrow Z_A - 1$); im Kern vollzieht sich eine Umwandlung $p \rightarrow n$.
3. *K-(L-, ...) Einfang (Electron-Capture, EC)*: Absorption eines Elektrons aus einer bestimmten Schale der Elektronenhülle eines Nuklids als unabhängiger Konkurrenzprozeß zum β⁺-Zerfall. Die Kernladung wird um 1 vermindert ($Z_A \rightarrow Z_A - 1$), die Hülle bleibt ionisiert zurück; im Kern vollzieht sich wieder die Umwandlung $p \rightarrow n$. Im Anschluß an den Einfang wird Röntgen-Strahlung des End-Nuklids emittiert.

Beispiele sind $^{12}B \rightarrow {}^{12}C(\beta^-)$, $^{12}N \rightarrow {}^{12}C(\beta^+)$, $^7Be \rightarrow {}^7Li$ (Einfang).

4.4.1 Energie

Voraussetzung für alle drei Prozesse ist, daß die *Umwandlung energetisch möglich* ist. Das bedeutet für die Kern- und die Nuklid-Massen folgendes:

$$1.\ \beta^-:\ m_A c^2 = m_B c^2 + E_B + m_e c^2 + E_e,$$

wobei mit E die kinetische Energie bezeichnet wurde (E_B ist die Rückstoßenergie, die klein gegen E_e ist), m_A und m_B sind Kernmassen. Damit der Prozeß möglich ist, muß

$$m_A c^2 - (m_B c^2 + m_e c^2) = E_B + E_e = Q \geqslant 0$$

gelten. Man erhält daraus die entsprechende Beziehung für die Nuklide, wenn man die Elektronenmassen der Hülle addiert,

$$m_A c^2 + Z_A m_e c^2 - (m_B c^2 + (Z_A + 1) m_e c^2) = Q,$$

$$M_A c^2 - M_B c^2 = Q \geqslant 0. \tag{4.70}$$

Aus den Nuklidmassen (mit großen Buchstaben gekennzeichnet) kann man also direkt die Zerfallsenergie ablesen.

2. β^+: Die Ausgangsbeziehung ist die gleiche wie bei β^-. Fügt man die Elektronenmassen der Hüllen hinzu, dann erhält man jetzt

$$m_A c^2 + Z_A m_e c^2 - (m_B c^2 + (Z_A - 1) m_e c^2) - 2 m_e c^2 = Q$$

oder

$$M_A c^2 - M_B c^2 - 2 m_e c^2 = Q \geqslant 0. \qquad (4.71)$$

Beim β^+-Zerfall muß demnach von der Differenz der Nuklidmassen zunächst $2 m_e c^2 = 1,022\ \mathrm{MeV}$ abgezogen werden, um die Zerfallsenergie Q zu erhalten (vgl. Bild 1.10).

Die beiden in der vorhergehenden Ziffer für die Nukleonenzahl $A = 12$ angegebenen β-Zerfälle führen auf die folgenden Q-Werte ($\approx$ maximale β-Energie; Rückstoß!): $^{12}B \rightarrow {}^{12}C$, $Q = 13,370\ \mathrm{MeV}$, $^{12}N \rightarrow {}^{12}C$, $Q = 16,342\ \mathrm{MeV}$. Die beiden Zerfälle gehören schon zu den wenigen mit einem Q-Wert über 10 MeV. Die zugehörigen Halbwertszeiten sind entsprechend kurz, nämlich 20,4 ms und 11 ms. Man kann aber beim β-Zerfall offenbar keinen solchen einfachen Zusammenhang zwischen maximaler β-Energie und Zerfallszeit wie beim α-Zerfall erwarten, denn z.B. gilt für $^8B \rightarrow {}^8Be$, $Q = 16,96\ \mathrm{MeV}$, $T_{1/2} = 0,78\ \mathrm{s}$ und für $^8Li \rightarrow {}^8Be$, $Q = 16\ \mathrm{MeV}$, $T_{1/2} = 0,85\ \mathrm{s}$, d.h. trotz etwa gleichem Q-Wert wie bei ^{12}N ist die Halbwertszeit etwa 80-mal größer.

3. *Elektronen-Einfang (EC)*: Die Ausgangsbeziehung lautet

$$m_A c^2 + m_e c^2 = m_B c^2 + Q,$$

und für die Nuklide

$$m_A c^2 + Z_A m_e c^2 = m_B c^2 + (Z_A - 1) m_e c^2 + Q,$$

also

$$M_A c^2 - M_B c^2 = Q \geqslant 0. \qquad (4.72)$$

Das ist die gleiche Beziehung wie beim β^--Zerfall. — Es ergibt sich zum Beispiel für

$$^7Be \rightarrow {}^7Li, \quad Q = 0,8616\ \mathrm{MeV}\ (T_{1/2} = 53,37\ \mathrm{d}).$$

Die in diesem Beispiel vorliegenden Massenwerte besagen, daß ^7Be nicht durch β^+-Zerf-ll in ^7Li übergehen kann, sondern nur durch Elektronen-Einfang.

Bei den bekannten β-Strahlern kommen tatsächlich alle drei Prozesse auch gleichzeitig vor. Bild 4.26a–d zeigt einige entsprechende Beispiele. Wir bemerken noch, daß aus den Nuklidmassen (Tabelle 1.3) auch folgt, daß das Neutron als freies Teilchen durch β^--Zerfall in ein Proton übergehen kann; die gemessene Halbwertszeit ist $T_{1/2} = 636,3\ \mathrm{s}$.

4.4.2 Neutrino

Zur Aufklärung des kontinuierlichen Elektronen- bzw. Positronen-Spektrums (siehe die folgenden Bilder) wurde das *Neutrino* zunächst nur theoretisch eingeführt. Ist ein drittes Teilchen am β-Zerfall beteiligt (Endkern, Elektron, Neutrino), dann erfolgt die

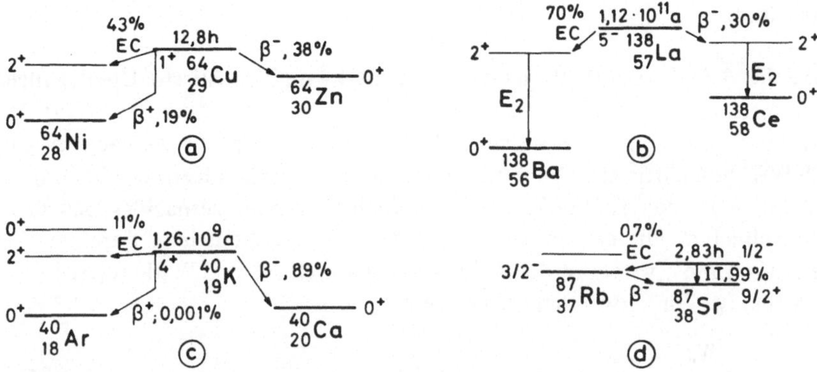

Bild 4.26 Energieschema verschiedener β-aktiver Nuklide

Aufteilung der Zerfallsenergien in der Weise, daß jedes der drei Teilchen ein Kontinuum von Energien durchläuft. Das wurde schon in Ziff. 3.2 in anderem Zusammenhang besprochen. Der Endkern nimmt wegen seiner großen Masse nur sehr wenig Energie auf, so daß die Energie in der Hauptsache auf Elektron und Neutrino aufgeteilt wird. Vom *Neutrino* kann man sogleich sagen, daß sein *Spin halbzahlig* sein muß ($\frac{1}{2}$ ℏ) ebenso wie der des Elektrons, weil die Kerne mit gerader Nukleonenzahl sämtlich ganzzahligen Spin haben, beim β-Zerfall aber die Nukleonenzahl nicht geändert wird, also auch der Folgekern ganzzahligen Spin hat. Das Elektron hat den Spin $\frac{1}{2}$ ℏ, also bleibt für das Neutrino nur ein halbzahliger Spin. Die Drehimpulsbilanz beim β-Zerfall lautet demnach

$$\vec{I_i} = \vec{I_f} + \vec{l} + \frac{\vec{1}}{2} + \frac{\vec{1}}{2} = \vec{I_f} + \vec{L} \tag{4.73}$$

mit i Anfangskern, f Endkern, $\vec{l}$ Drehimpulsinhalt der beteiligten Bahnbewegung.

Die *Ladung des Neutrinos* ist null, die Ladungsänderung beim β-Zerfall wird durch die negative bzw. positive Ladung des Elektrons allein richtig beschrieben. Der verschwindenden Ladung entspricht, daß die Wechselwirkung eines freien Neutrinos mit Materie extrem gering ist. Es hat auch eine extrem kleine Ruhmasse (was ebenfalls der kleinen WW entspricht). Aus der Form der β-Spektren selbst (Ziff. 4.4.3) kann man schließen, daß die *Ruhmasse* praktisch null ist. Man hat daher im Neutrino ein Teilchen, das sich, ebenso wie Lichtquanten, mit Lichtgeschwindigkeit bewegt. Das Neutrino ist gerade mit den Eigenschaften ausgestattet, die seinen Nachweis als freies Teilchen extrem schwierig machen!

Die Theorie des β-Zerfalls hat folgende Fakten und Daten zu erklären:

1. Der Mutterkern emittiert Elektronen bzw. Positronen, obwohl er selbst keine enthält.
2. Die Erhaltung von Energie und Impuls.
3. Die Gestalt der Spektren.
4. Die Zerfallskonstanten.

4.4.3 Energiespektrum

Die Theorie des β-Zerfalls enthält quantenmechanische und statistische Überlegungen, von denen die letzteren einfach sind und schon einen *allgemeinen, gemessenen Verlauf des Spektrums* zu erklären gestatten. Wir beginnen daher mit diesen. Zunächst vernachlässigen wir die Coulomb-WW, beschäftigen uns also mit einem hypothetischen Kern der Ladung $Ze = 0$. Ferner nehmen wir den Tochterkern als unendlich schwer an, vernachlässigen also den Rückstoß. Wie üblich dividieren wir alle Impulse, auch die des Neutrinos, durch mc und die Energien durch mc^2, wobei m die Ruhmasse des Elektrons und W die relativistische Gesamtenergie ist. Wir verwenden die Größen

$$\eta_e = \frac{p_e}{mc}, \qquad \epsilon_e = \frac{W_e}{mc^2} = \frac{E_e}{mc^2} + 1, \qquad \epsilon_e^2 = 1 + \eta_e^2, \tag{4.74}$$

$$\eta_\nu = \frac{p_\nu}{mc}, \qquad \epsilon_\nu = \frac{W_\nu}{mc^2} = \frac{E_\nu}{mc^2} + \frac{m_\nu}{m}, \qquad \epsilon_\nu^2 = \eta_\nu^2 + \left(\frac{m_\nu}{m}\right)^2, \tag{4.75}$$

woraus $\epsilon_e \, d\epsilon_e = \eta_e \, d\eta_e$, $\epsilon_\nu \, d\epsilon_\nu = \eta_\nu \, d\eta_\nu$ folgt. Für die Reaktionsenergie gilt

$$Q = E_e + E_\nu + m_\nu c^2. \tag{4.76}$$

Die Neutrinomasse m_ν nehmen wir als variabel an, Q ist durch die Differenz der Nuklidmassen bestimmt. Ferner setzen wir die Summe aus Elektronen- und Neutrino-Energie

$$\epsilon_\nu + \epsilon_e = \frac{E_\nu}{mc^2} + \frac{m_\nu}{m} + \frac{E_e}{mc^2} + 1 = \frac{Q}{mc^2} + 1 = \epsilon_0. \tag{4.77}$$

Wir berechnen die Impuls- bzw. Energieverteilung anhand der Statstik im Phasenraum: Wenn keine Bevorzugung bestimmter Impulse aufgrund von Übergangsmatrixelementen vorliegt, geht in jede Zelle der Größe h^3 des Phasenraumes ein Elektron bzw. ein Neutrino. Bei statistischer Unabhängigkeit, jedoch mit der Nebenbedingung, daß der Energiesatz gewahrt sein muß, ist dann die Wahrscheinlichkeit, die Impulse im Bereich $p_e \ldots p_e + dp_e$ bzw. $p_\nu \ldots p_\nu + dp_\nu$ zu finden

$$dW' = C_0 \, \frac{16 \, \pi^2 V^2}{h^6} \, p_e^2 \, dp_e \, p_\nu^2 \, dp_\nu \, \delta \, (Q - E_e - E_\nu - m_\nu \, c^2). \tag{4.78}$$

C_0 ist zunächst eine empirisch zu bestimmende Größe, die selbst von p_e abhängen kann. Es interessiert nur das Elektronenspektrum, weil nur dieses gemessen werden kann. D.h. es muß über den Neutrino-Impuls integriert werden. Mit

$$p_\nu^2 c^2 = E_\nu^2 + 2m_\nu c^2 E_\nu, \qquad p_\nu \, dp_\nu = \frac{1}{c^2} \, (E_\nu + m_\nu c^2) \, dE_\nu,$$

bleibt

$$dW = \int_{p_\nu} dW' = C_0 \frac{V^2}{4\pi^4 \hbar^6} p_e^2 dp_e \int \frac{1}{c} \sqrt{E_\nu} \sqrt{E_\nu + 2m_\nu c^2} \frac{1}{c^2} (E_\nu + m_\nu c^2)$$

$$\cdot \delta (Q - E_e - E_\nu - m_\nu c^2) dE_\nu \qquad (4.79)$$

$$= C_0 \frac{V^2}{4\pi^4 \hbar^6} \frac{1}{c^3} \sqrt{(Q - E_e)^2 - m_\nu^2 c^4} (Q - E_e) p_e^2 dp_e$$

oder

$$dW = C_0 \frac{V^2}{4\pi^4 \hbar^6} m^5 c^4 (\epsilon_0 - \epsilon_e) \sqrt{(\epsilon_0 - \epsilon_e)^2 - \frac{m_\nu^2}{m^2}} \eta_e^2 d\eta_e$$

$$= C_0 \frac{V^2}{4\pi^4 \hbar^6} m^5 c^4 \sqrt{\epsilon_e^2 - 1} (\epsilon_0 - \epsilon_e) \sqrt{(\epsilon_0 - \epsilon_e)^2 - \frac{m_\nu^2}{m^2}} \epsilon_e d\epsilon_e. \qquad (4.80)$$

Wir diskutieren zunächst einen wichtigen Punkt, nämlich die *Form des Spektrums in der Nähe der oberen Grenze*, und zwar die *Abhängigkeit von der Neutrinomasse*. Die obere Grenze ist bei

$$\epsilon_{e,max} = \epsilon_0 - \epsilon_{\nu,min} = \epsilon_0 - \frac{m_\nu}{m},$$

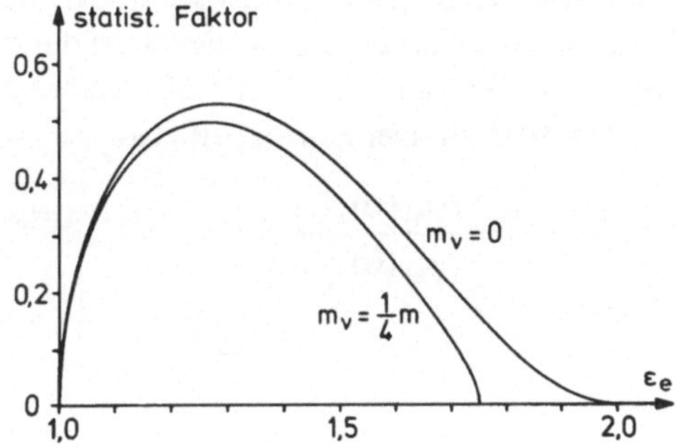

Bild 4.27
Statistischer Faktor S_f nach Gl. (4.82)

verschiebt sich also mit wachsendem m_ν nach unten. Differenziert man das Spektrum, dann sieht man, daß es auf

$$\frac{d}{d\epsilon_e} \left[\sqrt{(\epsilon_0 - \epsilon_e)^2 - \frac{m_\nu^2}{m^2}} (\epsilon_0 - \epsilon_e) \right]$$

$$= - \sqrt{(\epsilon_0 - \epsilon_e)^2 - \frac{m_\nu^2}{m^2}} - \frac{(\epsilon_0 - \epsilon_e)^2}{\sqrt{(\epsilon_0 - \epsilon_e)^2 - \frac{m_\nu^2}{m^2}}}$$

ankommt. Geht man hierin mit ϵ_e zur oberen Grenze über (Bild 4.27), dann ergibt sich, daß die Ableitung verschwindet, wenn $m_\nu = 0$ ist, daß sie aber gleich $-\infty$ wird, wenn $m_\nu \neq 0$. Das ist ein sehr wichtiges Verhalten des Spektrums, allerdings in einem nur schwer zugänglichen Bereich: An der oberen Grenze geht die Zählrate überhaupt gegen null, d.h. man braucht lange Meßzeiten, um die Spektren am oberen Ende genügend genau zu messen.

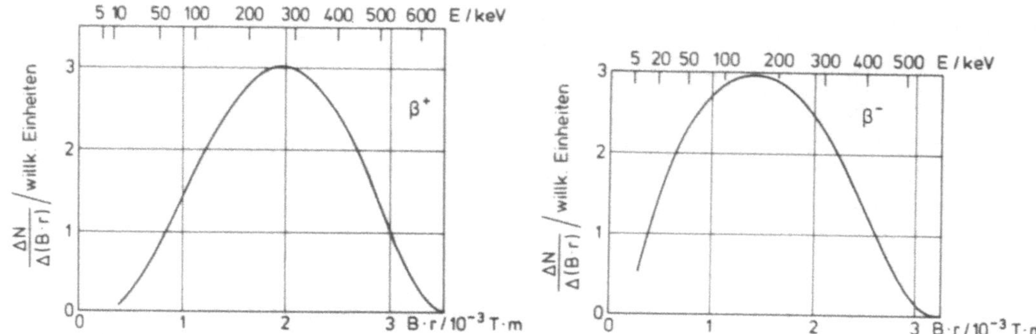

Bild 4.28 Positronen- bzw. Elektronen-Spektrum des Nuklids ^{64}Cu

Dies Verhalten gilt übrigens genau so für die Auftragung als Funktion des Elektronen-Impulses (der mit Magnetspektrometern gemessen wird) (Bild 4.28a, b).

Um ein theoretisches Spektrum mit dem experimentellen zu vergleichen, müssen wir zunächst die *Coulomb-Korrektur* einführen. In der noch anzugebenden Formel für die Übergangswahrscheinlichkeit wird in einem Matrix-Element auch die Elektronen-Wellenfunktion vorkommen. Die Wellenlänge der Elektronen ist beim β-Zerfall in der Regel groß gegen den Kernradius (s. Bild 3.28). Daher kommt es nur auf das Betragsquadrat $|\varphi_{el}(r = 0)|^2$ an. Der Korrekturfaktor ist

$$F(\pm Z', \eta_e) = \frac{|\varphi_{el}(0)|^2_{Z' \neq 0}}{|\varphi_{el}(0)|^2_{Z' = 0}},$$

$$(4.81)$$

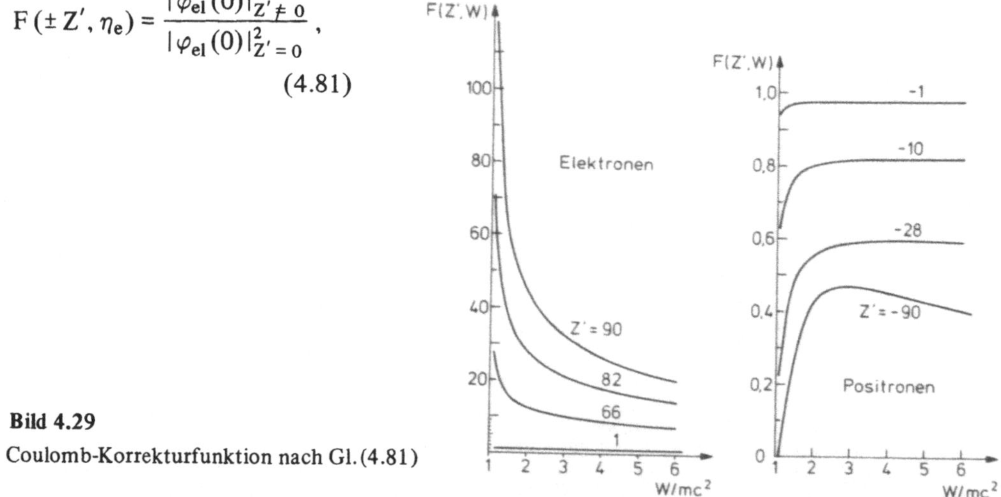

Bild 4.29

Coulomb-Korrekturfunktion nach Gl. (4.81)

wobei Z' die Kernladungszahl des Tochterkerns ist. Der Korrekturfaktor F ist völlig *unabhängig von der Theorie des β-Zerfalls* und ist für Elektronen und Positronen verschieden (Vorzeichen + und – bei Z'). Bei Elektronen wird $F > 1$ sein, weil das Coulomb-Feld auf die Elektronen eine anziehende Kraft ausübt, während Positronen ($Z' < 0$) abgestoßen werden, also wird für sie $F < 1$ sein. Bild 4.29 gibt den Verlauf der F- (oder Fermi-)Funktion für einige Fälle wieder (*H. Behrens, J. Jänecke*, Numerische Tabellen für Beta-Zerfall und Elektronen-Einfang, in Landolt-Börnstein, Zahlenwerte und Funktionen aus Naturwissenschaft und Technik, Neue Serie, Band 4, Heidelberg 1969). Der Einfluß von F ist z.B. bei ^{64}Cu gut sichtbar, wo β^- und β^+-Zerfall etwa die gleiche Grenzenergie haben: beim β^--Zerfall kommen deutlich mehr langsame Elektronen vor als Positronen beim β^+-Zerfall.

Mit der Fermi-Funktion ist die Form des Spektrums mit $m_\nu = 0$ durch

$$dW = C(\epsilon_e)\sqrt{\epsilon_e^2 - 1}\,(\epsilon_0 - \epsilon_e)^2\,F(\pm Z', \epsilon_e)\epsilon_e\,d\epsilon_e = C(\epsilon_e)\,S_f\,F\,d\epsilon_e \tag{4.82}$$

bestimmt, S_f ist der statistische Faktor (Bild 4.27). Die Größe $C(\epsilon_e)$ ist der *Formfaktor des Spektrums*. Häufig trägt man die Größe

$$K(\epsilon_e, \epsilon_0) = \left(\frac{\dfrac{dW}{d\epsilon_e}}{F(\pm Z', \epsilon_e)\,\epsilon_e\,\sqrt{\epsilon_e^2 - 1}}\right)^{1/2} \tag{4.83}$$

auf. Ist der Formfaktor unabhängig von der Energie, dann ist $K = \mathrm{konst.}(\epsilon_0 - \epsilon_e)$, stellt also eine Gerade dar: diese Auftragungsweise nennt man *Kurie-Plot*. Er eignet sich besonders zur Bestimmung der oberen Grenzenergie des Spektrums. In den folgenden Bildern sind für eine Übersicht einige Spektren nebst Kurie-Plots wiedergegeben.

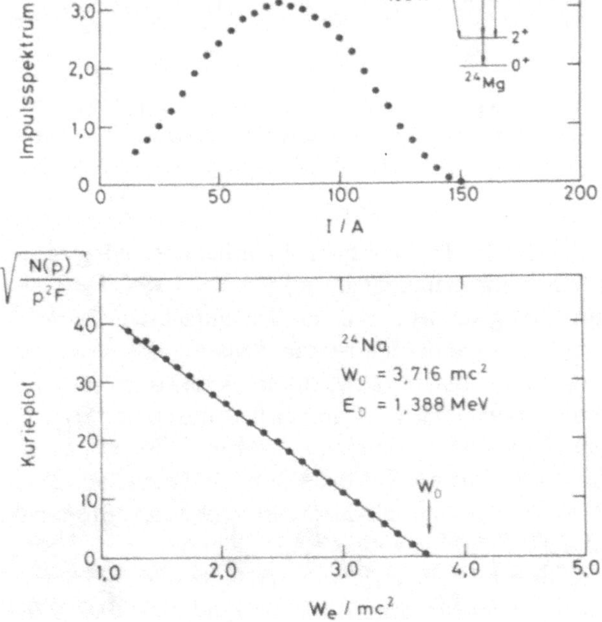

Bild 4.30

Elektronenimpulsspektrum und Kurie-Plot für den β-Zerfall von ^{24}Na (*B. Schmitz*, Dissertation Bochum 1976), $T_{1/2} = 54000$ s, I Strom durch die Erregerspule des Magnetspektrometers

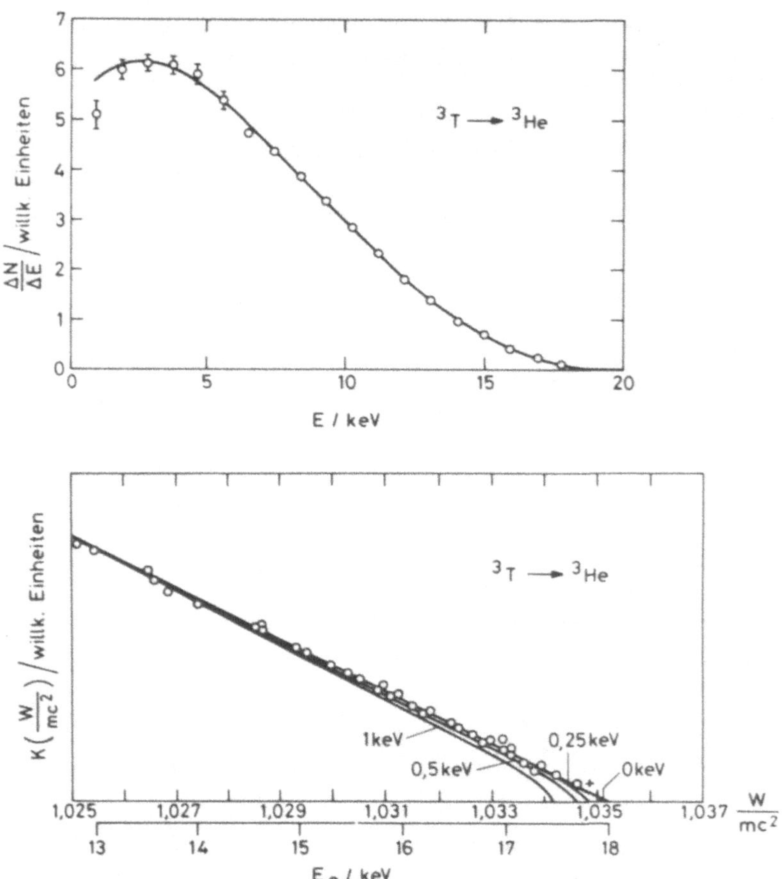

Bild 4.31 Energiespektrum (a) und Kurie-Plot (b) für den β^--Zerfall von Tritium (^{3}T → ^{3}He), T = 12,5 a. Aus dem Kurie-Plot dieses Spektrums hat man die kleinste obere Schranke für die Neutrino-Masse ermittelt (Ruhenergie < 250 eV). Die Grenzenergie ist 18,6 keV, in der älteren Arbeit (b) wurde noch 17,95 keV gefunden.

An Hand des Spektrums des β-Zerfalls des Tritiums hat man bisher die niedrigste Grenze für die Ruhenergie des Neutrinos bestimmen können: $m_\nu c^2 < 0{,}25$ keV. Für viele β-Strahler hat man einen geraden Kurie-Plot gefunden. Da er aus den einfachsten theoretischen Vorstellungen folgt (Berücksichtigung nur der Statistik im Phasenraum), so nennt man solche β-Zerfälle schlechthin „erlaubt". − Bild 4.32 enthält das β-Spektrum des Kerns ^{87}Rb, der bei geologischen Altersbestimmungen von großer Bedeutung ist. Das Spektrum konnte bis hinunter zu 185 eV verfolgt werden (*W. Neumann, E. Huster*, Z. Phys. **270** (1974) 121). Die Form des Kurie-Plots weist sich als „hoch-verboten" aus.

Ähnlich wie die γ-Emission wird auch der β-Zerfall quantenmechanisch in Störungsrechnung 1. Ordnung gerechnet („schwache" Wechselwirkung!). Die Formel für die Übergangswahrscheinlichkeit je Zeiteinheit enthält den Faktor $2\pi/\hbar$, das Matrixelement (zum Quadrat) und die Termdichte des Endzustandes (dZ/dE$_{ges}$). Mit der Funktion Gl. (4.80)

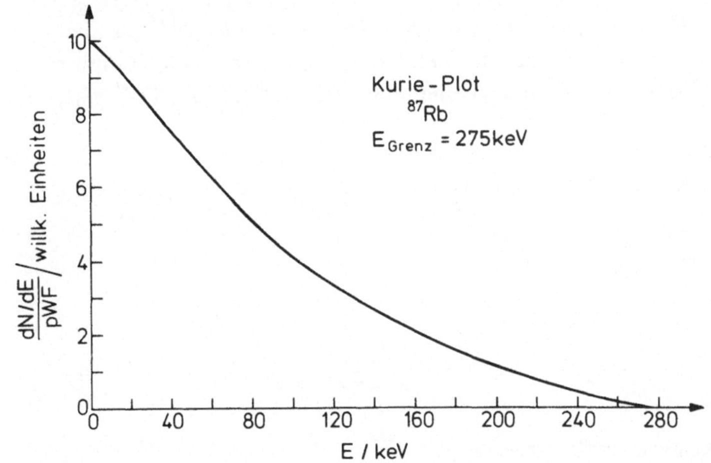

Bild 4.32 Kurie-Plot des β^--Spektrum von ^{87}Rb (hoch „verbotenes" Spektrum)

haben wir die letzte Größe berechnet, C übernimmt die Rolle des Matrixelements in der Form $g^2 |M|^2$ (g die *WW-Konstante des β-Zerfalls* oder *Kopplungskonstante der schwachen WW*), und V^2 hebt sich weg bei korrekter Normierung der Wellenfunktionen. Damit bleibt für die Übergangswahrscheinlichkeit in das Impuls-Intervall $\eta_e \dots \eta_e + d\eta_e$ (mit $m_\nu = 0$)

$$N(\eta_e)\, d\eta_e = \frac{g^2}{2\pi^3}\, |M|^2\, \frac{m^5 c^4}{\hbar^7}\, \eta_e^2\, \eta_\nu^2\, F(Z', \epsilon_e)\, C(\epsilon_e)\, d\eta_e, \tag{4.84}$$

wobei $C(\epsilon_e)$ der noch offene Anpassungsparameter (shape-factor) der Spektralform· ist. Bei erlaubten Übergängen ist der Ansatz

$$C(\epsilon_e) = 1 + a\epsilon_e + \frac{b}{\epsilon_e} + c\epsilon_e^2$$

begründbar, worauf wir hier nicht eingehen können. Die *Kopplungskonstante* konnte man aus einigen erlaubten Zerfällen berechnen zu

$$g = (1{,}415 \pm 0{,}003) \cdot 10^{-49}\, \text{erg cm}^3 \approx 10^{-37}\, \text{eV cm}^3. \tag{4.85}$$

Sie spielt die gleiche Rolle wie die Gravitationskonstante bei der Massenanziehung oder die Feinstrukturkonstante $\alpha = \frac{1}{137}$ bei Ladungswechselwirkungen.

4.4.4 Zerfallskonstante

Aus der Beziehung (4.84) ergibt sich die *Zerfallskonstante* λ (sowie *Lebensdauer* und *Halbwertszeit*) durch Integration über die Elektronenenergie (bzw. den Elektronen-impuls) zu

$$\lambda = \frac{g^2}{2\pi^3}\, |M|^2\, \frac{m^5 c^4}{\hbar^7} \int_0^{\eta_0} \eta_e^2 (\epsilon_0 - \epsilon_e)^2\, F(Z', \epsilon_e)\, d\eta_e, \tag{4.86}$$

wobei wir für die folgenden Überlegungen $C(\epsilon_e)$ weggelassen haben *und* $|M|^2$ als unabhängig von ϵ_e ansehen. Der Integrand enthält nur bekannte Funktionen, jedoch muß man ϵ_0 kennen (aus dem Kurie-Plot). Man erhält also eine tabellierbare Funktion $f(Z', \eta_0)$, so daß

$$\lambda = \frac{1}{\tau} = \frac{g^2}{2\pi^3}\, |M|^2\, \frac{m^5 c^4}{\hbar^7}\, f(Z', \eta_0),$$

oder

$$\tau \cdot f(Z', \eta_0) = \frac{2\pi^3}{g^2}\, \frac{\hbar^7}{m^5 c^4}\, \frac{1}{|M|^2}\ .$$

$$(4.87)$$

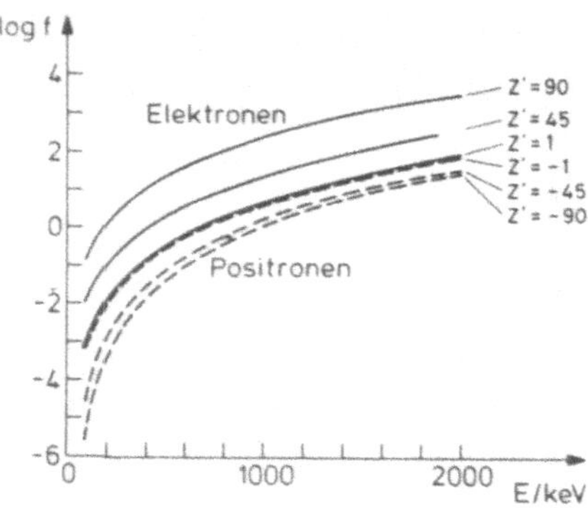

Bild 4.33

f-Werte in Abhängigkeit von der Grenzenergie

Aus einer Messung der Halbwertszeit und der Form des Spektrums (insbesondere ϵ_0) kann man demnach die Kopplungskonstante bestimmen, wenn man noch etwas über $|M|^2$ weiß. Insbesondere beim Zerfall $^{14}O \to {}^{14}N^*$ ist M^2 berechenbar und ist gleich 2. Damit war der in Gl. (4.85) angegebene Wert für g bestimmbar. Man nennt $f \cdot \tau$ die *„comparative half-line"* (auch einfach *ft-Wert* genannt). Betrachtet man die f-Werte selbst (Bild 4.33), so sieht man, daß sie einen Bereich von vielen Zehner-Potenzen bei Grenzenergien zwischen 100 keV und 2000 keV durchlaufen. Sie sind damit ganz sicher ein bestimmender Faktor der Zerfalls-Wahrscheinlichkeit.

Bild 4.34 enthält eine diagrammatische Zusammenstellung der bekannten β-Strahler. Es wurde die Zahl der Fälle mit ft-Werten in den Bereichen $\Delta(\log ft) = 1$ aufgetragen. Das Histogramm läßt keine scharfe Unterscheidung von Gruppen zu. Unter Hinzunahme von Auswahlregeln ergeben sich aber doch die in Tabelle 4.4 angegebenen Gruppierungen.

Sie kommen im wesentlichen wie folgt zustande: Der abgegebene Drehimpuls $\vec{L} = \vec{J}_i - \vec{J}_f$ enthält mit wachsendem L wachsende Bahndrehimpulsanteile l, denn die Spins von Elektronen und Neutrino koppeln nur zu 0 und 1. Infolgedessen wird der β-Zerfall mit wachsendem L „verbotener", weil die Aufenthaltswahrscheinlichkeit des Elektrons am Kern absinkt. Zum Beispiel ist für den β-Zerfall des Kerns ^{87}Rb nach Bild 4.26d die Drehimpulsänderung $\Delta J = 3$, und es besteht Paritätswechsel ($\frac{3}{2}- \to \frac{9}{2}+$). Der Zerfall ist 3-fach, non-unique verboten. Die Halbwertszeit wurde zu $(4{,}88^{+0,06}_{-0,10}) \cdot 10^{10}$ a gemessen (*W. Neumann, E. Huster*, Z. Phys. **270** (1974) 121). Der $\log(ft)$-Wert ist 17,5.

4.5 Paritäts-Experimente beim β-Zerfall

Es wurde häufig davon Gebrauch gemacht, daß die Parität eines Zustandes eine gute Quantenzahl ist: Wenn der Hamilton-Operator invariant gegenüber der Transformation $\vec{r} \to -\vec{r}$ ist, ist H mit P vertauschbar, also haben beide Operatoren ein gemeinsames Eigenfunktions-System (Ziff. 2.6). Die Invarianz von H hatte schon beim γ-Zerfall besondere Konsequenzen, auf die aber nicht besonders hingewiesen wurde; das wird jetzt nachgeholt, um den Unterschied zum β-Zerfall zu sehen.

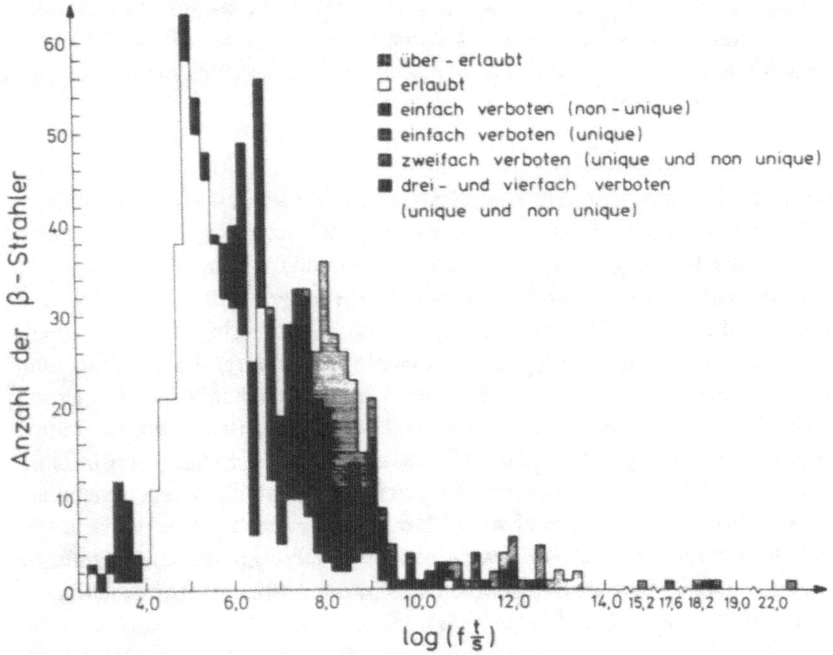

Bild 4.34 Zusammenstellung der bekannten β-Strahler (aus [71])

Tabelle 4.4 β-Zerfallstypen und log(ft)-Werte

Zerfallstyp		$\log\left(f\dfrac{t}{s}\right)$	Paritätenprodukt	Drehimpuls-änderung ΔJ	Beispiel
erlaubt	übererlaubt (superallowed)	2,9 ... 3,7	$\pi_i \cdot \pi_f = +1$	0,1; L = 0	$n \to {}^1H$ ${}^3T \to {}^3He$
	nicht-bevorzugt (unfavoured)	4,4 ... 5,9			${}^{64}Cu \to {}^{64}Zn$
	1-verboten	$\gtrsim 5,9$			${}^{32}P \to {}^{32}S$
einfach-verboten (1st forbidden)	non unique	6 ... 9	$\pi_i \cdot \pi_f = -1$	0,1; L = 1	${}^{91}Y$
	unique	8 ... 10			
zweifach verboten (2nd forbidden)		10 ... 13	$\pi_i \pi_f = (-1)^L$ L-fach, non-unique verboten	> 1; L > 1	${}^{137}Cs$
dreifach verboten (3rd forbidden)		> 15	$\pi_i \pi_f = (-1)^{L-1}$ L-fach, unique verboten		${}^{87}Rb$

Die beim γ-Zerfall als klassische elektromagnetische Felder eingeführten Feldstrukturen waren sämtlich spiegelungssymmetrisch bezüglich der x-y-Ebene (s. Bilder 4.15 bis 4.17). Diese Spiegelungssymmetrie ist eine Folge der Paritätsinvarianz des Hamilton-Operators. Wird in ihm nämlich eine Koordinaten-Transformation

$$P: x' = -x, \quad y' = -y, \quad z' = -z$$

ausgeführt, dann ist dieser äquivalent, daß man zunächst das Koordinatensystem um die z-Achse um 180° dreht und dann eine Spiegelung an der x'-y'- (bzw. x-y-)Ebene ausführt. Da die Drehung, und ihre Konsequenzen, schon durch den Drehimpulsoperator abgedeckt ist, so ist die Invarianz von H gegen P tatsächlich eine *Spiegelungsinvaraniz* von H an einer Ebene. Wenn also in H die Paritäts-Operation ausgeführt wird, dann erhält man den Operator H', dessen Struktur die gleiche wie diejenige von H ist (das bedeutet die Invarianz von H). Die Lösungen der neuen SGl. mit H' sind demnach von der gleichen Struktur wie die der SGl. mit H. Würden die Lösungen von H etwa spiegel-unsymmetrisch ausfallen, dann würde H' die gespiegelten Lösungen enthalten: Nun unterscheiden sich beide nur durch die Spiegelung an der x-y-Ebene. Soll Invarianz der physikalischen Phänomene gegenüber Spiegelung bestehen, dann dürfen sowohl H wie H' bereits nur spiegelsymmetrische Lösungen haben. Das haben wir für die elektromagnetischen Strahlungsfelder schon gesehen, und zwar gilt das auch dann, wenn die Sendeantenne, d.h. der strahlende Kern, sich in einem scharfen Zustand bezüglich I und I_z befindet, also der Kernspin orientiert ist (vollständige Polarisation der Anfangskerne). Die Symmetrie stellt man experimentell fest, indem man bei orientierten Kernen die emittierten Strahlungsintensitäten mißt:
$W(90°)/W(0°) = W(90°)/W(180°)$.

Zu den Feldstrukturen und Ausstrahlungsdiagrammen bemerken wir noch folgendes: In großer Entfernung von der Quelle mißt man in der Regel linear polarisierte Strahlung (Ausnahme nur in Richtung der z-Achse), die eine Mischung von rechts- und links-zirkular polarisierter Strahlung ist, und zwar im gleichen Verhältnis. Im Sinne der Lichtquantentheorie heißt das, daß beide Spin-Orientierungen, parallel und antiparallel zur Impulsrichtung (Ausbreitungsrichtung) mit gleicher Intensität vorkommen.

Die Prüfung der *Paritätsinvarianz beim β-Zerfall* wurde 1956 von *Lee* und *Yang* aufgrund von Schwierigkeiten vorgeschlagen, die bei Zerfällen von Mesonen auftraten und die Zweifel an der Gültigkeit des Prinzips aufkommen ließen. Man stellte dann fest, daß in der Tat keine der bisher im Rahmen der β-Radioaktivität gefundenen Befunde eine direkte Prüfung der Paritätsinvarianz enthielt. Das erste entsprechende Experiment, das sofort die volle Verletzung der Paritätsinvarianz zeigte, wurde von *C. S. Wu, E. Ambler, P. Hayward, D. Hoppes, R. Hudson* (Phys. Rev. **105** (1957) 1413) ausgeführt. Es betraf den β-Zerfall von ^{60}Co (Bild 4.35) (erlaubter Zerfall). Die nachfolgende γ-Strahlung ist sehr wohl bekannt und dient gelegentlich zu Eichzwecken. Bild 4.36 zeigt den Aufbau der Apparatur, Bild 4.37 enthält das Ergebnis der Messung. Das CeMg-Nitrat-Präparat dient der Abkühlung der radioaktiven Quelle durch adiabatische Entmagnetisierung auf ca. 0,01 K. Ist diese Temperatur erreicht, dann wird von unten eine kleine Spule mit Längsmagnetfeld über das Präparat geschoben, womit dann die ^{60}Co-Kerne in ihm ausgerichtet werden. Zunächst wird durch Registrierung der Nachfolge-γ-Strahlung gezeigt, daß die Kerne der γ-Kaskade ausgerichtet sind: Man registriert die γ-Intensität in der Horizontal-Ebene (äquatorial) mit

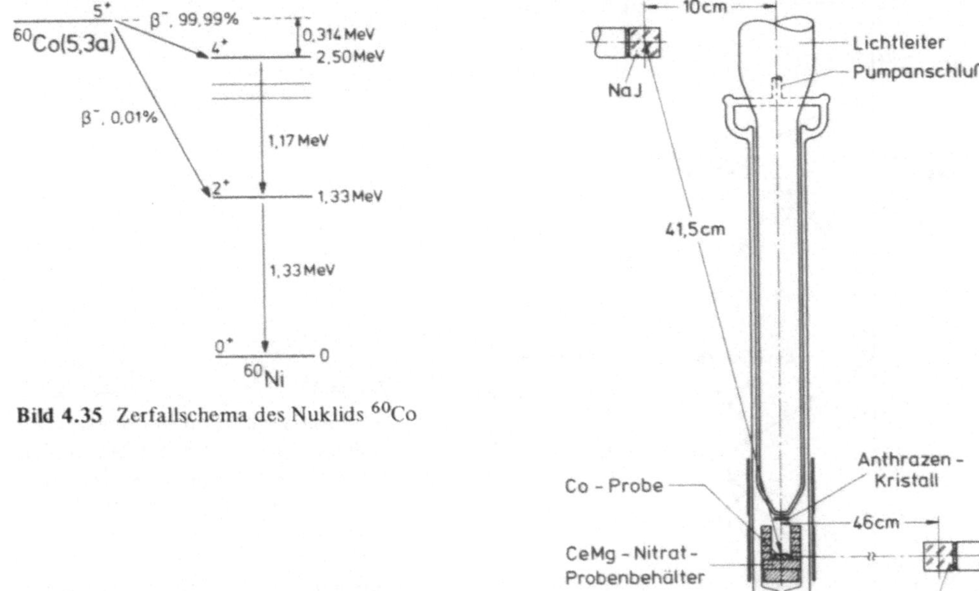

Bild 4.35 Zerfallschema des Nuklids ⁶⁰Co

Bild 4.36

Apparatur zur Messung der Asymmetrie der β-Emission aus
magnetisch ausgerichteten Kernen des Nuklids ⁶⁰Co

einem NaJ-Detektor, ebenso wie die axiale Intensität. Die obere Hälfte von Bild 4.37 zeigt
den entsprechenden Intensitätsverlauf in Abhängigkeit von der Zeit. Die Probe erwärmt
sich wieder, so daß nach etwa 6 min der Intensitätsunterschied verschwunden ist, d.h. die
Co-Kerne sind dann nicht mehr ausgerichtet. Bis zu diesem Zeitpunkt wird nun auch die
Asymmetrie der β-Emission untersucht. Zu diesem Zweck ist ein (für Elektronen-Nach-
weis gut geeigneter) Anthrazen-Kristall (mit Lichtleiter) nahe bei dem β-Präparat montiert.
Die dort registrierbare Zählrate wird für die beiden Fälle der Longitudinal-Orientierung des
kleinen Spulenfeldes verfolgt: In der unteren Hälfte von Bild 4.37 sieht man, daß tatsächlich die Elektronenemission *nicht* spiegelsymmetrisch ist. Das führt zu den folgenden Konsequenzen.

Der Kern ⁶⁰Co hat den Spin J = 5 und das magnetische Moment von 3,81 Kernma-
gnetonen, das sich parallel zum Feld einstellt. Die z-Komponente des Spins ist $J_z = +5$.
Für den Übergang haben wir die Drehimpulsänderung $\Delta J = L = 1$, jedoch soll der Übergang erlaubt sein. Das bedeutet, daß kein Bahndrehimpuls l in das Elektron-Neutrino-Feld
geht ($l = 0$). Die Drehimpulsänderung wird vollständig von der Summe der Spins aufge-
bracht, die also beide parallel orientiert sein müssen. (Es handelt sich hier um einen sog.
Gamow-Teller-Übergang (GT) mit $\Delta J = \pm 1$; ein Übergang mit $\Delta J = 0$ ist bei $l = 0$ ein
sog. *Fermi-Übergang* (F), z.B. ¹⁴O → ¹⁴N*.) Demnach ist der ⁶⁰Ni-Kern ebenfalls parallel
zum Feld orientiert. Nach den Meßergebnissen von *Wu* et al. werden die Elektronen mit
überwiegender Häufigkeit in die −z-Richtung emittiert, d.h. nicht gleich häufig in −z und
+z. Daraus muß der Schluß gezogen werden, daß der den Übergang verursachende *Hamil-*

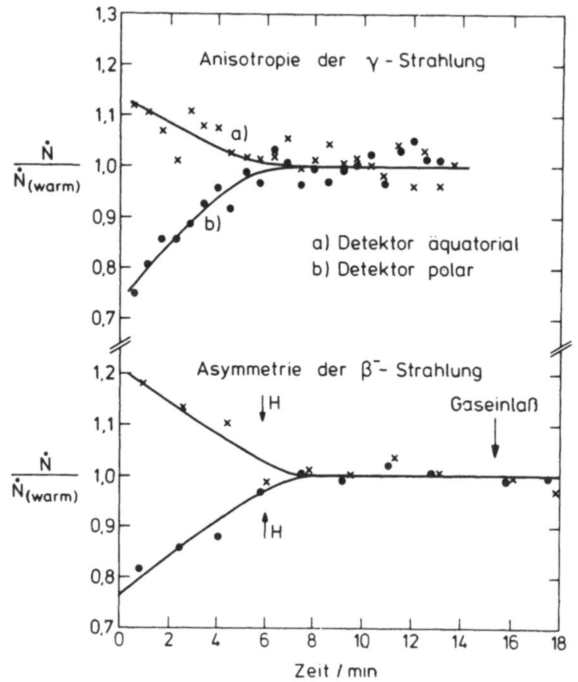

Bild 4.37

γ-Emission (oben) und β^--Emission (unten), gemessen mit den Detektoren aus Bild 4.36. Mit anwachsender Zeit nach der Abkühlung (durch adiabatische Entmagnetisierung) wird die Orientierung der Kernspins zerstört, die Asymmetrie der β-Emission verschwindet.

ton-Operator der schwachen Wechselwirkung nicht paritäts-erhaltend ist. Ist J der Kerndrehimpuls und $\vec{e}$ die Emissionsrichtung des Elektrons, so sagt die Theorie, daß die Wahrscheinlichkeit der Emission des Elektrons in Richtung $\vec{e}$ der Beziehung folgt

$$w(\vec{e}, \vec{J}) = 1 + \frac{v}{c} \frac{\langle J \rangle}{J} (\vec{J} \cdot \vec{e}) A, \tag{4.88}$$

wobei A von der Art der WW abhängt; die Abhängigkeit von v/c konnte sehr gut bestätigt werden. Man mißt mit dem Experiment tatsächlich den Erwartungswert des Pseudo-Skalars $(\vec{J} \cdot \vec{e})$ und genau eine solche Größe muß gemessen werden, wenn man Paritäts-Erhaltung prüfen will. Nun gibt es noch mehr solcher Skalare, z. B. die Elektronen-Polarisation bezüglich der Elektronenbewegung, d.h. die Größe $\vec{p}_e \cdot \vec{\sigma}_e$. Die Elektronen-Polarisation wurde in der Tat für den β-Zerfall antiparallel zum Impuls gefunden, d.h. es ist ein *Schraubensinn (Helizität)* eindeutig bevorzugt.

Man kann die experimentellen Resultate in zwei einfachen Aussagen zusammenfassen: *Elektronen des β-Zerfalls* haben immer *negative Helizität* (Spin antiparallel zum Impuls), *Positronen* haben immer *positive Helizität*. Es sei am Rande dabei bemerkt, daß relativistisch schnelle Elektronen stets nur parallelen oder antiparallelen Spin relativ zum Impuls haben können. Das Besondere beim β-Zerfall ist, daß nur eine Sorte vorkommt.

Wir überlegen zum Abschluß noch, welche Helizität die Neutrinos haben. Sie sind relativistisch schnell, können also nur parallel oder antiparallel zum Impuls orientierte Spins haben. Man weiß nun, daß bei Fermi-Übergängen die Impulse von Elektron und Neutrino bevorzugt parallel orientiert sind, bei Gamow-Teller-Übergängen aber anti-

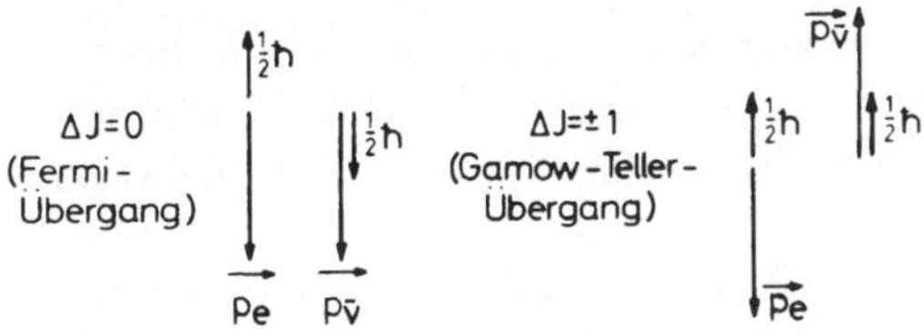

$\Delta J = 0$ (Fermi-Übergang) $\Delta J = \pm 1$ (Gamow-Teller-Übergang)

Bild 4.38

Orientierung von Impuls und Spin beim β-Zerfall für Fermi- und Gamow-Teller-Übergänge

Tabelle 4.5 Leptonen, Eigenschaften von Teilchen und Antiteilchen

	Teilchen		Antiteilchen	
Symbole	e^-	$\bar{\nu}$	e^+	ν
Masse	m_e	0	m_e	0
Ladung	$-e$	0	$+e$	0
Helizität (β-Zerfall)	-1	$+1$	$+1$	-1
Leptonenzahl	$+1$	-1	-1	$+1$

parallel. Wenn man die Drehimpulsbilanz berücksichtigt, dann ergibt sich das in Bild 4.38 gezeichnete Bild. Für die *Neutrinos des β-Zerfalls* sind Impuls und Spin parallel gerichtet (*positive Helizität*). Ferner gilt: Die *Neutrinos des β^+-Zerfalls* haben *negative Helizität*.

Die strenge Zuordnung von Impuls- und Spin-Orientierung zu den Teilchen des β-Zerfalls ist einer der Gründe zu einer Abänderung der Bezeichnungsweise, der tiefere Bedeutung zukommt. Von Elektron und Positron ist bekannt, daß sie sich vollständig dematerialisieren können ($e^+ + e^- \rightarrow 2h\nu$) und auch durch γ-Quanten in Paaren erzeugt werden können. Sie sind *Teilchen* und *Antiteilchen*. Ebenso nennen wir jetzt das Neutrino des β^--Zerfalls das *Antineutrino*, dasjenige des β^+-Zerfalls das *Neutrino*, Symbole $\bar{\nu}$ und ν. Es ergeben sich damit die folgenden Gruppierungen (Tabelle 4.5): Elektronen und Neutrinos sind beides *Leptonen* (leichte Teilchen, Tabelle 1.1), und die Gleichungen des β-Zerfalls verdeutlichen den Satz von der *Erhaltung der Leptonenzahl*:

$$\begin{aligned} n &\rightarrow p + e^- + \bar{\nu} \quad (\beta^- \text{-Zerfall}), \\ p &\rightarrow n + e^+ + \nu \quad (\beta^+ \text{-Zerfall}), \\ e^- + p &\rightarrow n + \nu \ (\text{EC}). \end{aligned} \qquad (4.89)$$

4.6 Schwache Wechselwirkung

Es ist diejenige WW, die wir für den β-Zerfall verantwortlich machen, ganz entsprechend wie wir für die γ-Emission die elektromagnetische WW verantwortlich machen. Der Hamilton-Operator für γ-Emission war formal das innere Produkt von elektrischer Stromdichte der Nukleonen mit dem Vektorpotential, wobei der Parameter, der die Stärke der WW bestimmt, die elektrische Ladung war. Eine ähnliche Eigenschaft der Kerne (Nukleonen), die die Kopplung an die Leptonen verursacht, ist bis heute nicht bekannt. Infolgedessen läßt man sich bei der Aufstellung einer Theorie von Analogien und physikalischen Prinzipien leiten und führt anstelle der Ladung eine *Kopplungskonstante* g ein.

die die Stärke der WW angeben soll. Erschwerend kommt hinzu, daß zwar eine Kernzustand aus einem anderen entsteht, aber gleichzeitig man es mit *zwei* Teilchen, Elektron und Neutrino, zu tun hat. Man gibt diesem Problem eine neue Wendung, indem man sich an die Diracsche Löcher-Theorie erinnert: Ein Loch in der Welt der Elektronen mit negativer Gesamtenergie ist gleichbedeutend mit einem Positron positiver Energie. Entsprechend behandelt man die Neutrinos, deren Ruhmasse null ist: Ein Loch in der Welt der Neutrinos negativer Gesamtenergie bedeutet ein Antineutrino positiver Energie. Dann kann man die n-p- bzw. p-n-Umwandlung auch wie folgt umschreiben:

$$
\begin{aligned}
&n \to p \ + e^- + \bar{\nu} \quad \text{oder} \quad n + \nu \to p + e^-, \\
&p \to n \ + e^+ + \nu \quad \text{oder} \quad p + \bar{\nu} \to n + e^+, \\
&p + e^- \to n \ + \nu \quad \text{(EC)}.
\end{aligned}
\tag{4.90}
$$

Die schwache WW führt demnach zu zwei Prozessen gleichzeitig: Kernübergang $\psi_{\text{Anfang}} \to \psi_{\text{Ende}}$, Leptonenübergang $\nu \to e^-$. Damit erscheint die Formulierung für die Hamilton-Funktion plausibel

$$
H_{\beta,k} = \int g_k \, (\psi_p^+ \Omega_k \psi_n)\,(\psi_e^+ \Omega_k \psi_\nu)\, d\tau + \text{h.c.}
\tag{4.91}
$$

Der Index k wurde hinzugefügt, weil es verschiedene WW-Operatoren geben kann, die

evtl. auch als Summe auftreten, so daß dann $H_\beta = \sum\limits_k H_{\beta,k}$ mit verschiedenen Kopplungs-

konstanten. Über die mathematische Form der WW-Operatoren kann man gewisse Aussagen machen, die darauf beruhen, daß man eine bestimmte theoretische Beschreibungsweise benutzt, nämlich die Diracsche Theorie, mit welcher relativistische Teilchen mit halbzahligen Spin (Neutrino, Elektron) beschrieben werden. Wir können darauf nicht im Detail eingehen, berichten aber über einige Ergebnisse im Zusammenhang mit dem β-Zerfall.

Die Teilchen werden durch vier-komponentige Wellenfunktionen beschrieben, die im nicht-relativistischen Fall in zwei-komponentige übergehen. In der Dirac-Gleichung (kräftefrei!) treten daher 4 × 4-Matrizen auf

$$
\gamma_k = -\,i\,\beta\alpha_k \ (k = 1, 2, 3), \quad \gamma_4 = \beta,
\tag{4.92}
$$

wobei

$$
\alpha_k = \begin{pmatrix} 0 & s_k \\ s_k & 0 \end{pmatrix}, \qquad
\beta = \begin{pmatrix} \underline{1} & 0 \\ 0 & -\underline{1} \end{pmatrix}, \qquad
\sigma_k = \begin{pmatrix} s_k & 0 \\ 0 & s_k \end{pmatrix}
$$

ist. Die Größen s_k und $\underline{1}$ sind gewöhnliche Diracsche Spinmatrizen (2 × 2-Matrizen) und σ ist der Vierer-Spin. Die WW-Operatoren der β-Zerfallstheorie erhalten die Formen

$$
\begin{aligned}
&\Omega_s \ = \gamma_4 \quad \text{(skalarer Operator)}, \qquad \Omega_p = \gamma_4 \gamma_5 \quad \text{(Pseudoskalar)} \\
&\Omega_V = \gamma_4 \gamma_\mu \ \text{(Vektor)}, \qquad\qquad\quad \Omega_A = \gamma_4 \gamma_5 \gamma_\mu \quad \text{(axialer Vektor)} \\
&\Omega_T = \gamma_4 (\gamma_\mu \gamma_\nu - \gamma_\nu \gamma_\mu), \quad \text{(Tensor)}.
\end{aligned}
\tag{4.93}
$$

Die Charakterisierung als Skalare und Vektoren bezieht sich auf die Transformations-
eigenschaft von $\psi^+ \Omega \psi$ bezüglich der Lorentz-Transformation, und es ist

$$\gamma_5 = \gamma_1 \gamma_2 \gamma_3 \gamma_4 = \begin{pmatrix} 0 & 1 \\ 1 & 0 \end{pmatrix}.$$

Dieser Operator ist in die Theorie wegen der Paritätsexperimente eingeführt worden. Ist
nämlich ψ_+ (bzw. ψ_-) eine Wellenfunktion (sog. Spinor) mit positiver (bzw. negativer)
Helizität bei einem Teilchen mit Ruhmasse 0 (Neutrino, Antineutrino), dann ist
$\gamma_5 \psi_\pm = \mp \psi_\pm$, d.h. der Operator $1 \pm \gamma_5$ ist in der Lage, aus einer gemischten Funktion
eine solche bestimmter Helizität heraus zu projizieren. Aufgrund einer Analogie mit der
Elektrodynamik (Kopplung des Protonenstroms an das Strahlungsfeld) hat Fermi eine
Kopplung des Nukleonen- mit dem Leptonenstrom für das Übergangs-Matrix-Element
als Grundlage der Theorie eingeführt, und dies hat zu der heutigen Formulierung geführt

$$H_\beta = \sum_{\mu=1}^{4} \int B_\mu(\vec{r}) L_\mu(\vec{r}) \, d\tau, \tag{4.95}$$

wobei B die Baryonen-(Nukleonen-)Stromdichte, L_μ diejenige der Leptonen bezeichnet.
Die Formulierung bedeutet lokale Wechselwirkung: B_μ und L_μ werden beim gleichen $\vec{r}$
genommen, die Integration erfolgt über das Kernvolumen. Es ist

$$B_\mu(\vec{r}) = \sum_i \psi_f^* \gamma_4^{(i)} \gamma_\mu^{(i)} (C_V - C_A \gamma_5^{(i)}) \tau_{(i)}^- \psi_i, \tag{4.96}$$

$$L_\mu(\vec{r}) = \psi_e^* \gamma_4 \gamma_\mu (1 + \gamma_5) \psi_\nu, \tag{4.97}$$

und i bedeutet Summation über die Neutronen im Kern, die einen β-Zerfall machen können. Aus dem β-Zerfall des Neutrons konnte man schließen, daß nur Vektor- und Axial-
vektor-Kopplung mitzunehmen sind, und daß $C_A/C_V = 1{,}19 \pm 0{,}04$ (das Spektrum ist
„erlaubt" mit $\Delta J = L = 1{,}0$, d.h. sowohl ein Gamow-Teller wie ein Fermi-Übergang sind
möglich; der Zerfall eignet sich zur Bestimmung des Verhältnisses dieser Übergänge). Die
WW (4.96) ist so aufgebaut, daß sowohl ein paritäts-erhaltender wie -verletzender Anteil
(γ_5) vorkommt, es ist sogar maximale Paritätsverletzung angenommen, denn γ_5 kommt
in (4.97) mit dem Faktor 1 vor. Die Wellenfunktionen ψ_f und ψ_i kennzeichnen End-
und Anfangszustand des Kerns (Spin J_f, J_i, Parität π_f, π_i). Der Operator τ^- sorgt für
die n $\to$ p Umwandlung, wodurch die 3. Komponente des Isospins um 1 abnimmt.

    Es kommt zu den verschiedenen Graden der Verbotenheit und damit zu den Aus-
wahlregeln, wenn verschiedene spezielle Gegebenheiten vorliegen. Um dies zu verstehen,
muß man die Eigenschaften der γ-Matrizen kennen. Zum Beispiel gilt $\vec{\alpha} \cdot \gamma_5 = \vec{\sigma}$, wobei
$\vec{\sigma}$ der Viererspin ist; ferner im Grenzfall der nicht-relativistischen Behandlung

$$c\vec{\alpha} \to \vec{v}_{\text{Nukleon}}, \quad \beta \to -1, \quad \vec{\sigma} \to \text{normaler Spin}.$$

Für das Kernmatrix-Element kann man nicht-relativistisch rechnen. Dann bleibt in 1. Näherung nur die Komponente mit $\mu = 4$ übrig, wenn C_V genommen wird. Wird aber C_A berücksichtigt, dann benutzt man die Komponenten $\mu = 1, 2, 3$ und berücksichtigt

$\gamma_\mu \gamma_5 \to \vec{\alpha}\gamma_5 = \vec{\sigma}$ (normaler Spin). Für die Kernmatrixelemente bleiben in 1. Näherung (erlaubte Übergänge) die WW $C_V \int 1$ und $C_A \int \vec{\sigma}$. Die erste führt zu der Auswahlregel

$$C_V \int 1 : \Delta J = 0, \quad \pi_i \pi_f = 1$$

und die zweite (weil der Spin die Parität nicht beeinflußt)

$$C_A \int \vec{\sigma} : \Delta J = 0,1, \quad \pi_i \pi_f = 1, \quad \text{aber } \textit{nicht } J = 0 \to J = 0.$$

Mit diesen WWen hat man noch die Leptonen zu kombinieren, und bei ihnen berücksichtigt man die folgende Reihenfolge der Näherungen: Die Wellenfunktionen ψ_e und ψ_ν werden in 1. Näherung einfach gleich 1 gesetzt (bei höheren Näherungen berücksichtigt man für die Elektronen die Coulomb-Kraft, bei den Neutrinos braucht man nur $\exp(i\vec{q}\,\vec{\gamma})$ in eine Reihe zu entwickeln und nimmt weitere Glieder hinzu). So entstehen die in Tab. 4.6 genannten Kombinationen und Auswahlregeln (entnommen aus [71]). Man sieht, daß die moderne β-Wechselwirkungstheorie eine ganz erhebliche Verfeinerung der Aussagen gebracht hat. Daraus ist auch eine Vielfalt von experimentellen Untersuchungen entstanden, um im Einzelfall die Gültigkeit der Voraussagen zu beweisen oder um die vielen Möglichkeiten einzuschränken.

Zum Abschluß sei noch die Folge der Auswahlregeln für die Fermi-WW diskutiert. Sie führt im Prinzip auf ein Matrixelement der Form $\int \psi_f T \; \psi_i \, d\tau$. Es kann nur dann von null verschieden sein, wenn $T^- \psi_i$ zum gleichen Isospin-Multiplett gehört wie ψ_f, d.h. für die Fermi-Übergänge gilt auch $\Delta T = 0$. Es handelt sich z.B. um Übergänge zwischen Spiegelkernen (z.B. $^{17}_{9}F_8 \to {}^{17}_{8}O_9$, $\log ft = 3{,}36$), die dann meist als übererlaubt zu bezeichnen sind [51].

Tabelle 4.6 Auswahlregeln aus dem Ansatz für die β-Wechselwirkung (B_{ij} Tensorkomponente)

Matrixelement	Auswahlregeln			Potenz von		Typ
	$\pm \Delta J$	$\pi_i \pi_f$	verboten	qR	v_N/c	
$\int 1$	0	$+1$	$-$	0	0	erlaubt (Fermi)
$\int \vec{\sigma}$	0, 1	$+1$	$0-0$	0	0	erlaubt (Gamow-Teller)
$\int \gamma_5$	0	-1	$-$	0	1	
$\int i\vec{\sigma}\cdot\vec{r}/R$	0	-1	$-$	1	0	
$\int \vec{\alpha}$	0, 1	-1	$0-0$	0	1	
$\sqrt{3}\int i\vec{r}/R$	0, 1	-1	$0-0$	1	0	einfach verboten
$\sqrt{3/2}\int \vec{\sigma}\times\vec{r}/R$	0, 1	-1	$0-0$	1	0	
$\sqrt{3/2}\int iB_{ij}/R$	0, 1, 2	-1	$\frac{1}{2}-\frac{1}{2}$	1	0	
			$0-1$	1	0	

Literaturverzeichnis

[1] *Ajzenberg-Selove, F.*, Nuclear Spectroscopy, A + B, New York 1960.

[2] *Baldin, A. M., Goldanskij, W. I., Rosental, J. L.*, Kinematics of Nuclear Reactions, Oxford 1961.

[3] *Barrett, R. C.*, Rep. Progr. Physics **37** (1974) 1–54.

[4] *Baumgärtner, G., Schuck, P.*, Kernmodelle, BI, Mannheim 1968.

[5] *Bellicard, J. B., Bounin, P., Frosch, R. F., Hofstadter, R., McMarthy, J. S., Uhrhane, F. J., Yearian, M. R., Clark, B. C., Herman, R., Ravenhall, D. G.*, Phys. Rev. Lett. **19** (1967) 527.

[6] *Bilpuch, E. G., Lane, A. M., Mitchell, G. E., Moses, J. D.*, Physics Reports **28C** (1976) 145–244.

[7] *Blanke, E., Brand, K., Genz, H., Richter, A., Schrieder, G.*, Nuclear Instr. Meth. **122** (1974) 295.

[8] *Blatt, J. M., Weisskopf, V. F.*, Theoretical Nuclear Physics, New York 1952 (deutsche Übersetzung Leipzig 1959).

[9] *Bodenstedt, E.*, Experimente der Kernphysik und ihre Deutung, 3 Teile, BI, Mannheim 1972.

[10] *Bohr, A., Mottelson, B.*, Nuclear Structure, 3 Bde., New York 1969 ff.

[11] *Brentano, P., von, Ernst, J., Häusser, O., Mayer-Kuckuk, T., Richter, A., Witsch, W. von*, Phys. Lett. **9** (1964) 48.

[12] *Brix, P., Kopfermann, H.*, Z. Phys. **126** (1949) 344.

[13] *Brown, G. E., Jackson, A. D.*, The Nucleon-Nucleon-Interaction, Amsterdam 1976.

[14] *Brückmann, H., Gehrke, W., KLuge, W., Matthäy, H., Schänzler, L., Wick, K.*, Z. Phys. **235** (1970) 453.

[15] *Brunnée, C., Voshage, H.*, Massenspektrometrie, München 1964.

[16] *Bucka, H.*, Atomkerne und Elementarteilchen, Berlin 1973.

[17] *Bunker, M. E., Reich, C. W.*, Rev. mod. Phys. **43** (1971) 348.

[18] *Burcham, W. E.*, Nuclear Physics, New York 1963.

[19] *Buttlar, H. von*, Einführung in die Grundlagen der Kernphysik, Frankfurt 1964.

[20] *Cerny, F. J.* (Editor), Nuclear Spectroscopy and Reactions, Part A, B, C, D, New York 1974.

[21] *Cohen, B. L.*, Concepts of Nuclear Physics, New York 1971.

[22] *Dawydow, A. S.*, Theorie des Atomkerns, Berlin 1963.

[23] *Dehnhard, D., Kamke, D., Kramer, P.*, Ann. d. Phys. (7) **14** (1964) 201.

[24] *De Shalit, A., Talmi, L.*, Nuclear Shell Theory, New York 1963.

[25] *Donner, W.*, Einführung in die Theorie der Kernspektren I, BI, Hochschultaschenbücher 473/473a.

[26] The Structure of Nuclei, Lectures Int. Course Nucl. Theory, 1971 Int. Atomic Energy Agency, Vienna 1972.

[27] *Dzubay, T. G., Bilpuch, E. G., Purser, F. O., Moses, J. D., Newson, H. W., Mitchell, G. E.*, Nucl. Instr. Meth. **101** (1972) 407.

[28] *Eder, G.*, Kernkräfte, Karlsruhe 1965.

[29] *Edmonds, A. R.*, Angular Momentum in Quantum Mechanics, Princeton 1957.

[30] *Elton, L. R. B.*, Nuclear Sizes, Oxford 1961; Atomic Data and Nuclear Data Tables **14** (1974) 479–639.

[31] *Endt, P. M., Demeur, M., Smith, P. B.*, Nuclear Reactions, 2 Bde, Amsterdam 1962.

[32] *Enge, H. A.*, Introduction to Nuclear Physics, Reading (Mass.) 1966.

[33] *Enge, H. A.*, Magnetic Spectrographs and Beam Analysers, Nuclear Instr. Meth. **28** (1964) 119–130.

[34] *Evans, R.*, The Atomic Nucleaus, New York 1955.

[35] *Feshbach, H.*, in Nuclear Spectroscopy, Part B, S. 642 und 660.

[36] *Fick, D.*, Einführung in die Kernphysik mit polarisierten Teilchen BI, Nr. 755/755a, Mannheim 1971.

[37] *Franz, W.*, Z. Phys. **127** (1950) 363.

[38] *Friedrich, J., Lenz, F.*, Nucl. Phys. **A183** (1972) 523.

[39] *Gemeinhardt, W., Kamke, D., Rhöneck, Chr. von*, Z. Phys. **197** (1966) 58.

[40] *Green, A. E. S.*, Nuclear Physics, New York 1955.

[41] *Hagemann, G. B., Broda, R., Herskind, B., Ishihara, M., Ogaza, S.*, Nucl. Phys. **A245** (1975) 166.

[42] Handbuch der Physik **42** (herausgegeben von *S. Flügge*).

[43] *Hertz, G.*, Lehrbuch der Kernphysik, 3 Bände.

[44] *Herzog, R.*, Z. Phys. **89** (1934) 447.

[45] *Huber, P.*, Einführung in die Physik, III/2, München 1972.

[46] *Jenkins, D. A., Powers, R. J., Martin, P., Miller, G. H., Welsh, R. E.*, Nucl. Phys. **A175** (1971) 73.

[47] *Kamke, D.*, Sitzungsberichte der Gesellschaft zur Beförderung der gesamten Naturwiss. Marburg 78 (1955).

[48] *Kahana, S., Baltz, A. J.*, Adv. Nucl. Phys. **9** (1977) 1.

[49] *Kaplan, J.*, Nuclear Physics, Cambridge (Mass.) 1955.

[50] *Keyworth, G. A., Kyker, G. C., Bilpuch, E. G., Newson, H. W.*, Nucl. Phys. **89** (1966) 590.

[51] *Kluge, W.*, Fortschritte der Physik **22** (1974) 693.

[52] *Konoponski, E. J.*, The Theory of Beta-Radioactivity, Oxford 1966, S. 143 ff.

[53] *Kopfermann, H.*, Kernmomente, 2. Aufl. Frankfurt am Main, 1956.

[54] *Magnus, W., Oberhettinger, F.*, Spezielle Funktionen der Mathematischen Physik, Berlin 1943.

[55] *Marmier, P., Sheldon, E.*, Physics of Nuclei and Particles, New York 1969.

[56] *Mayer-Kuckuk, T.*, Physik der Atomkerne, Stuttgart, 2. Aufl. 1974.

[57] *Meyerhof, W. E.*, Elements of Nuclear Physics, New York 1967.

[58] *Michaud, G., Scherk, L., Vogt, E.*, Phys. Rev. 1C (1970) 864.

[59] *Moszkowski, S. A.*, Theory of Multipole Radiation; in α, β, γ-Ray Spectroscopy, herausgegeben von K. Siegbahn, Bd. II, S. 863 ff.

[60] *Ogle, W., Wahlborn, S., Piepenbring, R., Fredriksson*, Rev. mod. Phys. **43** (1971) 424.

[61] *Paul, E. B.*, Nuclear and Particle Physics, Amsterdam 1969.

[62] *Phillips, W. R.*, Rep. Progr. Phys. **40** (1977) 345.

[63] *Preston, M. A.*, Physics of the Nucleus, Reading (Mass.) 1962.

[64] *Preston, M. A., Bhaduri, R. K.*, Structure of the Nucleus, Reading (Mass.) 1975 (2. Aufl. v. [63]).

[65] *Ramsey, N.*, Molecular Beams, Oxford 1963.

[66] *Richter, M., Henning, W., Körner, H.-J., Rehm, K. E., Rother, H. P., Schaller, H., Spieler, H.*, Nucl. Phys. **A278** (1977) 163.

[67] *Rodberg, L. S., Thaler, R. M.*, Introduction to the Quantum Theory of Scattering, New York 1967.

[68] *Rose, M. E.*, Elementary Theory of Angular Momentum, New York 1957.

[69] *Ruby, L.*, Am. J. Phys. **45** (1977) 380.

[70] *Schiff, L. J.*, Quantum Mechanics, New York 1955.

[71] *Schopper, H.*, Weak Interactions and Nuclear Beta-decay, Amsterdam 1966.

[72] *Segrè, E.*, Experimental Nuclear Physics, 3 Bände, New York 1952/59.

[73] *Segrè, E.*, Nuclei and Particles, New York 1965.

[74] *Semat, H., Albright, J. R.*, Introduction to Atomic and Nuclear Physics, 5. Aufl., London 1972.

[75] *Spencer, J. E., Enge, H. A.*, Split Pole Magnetic Spectrograph for Precision Nuclear Spectroscopy, Nucl. Instr. Meth. **49** (1967) 183–193.

[76] *Tayler, R. J.*, The Origin of the Chemical Elements, London 1972.

[77] *Überall, H.*, Study of Nuclear Structure by Myon Capture, Springer Tracts in Modern Physics, Band 71, 1974.

[78] *Vogt, E.*, Rev. mod. Phys. **34** (1962) 723.

[79] *Wilson, W. M., Bilpuch, E. G., Mitchell, G. E.*, Nucl. Phys. **A271** (1976) 49.

[80] *Wu, C. S., Wilets, L.*, Ann. Rev. Nucl. Sci. **19** (1969) 527.

[81] *Zeitnitz, B., Dubenkropp, H., Putzki, R., Kirouac, G. J., Cierjacks, S., Nebe, J., Dover, C. B.*, Nucl. Phys. **A166** (1971) 443.

Zeitschriften und Buchreihen

Progress in Nuclear Physics, London, ab 1950.

Annual Review of Nuclear Science, Palo Alto, ab 1952.

Nuclear Physics, Amsterdam, ab 1956.

Advances in Nuclear Physics, New York, ab 1968.

Tabellenwerke

Energy Levels of Light Nuclei
$A = 3$ *S. Fiarman* and *S. S. Hanna*, Nucl. Phys. **A251** (1975) 1.

$A = 4$ *S. Fiarman* and *W. E. Meyerhof*, Nucl. Phys. **A206** (1973) 1.

$A = 5-10$ *F. Ajzenberg-Selove* and *T. Lauritsen*, Nucl. Phys. **A227** (1974) 1.

$A = 11-12$ *F. Ajzenberg-Selove*, Nucl. Phys. **A248** (1975) 1.

$A = 13-15$ *F. Ajzenberg-Selove*, Nucl. Phys. **A268** (1976) 1.

$A = 16-17$ *F. Ajzenberg-Selove*, Nucl. Phys. **A281** (1977) 1.

$A = 18-20$ *F. Ajzenberg-Selove*, Nucl. Phys. **A190** (1972) 1.

$A = 21-44$ *P. M. Endt* and *C. van der Leun*, Nucl. Phys. **310** (1978) 1.

$A > 44$ in Nuclear Data Sheets

C. M. Lederer, V. S. Shirley, Table of Isotopes, 7. Aufl., Chichester 1978.

Handbook on Nuclear Activation Cross Sections, IAEA, Vienna 1974, Technical Reports Series No. 256.

Landolt-Börnstein, Zahlenwerte aus Naturwissenschaft und Technik, Neue Serie, Gruppe I, Springer-Verlag Heidelberg.

Sachwortverzeichnis

Übergangsmatrixelement 285
Übergangswahrscheinlichkeit 243, 254, 263 ff.,
   266 f., 274, 276
–, relative 166 f., 251, 274, 276
Überlagerung, kohärente 177
ug-Kerne 66, 90, 120
Umkehrpunkt 21
Umkehrradius 246
undurchdringlicher (harter) Kern 185 ff., 194
ungerades Nukleon 105
Unschärferelation (Heisenbergsche) 92, 146,
   223, 246
uu-Kerne 66, 90

Vektor, axialer 284
Vektoraddition von Drehimpulsen 91 ff.
Vektorfeld 256
Vektorkopplung 45, 47, 91 ff., 285
Vektorkugelfunktionen 258
–, verallgemeinerte 115
Vektormesonen 141
Vektorpotential 257 f., 283
Verbotenheit, Grad der 285
Verdampfungsprozeß 164 f.
Verschiebungssätze, radioaktive 239
Verschmelzungsreaktionen 180
Vertauschungsrelation(en) 92, 96, 114, 257
Verteilung, binomische 243
–, räumliche 38
Verteilungsfunktion 30, 35
Vertexoperator 141
4-Teilchen-4-Loch-Konfiguration 110 f.
virtuelle Mesonen 140
Volumenbindungsenergie 65
Vorzugsorientierung (Spin) 87, 262

Wahrscheinlichkeit einer Kernreaktion 159
Wechselwirkung (WW) 175
–, elektrische 50 ff.
–, elektromagnetische 139
–, hadronische 140
–, kleine 121
–, schwache 139, 276, 283 ff.
–, starke 139
–, spinabhängige 142
Wechselwirkungsenergie, magnetische 47
Wechselwirkungskonstante 277
Wechselwirkungspotential, allgemeines 195
Weisskopf-Abschätzung 264 ff.
Weizsäcker-Formel 68
Welle, auslaufende 174, 204, 211, 229
–, ebene 237
–, einlaufende 174, 204, 211, 229
Wellenamplitude 148
–, im Kern 225
Wellenfunktion 38, 265, 285 ff.
– am Kernrand 199, 204, 224
–, asymptotisches Verhalten 204
–, gebundener Zustand 222
– im Außenraum 200
– im Innern 200
–, logarithmische Ableitung 199
–, radiale 181, 187, 195, 229

–, reelle 205
–, vierkomponentige 284
Wellenpaket 148
Wellentheorie 190
Wellenvektor 172
Wigner-Eckart-Theorem 132
– -Koeffizient 95
– -Limit 228
Wignersche Resonanztheorie 211, 233
– R-Matrix-Theorie 224
Winkelkorrelation 262
Winkelverteilung 23, 30 ff., 146, 164, 168, 174,
   235 f., 254
Wirbelfreiheit 125
Wirkungsquerschnitt (WQ) 18 ff., 146, 159 ff.,
   172 ff., 176 ff., 205 ff.
– bei niedrigen Energien 195, 197
–, differentieller 19, 23, 160, 173
–, Limites 178
–, partieller 177
–, Reaktion 222 ff.
–, totaler 160, 180

Yield 161
Yukawa-Potential 141

Zählrate 18, 146
Zählrohr 18
Zeeman-Effekt 49, 58
Zeit-Umkehr-Invarianz 166 f.
Zeitabhängigkeit (ausl. Kugelwelle) 219
zentrales Potential 142
Zentralkraft 19, 25
Zentrifugalpotential 25 f., 79, 175, 185, 201
Zentrifugalschwelle 193, 219, 229
Zerfall, radioaktiver 239 ff.
–, verbotener 278
Zerfallsenergie 16, 239, 243, 245, 269 f.
Zerfallsgesetz, radioaktives 243
Zerfallskonstante 242 ff., 263, 277 ff.
Zerfallsrate 239, 242
Zerfallswahrscheinlichkeit 223, 243, 267
Zerfallszeit 270
zusätzliches Nukleon 120 ff.
Zustand, angeregter 16, 159, 163, 222
–, Feinstruktur 38
–, gebundener 77, 79 ff., 222
–, isomerer 137, 265
–, kugelsymmetrischer 101
–, stationärer 37 ff.
–, zerfallender 204
Zustandsdichte 233, 264
Zustandsfunktion 38, 167, 263
Zustandsweite (partielle, gesamte) 223
Zwei-Nukleonen-Zustand 104 ff.
– -Phononen-Anregung 126
2π-Resonanz 142
Zwei-Pionen-Austausch (TPEP) 141
– -Teilchen-Zwei-Loch-Zustand 110
– -Zentren-Kerne 138
Zwischenkern 146, 159, 165
Zylindersymmetrisches Potential 92